科学出版社“十三五”普通高等教育本科规划教材
高等医药院校教材

基础化学

主　　编　滕文锋　甄　攀

副主编　李华侃　赵先英　姚惠琴　李红梅　于　昆

编　　委（按姓名笔画排序）

于　昆（大连医科大学）
乔　洁（山西医科大学）
李华侃（锦州医科大学）
张　悦（河西学院医学院）
苟宝迪（北京大学医学部）
姚惠琴（宁夏医科大学）
甄　攀（河北北方学院）
冯志君（皖南医学院）
汤彦丰（河北北方学院）
李红梅（齐齐哈尔医学院）
陈志琼（重庆医科大学）
赵先英（陆军军医大学）
秦向阳（空军军医大学）
滕文锋（大连医科大学）

科学出版社
北　京

内 容 简 介

本书为科学出版社“十三五”普通高等教育本科规划教材。全书共 14 章，包括绪论、稀溶液的依数性、电解质溶液、难溶强电解质的沉淀溶解平衡、缓冲溶液、胶体、化学热力学基础和化学平衡、化学反应速率、氧化还原反应与原电池、原子结构和元素周期律、共价键与分子间力、配位化合物、滴定分析、现代仪器分析基础。

本书在介绍基础化学知识的基础上，还包含部分化学分析与现代仪器分析基础知识，并适当介绍学科新发展和应用。

本书可作为高等医药院校及其他高等院校的基础化学课程教材和教学参考书，也可作为各相关专业师生及科技工作者、化学爱好者的参考用书。

图书在版编目（CIP）数据

基础化学/滕文锋，甄攀主编．—北京：科学出版社，2022.1

科学出版社“十三五”普通高等教育本科规划教材　高等医药院校教材

ISBN 978-7-03-068877-4

Ⅰ.①基…　Ⅱ.①滕…②甄…　Ⅲ.①化学－医学院校－教材　Ⅳ.① O6

中国版本图书馆 CIP 数据核字（2021）第 100489 号

责任编辑：张天佐 / 责任校对：宁辉彩

责任印制：吴兆东 / 封面设计：陈　敬

科学出版社 出版

北京东黄城根北街 16 号

邮政编码：100717

http://www.sciencep.com

天津市新科印刷有限公司印刷

科学出版社发行　各地新华书店经销

*

2022 年 1 月第　一　版　开本：787×1092　1/16

2024 年 7 月第四次印刷　印张：16 1/2

字数：420 000

定价：59.80 元

（如有印装质量问题，我社负调换）

前　言

化学是医药等相关专业的重要基础课程，对学生培养乃至专业人才未来的成长具有重要的、不可替代的作用。在生命科学快速发展的今天，医学和生命科学工作者越来越认识到化学的重要性。因此，在现代高等医学教育中，化学一直是医学及相关专业的必修课程。

随着科学的发展，知识也在不断更新，本教材在介绍经典理论和知识的基础上，注重引入理论和知识新进展，并深入浅出地介绍相关理论和知识的实际应用及发展展望。

本教材主要内容包括：①有关溶液的基础知识。这部分内容是化学课程的基础，也是后续医学课程必备的基础知识。②化学热力学和化学动力学基础知识。化学热力学主要讨论反应进行的可能性和反应的能量问题，是讨论后续生物复杂反应进行的理论基础；化学动力学主要讨论反应机制和速率问题，是药物代谢和反应机制等方面的基础知识。③原子结构、分子结构和化学键的基础知识。从微观层面介绍物质的构成和基本性质，也是后续从微观层面学习和研究现代医药学的知识基础。④电化学和分析化学的基础知识以及现代仪器分析基础。这部分内容是现代医药学研究以及有关现代医学检验和医学实验室工作的基础理论和实验基础。

共有十余所医学院校的多年工作在教学一线的教师参与本教材的编写，希望我们的工作能够帮助读者对化学的基础理论和知识有更广泛和深入的了解，期望各位读者在学习过程中取得满意的收获。

限于编者水平，教材中的疏漏之处在所难免，欢迎广大读者批评指正。

编　者

2020年3月

目　　录

第一章　绪　　论

PPT

化学（chemistry）是在微观层面研究物质的组成、结构、性质及其变化规律的科学。化学既是实用的科学，又是创造性的科学。化学家们不仅在研究和了解自然界，同时也在创造自然界以前不存在的新物质，并探索完成化学变化的更好途径。

化学与诸多领域紧密相连，也关系到我们日常生活的方方面面。在医学的发展过程中，化学起到了不可替代的重要作用，在生命科学快速发展的今天，医学和生命科学工作者越来越认识到化学的重要性。因此，在现代高等医学教育中，化学一直是现代医学及相关专业的重要基础课程。

第一节　化学与医学

化学作为一门学科发展到今天，已经有几百年的时间。传统的化学主要有研究无机物为主的无机化学、研究有机化合物的有机化学、研究物质组成和结构的分析化学和研究化学变化基本规律的物理化学。随着科学的发展，化学也发展衍生出高分子化学、生物化学、环境化学、地质化学、农业化学、药物化学等许多新的分支。

20 世纪以来，人类的预期寿命和健康水平有了大幅度提高，这些巨大进步被认为主要归功于药物化学工作者和医学工作者的贡献，其中最重要的影响当数抗生素等各种新型医用化合物的应用。

一、现代医学早期化学药剂的发现与应用

（一）麻醉剂的应用

早在 19 世纪初期，就已经有战争创伤的处理、肾脏摘除、尿路结石去除等外科手术的报道。但当时的手术没有麻醉剂，患者的痛苦难以想象，疼痛经常成为手术中不可逾越的障碍，好多必要的手术难以进行。

经过医学和化学工作者多年探索，麻醉剂终于在外科手术中得以应用。1846 年 10 月，美国牙医威廉 · 汤姆斯 · 格林 · 莫顿（William T. G. Morton）用乙醚给一位患者实施麻醉，然后由一位资深的外科医生成功完成了颈部去瘤手术。此次公开的手术得到了广泛报道和关注，由此开创了外科手术中普及使用麻醉剂的先河。

随后麻醉药品不断推陈出新，从气体到液体，从全身麻醉到局部麻醉。麻醉剂的使用，对人类健康具有深刻影响和意义，在近代医学史上是里程碑式的事件。

（二）早期外科手术消毒剂的发现和应用

直到 19 世纪中叶，外科手术还没有消毒灭菌的概念，因术后感染严重，导致手术死亡率高达 40% ～ 60%。1865 年，英国外科医生约瑟夫 · 李斯特（Joseph Lister），受到法国微生物学家、化学家路易 · 巴斯德（Louis Pasteur）有关微生物研究结果的启发，意识到手术伤口的感染是由细菌造成的。李斯特开始尝试用石炭酸（苯酚）对手术器械进行消毒，并用石炭酸溶液浸湿的纱布包扎伤口，要求医生和护士在手术前要洗手，大大降低了手术患者的死亡率。经过实践和总结，李斯特于 1867 年在著名医学期刊《柳叶刀》（*The Lancet*）上正式公布了自己创造的外科消毒法。消毒剂在手术中的应用和外科消毒法的发明，是李斯特对人类的巨大贡献，挽救了无数人的生命，李斯特也因此被誉为“外科消毒之父”。

二、抗生素的发现和应用

(一)最早的抗生素——磺胺

19 世纪后期，寻找具有药用价值化学品的探索者们开始用不同的染料对细菌染色以辨别不同的细菌，各种不同的染色法在细菌学家和组织学家中间得到迅速发展。基于不同染料对某些细菌或某种组织的选择性，有研究者认为，使用恰当的染料来治疗疾病应该是可能的。到 20 世纪初，使用合适的染料及其衍生物治疗锥虫病和梅毒都取得了显著疗效并得到临床应用。

1932 年，研究染料在医学方面的应用已经多年的德国内科医生、生物化学家格哈德 · 多马克(Gerhard Domagk)经过多次实验，发现一种商品名称为“百浪多息”的橘红色染料对治疗老鼠的链球菌感染非常有效。后来，格哈德 · 多马克用这种染料挽救了受链球菌感染而生命垂危的小女儿的生命，这也是磺胺类药物最初的临床应用。到 1935 年，磺胺药物已用于挽救更多类似细菌感染的人们的生命。在此基础上,化学家们又制备了更多类型的磺胺类药物,由此开创了抗菌素领域。1939 年，格哈德 · 多马克由于磺胺药物的研究和发现荣获诺贝尔生理学或医学奖。

(二)现代医学史上重要的里程碑——青霉素

1928 年，英国微生物学家、生物化学家亚历山大 · 弗莱明(Alexander Fleming)发现一种蓝色霉菌分泌出一种物质能杀死细菌，弗莱明把这种抗菌物质命名为青霉素(Penicillin)。1929 年，弗莱明公开发表了青霉素的相关研究论文，但论文发表后没有得到科学界的重视。由于当时的科研团队没有化学家的参与，青霉素的提取、纯化等工作难以进行，后续的研究工作没有取得进展，青霉素也没有得到应用。直到 1938 年，在英国牛津大学工作的德国化学家恩斯特 · 钱恩(Ernst Chain)注意到弗莱明当年的论文，与病理学家霍华德 · 弗洛里(Howard Florey)、生物化学家诺曼 · 希特利(Norman Heatley)在牛津大学对青霉素进行分离提纯，并对青霉素进行更深入研究。1940 年，牛津团队发表科研论文，公布了青霉素重新研究的新成果并引起科学界和媒体的重视。1941 年，青霉素在美国开始进行产业化研究，1942 年美国和英国制药企业开始青霉素的工业化生产。当时正值第二次世界大战期间，青霉素的应用，无论是在战场还是后方，拯救了无数生命。

青霉素被认为是现代医学史上最有价值的贡献，是人类医学史上重要的里程碑。1945 年，弗莱明、钱恩和弗洛里由于青霉素对人类的巨大贡献，共同获得了诺贝尔生理学或医学奖。

青霉素的成功，开启了抗生素的黄金时代，随后又有多种抗生素被发现并应用到临床。磺胺类、青霉素和后续多种抗生素的应用，使人类开始可以治愈细菌感染的疾病。曾有人口学家统计，从 1938 年最早的抗生素磺胺投入临床使用开始，到 1956 年，美国儿童疾病的死亡率下降了 90% 以上，人口平均寿命增加了 10 年以上。

在我们回顾现代医学对人类的这些卓越贡献时，可以看到其中化学家的作用不可替代，在药物的提取纯化、结构与性质研究，乃至对药物结构的修饰及药物的合成和工业化生产等方面，都做出了无可替代的贡献。

三、现代医学与现代化学

2003 年，人类基因组计划完成，随着后续的功能基因组、结构基因组等计划的实施，生命科学正在发生快速且深刻的变革。现代医学更多地涉及分子、基因和细胞等微观层面，化学作为基础知识不可或缺。

现代科学的快速发展对疾病产生的机制研究、疾病诊断、治疗方法、药物的研发等方面都产生了深远影响。从分子、基因、细胞等微观层面了解疾病产生的原因，进而找到治疗疾病的

"钥匙"，已经是医学研究和临床实践的现在进行时。

药物化学是化学的一个重要分支，新药的发现和应用研究仍然是现代医学的重要部分。后基因组时代的药物研发已经发生深刻的变革，开始了从基因到药物的新模式，即通过基因研究，从细胞和分子层次弄清疾病发生与防治的机制，然后有的放矢地筛选药物。在此过程中不仅需要医药学，还需要化学、生物技术、计算机科学及其他多种学科交叉融合才能完成。

医用高分子材料化学是与现代医学关系密切并发展迅速的领域。医用高分子材料包括植入性材料、非植入性材料、药物载体材料等。其中植入性材料如人工血管、瓣膜、脏器、晶体、牙科和骨科材料等；非植入性医用材料如注射器、输液材料等；药物载体材料是用于药物控制释放的高分子材料。医用高分子材料对提高人们健康水平发挥着越来越重要的作用，并且应用前景广阔，是目前的重要和热点领域。

现代医学的临床诊断和治疗离不开医学实验室临床检验的支持，现代医学实验室的检测方法、仪器设备和检测试剂也在不断更新，新技术不断得以应用。相关领域的研究者们一直在致力于使临床检验方法更加准确、快速、灵敏、简便。不论是临床检验相关研究还是新技术的发明和应用，都需要包括化学在内的基础知识扎实的现代医学检验人才。

四、基础化学课程的主要内容和作用

本课程介绍了有关溶液的基础知识，这部分内容是化学课程的基础，也是后续医学课程的基础知识。课程还介绍了化学热力学和化学动力学基础知识，化学热力学主要讨论反应进行的可能性和反应的能量问题，是讨论后续生物复杂反应进行的理论基础。化学动力学主要讨论反应机制和速率问题，是药物代谢和反应机制等方面的基础知识。课程中间部分介绍了原子结构、分子结构和化学键的基础知识，从微观层面介绍物质的构成和基本性质，也是后续从微观层面学习和研究现代医药学的知识基础。课程还介绍了电化学和分析化学的基础知识以及现代仪器分析的基础，这部分内容是现代医药学研究以及有关现代医学检验和医学实验室工作的基础理论与实验基础。

希望通过本课程的学习，使学生学习掌握化学的部分基础知识，同时为医药及相关专业的学生学习后续更多的医学基础和专业课程以及为以后进行更深入的医学研究打下坚实的基础。

第二节 分析结果的误差和计算规则

化学是一门实践性很强的学科，在这门课程的理论和实验课学习过程中会涉及一些计算和实验操作，规范合理的计算和处理实验数据是需要掌握的入门和基础内容。本节主要介绍测量结果的误差和数据处理的运算规则。

一、误差产生的原因和分类

在实际工作和实验中经常需要测定组分含量，试样中各种组分的含量有真实值，由于多种因素影响，即使使用标准的分析方法，规范地操作，测量结果与真实值仍然难以完全一致。分析结果与真实值之差称为误差（error）。误差客观存在，难以避免，但了解误差产生的原因及特点，掌握其规律，可以尽量减小误差，使分析结果更准确。

根据误差的性质和特点不同，通常将误差分为两类：系统误差（systematic error）和随机误差（random error）。

（一）系统误差

系统误差，也称可测误差，由确定原因引起的重复出现的误差。

1. 系统误差的特点 系统误差通常具有以下特点：确定性——引起误差的原因通常是确定的；重现性——平行测定时会重复出现；单向性——误差的方向一定，即误差的正或负是固定的；可测性——误差的大小基本不变，通常可以测定其大小，因而通常可以校正。

2. 系统误差产生的原因 按照误差产生的原因，可将系统误差分为以下几种：方法误差、仪器误差、试剂误差和操作误差。

方法误差是由分析方法本身原因造成的。如重量分析中沉淀的少量溶解损失；滴定分析中化学计量点与滴定终点不重合引起的误差等。

仪器误差是由仪器本身不准确或精度不够造成的。如分析天平砝码本身的误差；容量分析中容量器皿的刻度不准确等。

试剂误差是由试剂纯度方面的原因及实验用水中的杂质引起。

操作误差是由操作者个人原因造成的。如分析人员由于读数习惯等原因，在估计测量值时习惯性偏高或偏低；辨别指示剂颜色变化时偏深或偏浅等。

在实验中加错试剂、看错砝码、读错刻度等过失操作，不属于操作误差范畴。

（二）随机误差

随机误差，也称偶然误差，是由某些难以控制的原因或不确定的原因造成的。如实验操作时湿度、温度、压力、电磁场等环境条件微小变化引起测量数据的波动，以及实验中估读数据的微小差别等。

随机误差的特点：造成误差的原因不定或难以控制，误差的大小、方向不定，因此无法测量和校正。

随机误差虽然不能测量和校正，但服从统计规律，大误差出现机会少，小误差出现机会多，绝对值相近的正负误差出现的机会大致相同。因此，可以通过多次测量，用统计学处理的方法减小随机误差，提高分析结果的可靠性。

二、分析结果的评价

分析结果的好坏，主要从两个方面来衡量，即准确度（accuracy）和精密度（precision）。

（一）准确度与误差

准确度，是指测量值与真实值的符合程度。准确度的高低用误差大小来衡量。误差又分绝对误差（absolute error）和相对误差（relative error）。

绝对误差（E_a），表示测量值与真实值之差，也可简称为误差。

$$E_a = x - \mu \tag{1-1}$$

式中，x 为测量值，μ 为真实值。

相对误差（E_r），表示绝对误差在真实值中所占比例，常用百分率表示。

$$E_r = \frac{E_a}{\mu} \times 100\% \tag{1-2}$$

例 1-1 测定 $H_2C_2O_4 \cdot 2H_2O$ 中水的质量分数，结果为 0.2870。而其理论值应为 0.2858。计算测定结果的绝对误差和相对误差。

解

$$E_a = x - \mu = 0.2870 - 0.2858 = 0.0012$$

$$E_r = \frac{E_a}{\mu} \times 100\% = \frac{0.0012}{0.2858} \times 100\% = 0.42\%$$

绝对误差和相对误差都有正负之分，测量值大于真实值，误差为正；测量值小于真实值，误差为负。在比较测量结果的准确度时，用相对误差更为合理。

实际工作中，真实值通常难以准确测得，所以误差通常不能准确计算。但某些时候，如常规分析的质量控制、分析方法的评价等，可以用一些约定真实值（如相对原子质量、摩尔质量、标准物质的量值、标准器的标示值等）来进行误差计算。

（二）精密度与偏差

精密度，是平行测量的各测量值之间的符合程度。精密度的高低用偏差（deviation）衡量。测量值分散程度越大，偏差越大，精密度越低；偏差越小，分析的精密度越高。偏差有多种表示方法。

1. 偏差与相对偏差 偏差（d）为某一测量值 x_i 与平均值 $\bar{x}$ 之差

$$d = x_i - \bar{x} \tag{1-3}$$

相对偏差（relative deviation，Rd）表示偏差在平均值中所占的比例，常用百分率表示

$$\mathrm{Rd} = \frac{d}{\bar{x}} \times 100\% \tag{1-4}$$

2. 平均偏差与相对平均偏差 平均偏差（average deviation，$\bar{d}$）为各次测量值的偏差的绝对值的平均值。

$$\bar{d} = \frac{\sum_{i=1}^{n}|x_i - \bar{x}|}{n} \tag{1-5}$$

式中，n 为测量次数。由于各测量值的偏差有正有负，取平均值时会相互抵消，所以取偏差绝对值的平均值才能正确反映一组平行测量值间的符合程度。

相对平均偏差 $\mathrm{R}\bar{\mathrm{d}}$ 为平均偏差与平均值之比，常用百分率表示。

$$\mathrm{R}\bar{\mathrm{d}} = \frac{\bar{d}}{\bar{x}} \times 100\% \tag{1-6}$$

用平均偏差表示精密度时，有时对大偏差反映不够充分，为克服平均偏差的不足，常用标准偏差来衡量测量值的分散程度。

3. 标准偏差与相对标准偏差 标准偏差（standard deviation，s），定义式为

$$s = \sqrt{\frac{\sum_{i=1}^{n}(x_i - \bar{x})^2}{n-1}} = \sqrt{\frac{\sum_{i=1}^{n}d_i^2}{n-1}} \tag{1-7}$$

将偏差平方，使大偏差更突出，所以标准偏差能更好地反映测量值的分散程度。

相对标准偏差（relative standard deviation，RSD），为标准偏差与平均值之比，用百分率表示。

$$\mathrm{RSD} = \frac{s}{\bar{x}} \times 100\% \tag{1-8}$$

相对标准偏差也称变异系数（coefficient of variation，CV）。

例 1-2 测定样品中某成分含量（质量分数），四次重复测定值分别为 0.3745、0.3720、0.3730 和 0.3750。计算测定结果的平均值、平均偏差和相对平均偏差、标准偏差和相对标准偏差。

解 $\bar{x} = (0.3745 + 0.3720 + 0.3730 + 0.3750)/4 = 0.3736$

$$\bar{d}=\frac{\sum_{i=1}^{n}|x_i-\bar{x}|}{n}$$

$$=\frac{|0.3745-0.3736|+|0.3720-0.3736|+|0.3730-0.3736|+|0.3750-0.3736|}{4}$$

$$=\frac{0.0009+0.0016+0.0006+0.0014}{4}=0.0011$$

$$R\bar{d}=\frac{\bar{d}}{\bar{x}}\times 100\%=\frac{0.0011}{0.3736}\times 100\%=0.29\%$$

$$s=\sqrt{\frac{\sum_{i=1}^{n}(x_i-\bar{x})^2}{n-1}}=\sqrt{\frac{0.0009^2+0.0016^2+0.0006^2+0.0014^2}{3}}=0.0014$$

$$RSD=\frac{s}{\bar{x}}\times 100\%=\frac{0.0014}{0.3736}\times 100\%=0.37\%$$

（三）准确度与精密度的关系

准确度是测量值与真实值的符合程度，精密度表示同一试样平行测量值之间的符合程度。两者之间的关系可以用图 1-1 说明。

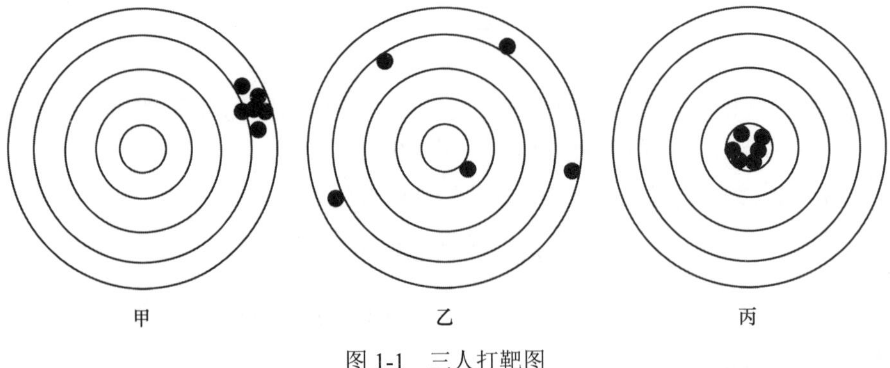

图 1-1　三人打靶图

甲的精密度高，但准确度不好；乙的精密度差，就更谈不上准确度；丙的精密度高同时也保证了准确度高。

因此，评价分析结果的可靠性要同时考虑准确度和精密度。

精密的测量是获得准确结果的前提，精密度低的测定结果是不可靠的；精密度高，不一定准确度高；只有减小了系统误差的高精密度测定，才能获得准确度高的分析结果。

三、提高分析结果准确度的方法

分析过程中的每一步都会产生误差，为保证分析结果的准确度，应根据分析工作的具体要求，考虑误差传递的影响，控制各测量步骤的误差。

误差产生的原因和特点不同，减小和控制误差所采取的方法也不相同。在实际工作中应注意以下几个方面。

（一）减小和控制系统误差

系统误差的来源主要有：方法误差、仪器误差、试剂误差和操作误差。因此，减小并控制系统误差应从以下几个方面着手。

1. 选择合适的分析方法 常规的分析工作，一般多采用标准分析方法，因为标准分析方法的可靠性经过验证，得到公认。如果需选用其他方法，最好与相应的标准方法对照，结果一致才可使用。

已有的分析方法多种多样，每种方法的特点不同，其在灵敏度和选择性、测定的精密度和准确度等方面也各有所长，应根据实际需要选择适合的分析方法。

化学分析法仪器简单、操作简便、准确度高，但灵敏度一般较低，通常适合常量组分（含量大于 1%）分析。

现代科技发展迅速，仪器分析方法目前在诸多领域已经成为常规的分析方法，虽然相对误差比化学分析法稍大，但准确程度满足实际分析工作的要求，并且灵敏度高，能解决传统分析方法难以解决的问题，更符合现代分析工作自动化、智能化的发展方向，已经成为现代分析方法的主流。

2. 减小和控制仪器的测量误差

（1）减小和控制仪器的测量误差：分析工作中使用仪器的精确程度各不相同，应根据实际工作的要求，控制好测量误差。

例如，滴定分析中，常用滴定管的最小刻度精确到 0.1 mL，单次读数估读误差为 ±0.01 mL，一次滴定需要读数两次，这样可能造成 ±0.02 mL 的误差。所以，如果要求滴定的相对误差小于 0.1%，那么滴定剂的体积应在 20 mL 以上。

同理，定量分析中常用万分之一分析天平，称量一个样品需要两次读数，累积固有误差 ±0.0002 g，如果要求称量的相对误差小于 0.1%，则称样量应大于 0.2 g；如果允许称量误差为 1%，则最小称样量可以降低到 0.02 g。

因此，即使使用合格、精密的仪器也需要注意控制仪器本身测量误差的影响。

（2）仪器定期检查和校准：为了保证实验仪器的正常运行，应注意仪器的正常维护保养并定期检查和校准。

3. 控制、减小溶剂、试剂等因素引起的误差

（1）实验中使用的试剂、溶剂和实验器皿应达到实验要求。通常分析方法对所用试剂及实验用水的纯度都有明确要求，应保证试剂和实验用水的质量；实验容器的材料对于有些分析也有影响，应根据实验要求选用不同材料容器，以防杂质溶入溶液或待测组分被容器吸附而造成误差。

（2）利用空白实验消除溶剂、试剂等因素引起的误差。在不加试样的情况下，用水或其他溶剂按照与试样相同的程序进行分析，这样的操作称为空白实验，所得结果称为空白值。从试样分析结果中扣除空白值，可以消除由试剂、水（溶剂）和容器等因素引起的误差。

4. 检查和控制人为因素造成的系统误差 应加强分析人员的培养和考核，分析人员的操作应达到技术规范的要求，避免分析人员操作和工作习惯方面的不足带来的系统误差。

也可以将同样试样安排给不同分析人员，以检查不同分析人员之间是否存在系统误差。

5. 检查系统误差的方法

（1）空白实验：空白值的大小可以反映试剂、水（溶剂）和容器等因素引起系统误差的大小。

（2）对照实验：对照实验有多种方式，可以与标准试样对照；也可以与成熟的方法对照；还可以与不同分析人员、不同的实验室进行对照。

在实际检测条件下分析已知含量的标准试样，可根据分析结果检查有无系统误差。

选用国家颁布的标准分析方法或经典分析方法与现有分析方法进行对照，以检查方法的系统误差。

为了检查分析人员之间是否存在系统误差和其他问题，可将试样安排给不同分析人员，以进行对照实验，这种方法称为“内检”。也可将试样送其他单位进行对照分析，这种方法称为“外检”。

外检往往可发现一些实验室内部不易察觉的误差来源。

（3）回收实验：向试样中加入已知量的被测组分与另一份试样进行平行分析，计算加入的被测组分能否定量回收，由回收率判断系统误差的大小。

（二）增加平行测定次数，减小随机误差

在减小系统误差的前提下，平行测定次数越多，平均值越接近真实值。因此在分析工作中应适当增加测定次数，以减小随机误差。

根据统计学的原理，一般分析应平行测定 3 ～ 4 次，精密分析可平行测定 5 ～ 9 次。

四、有效数字及运算规则

在实际工作中，数据记录应保留几位数字才符合实际测量的准确程度，测量数据在运算时应遵循怎样的规则，这些都是我们应该合理处理的问题。

（一）有效数字

有效数字（significant figure），是指实际测量到的数字，既表示大小又表示准确程度的数字。有效数字除最后一位存疑，其余数字都是确定的，并且末位数字的误差通常是 ±1 个单位。

例如，滴定分析中，读取滴定管的刻度，得到 21.36 mL，数字的前三位是直接从滴定管上读取的准确值，第四位是估计值，但并不是臆造的，通常误差为 ±1，记录时应予保留，四位数字都是有效数字。

有效数字的位数除了表示数量的大小，还与测量的精确程度相关，不能任意增加或减少。例如，称得试样质量为 2.3000 g，表示该试样是在万分之一分析天平上称量的，最后一位为估计值，可能有 ±0.0001 g 的误差。若记为 2.3 g，则表示该试样是在精密程度只能测量到 0.1 g 的天平上称量的，可能有 ±0.1 g 的误差。同样，如滴定管的初始读数为零时，应记作 0.00 mL，而不能记为 0 mL。所以，有效数字不仅反映数量的大小，同时也反映了测量的精确程度。

判断有效数字的位数时，应注意有效数字从第一位不是零的数字开始。如 2.3000 g 为五位有效数字，若写作 0.0023000 kg 仍为五位有效数字，数据中第一个非零数字之前的“0”起定位作用，与使用单位有关，而与测量的精确程度无关，所以不是有效数字。而末尾的“0”关系到测量的精确程度，是有效数字，不能随意略去。此外，非测量值（如自然数、分数等）以及常数（如 π、e 等）可视为准确值，计算中考虑有效数字位数时此类数字位数不受限制（可以认为有无限多位有效数字）。

（二）有效数字的运算规则

1. 数字修约 处理分析数据时，应保留的有效数字位数确定后，其余尾数部分一律舍弃，这个过程称为修约。修约应一次到位，不得连续多次修约。

修约规则为四舍六入五留双。被修约的数字 ≤ 4 时舍去；被修约数字 ≥ 6 时进位；被修约数字等于 5 时，当 5 后面的数字不全为 0 时进位，当 5 后面都是 0 时，进位或舍去以保证修约后的末位数字为偶数。例如，将下列数据修约为两位有效数字

7.549 → 7.5　7.569 → 7.6　7.550 → 7.6　7.650 → 7.6　7.6501 → 7.7

2. 有效数字的运算规则 有效数字运算时，应按照运算规则合理取舍，才能正确表达分析结果的准确度。

（1）有效数字加减法：有效数字加减运算时，结果保留小数点后位数应与小数点后位数最少者相同。例如：

$$0.0121 + 12.56 + 7.8132 = 20.3853\ （计算结果）$$

$$= 20.39\ （修约后结果）$$

有效数字只允许有一位不确定数字，三个数据中 12.56 的小数点后位数最少，即从小数点后第二位开始为近似数字，所以计算结果的小数点后的位数只能为两位。

（2）有效数字乘除法：有效数字乘除运算时，计算结果保留位数应与有效数字位数最少者相同。例如：

$$(0.0137\times17.73\times305.81)/28.69=2.589109613\text{（计算结果）}$$
$$=2.59\text{（修约后结果）}$$

结果保留三位有效数字，与 0.0137 有效数字位数相同。

（3）乘方或开方：相当于乘法或除法，结果有效数字位数不变。例如：

$$2.81^2=7.90 \qquad \sqrt{9.56}=3.09$$

结果保留三位有效数字，与原数值位数一致。

（4）对数计算：如计算 pH、pM、lg*c*、lg*K* 等，对数尾数的位数应与真数的有效数字位数相同。例如：

$$[H^+]=3.1\times10^{-7}\ \text{mol}\cdot\text{L}^{-1} \qquad \text{pH}=6.51$$

pH = 6.51 不应看作三位有效数字，尾数 0.51 与真数都是二位有效数字，pH 的整数部分与真数中 10 的指数 –7 对应，不算有效数字。

第三节　溶液组成的量度

一、物质的量

物质的量（amount of substance）是国际单位制（SI）中七个基本物理量之一，是表示物质数量的物理量。物质的量以摩尔（mol）为单位。

摩尔的定义是：系统含有的基本单元数量是 6.02214076×10^{23}（阿伏伽德罗常数）时，其物质的量定义为 1 mol。

基本单元可以是分子、原子、离子、电子及其他粒子或它们的集合体。如 1 mol（H_2），1 mol（$\frac{1}{2}H_2O$），1 mol（$\frac{1}{2}SO_4^{2-}$）等。

二、物质的量浓度和质量摩尔浓度

（一）物质的量浓度

物质的量浓度（amount-of-substance concentration）定义为：物质 B 的物质的量 n_B 除以溶液的体积 V，常用符号 c_B 表示。

$$c_B=\frac{n_B}{V} \tag{1-9}$$

物质的量浓度的 SI 单位为 $\text{mol}\cdot\text{m}^{-3}$，常用单位为 $\text{mol}\cdot\text{L}^{-1}$，也可用 $\text{mmol}\cdot\text{L}^{-1}$ 和 $\mu\text{mol}\cdot\text{L}^{-1}$。物质的量浓度可简称为浓度，应用物质的量浓度时应注明基本单元。

例 1-3　正常人 100 mL 血浆中约含 10 mg Ca^{2+}，计算血浆中 Ca^{2+} 的物质的量浓度。

解　100 mL 血浆中 Ca^{2+} 的物质的量为

$$n(Ca^{2+})=\frac{m(Ca^{2+})}{M(Ca^{2+})}=\frac{10\times10^{-3}}{40.08}=2.5\times10^{-4}(\text{mol})$$

Ca^{2+}的物质的量浓度为

$$c(\mathrm{Ca}^{2+})=\frac{n(\mathrm{Ca}^{2+})}{V}=\frac{2.5\times10^{-4}}{100\times10^{-3}}=2.5\times10^{-3}(\mathrm{mol\cdot L^{-1}})$$

世界卫生组织建议，在医学上表示体液内物质组成时，已知相对分子质量的物质，应使用物质的量浓度。

（二）质量摩尔浓度

物质 B 的物质的量 n_B 除以溶剂 A 的质量 m_A 称为物质 B 的质量摩尔浓度（molality），用符号 b_B 表示。

$$b_B=\frac{n_B}{m_A} \tag{1-10}$$

质量摩尔浓度的 SI 单位为 $mol\cdot kg^{-1}$，应用时应注明基本单元。

例 1-4 配制生理盐水时，将 9.00 g 氯化钠溶于 1000 mL 水中，计算此生理盐水的质量摩尔浓度。

解 1000 mL 水约为 1000 g

$$n(\mathrm{NaCl})=9.00/58.44=0.154\ (\mathrm{mol})$$
$$m(\mathrm{H_2O})=1.000\ \mathrm{kg}$$

此溶液的质量摩尔浓度为

$$b(\mathrm{NaCl})=\frac{n(\mathrm{NaCl})}{m(\mathrm{H_2O})}=\frac{0.154}{1.000}=0.154\ (\mathrm{mol\cdot kg^{-1}})$$

三、质量分数、体积分数和摩尔分数

（一）质量分数

物质 B 的质量 m_B 除以溶液的质量 m 称为物质 B 的质量分数（mass fraction），用符号 w_B 表示。

$$w_B=\frac{m_B}{m} \tag{1-11}$$

质量分数可以用百分数表示。

（二）体积分数

物质 B 的体积 V_B 除以溶液中各组分混合前的体积之和 $\sum V_i$，称为物质 B 的体积分数（volume fraction），用符号 φ_B 表示。

$$\varphi_B=\frac{V_B}{\sum V_i} \tag{1-12}$$

体积分数也可以用百分数表示。

例 1-5 配制医用酒精，将纯酒精 750 mL 与 250 mL 水混合，计算此溶液中酒精的体积分数。

解 此消毒酒精中酒精的体积分数为

$$\varphi_{酒精}=\frac{750}{750+250}=0.750$$

（三）摩尔分数

物质 B 的物质的量 n_B 除以溶液物质的量 n 称为摩尔分数（mole fraction），用符号 x_B 表示。

$$x_B = \frac{n_B}{n} \tag{1-13}$$

由定义可推出，溶液中各物质摩尔分数总和等于 1，即 $\sum_i x_i = 1$

例 1-6　医院补液用葡萄糖的质量分数为 0.048，计算该溶液中葡萄糖的摩尔分数。

解　为计算方便，取 100 g 溶液，溶液中葡萄糖和水的物质的量分别为

$$n(C_6H_{12}O_6) = \frac{100 \times 0.048}{180.15} = 0.027\ (\text{mol})$$

$$n(H_2O) = \frac{100 \times (1 - 0.048)}{18.02} = 5.3\ (\text{mol})$$

葡萄糖的摩尔分数为

$$x(C_6H_{12}O_6) = \frac{n(C_6H_{12}O_6)}{n(C_6H_{12}O_6) + n(H_2O)} = \frac{0.027}{0.027 + 5.3} = 0.0051$$

四、质量浓度

物质 B 的质量 m_B 除以溶液的体积 V 称为物质 B 的质量浓度（mass concentration），用符号 ρ_B 表示。即

$$\rho_B = \frac{m_B}{V} \tag{1-14}$$

质量浓度的 SI 单位为 $kg \cdot m^{-3}$。医学上常用单位为 $g \cdot L^{-1}$、$mg \cdot L^{-1}$ 和 $\mu g \cdot L^{-1}$。

注意不要把质量浓度与密度混淆，虽然单位相似，但质量浓度是单位体积溶液中含某溶质的质量，而密度是单位体积某物质的质量。

例 1-7　配制补液用葡萄糖溶液，将 50.0 g 葡萄糖溶于 1000 mL 水中，计算此溶液中葡萄糖的质量浓度。

解　葡萄糖的质量浓度为

$$\rho_B = \frac{m_B}{V} = \frac{50.0}{1000 \times 10^{-3}} = 50.0\ (g \cdot L^{-1})$$

思考与练习

1. 系统误差和偶然误差各有什么特点？引起系统误差的原因有哪些？

2. 什么是准确度？什么是精密度？二者有何关系？

3. 若用万分之一分析天平称量 6 mg 试样，称量误差是多少？若用十万分之一分析天平称量同量试样，称量误差又是多少？如果实验室只有万分之一分析天平，若要控制称量误差小于 0.5%，那么称样质量至少要多少？

4. 下列数据含几位有效数字？

（1）1.80×10^5；（2）1/3；（3）58.44；（4）pH=7.35；（5）0.0600

5. 按有效数字规则，计算下列各式。

（1）12.0107 + 1.008 – 0.0369 + 65.38；

（2）$\frac{0.01224\times 36.108\times 49.64}{3.81}$；

（3）$(1.127\times 3.14)+1.8\times 10^{-4}-0.03025\times 0.0121$；

（4）$[H^+]$=0.036 mol · L^{-1}，计算 pH。

6. 某患者需补 0.050 mol Na^+，需要多少生理盐水（9.0 g · L^{-1} NaCl 溶液）？

7. 在 293 K 时，将 350 g $ZnCl_2$ 晶体溶于 650 g 水中，溶液的体积为 739.5 mL，试计算：

（1）$ZnCl_2$ 的物质的量浓度；

（2）$ZnCl_2$ 的质量摩尔浓度；

（3）$ZnCl_2$ 的摩尔分数。

（滕文锋）

知识拓展

习题详解

第二章　稀溶液的依数性

PPT

物质的溶解是一个物理化学过程，当溶质溶解于溶剂形成溶液后，溶液的性质既不同于纯溶质，也不同于纯溶剂。溶液的性质可分为两类：一类性质与溶质的本性及溶剂的相互作用有关，如溶液的颜色、体积、密度和导电性等；另一类性质与溶质的本性几乎无关，主要取决于溶质的微粒数目，如溶液的蒸气压下降、沸点升高、凝固点降低及渗透压等。这类与溶质本性无关而只与溶质微粒数目有关的性质称为溶液的依数性（colligative property）。这类性质具有一定的规律性，但其变化规律只适用于稀溶液，所以也称为稀溶液的通性。当溶质是电解质或非电解质，溶液浓度很大时，依数性规律将发生偏离。

稀溶液的依数性，对细胞内外物质的交换和运输、临床输液、水及电解质代谢失调引起的疾病的机制和治疗原则等问题，都具有一定的理论指导意义。本章主要讨论难挥发非电解质稀溶液的依数性。

第一节　溶液的蒸气压下降

一、液体的蒸气压

在一定温度下，将纯水放入真空密闭容器中，由于水分子的热运动，液面上一部分动能较高的水分子将克服液体分子间的作用力溢出液面，扩散形成气相（将物理性质和化学性质相同的组成部分称为一相），这一过程称为蒸发（evaporation）。同时，气相的水分子也会接触到液面并被吸引到液相中，这一过程称为凝结（condensation）。开始时，蒸发过程占优势，但随着水蒸气密度的增加，凝结的速率增大，最后蒸发速率与凝结速率相等，气相与液相达到平衡：

$$H_2O(l) \underset{凝结}{\overset{蒸发}{\rightleftharpoons}} H_2O(g) \tag{2-1}$$

式中，l 代表液相（liquid phase）；g 代表气相（gas phase）。此时水蒸气的密度不再改变，它具有的压力也不再改变。我们将与液相处于平衡状态的蒸气所具有的压力称为该温度下的饱和蒸气压，简称蒸气压（vapor pressure），用符号 p 表示，单位是帕（Pa）或千帕（kPa）。

蒸气压的大小与液体的本性和温度有关。

在相同温度下，不同的液体，由于汽化的难易程度不同，其蒸气压也不相同。例如，293 K 时水的蒸气压为 2.34 kPa，乙醇的蒸气压为 5.85 kPa，乙醚的蒸气压为 57.6 kPa。

同一液体在不同温度下的蒸气压值也不相同。由于蒸发是一个吸热过程，所以液体的蒸气压随温度升高而增大。表 2-1 列出了不同温度下水的蒸气压。

表 2-1　不同温度下水的蒸气压

温度 /K	273	293	298	303	323	353	373
p/kPa	0.61	2.34	3.17	4.25	12.35	47.41	101.42

图 2-1 反映了乙醚、乙醇、水和聚乙二醇等不同的液体物质的蒸气压随温度升高而增大的情况。

固体直接蒸发为气体，称为升华（sublimation）。因而固体也具有一定的蒸气压。大多数固体的蒸气压都很小，但冰、碘、樟脑、萘等均具有较显著的蒸气压。固体的蒸气压也随温度升高而增大。表 2-2 给出了不同温度下冰的蒸气压。

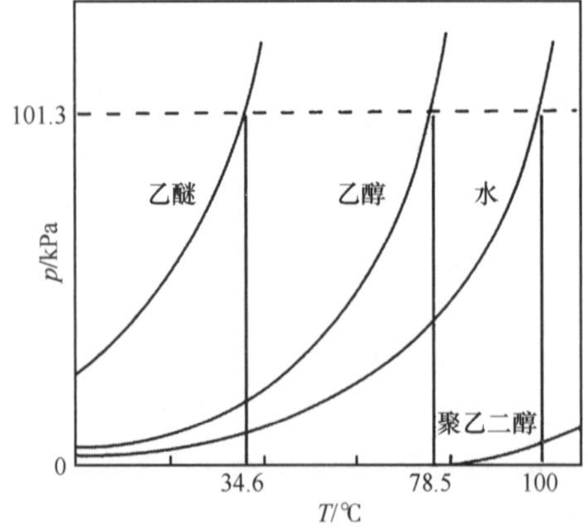

图 2-1　几种液体蒸气压与温度的关系图

表 2-2　不同温度下冰的蒸气压

温度 /K	263	268	269	270	271	272	273
p/kPa	0.26	0.40	0.44	0.48	0.52	0.56	0.61

无论固体或是液体，蒸气压大的称为易挥发性物质，蒸气压小的称为难挥发性物质。本章讨论稀溶液依数性时忽略难挥发性的溶质自身的蒸气压，只考虑溶剂的蒸气压。

二、溶液蒸气压下降的规律

大量实验证明，在一定温度下，难挥发非电解质稀溶液的蒸气压总是低于纯溶剂的蒸气压。如图 2-2 所示，由于纯溶剂的部分表面被难挥发的溶质分子占据，单位时间内溢出表面的溶剂分子数较纯溶剂减少，因此，达平衡时溶液的蒸气压必然低于同温度下纯溶剂的蒸气压，这种现象称为溶液的蒸气压下降（vapor pressure lowering）。

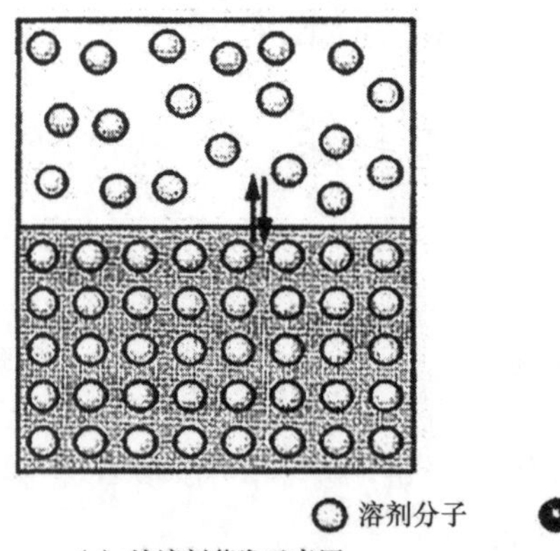

图 2-2　纯溶剂和溶液蒸发-凝结示意图

1887 年，法国化学家拉乌尔（F. M. Raoult）根据大量实验结果得出，难挥发非电解质稀溶液蒸气压下降的经验公式：

$$p = p^* x_A \tag{2-2}$$

式中，p 为难挥发非电解质稀溶液的蒸气压；p^* 为纯溶剂的蒸气压；x_A 为稀溶液中溶剂的摩尔分数。

若稀溶液由溶剂 A 和一种溶质 B 组成，则式（2-2）可改写为

$$p = p^*(1 - x_B)$$

$$\Delta p = p^* - p = p^* x_B \tag{2-3}$$

式中，Δp 为溶液的蒸气压下降值；x_B 为溶质 B 的摩尔分数。式（2-2）称为拉乌尔定律，式（2-3）是拉乌尔定律的另一种形式。从式（2-3）可以看出，在一定温度下，难挥发非电解质稀溶液的蒸气压下降与溶质的摩尔分数成正比，而与溶质的本性无关。

拉乌尔定律仅适用于难挥发非电解质稀溶液。因为在稀溶液中，溶剂分子之间的引力受溶质分子的影响很小，溶液的蒸气压只取决于单位体积内溶剂的分子数。若溶质易挥发，则溶剂和溶

质的蒸发都对蒸气压有贡献；如果溶液浓度很大，溶质对溶剂分子之间的引力就会有显著影响，溶液的蒸气压就不符合拉乌尔定律，会出现很大的偏差。

在稀溶液中，$n_A \gg n_B$，所以 $n_A + n_B \approx n_A$，则

$$x_B = \frac{n_B}{n_A + n_B} \approx \frac{n_B}{n_A} = \frac{n_B}{m_A/M_A} = \frac{n_B}{m_A} M_A = b_B M_A \tag{2-4}$$

将式（2-4）代入式（2-3）中，得

$$\Delta p = p^* M_A b_B = K b_B \tag{2-5}$$

在一定温度下，对一定的溶剂来说，p^* 和溶质的摩尔质量 M_A 均为常数，因此 K 也是常数。式（2-5）是拉乌尔定律的又一种表达形式。

例 2-1　已知293 K时水的饱和蒸气压为2.338 kPa，将6.840 g蔗糖（$C_{12}H_{22}O_{11}$）溶于100.0 g水中，计算蔗糖溶液的质量摩尔浓度和蒸气压分别是多少？

解　蔗糖的摩尔质量为 342.0 g · mol^{-1}，所以溶液的质量摩尔浓度为

$$b_B = \frac{n_B}{m_A} = \frac{\frac{m_B}{M_B}}{m_A} = \frac{\frac{6.840}{342.0}}{\frac{100.0}{1000}} = 0.2000\ (\text{mol}\cdot\text{kg}^{-1})$$

水的摩尔分数为

$$x(H_2O) = \frac{n(H_2O)}{n(H_2O) + n(\text{蔗糖})} = \frac{\frac{100.0}{18.02}}{\frac{100.0}{18.02} + \frac{6.840}{342.0}} = \frac{5.549}{5.549 + 0.02000} = 0.9964$$

蔗糖溶液的蒸气压为

$$p = p^* x_A = 2.338 \times 0.9964 = 2.330\ \text{kPa}$$

第二节　溶液的沸点升高和凝固点降低

一、溶液的沸点升高

（一）纯液体的沸点

温度升高，液体的蒸气压增大，当温度升高至液体的蒸气压等于外界大气压时，液体开始沸腾，此时的温度称为该液体的沸点（boiling point）。纯液体的沸点是恒定的。液体的沸点与外界的压力有关，外界的压力越大，液体的沸点也就越大。例如，当大气压为 100 kPa 时，水的沸点为 100℃；而在珠穆朗玛峰峰顶，大气压力约为 30 kPa，水的沸点约为 70℃。通常所说的液体的沸点是指在标准大气压（100 kPa）时的沸点。

根据液体沸点与外界压力有关的性质，在提取和精制对热不稳定的物质时，常采用减压蒸馏或减压浓缩的方法以降低蒸发温度，防止高温加热对这些物质的破坏。而对热稳定的注射液和某些医疗器械进行灭菌时，则常采用高压灭菌法，即在密闭的高压消毒器内加热，通过升高水蒸气的温度来缩短灭菌时间并提高灭菌效果。

（二）溶液的沸点升高

实验证明，难挥发非电解质稀溶液的沸点高于纯溶剂的沸点，这一现象称为溶液的沸点升高（boiling point elevation）。溶液沸点升高的原因是溶液的蒸气压低于纯溶剂的蒸气压。图 2-3 可给予

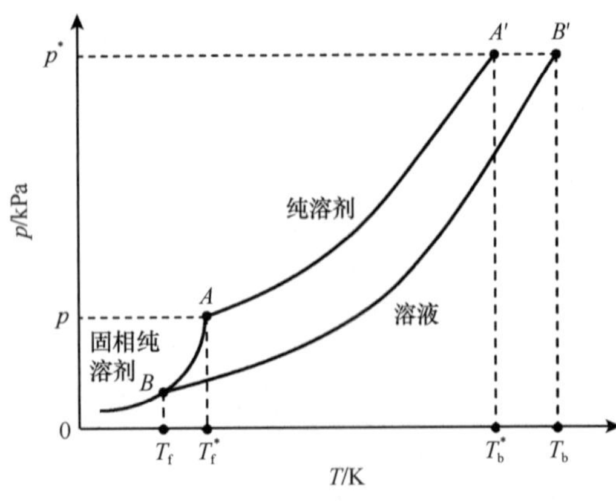

图 2-3 溶液沸点的升高和凝固点的降低

很好的说明。

在图 2-3 中，横坐标表示温度，纵坐标表示蒸气压。AA' 表示纯溶剂的蒸气压曲线，BB' 表示稀溶液的蒸气压曲线。从图中可以看出，在任何温度下，溶液的蒸气压都低于纯溶剂的蒸气压，所以 BB' 总是处于 AA' 的下方。纯溶剂的蒸气压等于外压 100 kPa 时，所对应的温度 T_b^* 就是纯溶剂正常沸点，此温度时溶液的蒸气压仍低于 100 kPa，只有升高温度至 T_b 时，溶液的蒸气压才等于外压 100 kPa，溶液才会沸腾。T_b 是溶液的正常沸点，溶液的沸点升高为 $\Delta T_b = T_b - T_b^*$。溶液越浓，其蒸气压下降越多，沸点升高越多。根据拉乌尔定律，稀溶液的沸点升高（ΔT_b）与蒸气压下降成正比，即

$$\Delta T_b = K'\Delta p$$

而

$$\Delta p = Kb_B$$

所以

$$\Delta T_b = K'Kb_B = K_b b_B \tag{2-6}$$

式中，K_b 称为溶剂的沸点升高常数，它只与溶剂的本性有关。其 SI 单位是 $K \cdot kg \cdot mol^{-1}$。表 2-3 列出了常见溶剂的 K_b 值。

表 2-3 常见溶剂的沸点（T_b^*）及沸点升高常数（K_b）

溶剂	T_b^*/ K	K_b / (K · kg · mol^{-1})
水	373.2	0.513
乙醇	351.4	1.23
乙醚	307.6	2.20
四氯化碳	349.9	5.26
氯仿	334.4	3.80
苯	353.2	2.64
萘	490.9	5.80
乙酸	391.1	3.22

从式（2-6）可以看出，在一定条件下，难挥发非电解质稀溶液的沸点升高只与溶质的质量摩尔浓度成正比，而与溶质的本性无关。

必须强调的是，纯溶剂的沸点是恒定的，但难挥发非电解质稀溶液的沸点是不断变化的，随着沸腾的进行，溶剂不断蒸发，溶液浓度逐渐增大，其蒸气压逐渐下降，沸点也就逐渐升高，直到形成饱和溶液时，浓度不再变化，蒸气压也不再变化，此时沸点才恒定。因此，溶液的沸点是指溶液刚开始沸腾时的温度。

由溶质 B 的质量摩尔浓度的定义，有

$$b_B = \frac{n_B}{m_A} = \frac{m_B/M_B}{m_A}$$

将上式代入式（2-6），可得

$$M_B = \frac{K_b m_B}{m_A \Delta T_b} \tag{2-7}$$

例 2-2　已知苯的沸点是 353.2 K，将 2.67 g 某难挥发性物质溶于 100 g 苯中，测得该溶液的沸点升高了 0.531 K，求该物质的摩尔质量。

解　已知 $\Delta T_b = 0.531$ K，$K_b = 2.64\ \text{K} \cdot \text{kg} \cdot \text{mol}^{-1}$，$m_B = 2.67$ g，$m_A = 100$ g，则

$$M_B = \frac{K_b m_B}{m_A \Delta T_b} = \frac{2.64 \times 2.67}{\frac{100}{1000} \times 0.531} = 1.33 \times 10^2\ (\text{g} \cdot \text{mol}^{-1})$$

该物质的摩尔质量为 1.33×10^2 (g · mol^{-1})。

因此可利用溶液沸点升高计算出溶质 B 的摩尔质量。

二、溶液的凝固点降低

（一）纯液体的凝固点

在一定的外界压力下（一般是指 100 kPa），物质的固、液两相蒸气压相等而平衡共存时的温度称为该物质的凝固点（freezing point）。用 T_f^* 表示。例如，水的凝固点是 273.2 K，又称为冰点，在此温度时水和冰的蒸气压相等。

（二）溶液的凝固点降低

图 2-3 中，*AB* 为固相纯溶剂的蒸气压曲线，在纯溶剂的凝固点 T_f^* 时，由于溶液的蒸气压低于纯溶剂的蒸气压，此时固相和液相不能共存，即在 T_f^* 时溶液不凝固。若温度继续下降，由于冰的蒸气压比溶液的蒸气压随温度降低得更快，当温度降至 T_f 时，冰和溶液的蒸气压相等，此时冰和溶液共存，这个平衡温度 T_f 就是溶液的凝固点。所以，溶液的凝固点总是比纯溶剂的凝固点低，这一现象称为溶液的凝固点降低（freezing point depression）。

对于难挥发非电解质稀溶液而言，凝固点降低值 ΔT_f 也与溶液的蒸气压降低值 Δp 成正比

$$\Delta T_f = K'' \Delta p$$

而

$$\Delta p = K b_B$$

所以

$$\Delta T_f = K'' K b_B = K_f b_B \qquad (2\text{-}8)$$

式中，K_f 称为溶剂的凝固点降低常数，它只与溶剂的本性有关，其 SI 单位是 K · kg · mol^{-1}。表 2-4 列出了常见溶剂的凝固点及 K_f 值。

表 2-4　常见溶剂的凝固点（T_f^*）及凝固点降低常数（K_f）

溶剂	T_f^* / K	K_f / (K · kg · mol^{-1})
乙醇	155.7	1.99
乙醚	156.8	1.80
乙酸	290.2	3.63
水	273.2	1.86
萘	353.4	7.45
苯	278.7	5.07
四氯化碳	250.1	32.0

从式（2-8）可以看出，在一定条件下，难挥发非电解质稀溶液的凝固点降低值与溶液的质量摩尔浓度成正比，而与溶质的本性无关。

由溶质 B 的质量摩尔浓度的定义和式（2-8）可得

$$M_B = \frac{K_f m_B}{m_A \Delta T_f} \tag{2-9}$$

例 2-3 将 0.638 g 尿素溶于 250 g 水中，测得此溶液的凝固点降低值为 0.079 K，试求尿素的摩尔质量。

解 已知 $\Delta T_f = 0.079$ K，$K_f = 1.86$ K · kg · mol^{-1}，$m_B = 0.638$ g，$m_A = 250$ g，则

$$= \frac{K_f m_B}{m_A \Delta T_f} = \frac{1.86 \times 0.638}{250 \times 0.079} = 0.060\ \text{kg}\cdot\text{mol}^{-1} = 60\ \text{g}\cdot\text{mol}^{-1}$$

尿素的摩尔质量为 60 g · mol^{-1}。

因此可利用溶液凝固点降低值计算出溶质 B 的摩尔质量。

通过测定难挥发非电解质稀溶液的沸点升高值和凝固点降低值，都能够计算出难挥发非电解质稀溶液的摩尔质量。但是比较同一溶剂的 K_f 和 K_b 发现，大多数溶剂的 K_f 大于 K_b，因此由同一稀溶液测得的 ΔT_f 要比 ΔT_b 大，测定灵敏度高且相对误差较小。而且溶液的凝固点测定是在低温下进行的，即使多次重复测定也不会引起生物样品的变性或破坏，溶液的浓度也不会变化。所以，凝固点降低法在医学和生物科学实验中应用更为广泛。

在科研、生产和日常生活中，凝固点降低的原理都有广泛的应用，例如在实验室中，常用食盐和冰的混合物作制冷剂，可使温度降至 –22℃，将氯化钙和冰混合，可使温度降至 –55℃；在水产品和食物的储存和运输中，曾广泛使用食盐和冰的混合物制成冷却剂；冬季在汽车水箱中加入乙二醇或甘油等物质防冻；检查化合物纯度，杂质越多，凝固点降低越多；医学上也用体液的凝固点降低值来比较和衡量体液的渗透压。

第三节　溶液的渗透压

一、渗透现象和渗透压

人在淡水中游泳，会感觉眼球胀痛；因失水而发蔫的绿植，浇水后又可重新复原；海水鱼不能生活在淡水中；等等。这些现象都与细胞膜的渗透现象有关。

半透膜（semi-permeable membrane）是一种只允许某些物质通过而不允许另一些物质通过的多孔性薄膜。半透膜的种类很多，通透性也不同。如细胞膜、膀胱膜、鸡蛋膜、毛细血管壁等生物膜以及人工制成的火棉胶膜、羊皮纸膜等都具有一定的半透膜性质。

如果用一种只允许溶剂（如水）分子通过、溶质（如蔗糖）分子不能通过的半透膜，将纯溶剂和溶液隔开，并使膜两侧液面高度相等，如图 2-4（a）所示。一段时间后，纯溶剂的液面下降，稀溶液的液面上升，如图 2-4（b）所示。若将溶质相同而浓度不同的两种溶液用半透膜隔开，也会发生此种现象。这种溶剂分子通过半透膜进入溶液中的自发过程称为渗透（osmosis）。

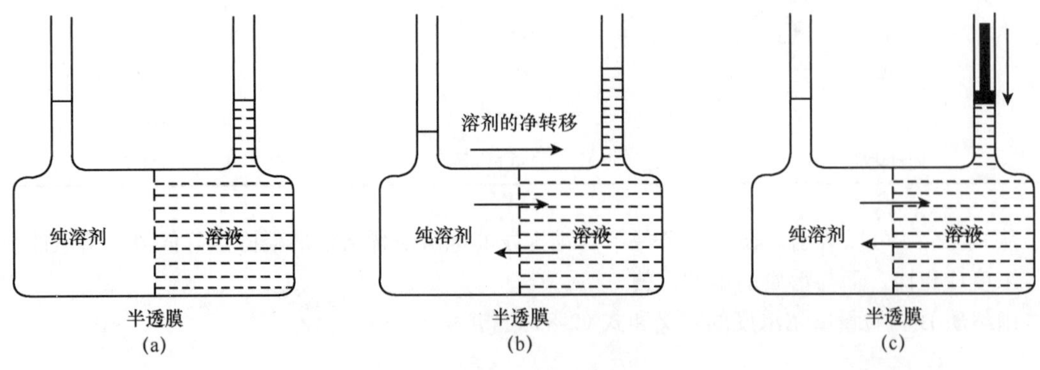

图 2-4　渗透现象和渗透压

之所以产生渗透现象，是因为半透膜两侧单位体积内溶剂分子数目不相等，单位时间内由纯溶剂进入溶液中的溶剂分子数要比从溶液进入纯溶剂的多，其结果就是溶液一侧的液面升高。随着溶液液面的升高，静水压增大，使水分子从稀溶液进入纯水的速率加快。当静水压增大至一定值后，单位时间内从半透膜两侧透过的溶剂分子数目相等，达到渗透平衡。若要阻止渗透现象的发生，必须在稀溶液的液面上施加一额外压力，如图 2-4（c）所示，这种恰好能阻止渗透现象发生而施加于稀溶液液面上的额外压力称为渗透压（osmotic pressure）。渗透压用符号 $\varPi$ 表示，单位为 Pa 或 kPa。

问题与思考 2-1

为什么在淡水中游泳眼睛会红肿并感觉胀痛？

眼组织内液的渗透压高于淡水的渗透压，淡水中的水分子就会渗入眼内导致细胞膨胀，于是眼睛会红肿并感觉胀痛。

将同一溶质的两种不同浓度的溶液用半透膜隔开，为了阻止渗透现象发生，必须在浓溶液液面上施加一压力，此压力应为两溶液渗透压之差。

通过上述的讨论可知，若产生渗透现象必须具备两个条件：一是有半透膜存在；二是半透膜两侧单位体积内溶剂分子数目不相等。渗透方向总是溶剂分子从纯溶剂向溶液（或从稀溶液向浓溶液）方向渗透，以减小膜两侧溶液的浓度差。

若在溶液液面上施加的外压大于渗透压时，溶液中透过半透膜进入纯溶剂一侧的溶剂分子数将大于由纯溶剂进入溶液一侧的溶剂分子数，这种由外压驱使渗透作用逆向进行的过程称为反向渗透，简称反渗透（reverse osmosis，RO）。它已广泛应用于各种液体的提纯与浓缩，其中最普遍的应用实例便是在水处理工艺中，用反渗透技术将原水中的无机离子、细菌、病毒、有机物及胶体等杂质去除，以获得高质量的纯净水。

二、稀溶液的渗透压与浓度及温度的关系

1877 年德国植物学家普费弗（Pfeffer）研究了一些稀溶液的渗透压与温度及浓度的关系，实验结果表明：在一定温度下，稀溶液的渗透压与溶液的浓度成正比；在一定浓度下，稀溶液的渗透压与温度成正比。

1886 年，荷兰化学家范托夫（van't Hoff）根据实验结果提出，难挥发非电解质稀溶液的渗透压可用与理想气体方程相似的方程表示：

$$\varPi V = n_B RT \tag{2-10}$$

或

$$\varPi = c_B RT \tag{2-11}$$

式中，$\varPi$ 为稀溶液的渗透压；n_B 为溶质的物质的量；c_B 为稀溶液的浓度；T 为热力学温度；R 为摩尔气体常量。若采用 SI 单位，$\varPi$ 的单位为 Pa，c_B 的单位为 $mol \cdot m^{-3}$，T 的单位为 K，而 $R = 8.314\ J \cdot mol^{-1} \cdot K^{-1}$。

式（2-11）称为范托夫方程。它表明，在一定温度下，稀溶液的渗透压与单位体积溶液中质点的数目成正比，与溶质的本性无关。因此，渗透压也是溶液的依数性。

对于稀水溶液来说，其物质的量浓度近似地与质量摩尔浓度相等，即 $c_B \approx b_B$，所以式（2-11）可改写为

$$\varPi = b_B RT \tag{2-12}$$

例 2-4　将 2.00 g 蔗糖（$C_{12}H_{22}O_{11}$）溶于水，配成 50.0 mL 溶液，求溶液在 310.15 K 时的渗透压。

解　已知蔗糖的摩尔质量为 $342\ g \cdot mol^{-1}$，$R = 8.314\ J \cdot mol^{-1} \cdot K^{-1}$，则

$$c(C_{12}H_{22}O_{11})=\frac{n}{V}=\frac{m_B}{M_BV}=\frac{2.00}{342\times50.0\times10^{-3}}=0.117\ (\text{mol}\cdot\text{L}^{-1})$$

根据式(2-11)，其中 R 的单位

$$[R]=\text{J}\cdot\text{mol}^{-1}\cdot\text{K}^{-1}=\text{Pa}\cdot\text{m}^3\cdot\text{mol}^{-1}\cdot\text{K}^{-1}=\text{Pa}\cdot10^3\ \text{L}\cdot\text{mol}^{-1}\cdot\text{K}^{-1}=\text{kPa}\cdot\text{L}\cdot\text{mol}^{-1}\cdot\text{K}^{-1}$$

所以 $\Pi=c_BRT=0.117\times8.314\times310.15=3.02\times10^2\ (\text{kPa})$

通过实验测定难挥发非电解质稀溶液的渗透压，可以推算溶质的摩尔质量（或相对分子质量）。

$$\Pi V=n_BRT=\frac{m_B}{M_B}RT$$

即

$$M_B=\frac{m_BRT}{\Pi V} \tag{2-13}$$

式中，m_B 为溶质 B 的质量 (g)；M_B 为溶质 B 的摩尔质量（$\text{g}\cdot\text{mol}^{-1}$）。

例 2-5 1.0 L 溶液中含有 5.0 g 马的血红素，在 298 K 时测得溶液的渗透压为 1.80×10^2 Pa，求马的血红素的相对分子质量。

解 已知 $\Pi=1.80\times10^2$ Pa，$V=1.0$ L，$m_B=5.0$ g，$T=298$ K，则

$$M_B=\frac{m_BRT}{\Pi V}=\frac{5.0\times8.314\times298}{1.8\times10^2\times10^{-3}\times1.0}=6.9\times10^4\ (\text{g}\cdot\text{mol}^{-1})$$

马的血红素的相对分子质量为 6.9×10^4。

理论上讲，测定溶液的渗透压和凝固点降低法这两种方法，都可以推算溶质的摩尔质量（或相对分子质量），但在实际工作中，由于溶液的渗透压力越大，对半透膜耐压的要求就越高，也就越难直接测定，所以多采用凝固点降低法测定小分子溶质的相对分子质量；而对于大分子溶质的稀溶液，溶质的质点数很少，其凝固点降低值很小，使用一般仪器很难准确测定大分子溶质的相对分子质量，因而常用渗透压法。

三、电解质稀溶液的依数性

以上讨论的都是非电解质稀溶液的依数性，下面简单地讨论电解质稀溶液的依数性计算。由于强电解质在溶液中全部解离，可近似认为单位体积内的粒子数是同浓度非电解质溶液的整数倍。因此，在计算电解质稀溶液的依数性时，其公式中应引入一个校正因子 i。沸点的升高、凝固点的降低和渗透压的公式应改写为

$$\Delta T_b=iK_bb_B \tag{2-14}$$

$$\Delta T_f=iK_fb_B \tag{2-15}$$

$$\Pi=ic_BRT \tag{2-16}$$

这里校正因子 i 的数值可近似等于一“分子”电解质解离出的粒子个数。例如，AB 型电解质（NaCl、$CaSO_4$、$NaHCO_3$ 等）的校正因子 i 为 2；A_2B 或 AB_2（Na_2SO_4、$MgCl_2$ 等）的校正因子 i 为 3。

例 2-6 临床上常用的生理盐水是 $9.0\ \text{g}\cdot\text{L}^{-1}$ 的 NaCl 溶液，求此溶液在 310.15 K 时的渗透压。

解 NaCl 在稀溶液中完全解离，$i=2$，NaCl 的摩尔质量为 $58.5\ \text{g}\cdot\text{mol}^{-1}$，则

$$c_B=\frac{\rho_B}{M_B}=\frac{9.0}{58.5}=0.15\ (\text{mol}\cdot\text{L}^{-1})$$

$$\Pi=ic_BRT=2\times0.15\times8.314\times310.15=7.7\times10^2\ (\text{kPa})$$

四、渗透压在医学上的意义

（一）渗透浓度

由于稀溶液的渗透压是依数性的，它仅与溶液中溶质粒子的浓度有关，而与粒子的本性无关。将溶液中能产生渗透效应的溶质粒子（分子、离子）统称为渗透活性物质。医学上，将渗透活性物质的物质的量除以溶液的体积称为溶液渗透浓度（osmotic concentration）。符号为 c_{os}，单位为 $mol \cdot L^{-1}$ 或 $mmol \cdot L^{-1}$。由范托夫定律可知，在一定温度下，对于任一稀溶液，其渗透压与稀溶液的渗透浓度成正比。因此常用渗透浓度来衡量溶液渗透压的大小。

例 2-7　分别计算 $9.0\ g \cdot L^{-1}$ NaCl 溶液和 $50.0\ g \cdot L^{-1}$ 葡萄糖（$C_6H_{12}O_6$）溶液的渗透浓度。

解　已知 NaCl 的摩尔质量为 $58.5\ g \cdot mol^{-1}$，葡萄糖的摩尔质量为 $180\ g \cdot mol^{-1}$。

NaCl 为强电解质，在稀溶液中完全解离，$i = 2$，则

$$c_B(\mathrm{NaCl}) = \frac{\rho_B}{M_B} = \frac{9.0}{58.5} = 0.15\ \mathrm{mol \cdot L^{-1}} = 150\ (\mathrm{mmol \cdot L^{-1}})$$

$$c_{os}(\mathrm{NaCl}) = ic_B(\mathrm{NaCl}) = 2 \times 0.15 = 0.30\ \mathrm{mol \cdot L^{-1}} = 300\ (\mathrm{mmol \cdot L^{-1}})$$

葡萄糖为非电解质，$i = 1$，则

$$c_{os}(\mathrm{C_6H_{12}O_6}) = c_B(\mathrm{C_6H_{12}O_6}) = \frac{\rho_B}{M_B} = \frac{50.0}{180} = 0.278\ \mathrm{mol \cdot L^{-1}} = 278\ (\mathrm{mmol \cdot L^{-1}})$$

表 2-5 列出了正常人血浆、组织间液和细胞内液中各种渗透活性物质的浓度。

表 2-5　正常人血浆、组织间液和细胞内液中各种渗透活性物质的浓度（$mmol \cdot L^{-1}$）

渗透活性物质	血浆中浓度	组织间液中浓度	细胞内液中浓度
Na^+	144	137	10
K^+	5.0	4.7	141
Ca^{2+}	2.5	2.4	
Mg^{2+}	1.5	1.4	31
Cl^-	107	112.7	4.0
HCO_3^-	27	28.3	10
HPO_4^{2-}、$H_2PO_4^-$	2.0	2.0	11
SO_4^{2-}	0.5	0.5	1.0
磷酸肌酸			45
肌肽			14
氨基酸	2.0	2.0	8.0
肌酸	0.2	0.2	9.0
乳酸盐	1.2	1.2	1.5
三磷腺苷			5.0
一磷酸己糖			3.7
葡萄糖	5.6	5.6	
蛋白质	1.2	0.2	4.0
尿素	4.0	4.0	4.0
总计	303.7	302.2	302.2

（二）等渗、低渗和高渗溶液

渗透压相等的两种溶液称为等渗溶液（isotonic solution）。渗透压不相等的两种溶液中，渗透压较低的溶液称为低渗溶液（hypotonic solution）；渗透压较高的溶液称为高渗溶液（hypertonic solution）。医学上，溶液的等渗、低渗和高渗是以血浆的渗透压或渗透浓度为标准来衡量的。从表 2-5 可知，正常人血浆的渗透浓度约为 304 mmol · L^{-1}，因此临床上规定，渗透浓度在 280 ～ 320 mmol · L^{-1} 的溶液为等渗溶液，例如 9.0 g · L^{-1} 的生理盐水（308 mmol · L^{-1}）、12.5 g · L^{-1} 的 $NaHCO_3$ 溶液（298 mmol · L^{-1}）都是等渗溶液，略低于（或高于）此范围的溶液如 50.0 g · L^{-1}（278 mmol · L^{-1}）的葡萄糖溶液，也看作等渗溶液。渗透浓度低于 280 mmol · L^{-1} 的溶液为低渗溶液；渗透浓度高于 320 mmol · L^{-1} 的溶液为高渗溶液。

在临床治疗中，若给患者大量补液时，需使用与血浆等渗的溶液，否则可能导致机体内水分调节失调及细胞的变形和破坏，使其失去正常的生理功能。这可通过红细胞在不同浓度 NaCl 溶液中形态的变化予以说明。

如将红细胞置于渗透浓度为 280 ～ 320 mmol · L^{-1} 的等渗 NaCl 溶液（如质量浓度为 9 g · L^{-1}）中，在显微镜下观察，可见红细胞既不皱缩也不膨胀，依然保持原来的形态无变化［图 2-5（a）］。这是由于膜外溶液与红细胞内液的渗透压相等，膜外溶液与红细胞内液处于渗透平衡状态。

(a)

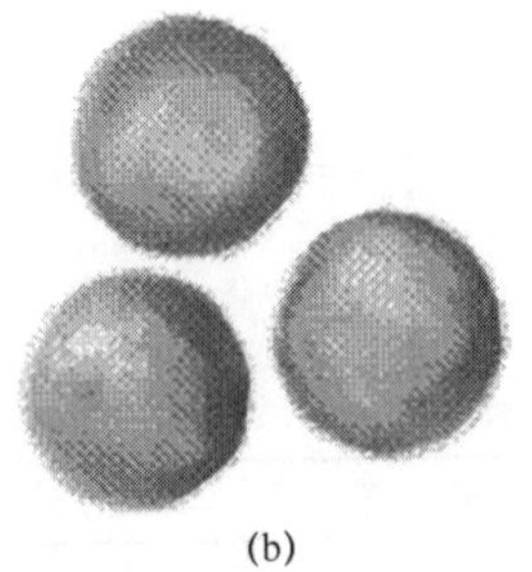
(b)

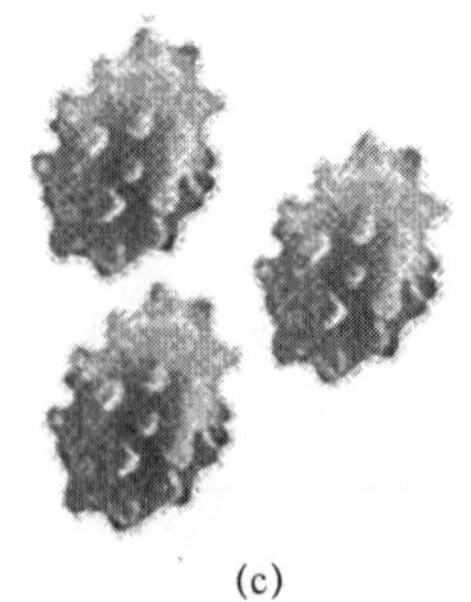
(c)

图 2-5　红细胞在不同浓度 NaCl 溶液中形态变化示意图

如将红细胞置于渗透浓度小于 280 mmol · L^{-1} 的低渗 NaCl 溶液（如质量浓度为 5 g · L^{-1}）中，在显微镜下观察，可见红细胞逐渐膨胀变大，最终破裂［图 2-5（b）］，释出血红蛋白使溶液呈浅红色，这种现象医学上称为“溶血”。这是由于膜外溶液的渗透压力小于红细胞内液的渗透压力，NaCl 溶液中的水分子就会透过细胞膜进入红细胞内，而使红细胞涨破。

如将红细胞置于渗透浓度大于 320 mmol · L^{-1} 的高渗 NaCl 溶液（如质量浓度为 15 g · L^{-1}）中，在显微镜下观察，可见红细胞逐渐皱缩［图 2-5（c）］，相互聚结成团。这种现象在医学上称为“胞浆分离”，若发生在血管内，可能产生“栓塞”。这是由于膜外溶液的渗透压大于红细胞内液的渗透压，红细胞内液中的水分子就会透过细胞膜进入 NaCl 溶液中，而使红细胞皱缩。

问题与思考 2-2

临床上输液时常将两种或两种以上的等渗溶液混合后使用，如何证明所得混合溶液仍是等渗溶液？

若两种等渗溶液的渗透浓度分别为 $c_{os,1}$ 和 $c_{os,2}$，由题意可知 $c_{os,1}=c_{os,2}$。将两种溶液按任意体积 V_1 和 V_2 混合，所得混合液的渗透浓度为

$$c_{os}=\frac{c_{os,1}V_1+c_{os,2}V_2}{V_1+V_2}=\frac{c_{os,1}(V_1+V_2)}{V_1+V_2}=\frac{c_{os,2}(V_1+V_2)}{V_1+V_2}=c_{os,1}=c_{os,2}$$

因此，所得溶液仍为等渗溶液。

同理可证，将两种以上等渗溶液混合，所得混合溶液也是等渗溶液。

临床上除了使用等渗溶液外，根据治疗的需要，有时也可使用少量的高渗溶液或低渗溶液。例如，急救低血糖患者或重症（如休克等）患者时可注射 500 g · L^{-1} 葡萄糖溶液，但必须采用小剂量、慢速度注射。因为少量高渗溶液缓慢进入人体，会被体液逐渐稀释和吸收，不会出现胞浆分离现象。低渗注射液应添加到其他无显著生理作用的等渗溶液（如生理盐水或50 g · L^{-1}葡萄糖溶液）中再注射，而不能直接注射。因为低渗溶液可引起红细胞或组织细胞破裂，造成不可恢复的损害。

（三）晶体渗透压和胶体渗透压

人体血浆中既有小离子（如 Na^+、Cl^-、K^+、HCO_3^-）和小分子（如葡萄糖、尿素、氨基酸等）物质，又有大分子和大离子胶体物质（如蛋白质、核酸等）。血浆的渗透压力是晶体物质和胶体物质所产生的渗透压力的总和。通常将由小分子和小离子物质产生的渗透压称为晶体渗透压（crystal osmotic pressure），将由大分子和大离子物质产生的渗透压称为胶体渗透压（colloid osmotic pressure）。血浆中晶体物质的含量约为 7.5 g · L^{-1}，胶体物质的含量约为 70 g · L^{-1}。虽然胶体物质的含量很高，但它们的相对分子质量较大，粒子很少。而晶体物质虽然在血浆中含量很低，但相对分子质量较小，粒子很多。因此，血浆总渗透压绝大部分是由晶体物质产生的。在 310.15 K 时，血浆总渗透压约为 770 kPa，其中胶体渗透压仅为 2.9 ～ 4.0 kPa。

胶体渗透压和晶体渗透压在人体内起着重要的调节作用。由于人体内各种半渗透膜（如毛细血管壁和细胞膜）的通透性不同，胶体渗透压和晶体渗透压对维持体内水盐平衡所发挥的作用也有所不同。

间隔着细胞内液与细胞外液的细胞膜是生物半透膜，它只允许水分子自由透过，而不允许 Na^+、K^+ 等小分子晶体物质及蛋白质等大分子自由通过。由于胶体渗透压比晶体渗透压小很多，因此晶体渗透压是决定水分子渗透方向的主要因素。若因某种原因引起人体缺水，细胞外液中盐的浓度将相对升高，细胞外液的晶体渗透压增大，于是细胞内液的水分子就会透过细胞膜向细胞外液渗透，使细胞失水。若大量饮水或输入过多葡萄糖溶液，细胞外液中盐的浓度将相对降低，细胞外液的晶体渗透压减小，于是细胞外液中水分子将透过细胞膜向细胞内液渗透，使细胞膨胀，严重时可引起水中毒。由此可见，晶体渗透压对维持细胞内外水盐的平衡起着主要作用。临床上常用小分子晶体物质的溶液（如生理盐水）来纠正某些疾病所引起的水盐失调。给高温作业者饮用盐汽水，就是为了维持细胞外液晶体渗透压的恒定，以免影响细胞的形态和功能。

间隔着血浆和组织间液的毛细血管壁，与细胞膜不同，它允许水分子和各种小离子（如 Na^+、K^+ 等）透过，而不允许蛋白质等大分子物质透过，因此血浆与组织间液的水盐的平衡取决于胶体渗透压，若因某种疾病造成血浆中蛋白质减少则血浆的胶体渗透压会减小，血浆中的水和盐等小分子物质就会透过毛细血管壁进入组织间液，使血容量（人体血液总量）减少而组织间液增多。这是引起水肿的原因之一。因此可见，胶体渗透压虽然很小，却对维持毛细血管内外的水盐平衡及维持血容量起着主要作用。临床上对大面积烧伤或失血过多的患者，除补给生理盐水溶液外，还要输入血浆或高分子右旋糖酐等代血浆，以恢复血浆的胶体渗透压并增加血容量。

思考与练习

1. 10.0 g 某高分子化合物溶于 1 L 水中所配制成的溶液在 300 K 时的渗透压为 0.432 kPa，试计算此高分子化合物的相对分子质量。

2. 人的血液渗透压在 310 K 时为 778 kPa，现需要配制与人体血液渗透压相等的葡萄糖-氯化钠水溶液供患者静脉注射。若上述 500 mL 葡萄糖-盐水溶液含 11 g 葡萄糖，求算其中含氯化钠多少克？

3. 水在 293 K 时的饱和蒸气压为 2.34 kPa。若在 100 g 水中溶有 10.0 g 蔗糖（M_r = 342），求此

溶液的蒸气压。

4. 将 2.80 g 难挥发物质溶于 100 g 水中，该溶液在 101.325 kPa 下沸点为 100.51℃。求该溶质的相对分子质量及此溶液的凝固点。（$K_b = 0.513\ K \cdot kg \cdot mol^{-1}$，$K_f = 1.86\ K \cdot kg \cdot mol^{-1}$）

5. 蛙肌细胞内液的渗透浓度为 240 mmol · L^{-1}，若将蛙肌细胞分别置于 10 g · L^{-1}、7 g · L^{-1}、3 g · L^{-1} NaCl 溶液中，将各呈现什么状态？

6. 产生渗透现象必须具备什么条件？

7. 什么为胶体渗透压？它的主要生理功能是什么？

8. 试比较下列哪种溶液的渗透压最大。

（1）0.10 mol · L^{-1} NaCl 溶液

（2）0.10 mol · L^{-1} $CaCl_2$ 溶液

（3）0.20 mol · L^{-1} 葡萄糖溶液

（4）0.20 mol · L^{-1} 蔗糖溶液

9. 临床上用来治疗碱中毒的针剂 NH_4Cl（M_r = 53.48 g · mol^{-1}），其规格为 20.00 mL 一支，每支含 0.1600 g NH_4Cl，试算此针剂的渗透浓度，在此溶液中红细胞的形态如何？

10. 烟草中有害成分尼古丁的实验式为 C_5H_7N，今将 538 mg 尼古丁溶于 10.0 g 水中，所得溶液在 101.325 kPa 下的沸点为 100.17℃，试求尼古丁的分子式。

11. 将一动物肌肉内的某种细胞置于 7 g · L^{-1} NaCl 溶液中，该细胞既不膨胀也不皱缩。计算该细胞内液在 298.15 K 时的渗透压力。

12. 将 100 mL 9 g · L^{-1} 生理盐水和 100 mL 50 g · L^{-1} 葡萄糖溶液混合，与血浆相比较，此混合溶液是低渗、高渗还是等渗溶液？

（李红梅）

知识拓展

习题详解

第三章　电解质溶液

PPT

电解质（electrolyte）是指在水溶液或熔融状态时能够导电的化合物，如氯化钠、氯化氢等。在上述情况下不能导电的化合物称为非电解质（non-electrolyte），如蔗糖、苯等。电解质溶解于溶剂中形成的溶液称为电解质溶液（electrolyte solution）。电解质在体液中的存在状态对神经、肌肉等组织的生理、生化功能起着重要作用，也影响着体液的酸碱度。生物体的体液具有严格的酸碱范围，例如，在生命活动过程中起着重要作用的酶只有在合适的 pH 条件下才能发挥其效能。因此，电解质的性质对生命体系具有非常重要的影响。

本章主要讨论电解质溶液、酸碱理论、弱酸和弱碱溶液的解离平衡及酸碱溶液 pH 计算四个方面的内容。

第一节　强电解质溶液理论

一、电解质的解离与强电解质溶液理论

（一）电解质和解离度

根据电解质在水溶液中的解离情况，可以将电解质分为强电解质和弱电解质两类。

强电解质：在水溶液中完全解离，通常是离子型化合物或强极性分子。如 HCl、HBr、HNO_3、NaOH、$Ba(OH)_2$ 等。

弱电解质：在水溶液中只有部分分子解离成离子，而解离产生的这些离子又可以重新结合成为分子，是一个可逆过程，通常为弱极性化合物。如 HNO_2、HCN、NH_3、$HgCl_2$、Hg_2Cl_2（是一种共价化合物）。

弱电解质的解离程度可以用解离度表示，其定义式为

$$\text{解离度}(\alpha)=\frac{\text{已解离的分子数}}{\text{电解质的分子总数}}\times 100\% \tag{3-1}$$

例如，298.15 K 时，0.1 mol · L^{-1} HAc，$\alpha = 1.3\%$，表示 1000 个乙酸分子中有 13 个分子解离为 H^+、Ac^-。解离度的单位为 1，习惯上用百分率表示。解离度与溶液的温度及浓度有关，可以通过测定电解质溶液的依数性求得。

例 3-1　某电解质 HA 溶液，其质量摩尔浓度 b(HA) 为 0.1 mol · kg^{-1}，测得此溶液的 ΔT_f 为 0.19 K，求该物质的解离度。

解　设 HA 的解离度为 α，则已经解离 HA 的质量摩尔浓度为 0.1α mol · kg^{-1}，HA 在溶液中的解离平衡可用下式表示：

	HA(aq) ⇌	H^+(aq) +	A^-(aq)
初始浓度 /(mol · kg^{-1})	0.1	0	0
平衡浓度 /(mol · kg^{-1})	$0.1-0.1\alpha$	0.1α	0.1α

因此，达到平衡之后，溶液中所含分子和离子的总浓度为

$$[HA]+[H^+]+[A^-]=0.1(1+\alpha)\ (\text{mol}\cdot\text{kg}^{-1})$$

根据 $\Delta T_f = K_f b$

$$0.19\ K = 1.86\ K \cdot kg \cdot mol^{-1} \times 0.1(1+\alpha)\ (mol \cdot kg^{-1})$$

$$\alpha = 0.022 = 2.2\%$$

所以，HA的解离度为2.2%。

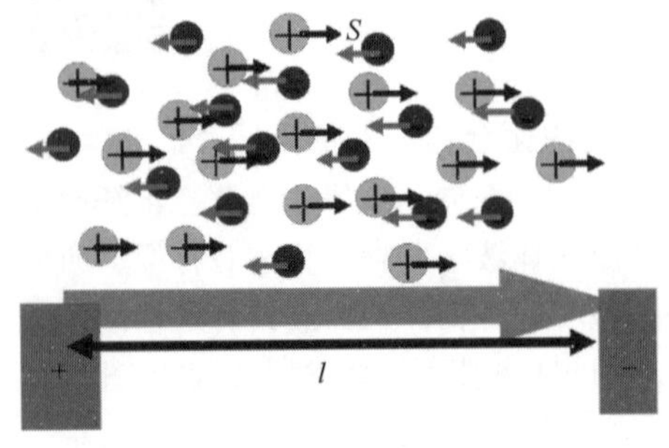

图 3-1　导电率实验

弱电解质在溶液中只有部分发生解离，有解离度。那么强电解质在溶液中的解离情况又是怎样的呢？

根据近代物质结构理论，强电解质在溶液中应该全部解离，即解离度 $\alpha = 100\%$，但是，导电率实验的结果却表明强电解质在溶液中的解离度小于100%（图3-1）。

例如，$0.1\ mol \cdot L^{-1}$ 的HCl和KCl溶液，实验测定出的解离度分别为92%和86%。一般而言，对于 $0.1\ mol \cdot kg^{-1}$ 电解质溶液，如果 $\alpha > 30\%$，为强电解质；$\alpha < 5\%$，为弱电解质；$5\% < \alpha < 30\%$，为中强电解质。这就产生了实验事实与现有理论的矛盾。为了解决这一矛盾，1923年，荷兰物理化学家德拜（P. Debye）和德国物理化学家休克尔（E. Hückel）提出了强电解质溶液理论——离子互吸理论（ion interaction theory），成功地解释了强电解质在溶液中解离不完全的假象。

（二）德拜-休克尔离子互吸理论

离子互吸理论的要点：①在溶液中，强电解质完全解离，不存在其分子；②阴阳离子间通过静电引力相互作用，同号电荷离子相互排斥，异号电荷离子相互吸引，每一个离子都被周围电荷相反的离子包围着，形成离子氛（ion atmosphere）。在任何一个阳离子附近，出现阴离子的机会总比出现阳离子的机会多；而且越靠近中心离子，负电荷的密度就越大，越远离中心离子，负电荷的密度就越小。可以认为阳离子被阴离子包裹形成了阴离子氛。反之，在阴离子的周围也有带正电荷的阳离子氛。离子氛是一个平均统计模型，以球形对称分布处理，如图3-2所示。

除离子氛以外，在静电作用下异电荷离子还可以部分缔合成“离子对”，并作为一个独立单元运动，使自由离子的浓度降低，如图3-3所示。离子氛和离子对的形成与溶液的浓度和离子所带的电荷有关。溶液越浓，离子所带电荷越大，离子间的相互牵制作用越强。

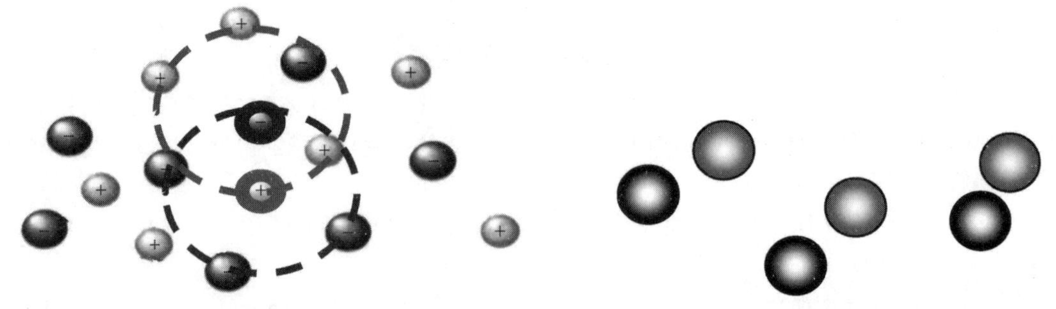

图 3-2　离子氛示意图　　图 3-3　离子对示意图

由于离子氛和离子对的存在，强电解质溶液中存在的阴离子或阳离子的行为不同于自由离子。在外电场作用下，阴、阳离子分别向正极、负极移动，而阴、阳离子的离子氛却要向相反电极移动，导致阴、阳离子移动的速率减慢，在单位时间内，相当于通过某一横截面的阴、阳离子数目减少，使实验测得的溶液导电能力比理论值要低，间接反映出来的解离度也相应地降低，产生不完全解离的假象。这种解离度并不代表强电解质的真实解离度，仅仅反映出了溶液中离子之间相互牵制作用的程度，故称这种解离度为表观解离度（apparent degree of dissociation），而强电解质的真实解离度是100%。

为了定量描述强电解质溶液中离子间相互牵制作用的大小，1907年美国化学家路易斯（G. N. Lewis）提出了活度的概念。

二、离子的活度和离子强度

活度（activity）是指单位体积电解质溶液中，能发挥效能的离子浓度，也称有效浓度，用 a 表示。由于受到离子之间相互牵制作用及溶剂的影响，活度与浓度会有偏差。因此，活度的数学表达式为

$$a_{\mathrm{B}} = \gamma_{\mathrm{B}} \times b_{\mathrm{B}} / b^{\ominus} \tag{3-2}$$

式中，γ_{B} 为浓度的校正系数，称为活度因子（activity factor），也称活度系数，反映了溶液中离子间相互牵制作用的强弱；b_{B} 为溶质B的质量摩尔浓度；$b^{\ominus}$ 为溶质B的标准质量摩尔浓度（$1\ \mathrm{mol \cdot kg^{-1}}$）。$a$ 和 γ 均是量纲为1的量，SI单位为1。

一般而言，因为 $a_{\mathrm{B}} < b_{\mathrm{B}}$，所以对于活度系数 γ 可以得出以下几点结论：

（1）由于离子的有效浓度小于理论浓度，一般 $\gamma_{\mathrm{B}} < 1$。

（2）当溶液中的离子浓度很小，且离子所带的电荷数也小时，活度接近于浓度，即 $\gamma_{\mathrm{B}} \approx 1$。

（3）溶液中的中性分子也有活度和浓度的区别，但不像离子的区别那么大，所以，通常把中性分子的活度因子视为1。

（4）对于弱电解质溶液，因其离子浓度很小，一般可以把弱电解质的活度因子也视为1。

在电解质溶液中，由于阴、阳离子总是同时存在，目前实验无法单独测出阳离子或阴离子的活度系数，但可以测出电解质的平均活度系数 $\gamma_{\pm}$。对于1-1价型的电解质，如NaCl和KCl等，其平均活度系数定义为阴、阳离子活度因子的几何平均值，即

$$\gamma_{\pm} = \sqrt{\gamma_{+} \cdot \gamma_{-}} \tag{3-3}$$

式中，$\gamma_{\pm}$ 代表阴、阳离子的平均活度系数。

而离子的平均活度则是指阴、阳离子活度的几何平均值。

$$a_{\pm} = \sqrt{a_{+} \cdot a_{-}} = \gamma_{\pm} \cdot c \tag{3-4}$$

对于某一特定离子而言，其活度不但取决于离子本身的浓度和电荷，还受其他离子浓度、电荷的影响。为了定量地表示出这些影响，1921年路易斯和兰德尔（Randall）提出了离子强度（ionic strength）的概念，用于衡量溶液中离子所带电荷形成的静电场强度。其定义式为

$$\begin{aligned} I &= \frac{1}{2}(b_1 z_1^2 + b_2 z_2^2 + b_3 z_3^2 + \cdots) \\ &= \frac{1}{2}\sum_{i=1}^{n} b_i z_i^2 \end{aligned} \tag{3-5}$$

式中，b_i、z_i 分别表示第 i 种离子的浓度和电荷数。该公式表明：离子强度仅与各离子的浓度和电荷有关，而与离子的种类无关。离子强度反映了离子之间静电作用力的强弱。

从表3-1可以看出，离子强度 I 越大，γ 越小，当 $I \leqslant 1 \times 10^{-4}$ 时，γ 接近于1，即 a 近似等于实际浓度。高价离子的 γ 值小于低价离子。德拜和休克尔通过静电力学和统计力学的方法推导出二元电解质溶液 γ 与 I 的关系。

$$\lg \gamma_i = -A z_i^2 \sqrt{I} \tag{3-6}$$

式中，A 为常数（理论导出常数而非经验常数），在298.15 K的水溶液中，$A = 0.509\ \mathrm{kg^{1/2} \cdot mol^{-1/2}}$。

对于最简单的1-1型电解质，当其浓度小于 $0.01\ \mathrm{mol \cdot L^{-1}}$ 时，如果要求平均活度因子，可以

将式（3-6）改为

$$\lg\gamma_{\pm}=-A\left|z^{+}z^{-}\right|\sqrt{I} \tag{3-7}$$

该公式只适用于极稀的强电解质溶液，所以称为德拜-休克尔极限稀释公式。

对于离子强度较大的溶液，如当1-1型电解质溶液的浓度达到0.1～0.2 mol · L^{-1}时，此时需要对德拜-休克尔公式进行修正，得到式（3-8）。

$$\lg\gamma_{\pm}=\frac{-A\left|z^{+}z^{-}\right|\sqrt{I}}{1+\sqrt{I}} \tag{3-8}$$

表3-1 不同离子强度溶液的活度系数

离子强度 /(mol · kg^{-1})	活度系数		
	Z=1	Z=2	Z=3
1×10^{-4}	0.99	0.95	0.90
5×10^{-4}	0.97	0.90	0.80
1×10^{-3}	0.964	0.867	0.725
5×10^{-3}	0.928	0.740	0.505
1×10^{-2}	0.902	0.660	0.395
5×10^{-2}	0.840	0.498	0.209
0.1	0.814	0.438	0.156
0.2	0.800	0.410	0.138

数据来源：Speight J G. 2005. Lange's Handbook of Chemistry. 16th ed. New York: McGraw-Hill Companies, 1.300-1.301.

活度a能更真实地体现强电解质溶液的行为，电解质溶液的浓度与活度之间一般有差别，严格地说在进行有关电解质的计算时，我们应该用活度代替浓度，但是对于稀溶液、弱电解质溶液、难溶盐电解质溶液或作近似计算时，通常仍用浓度进行计算，因为在这种情况下，c很小，I很小，γ趋近于1。

第二节 酸碱理论

英国化学家玻意耳（Boyle）于1684年提出了历史上第一个酸碱理论：有酸味、能使蓝色石蕊试纸变成红色的是酸，有涩味、滑腻感，能使红色石蕊试纸变成蓝色的是碱，这是一种感性认识；1774年，法国化学家拉瓦锡（Antoine-Laurent de Lavoisier）根据酸碱的组成定义酸碱：凡是酸都含有氧；1884年，瑞典化学家阿伦尼乌斯（Arrhenius）提出酸碱电离学说；1963年，美国化学家皮尔逊（Pearson）提出软硬酸碱理论（SHAB）；等等。在将近三百年的历史中，化学家们提出了大约6种酸碱理论（acid-base theory），经历了从感性认识到理性认识的过程。在这一节将要详细介绍的是酸碱电离理论、酸碱质子理论和酸碱电子理论。

一、酸碱电离理论

1884年，年轻的瑞典化学家阿伦尼乌斯根据电解质溶液的导电能力及电解质溶液偏离拉乌尔定律的实验结论提出了电离理论：电解质溶于水时，部分自发地解离为带电离子，未解离的分子和离子间存在电离平衡。阿伦尼乌斯很好地解释了电解质溶液的导电性及对拉乌尔定律的偏差，在化学史上做出了杰出贡献。在此基础上，阿伦尼乌斯结合酸碱在水溶液中解离的共性，提出了酸碱电离理论：电离时产生的阳离子全部为 H^+ 的物质是酸，电离时产生的阴离子全部为 OH^- 的物质是碱。

$$HCl \longrightarrow H^+ + Cl^-$$
$$KOH \longrightarrow K^+ + OH^-$$

酸碱电离理论从物质的化学组成上揭示了酸碱的本质，明确指出 H^+ 是酸的特征，OH^- 是碱的特征。将酸和碱生成盐的反应称为中和反应。实质就是酸解离产生的 H^+ 和碱电离产生的 OH^- 相互结合生成水的过程。

$$H_2SO_4 + 2NaOH = Na_2SO_4 + 2H_2O$$
$$H^+ + OH^- = H_2O$$

阿伦尼乌斯电离学说的优点是能简单地说明酸碱在水溶液中的反应，使人们对酸碱的认识发生了从现象到本质的飞跃，直到现在仍然普遍应用。

但酸碱的电离理论也有其局限性，主要体现在两个方面：

（1）只适用于含有 H^+ 和 OH^- 的物质。

（2）与水这样一种特殊的溶剂联系在一起。

对于不发生在水中的酸碱反应如 $HCl(g) + NH_3(g) = NH_4Cl(s)$ 则无法解释。因为按照电离理论，离开水溶液就没有酸、碱及酸碱反应，因而无法说明物质在非水溶液中的酸碱性问题。另外，电离理论把碱限制为氢氧化物，因而对氨水表现碱性这一事实也无法说明。人们曾长期错误地认为氨水显碱性是因为氨溶于水生成 NH_4OH。但是 NH_4^+ 的离子半径（143 pm）与 K^+ 的半径（133 pm）很接近，碱性却相差很大，而且从未分离出 NH_4OH 这个物质。这些事实说明酸碱电离理论尚不完善，需要进一步发展。

1923 年，丹麦化学家布朗斯特（J. N. Brønsted）和英国化学家劳里（T. M. Lowry）提出了酸碱质子理论，从而扩大了酸碱的范围，更新了酸碱的含义。

二、酸碱质子理论

（一）酸碱的定义

酸碱质子理论认为：凡能给出质子（H^+）的物质都是酸，即质子给予体，如 HCl、NH_4^+、HSO_4^- 等；凡能接受质子（H^+）的物质都是碱，即质子接受体，如 NH_3、Cl^-、HSO_4^- 等。

酸碱质子理论中的酸碱反应就是酸碱之间质子的传递过程。因此，质子理论中的酸碱不再是孤立的，而是由氢质子（H^+）这种特殊的物质联系在一起。

$$酸 \rightleftharpoons H^+ + 碱$$
$$HCl \rightleftharpoons H^+ + Cl^-$$
$$HAc \rightleftharpoons H^+ + Ac^-$$
$$H_2CO_3 \rightleftharpoons H^+ + HCO_3^-$$
$$NH_4^+ \rightleftharpoons H^+ + NH_3$$
$$H_2O \rightleftharpoons H^+ + OH^-$$
$$HCO_3^- \rightleftharpoons H^+ + CO_3^{2-}$$
$$[Cu(H_2O)_4]^{2+} \rightleftharpoons H^+ + [Cu(H_2O)_3OH]^+$$

上述关系式称为酸碱半反应式，在半反应式中左侧物质都能够给出质子，所以是酸。右侧物质都可以接受质子，所以是碱。例如铵离子给出 H^+ 之后变成了氨分子，根据酸碱质子理论，NH_4^+ 是酸，NH_3 是碱。酸给出质子后生成碱，而新生成的碱又可以得到质子变成酸。同样，乙酸、四水合铜离子等也存在这样的关系。酸和碱的这种对应关系称为共轭关系。右边碱是左边酸的共轭碱(conjugate base)，左边酸是右边碱的共轭酸(conjugate acid)。在酸碱质子理论中，酸和碱两者共同组成一个共轭酸碱对(conjugate acid-base pair)。因此，酸和碱通过质子而相互依存、相互转化。

酸碱质子理论的特点：

(1)酸或碱可以是分子，也可以是阴、阳离子。

酸碱质子理论中的酸若是离子则称为离子酸，若是分子则称为分子酸。离子酸分阳离子酸[如 NH_4^+（$NH_4^+ \rightleftharpoons H^+ + NH_3$）]和阴离子酸[如 HCO_3^-（$HCO_3^- \rightleftharpoons H^+ + CO_3^{2-}$）]。

酸碱质子理论中所说的碱若是离子则称为离子碱，若是分子则为称分子碱。离子碱分阳离子碱[如 $Fe(OH)^{2+}$]和阴离子碱(如 CO_3^{2-})。

(2)有的离子在某个共轭酸碱对中是酸，但在另外一个共轭酸碱对中却是碱，如 HCO_3^-，把这种物质称为两性物质。

$$HCO_3^- + H_2O \rightleftharpoons H_3^+O + CO_3^{2-} \quad (H^+ \text{ 由 } HCO_3^- \text{ 转移至 } H_2O)$$

$$HCO_3^- + H_3^+O \rightleftharpoons H_2CO_3 + H_2O \quad (H^+ \text{ 由 } H_3^+O \text{ 转移至 } HCO_3^-)$$

(3)质子理论中没有盐的概念，电离理论中的盐，在质子理论中都是离子酸或离子碱：如在 NH_4Cl 中，NH_4^+ 被认为是酸，Cl^- 被认为是碱。

(4)判断一种物质是酸还是碱，一定要在具体的反应中根据质子得失关系来判断。

(二)酸碱反应的实质

酸碱半反应式“酸 $\rightleftharpoons H^+ +$ 碱”仅仅表达了酸和碱的共轭关系，并不是一个实际的反应式，因为在溶液中质子不能够单独存在。在酸给出质子的瞬间，必然与碱结合。因此，在实际反应中，酸给出质子的半反应和碱接受质子的半反应必然同时发生。例如，HAc 在水溶液中，存在着两个酸碱半反应。

酸碱半反应 1　　$\underset{酸_1}{HAc(aq)} \rightleftharpoons H^+(aq) + \underset{碱_1}{Ac^-(aq)}$

酸碱半反应 2　　$H^+(aq) + \underset{碱_2}{H_2O(l)} \rightleftharpoons \underset{酸_2}{H_3O^+(aq)}$

两式相加的总反应为

$$\underset{酸_1}{HAc(aq)} + \underset{碱_2}{H_2O(l)} \rightleftharpoons \underset{酸_2}{H_3O^+(aq)} + \underset{碱_1}{Ac^-(aq)} \quad (H^+ \text{ 由 } HAc \text{ 转移至 } H_2O)$$

因此，在酸碱质子理论中酸碱反应的实质是两对共轭酸碱对之间的质子传递反应(proton-transfer reaction)。这种质子传递反应，既不要求反应必须在溶液中进行，也不要求先生成独立的质子再结合到碱上，仅仅是质子从一种物质转移到另一种物质中。因此，反应可以在水溶液中进行，也可以在非水溶液中进行。例如氯化氢和氨的反应，该反应无论是发生在水溶液中、有机溶剂或气相中，它的本质都是一样的，即氯化氢给予氨质子，变为其共轭碱，氨接受质子变为其共轭酸。

(三)酸碱反应的方向

在质子传递过程中，酸越强，其给出质子的能力也就越强；碱越强，其接受质子的能力也就越强。因此，酸碱反应的方向是：强酸和强碱反应后生成了较弱的共轭碱和共轭酸。例如，下面的反应是由给出质子或接受质子能力强的一方向接受或给出质子弱的一方进行。

$$HCl(aq) + NH_3(aq) \longrightarrow Cl^-(aq) + NH_4^+(aq)$$

酸碱质子理论把更多的分子或离子归入酸或碱中，扩大了酸碱以及酸碱反应的范围，可以将水溶液中的各种反应（电解、中和、水解反应）归纳为质子传递的酸碱反应。而且可以摆脱溶剂水的局限性，适用于任何溶剂及无溶剂体系。但是质子理论只限于质子的给出和接受，所以必须含有氢原子，对于不含有氢原子的物质，如 Cu^{2+}、Ag^+ 等不好归类，对于无质子转移的反应，如 $Ag^+ + Cl^- = AgCl$ 也难以讨论。这一不足，在质子理论提出的同一年即 1923 年，由美国化学家路易斯提出的酸碱电子理论所弥补。

三、酸碱电子理论

1923 年，美国化学家路易斯在酸碱质子理论的基础之上，结合酸碱的电子结构提出了酸碱的电子理论（electron theory of acid and base）。凡是能提供电子对的物质都是碱，碱是电子对的给予体，如 OH^-、CN^-、NH_3、F^- 等；凡是能接受电子对的物质都是酸，酸是电子对的接受体，如 H^+、BF_3、Na^+、Ag^+ 等。酸碱反应的实质是酸接受碱给予的电子对形成配位键，并生成酸碱配合物。

酸（电子对接受体） + **碱（电子对给予体）** $\rightleftharpoons$ **酸碱配合物**

$$BF_3 + [:\ddot{F}:]^- \rightleftharpoons [F_3B \leftarrow F]^-$$

$$Cu^{2+} + 4[:NH_3] \rightleftharpoons [Cu(\leftarrow NH_3)_4]^{2+}$$

$$H^+ + :OH^- \rightleftharpoons H:OH$$

因此，F^-、NH_3、OH^- 都是电子对给予体，属于碱；BF_3、H^+、Cu^{2+} 都是电子对接受体，属于酸。

由于在化合物中配位键普遍存在，因此路易斯酸、碱的范围极其广泛，酸碱配合物无所不包。凡是金属离子及氢离子都是酸，与金属离子或氢离子结合的物质不管是阴离子还是中性分子都是碱。而酸和碱反应的生成物都是酸碱配合物。所以一切盐类（如 $MgCl_2$）、金属氧化物（CaO）及其他大多数无机化合物都是酸碱配合物。有机化合物也是如此。例如，乙醇（C_2H_5OH）可以看作是 $C_2H_5^+$（酸）和 OH^-（碱）以配位键结合而成的酸碱配合物 $C_2H_5 \leftarrow OH$。

酸碱电子理论的优点在于以电子的给出和接受说明酸碱反应，不受溶剂和体系中必须含有某种元素的限制。所以它更能体现物质的本质属性，较前面几个酸碱理论更为全面和广泛。但是路易斯电子理论对酸碱的认识过于笼统，没有像酸碱质子理论用 $pK_a^{\ominus}$ 那样统一的参数表示其酸碱性的强弱，只能依据具体的反应来判断，不易掌握酸碱的特征，有一定的局限性。1963 年，美国化学家皮尔逊在电子理论的基础上提出了软硬酸碱理论（hard and soft acids and bases theory），该理论用于探讨路易斯酸碱强度的变化趋势并解释配位化合物的稳定性及其反应机制。因超出本教材的范围，不再赘述。

第三节　弱酸和弱碱溶液的解离平衡

一、水的质子自递平衡

（一）水的质子自递平衡和水的离子积

纯水具有微弱的导电能力，说明在水中存在着阴阳离子，也就是说水分子能够解离。水分子解离的反应式可用下面的式子表示。

$$H_2O + H_2O \overset{H^+}{\rightleftharpoons} H_3O^+ + OH^-$$

这一反应式说明水既能接受质子又能给出质子，是一种两性物质。将质子从一个分子转移给同类物质的另一个分子的反应称为质子自递反应（proton self-transfer reaction）。

当这种解离达到平衡以后，其平衡常数可以表示为

$$K = \frac{[H_3O^+][OH^-]}{[H_2O][H_2O]}$$

由于水的解离非常微弱，因此可以将水的浓度看作一个常数与 K 合并，用 K_w 表示，则

$$K_w = K[H_2O]^2 = [H_3O^+] \cdot [OH^-] \tag{3-9}$$

K_w 称为水的质子自递常数（proton self-transfer constant），又称水的离子积（ionic product of water）。K_w 值会随温度的改变而改变，例如 K_w 在 273.15 K 时为 1.13×10^{-15}，298.15 K 时为 1.01×10^{-14}，373.15 K 时为 5.59×10^{-13}，但是 K_w 与水所处的压强和浓度没有关系。

水的离子积不仅适用于纯水，也适用于所有稀水溶液。即在水溶液中，不论溶液是酸性、碱性还是中性，H_2O、H_3O^+、OH^- 三者总是同时共存，而且它们之间的关系满足 $K_w = [H_3O^+] \cdot [OH^-]$ 这一数学表达式。在25℃的纯水中，$[H_3O^+] = 10^{-7}$ mol · L^{-1}。在此温度下，当向溶液中加入酸或碱时，平衡会发生移动，但当达到新的平衡时，$K_w = [H_3O^+] \cdot [OH^-]$ 的关系仍然存在。如果向溶液中加入酸，此时氢离子浓度增大，而氢氧根离子浓度减小，溶液显酸性，反之亦然。由于 K_w 反映了溶液中 $[H_3O^+]$ 和 $[OH^-]$ 之间的相互制约关系，知道了 $[H_3O^+]$ 也就知道了 $[OH^-]$。因此在医学或工业生产中，习惯用 $[H_3O^+]$ 表示溶液的酸碱性，并将水溶液中 $[H_3O^+]$ 称为溶液的酸度，但是由于 $[H_3O^+]$ 的变化幅度非常大，浓的可以达到 10 mol · L^{-1}，而稀的可达到 10^{-15} mol · L^{-1}。通常情况下，人体中各种体液的 $[H_3O^+]$ 都非常小。例如，血清中 $[H_3O^+] = 3.9\times10^{-8}$ mol · L^{-1}，是带有负指数的数字，书写与使用很不方便，为了表示的方便引入了 pH 的概念。

（二）水溶液的 pH

溶液中 $[H_3O^+]$ 活度的负对数称为该溶液的 pH，即

$$pH = -\lg a(H_3O^+)$$

在稀溶液中，浓度和活度的数值十分接近，可用浓度代替活度，得到

$$pH = -\lg [H_3O^+]$$

同理，溶液的酸碱性也可以用 pOH 表示，即

$$pOH = -\lg a(OH^-) \text{ 或 } pOH = -\lg [OH^-]$$

因为在 298.15 K 时，$[H_3O^+] \cdot [OH^-] = 1.0\times10^{-14}$，所以

$$pH + pOH = 14$$

pH 和 pOH 一般的取值范围是 1 ～ 14。但有时也会超出这个范围，如 $[H_3O^+] = 10\ mol \cdot L^{-1}$，则 $pH = -1$。这种在 pH 范围之外的，直接用 H_3O^+ 或 OH^- 的浓度 $c(mol \cdot L^{-1})$ 来表示更为方便。在生物体中，各种体液的 pH 只能在一定的范围内变化，才能保持各种正常的生理功能，而且各种酶也只有在一定的 pH 范围之内才具有活性（表 3-2）。

表 3-2　人体各种体液的 pH

体液	pH	体液	pH
血清	7.35 ～ 7.45	大肠液	8.3 ～ 8.4
成人胃液	0.9 ～ 1.5	乳汁	6.6 ～ 6.9
婴儿胃液	5.0	泪水	约 7.4
唾液	6.35 ～ 6.85	尿液	4.8 ～ 7.5
胰液	7.5 ～ 8.0	脑脊液	7.35 ～ 7.45
小肠液	约 7.6		

二、溶剂的拉平效应和区分效应

在酸碱的质子理论中，一种物质的酸碱性强弱不仅与其本性有关，还与溶剂性质有关。

例如，在稀水溶液中，$HClO_4$、H_2SO_4、HCl 和 HNO_3 都能够完全解离，在水中并不存在这些酸的分子，这时在水中存在的酸都是水合氢离子，因此，它们的酸性是相同的，区分不了其强弱，水对这些酸起着拉平作用，这种作用称为拉平效应（leveling effect），即不同强度的酸（碱）被溶剂调整到同一酸（碱）强度的作用。具有拉平效应的溶剂称为拉平性溶剂。因此，H_2O 是拉平溶剂，有拉平效应。

$$HClO_4 + H_2O \longrightarrow H_3O^+ + ClO_4^-$$

$$H_2SO_4 + H_2O \longrightarrow H_3O^+ + SO_4^{2-}$$

$$HCl + H_2O \longrightarrow H_3O^+ + Cl^-$$

$$HNO_3 + H_2O \longrightarrow H_3O^+ + NO_3^-$$

而如果将这些酸放在比水更难接受质子的溶剂中则可以分辨出强弱。例如，在 HAc（乙酸）作溶剂时，由于乙酸的酸性强于 H_2O，HAc 接受质子的能力比 H_2O 弱得多，尽管 $HClO_4$、H_2SO_4、HCl 和 HNO_3 这四种酸中的每一种酸给出质子的能力没有改变，但 HAc 接受质子能力较弱，这四种酸体现出的给质子能力有所差异，这种能区分酸碱强弱的效应称为区分效应（differentiating effect），具有区分效应的溶剂称为区分溶剂。因此，乙酸是 $HClO_4$、H_2SO_4、HCl、HNO_3 的区分溶剂，对酸强弱有分辨效应。

再如，对于氢氟酸、乙酸和氯化铵这三种弱酸而言，其在水中的酸性强弱顺序依次递减，因此，水是 HF、HAc 和 NH_4Cl 的区分溶剂。

三、弱酸、弱碱的解离平衡及其平衡常数

弱电解质在水溶液只有部分分子解离成离子，而生成的离子又可以重新结合成分子，因此，弱电解质的解离是可逆的，存在着分子与离子间解离的动态平衡。

例如，乙酸在水中的解离平衡

$$HAc(aq) + H_2O(l) \rightleftharpoons H_3O^+(aq) + Ac^-(aq)$$

在一定温度下，当单位时间内解离生成 H_3O^+ 和 Ac^- 的 HAc 数目与同一时间内由 H_3O^+ 和 Ac^-

结合生成 HAc 的数目一致时，达到 HAc 的解离平衡状态。这种平衡状态可以用平衡常数来表示，其数学表达式为

$$K=\frac{[H_3O^+][Ac^-]}{[HAc][H_2O]}$$

式中的方括号表示各物质的平衡浓度。在水溶液中，水作为溶剂大量存在，因此，$[H_2O]$ 可以看成常数，上式可写为

$$K_a=\frac{[H_3O^+][Ac^-]}{[HAc]}$$

K_a 称为弱酸的解离常数（acid-dissociation constant）。类似地，氨在水中的解离平衡

$$NH_3(aq)+H_2O(l)\rightleftharpoons NH_4^+(aq)+OH^-(aq)$$

其平衡常数称为弱碱的解离常数（base-dissociation constant），用 K_b 表示

$$K_b=\frac{[NH_4^+][OH^-]}{[NH_3]}$$

关于平衡常数的注意事项：① K_a、K_b 值与弱电解质的本性和温度有关，而与弱电解质的浓度无关；②解离常数的大小可以衡量酸或碱的强弱程度，酸和碱越弱，它的解离常数就越小，一般认为解离常数在 $10^{-9}\sim10^{-5}$ 范围内的电解质为弱电解质，而小于 10^{-10} 是极弱电解质；③这里的平衡常数为实验平衡常数，单位一般不表示出来；④解离常数通常很小，是带有负指数的数字，使用很不方便，因此常用其负对数来表示。$pK_a=-\lg K_a$，$pK_b=-\lg K_b$。

pK_a 越大，其酸性越弱；pK_a 越小，其酸性越强。对于弱碱也一样（表 3-3）。

表 3-3　一些酸在水溶液中的 K_a 和 pK_a（298.15 K）

	酸 HA	K_a(aq)	pK_a(aq)	共轭碱 A^-	
酸性增强↑	H_3O^+	—	—	H_2O	
	HIO_3	1.6×10^{-1}	0.78	IO_3^-	
	$H_2C_2O_4$	5.6×10^{-2}	1.25	$HC_2O_4^-$	
	H_2SO_3	1.4×10^{-2}	1.85	HSO_3^-	
	H_3PO_4	6.9×10^{-3}	2.16	$H_2PO_4^-$	
	HF	6.3×10^{-4}	3.20	F^-	
	HCOOH	1.8×10^{-4}	3.75	$HCOO^-$	
	$HC_2O_4^-$	1.5×10^{-4}	3.81	$C_2O_4^{2-}$	
	CH_3COOH	1.75×10^{-5}	4.756	CH_3COO^-	
	H_2CO_3	4.5×10^{-7}	6.35	HCO_3^-	
	H_2S	8.9×10^{-8}	7.05	HS^-	
	$H_2PO_4^-$	6.1×10^{-8}	7.21	HPO_4^{2-}	
	HSO_3^-	6×10^{-8}	7.2	SO_3^{2-}	
	HCN	6.2×10^{-10}	9.21	CN^-	
	NH_4^+	5.6×10^{-10}	9.25	NH_3	
	HCO_3^-	4.7×10^{-11}	10.33	CO_3^{2-}	
	HPO_4^{2-}	4.8×10^{-13}	12.32	PO_4^{3-}	
	H_2O	1×10^{-14}	14.00	OH^-	
	HS^-	1×10^{-19}	19	S^{2-}	碱性增强↓

数据来源：Haynes W M. 2016-2017. CRC Handbook of Chemistry and Physics. 97th ed. New York: CRC Press, 5-87.

四、共轭酸碱对解离常数的关系

弱酸的酸常数 K_a 与其共轭碱的碱常数 K_b 之间有确定的对应关系。例如，乙酸在水溶液中的解离反应为

$$HAc(aq) + H_2O(l) \rightleftharpoons H_3O^+(aq) + Ac^-(aq)$$

解离达到平衡时，其平衡常数可表示为

$$K_a = \frac{[H_3O^+][Ac^-]}{[HAc]}$$

而 HAc 对应的共轭碱 Ac^- 的质子传递反应为

$$H_2O(l) + Ac^-(aq) \rightleftharpoons HAc(aq) + OH^-(aq)$$

解离达到平衡时，其平衡常数可以表示为

$$K_b = \frac{[HAc][OH^-]}{[Ac^-]}$$

上式分子和分母同时乘以 $[H_3O^+]$

$$K_b = \frac{[HAc][OH^-]}{[Ac^-]} = \frac{[HAc][OH^-]}{[Ac^-]} \cdot \frac{[H_3O^+]}{[H_3O^+]}$$

结合水溶液中水的质子自递平衡

$$H_2O(l) + H_2O(l) \rightleftharpoons H_3O^+(aq) + OH^-(aq)$$

则

$K_b = \dfrac{K_w}{K_a}$ 或 $K_a \cdot K_b = K_w$，298.15 K 时，$K_w = 1.00 \times 10^{-14}$。

该式表明：① K_a 与 K_b 成反比，即共轭酸的酸常数 K_a 越大，酸性越强，其共轭碱的碱常数 K_b 越小，碱性越弱，这也说明了酸碱之间的反应为什么是由强酸和强碱向弱的共轭碱和共轭酸的方向进行。②知道了共轭酸的酸常数 K_a，便可以求出其共轭碱的碱常数 K_b。

多元酸（polyprotic acid）或多元碱（polyprotic base）在水中的解离是分步进行的，K_a 与 K_b 的关系参见第四节多元酸、多元碱的 pH 计算。

五、酸碱解离平衡的移动

弱电解质在溶液中的解离平衡是一种相对的、动态的平衡，会受到外界条件的影响。影响酸碱平衡的主要因素包括三个方面：浓度、同离子效应和盐效应。

（一）浓度对酸碱平衡的影响

例如，在一元弱酸 HA 溶液中，存在如下的解离平衡

$$HA(aq) + H_2O(l) \rightleftharpoons A^-(aq) + H_3O^+(aq)$$

达到平衡后，若增大溶液中 HA 的浓度，平衡向右移动，直到建立新的平衡。反之，如果减小 HA 的浓度，平衡向左移动，直到建立新的平衡。但是在达到新的平衡之后平衡常数不会改变，改变的只是乙酸的解离度。那么乙酸的浓度与解离度之间究竟有什么样的关系呢？

设 HA 的初始浓度为 c，解离度为 α，达到平衡后，各组分的浓度为

$$\begin{matrix} HA(aq) + H_2O(l) & \rightleftharpoons & H_3O^+(aq) & + & A^-(aq) \\ c(1-\alpha) & & c\alpha & & c\alpha \end{matrix}$$

$$K_a = \frac{[H_3O^+][A^-]}{[HA]} = \frac{c^2\alpha^2}{c(1-\alpha)} = \frac{c\alpha^2}{1-\alpha} \tag{3-10}$$

$\alpha < 5\%$ 时，可认为 $1-\alpha \approx 1$，则上式可以简化为

$$K_a = c\alpha^2 \qquad 或 \qquad \alpha \approx \sqrt{\frac{K_a}{c}} \tag{3-11}$$

该式称为奥斯特瓦尔德稀释定律（Ostwald dilution law），简称稀释定律。从稀释定律可以得出三点结论：①对于同一弱电解质 K_a 不随 c 而变化；② α 随 c 的减小而增大；③当 c 一定时，α 随 K_a 的增大而增大，说明在 c 相同的条件下，K_a 的大小反映了不同弱电解质解离度的大小。

利用稀释公式可以进行有关解离度和平衡常数的计算。

例 3-2 298.15 K 时，0.10 mol · L^{-1} HAc 的解离度为 1.32%，0.010 mol · L^{-1} HAc 的解离度为 4.1%。求不同浓度条件下 HAc 的解离常数 K_a。

解 根据式（3-10）

（1）$K_{a1} = \dfrac{c\alpha^2}{1-\alpha} = \dfrac{0.1\times0.0132^2}{1-0.0132} = 1.77\times10^{-5}$

（2）$K_{a2} = \dfrac{c\alpha^2}{1-\alpha} = \dfrac{0.01\times0.041^2}{1-0.041} = 1.75\times10^{-5}$

计算值基本一致。这说明对于某一弱电解质，其解离平衡常数 K 只与温度有关，不随浓度的改变而改变。

（二）同离子效应

在弱电解质溶液中，加入一种与该弱电解质具有相同离子的强电解质，使弱电解质解离度降低的现象，称为同离子效应。

例如，在 HAc 溶液中加入甲基橙指示剂，溶液变成红色，说明溶液此时显酸性。如果向溶液中加入大量的 NaAc，则溶液的颜色将由红色变为黄色，说明溶液中 H_3O^+ 浓度减小。原因是在已经建立平衡的 HAc 溶液中，加入 NaAc，此时溶液中 Ac^- 浓度增大，即平衡向左边移动，HAc 解离度降低，溶液中的 H_3O^+ 浓度减小，使溶液由红色变为黄色。

平衡移动方向（←）

$$HAc(aq) + H_2O(l) \rightleftharpoons H_3O^+(aq) + Ac^-(aq)$$
$$+$$
$$Na^+(aq) + Ac^-(aq) \longleftarrow NaAc(s)$$

同样，如果在 HAc 的水溶液中加入 HCl，HCl 是强电解质，在溶液中能够完全解离，这时溶液中的 H_3O^+ 浓度增大，平衡将会向左移动，HAc 解离度降低。

问题与思考 3-1

在 $NH_3 \cdot H_2O$ 中加入 NH_4Cl，则 $NH_3 \cdot H_2O$ 的解离平衡如何移动？

例 3-3 在 298.15 K 时，向 1 L 0.100 mol · L^{-1} HAc 溶液中加入 0.100 mol NaAc，HAc 解离度有何变化？（设溶液的总体积不变）

解 （1）求出未加 NaAc 时 HAc 的解离度

$$\alpha = \sqrt{\frac{K_a}{c}} = \sqrt{\frac{1.75\times10^{-5}}{0.100}} = 1.32\times10^{-2} = 1.32\%$$

（2）加入 NaAc 之后，设 HAc 解离出的 $[H_3O^+]$ 为 x mol · L^{-1}

$$HAc(aq) + H_2O(l) \rightleftharpoons H_3O^+(aq) + Ac^-(aq)$$

	HAc		H_3O^+	Ac^-
初始浓度 /(mol · L^{-1})	0.100		0	0.100
平衡浓度 /(mol · L^{-1})	$0.100 - x$		x	$0.100 + x$

根据

$$K_a = \frac{[H_3O^+][Ac^-]}{[HAc]}$$

得到

$$K_a = \frac{x(0.100+x)}{0.100 - x} = 1.75 \times 10^{-5}$$

因为 $0.1 + x \approx 0.1 - x \approx 0.1$　　　所以 $[H^+] = x = 1.75 \times 10^{-5}$ (mol · L^{-1})

$$\alpha = \frac{[H^+]}{c} = \frac{1.75 \times 10^{-5}}{0.100} = 1.75 \times 10^{-4}$$

计算结果表明，在 0.100 mol · L^{-1} HAc 溶液中加入 NaAc 后，由于产生同离子效应，溶液中 HAc 的解离度降低为原来的 1/75。因此，利用同离子效应可控制溶液中某些离子的浓度和调节溶液的酸碱性。

（三）盐效应

在弱电解质溶液中，加入与弱电解质无关的强电解质盐类时，该弱电解质的解离度略微增大。例如，在已经解离平衡的 HAc 溶液中加入不含相同离子的强电解质如 NaCl，NaCl 在溶液中完全解离，因此在 H_3O^+ 或 Ac^- 周围存在着大量带相反电荷的离子，通过静电引力的作用形成离子氛，阴阳离子间的牵制作用增大，从而使 Ac^- 与 H_3O^+ 结合为 HAc 分子的概率受到离子氛的影响而减小，速率减慢。但是 HAc 解离生成 Ac^- 与 H_3O^+ 的速率不变，所以解离平衡正向移动，HAc 的解离度略有增大。这种效应就称为盐效应（salt effect）（图 3-4）。

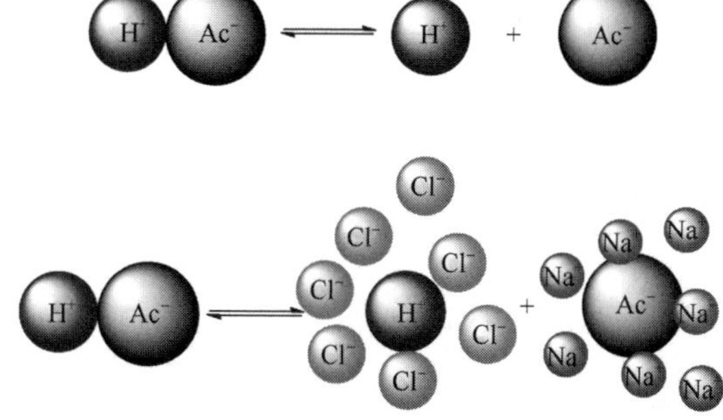

图 3-4　盐效应示意图

例如，在 1 L 0.100 mol · L^{-1} HAc 溶液中加入 0.100 mol NaCl，HAc 的解离度由 1.33% 增大到 1.82%。

产生同离子效应的同时，一定伴随盐效应的发生。但同离子效应的影响比盐效应要大得多，所以当盐效应与同离子效应同时存在时，一般盐效应的影响可忽略。

第四节　酸碱溶液 pH 的计算

酸碱的解离程度从定性的角度说明了其酸、碱性强弱，即平衡常数 K 越大，酸碱性越强。那么，如何才能从定量的角度获得酸碱溶液的准确 H_3O^+ 浓度呢？这就是本节要解决的问题。需要注意的是，由于溶液中离子强度等因素的影响，计算得到的 pH 和使用酸度计测定的数值之间存在一定的差异。

一、强酸或强碱溶液

强酸或强碱属于强电解质，在水中完全解离。由于同离子效应，水的解离会进一步减弱，相对于强酸或强碱而言，水本身的解离就可以忽略不计了。因此，一般浓度下，溶液中的 $[H_3O^+]$ 或 $[OH^-]$ 的浓度可以直接由酸或碱本身的浓度来确定，注意这里是用浓度来代替活度。但是当由强酸或强碱解离产生的 $[H_3O^+]$ 或 $[OH^-] < 10^{-6}\ mol \cdot L^{-1}$ 时，由 H_2O 解离出的 $[H_3O^+]$ 或 $[OH^-]$ 就不能忽略了。

二、一元弱酸或弱碱溶液

在一元弱酸弱碱溶液中，弱酸或弱碱只有部分解离，同时在这种情况下还必须考虑水本身的解离。因此，需要通过酸碱解离平衡常数与平衡浓度的关系式来计算溶液的 pH。

在一元弱酸 HA 的水溶液中，存在着两种质子传递平衡

$$H_2O(l) + H_2O(l) \rightleftharpoons H_3O^+(aq) + OH^-(aq)$$

$$HA(aq) + H_2O(l) \rightleftharpoons H_3O^+(aq) + A^-(aq)$$

因此，溶液中 H_3O^+ 来源于酸和水的解离，平衡之后氢离子的总浓度等于

$$[H_3O^+] = [OH^-] + [A^-]$$

将等式右边 $[A^-]$ 和 $[OH^-]$ 用平衡常数表示，则得到

$$[H_3O^+] = \frac{K_a[HA]}{[H_3O^+]} + \frac{K_w}{[H_3O^+]}$$

所以溶液中的 $[H_3O^+]$ 的计算公式为

$$[H_3O^+]^2 = K_a[HA] + K_w$$

$$[H_3O^+] = \sqrt{K_a[HA] + K_w} \tag{3-12}$$

该式称为计算一元弱酸溶液 $[H_3O^+]$ 的精确公式。

在式（3-12）中，弱酸的平衡浓度未知，因此需要用弱酸的初始浓度和 $[H_3O^+]$ 将 [HA] 表示出来才能够进行相应的计算。

$$HA(aq) + H_2O(l) \rightleftharpoons H_3O^+(aq) + A^-(aq)$$

$$\frac{[HA]}{c} = \frac{[HA]}{[HA]+[A^-]} = \frac{[HA]}{[HA]+\dfrac{[HA]K_a}{[H_3O^+]}} = \frac{[H_3O^+]}{[H_3O^+]+K_a}$$

因此

$$[HA] = \frac{[H_3O^+]c}{[H_3O^+]+K_a} \tag{3-13}$$

将式（3-13）代入式（3-12）中，最后计算的结果是一个一元三次方程，数学计算复杂，所以需要做近似处理。

当 $K_a c_{HA} \geqslant 20K_w$ 时，可以忽略水的质子自递平衡，仅仅考虑弱酸的解离平衡。

$$HA(aq) + H_2O(l) \rightleftharpoons H_3O^+(aq) + A^-(aq)$$

设 HA 的初始浓度为 c，HA 的解离度为 α，则

初始浓度 /($mol \cdot L^{-1}$) c 0 0

平衡浓度 /($mol \cdot L^{-1}$) $c(1-\alpha)$ αc αc

平衡之后，$K_a = \dfrac{[H_3O^+][A^-]}{[HA]} = \dfrac{\alpha c \cdot \alpha c}{c(1-\alpha)} = \dfrac{\alpha^2 c}{(1-\alpha)}$

或
$$K_a = \frac{[H_3O^+]^2}{c-[H_3O^+]} \tag{3-14}$$

$$[H_3O^+] = \sqrt{K_a(c-[H_3O^+])} \tag{3-15}$$

将该式展开得到
$$[H_3O^+]=\frac{-K_a+\sqrt{K_a^2+4K_a c}}{2} \tag{3-16}$$

式（3-15）和式（3-16）称为计算一元弱酸溶液 $[H_3O^+]$ 的近似公式。

如果 $\dfrac{c}{K_a} \geqslant 500$ 或 $\alpha < 5\%$ 时可以近似以酸的初始浓度代替平衡浓度，则近似公式（3-15）可以简化为

$$[H_3O^+]=\sqrt{K_a c} \tag{3-17}$$

式（3-17）称为计算一元弱酸溶液 $[H_3O^+]$ 的最简公式。那么为什么当 $\dfrac{c}{K_a} \geqslant 500$ 或 $\alpha < 5\%$ 时，可以做上述的近似处理呢？

因为当 $\dfrac{c}{K_a} = 500$ 时，按最简公式（3-17）进行计算得到

$$[H_3O^+] = \sqrt{K_a c} = \sqrt{500K_a^2} = 22.4K_a$$

如果按照近似公式进行计算，

将 $\dfrac{c}{K_a} = 500$ 代入式（3-16）进行计算得到

$$[H_3O^+] = -\frac{K_a}{2} + \sqrt{\frac{K_a^2}{4} + 500K_a^2} = 21.9K_a$$

由近似公式和最简公式计算引起的相对误差为

$$\frac{22.4K_a - 21.9K_a}{21.9K_a} \times 100\% \approx 2.3\%$$

若允许误差小于 5%，当 $\dfrac{c}{K_a} = 500$，近似计算的相对误差为 2.3%。因此最简式适用条件为：$c \cdot K_a \geqslant 20K_w$，$c/K_a \geqslant 500$ 或 $\alpha < 5\%$。

同理，可以推导出，当 $c \cdot K_b \geqslant 20K_w$，$c/K_b \geqslant 500$ 或 $\alpha < 5\%$，一元弱碱溶液中 $[OH^-]$ 的最简计算公式

$$[OH^-] = \sqrt{K_b c} \tag{3-18}$$

例 3-4 求 0.1 $mol \cdot L^{-1}$ NaCN 溶液的 pH。已知：$K_a(HCN)= 4.93 \times 10^{-10}$。

解 因为
$$K_b = \frac{K_w}{K_a} = \frac{10^{-14}}{4.93 \times 10^{-10}} = 2 \times 10^{-5}$$

则
$$c \cdot K_b = 2 \times 10^{-5} \times 0.1 = 2 \times 10^{-6} > 20K_w$$

$$\frac{c}{K_b}=\frac{0.1}{2\times10^{-12}}=5000>500$$

所以

$$[OH^-]=\sqrt{c\cdot K_b}=\sqrt{0.1\times2\times10^{-5}}$$
$$=1.41\times10^{-3}\ mol\cdot L^{-1}$$
$$pOH=2.85$$
$$pH=14-2.85=11.15$$

使用式（3-17）或式（3-18）时，应该注意：①该公式仅适用于 $\alpha<5\%$ 的弱酸碱，如果 $\alpha>5\%$，用最简式计算，误差较大；②该公式忽略了水的解离，如果考虑水的解离则氢离子浓度的计算公式为 $[H_3O^+]=\sqrt{K_a[HA]+K_w}$，这里 K_w 为水的质子自递常数。

例 3-5 求 1×10^{-5} mol · L^{-1} HAc 溶液的 pH。已知：$K_a(HAc)=1.75\times10^{-5}$。

解
$$\frac{c}{K_a}=0.57\ll500$$

由于溶液极稀，HAc 的解离度很大，如仍用最简公式进行计算，则得到

$$[H_3O^+]=\sqrt{1.75\times10^{-5}\times10^{-5}}=1.32\times10^{-5}\ mol\cdot L^{-1}$$
$$pH=4.88$$

这样的结论显然是不合理的！考虑水的解离，本题的计算结果为 pH=5.14。

三、多元弱酸或弱碱溶液

对于多元弱酸或弱碱，可以用同样的方法推导出 H_3O^+ 或 OH^- 浓度的计算公式。例如在二元弱酸溶液中，同时存在以下三种解离平衡

$$H_2A(aq)+H_2O(l)=\!=\!=H_3O^+(aq)+HA^-(aq)$$
$$HA^-(aq)+H_2O(l)=\!=\!=H_3O^+(aq)+A^{2-}(aq)$$
$$H_2O(l)+H_2O(l)\rightleftharpoons H_3O^+(aq)+OH^-(aq)$$

因此，当二元弱酸在溶液中的解离达到平衡之后，溶液中的 $[H_3O^+]$ 根据其质子平衡条件可以表示为

$$[H_3O^+]=[HA^-]+2[A^{2-}]+[OH^-]$$

然后根据每一步的平衡常数表达式，可以推导出溶液中 $[H_3O^+]$ 的表示式

$$[H_3O^+]=\frac{K_{a1}[H_2A]}{[H_3O^+]}+\frac{2K_{a1}K_{a2}[H_2A]}{[H_3O^+]^2}+\frac{K_w}{[H_3O^+]}$$

将该公式整理之后得到

$$[H_3O^+]=\sqrt{K_{a1}[H_2A]\left(1+\frac{2K_{a2}}{[H_3O^+]}\right)+K_w} \tag{3-19}$$

式（3-19）是计算二元弱酸溶液中 $[H_3O^+]$ 的精确表达式，计算复杂，为了计算的方便，需要对其进行近似处理。其近似处理的条件为：当 $K_{a1}/K_{a2}>100$ 时，忽略二级解离，当作一元酸处理。此时，如果 $c/K_{a1}\geqslant500$，$c\cdot K_{a1}\geqslant20K_w$，则可以直接用初始浓度代替平衡浓度，从而得到计算二元弱酸 $[H_3O^+]$ 的最简公式。

$$[H_3O^+]=\sqrt{K_{a1}c} \tag{3-20}$$

对于三元弱酸而言，例如 H_3PO_4 在水溶液中的解离可以表示为

$$H_3PO_4(aq) + H_2O(l) \rightleftharpoons H_3O^+(aq) + H_2PO_4^-(aq) \quad K_{a1} = \frac{[H_3O^+][H_2PO_4^-]}{[H_3PO_4]} = 6.9\times10^{-3}$$

$$H_2PO_4^-(aq) + H_2O(l) \rightleftharpoons H_3O^+(aq) + HPO_4^{2-}(aq) \quad K_{a2} = \frac{[H_3O^+][HPO_4^{2-}]}{[H_2PO_4^-]} = 6.1\times10^{-8}$$

$$HPO_4^{2-}(aq) + H_2O(l) \rightleftharpoons H_3O^+(aq) + PO_4^{3-}(aq) \quad K_{a3} = \frac{[H_3O^+][PO_4^{3-}]}{[HPO_4^{2-}]} = 4.8\times10^{-13}$$

三元酸的解离常数 K_{a1}、K_{a2}、K_{a3} 依次变小，其主要原因是：①一级解离产生的 H_3O^+ 只需克服带一个负电荷的 $H_2PO_4^-$ 的吸引；二级解离产生的 H_3O^+ 需要克服带两个负电荷的 HPO_4^{2-} 的吸引；三级解离产生的 H_3O^+ 需要克服带三个负电荷的 PO_4^{3-} 的吸引。②一级解离所产生 H_3O^+ 的同离子效应对二、三级解离具有抑制作用，所以 $K_{a1} \gg K_{a2} \gg K_{a3}$。当 $K_{a1}/K_{a2} > 100$ 时，可以忽略二级解离以后的各级解离，按一元弱酸的处理方式即可用式（3-20）来计算溶液中的 $[H_3O^+]$。

多元弱碱的分步解离与多元弱酸相似，当 $K_{b1}/K_{b2} > 100$ 时，忽略二级解离以后的各级解离，当作一元弱碱处理，如果 $c/K_{b1} \geqslant 500$，$c \cdot K_{b1} \geqslant 20K_w$ 则可以直接用初始浓度代替平衡浓度，得到计算二元弱碱 $[OH^-]$ 的最简公式。

$$[OH^-] = \sqrt{c \cdot K_{b1}} \tag{3-21}$$

根据多元弱酸的浓度和各级解离常数可以算出溶液中各种离子的浓度。

例 3-6　计算 0.1 mol · L^{-1} H_2S 溶液中的 H_3O^+ 和 S^{2-} 的浓度。已知 H_2S 溶液中 $K_{a1} = 8.9\times10^{-8}$，$K_{a2} = 1\times10^{-19}$。

解　因为 $K_{a1}/K_{a2} = 8.9\times10^{11} \gg 100$，所以计算 H_2S 溶液中 $[H_3O^+]$ 浓度时，可以忽略第二步解离的 H_3O^+，当作一元弱酸处理。

又因为
$$\frac{c}{K_{a1}} = \frac{0.1}{8.9\times10^{-8}} = 1.1\times10^6 > 500,\quad c\cdot K_{a1} > 20K_w$$

所以
$$[H_3O^+] = \sqrt{K_a \cdot c} = \sqrt{8.9\times10^{-9}} = 9.4\times10^{-5}\ (\text{mol}\cdot\text{L}^{-1})$$

设第二步解离时，$[S^{2-}] = y$

	$HS^-(aq) + H_2O(l)$	$=$	$H_3O^+(aq)$	$+\ S^{2-}(aq)$
初始浓度 /(mol · L^{-1})	9.4×10^{-5}		0	0
平衡浓度 /(mol · L^{-1})	$9.4\times10^{-5} - y$		$9.4\times10^{-5} + y$	y

$$K_{a2} = \frac{[H_3O^+][S^{2-}]}{[HS^-]} = \frac{(9.4\times10^{-5} + y)y}{9.4\times10^{-5} - y} = 1\times10^{-19}$$

因为二级解离常数非常小，可以近似地认为溶液中的 $[H_3O^+]$ 和 $[HS^-]$ 相等，即 $9.4\times10^{-5} - y = 9.4\times10^{-5} + y \approx 9.4\times10^{-5}$，所以 $[S^{2-}]$ 近似等于其二级解离常数。

$$y = [S^{2-}] = 1\times10^{-19}\ (\text{mol}\cdot\text{L}^{-1})$$

对于多元弱酸溶液 $[H_3O^+]$ 的计算可以得出结论：①因 $K_{a1} \gg K_{a2} \gg K_{a3}$，在求溶液中的 $[H_3O^+]$ 时，可以当作一元酸处理；②多元弱酸中，第二步解离平衡所得的共轭碱的浓度近似等于 K_{a2}，与原始浓度的关系不大；③多元酸的酸根离子浓度极低，当需要大量的酸根离子时，往往用其盐而不用酸。

例 3-7　计算 0.100 mol · L^{-1} Na_2CO_3 溶液的 pH 以及 CO_3^{2-} 和 HCO_3^- 浓度。已知 H_2CO_3 的 $K_{a1} = 4.5\times10^{-7}$，$K_{a2} = 4.7\times10^{-11}$。

解　Na_2CO_3 是二元弱碱，在水中存在如下的解离平衡：

$$CO_3^{2-}(aq) + H_2O(l) \rightleftharpoons HCO_3^-(aq) + OH^-(aq)$$

$$K_{b1} = K_w/K_{a2} = 1.0\times10^{-14}/4.7\times10^{-11} = 2.1\times10^{-4}$$

$$HCO_3^-(aq) + H_2O(l) \rightleftharpoons H_2CO_3(aq) + OH^-(aq)$$

$$K_{b2} = K_w/K_{a1} = 1.0\times10^{-14}/4.5\times10^{-7} = 2.2\times10^{-8}$$

因为 $K_{b1}/K_{b2} > 10^2$，$c_b/K_{b1} > 500$，

所以 $$[OH^-] = \sqrt{c\cdot K_{b1}} = \sqrt{0.100\times2.1\times10^{-4}} = 4.6\times10^{-3}\ (mol\cdot L^{-1})$$

$$[OH^-] \approx [HCO_3^-] = 4.6\times10^{-3}\ (mol\cdot L^{-1})$$

$$pOH=2.34,\ pH = 14.00 - 2.34 = 11.66$$

$$[CO_3^{2-}] = 0.100 - 4.6\times10^{-3} = 0.095\ (mol\cdot L^{-1})$$

计算的结果说明，0.100 mol · L^{-1} Na_2CO_3 溶液中主要存在的物质是 CO_3^{2-} 和 Na^+，因水解产生的 HCO_3^- 仅占有很少的一部分。

四、两性物质溶液

根据酸碱质子理论，两性物质是既能接受质子又能给出质子的物质，主要包括酸式盐（HCO_3^-、$H_2PO_4^-$、HPO_4^{2-}）、弱酸弱碱盐（NH_4Ac、NH_4CN、NH_4F）和氨基酸三种类型。

例如，在 $NaHCO_3$ 溶液中存在以下三种平衡：

$$HCO_3^-(aq) + H_2O(l) \rightleftharpoons CO_3^{2-}(aq) + H_3O^+(aq)$$

$$HCO_3^-(aq) + H_2O(l) \rightleftharpoons H_2CO_3(aq) + OH^-(aq)$$

$$H_2O(l) + H_2O(l) \rightleftharpoons H_3O^+(aq) + OH^-(aq)$$

设 $NaHCO_3$ 浓度为 c，在此溶液中，可选择 HCO_3^- 和 H_2O 为质子的参考水准，得质子后的产物为 H_2CO_3、H_3O^+，失去质子后的产物为 CO_3^{2-}、OH^-，根据得失质子守恒，质子的平衡条件为

$$[H_3O^+] + [H_2CO_3]= [CO_3^{2-}] + [OH^-]$$

根据二元酸的解离平衡关系可以推导出 $[H_3O^+]$ 的表示式：

$$[H_3O^+] = \frac{K_{a2}[HCO_3^-]}{[H_3O^+]} + \frac{K_w}{[H_3O^+]} - \frac{[H_3O^+][HCO_3^-]}{K_{a1}}$$

$$[H_3O^+] = \sqrt{\frac{K_{a1}(K_{a2}[HCO_3^-]+K_w)}{K_{a1}+[HCO_3^-]}}$$

当 $c\cdot K_{a2} > 20K_w$，$c > 20K_{a1}$ 时，

$$[H_3O^+] = \sqrt{K_{a1}K_{a2}} \tag{3-22}$$

则

$$pH = \frac{1}{2}(pK_{a1} + pK_{a2}) \tag{3-23}$$

在式（3-22）和式（3-23）中，K_{a2} 是两性物质作为酸时的解离常数，而 K_{a1} 是两性物质作为碱时其对应的共轭酸的解离常数，c 是两性物质的起始浓度。

同理对于 $H_2PO_4^-$，$[H_3O^+] = \sqrt{K_{a1}K_{a2}}$ 。

对于氨基酸而言，K_{a1} 代表 COOH 的解离，K_{a2} 代表 NH_3^+ 解离。例如：NH_2CH_2COOH

$$\overset{+}{N}H_3CH_2COO^-(aq) + H_2O(l) \rightleftharpoons H_3N^+{-}CH_2{-}\overset{\overset{\displaystyle O}{\|}}{C}{-}OH(aq) + OH^-(aq)$$

$$K_{b2} = K_w/K_{a1} = 2.2\times10^{-12}$$

$$\overset{+}{N}H_3CH_2COO^-(aq) + H_2O(l) \rightleftharpoons H_2N—CH_2—\overset{\overset{O}{\|}}{C}—O^-(aq) + H_3O^+(aq)$$

$$K_{a2}=1.56\times10^{-10}$$

因此，在该溶液中 $[H_3O^+]$ 的计算同样可以用式（3-22）进行计算。

例 3-8 计算 0.200 mol · L^{-1} NH_4Ac 溶液的 pH。已知：$K(NH_4^+) = 5.68\times10^{-10}$，$K(HAc) = 1.76\times10^{-5}$。

解 因为 $c\cdot K_a = c\cdot K(NH_4^+) = 0.200\times5.68\times10^{-10} = 1.14\times10^{-10} > 20K_w$

$$c=0.200 > 20\,K(HAc)$$

所以

$$[H_3O^+] = \sqrt{K(HAc)\cdot K(NH_4^+)}$$
$$= \sqrt{1.76\times10^{-5}\times5.68\times10^{-10}} = 1.00\times10^{-7}(mol\cdot L^{-1})$$

$$pH=7.00$$

例 3-9 计算 0.20 mol · L^{-1} NaH_2PO_4 溶液的 pH。已知 H_3PO_4 的 $pK_{a1} = 2.16(K_{a1} = 6.9\times10^{-3})$；$pK_{a2} = 7.21(K_{a2} = 6.1\times10^{-8})$；$pK_{a3} = 12.32(K_{a3} = 4.8\times10^{-13})$。

解 当 $c\cdot K_{a2} > 20K_w$，$c > 20K_{a1}$ 时，所以可以用式（3-20）计算。

$$pH = \frac{1}{2}(pK_{a1} + pK_{a2}) = \frac{1}{2}(2.16 + 7.21) = 4.68$$

例 3-10 计算 0.200 mol · L^{-1} 甘氨酸溶液的 pH。已知：$K_{a1} = 4.46\times10^{-3}$，$K_{a2}= 1.56\times10^{-10}$。

解

$$\overset{+}{N}H_3CH_2COO^-(aq) + H_2O(l) \rightleftharpoons H_3N^+—CH_2—\overset{\overset{O}{\|}}{C}—OH(aq) + OH^-(aq)$$

$$\overset{+}{N}H_3CH_2COO^-(aq) + H_2O(l) \rightleftharpoons H_2N—CH_2—\overset{\overset{O}{\|}}{C}—O^-(aq) + H_3O^+(aq)$$

因为 $c\cdot K_{a2} > 20K_w$，$c > 20K_{a1}$

所以 $[H_3O^+] = \sqrt{K_{a1}K_{a2}}$

$$= \sqrt{4.46\times10^{-3}\times1.56\times10^{-10}} = 8.34\times10^{-7}\ (mol\cdot L^{-1})$$

$$pH=6.08$$

思考与练习

1. 按照布朗斯特-劳里酸碱质子理论，何为酸碱？酸碱反应的实质是什么？如何定量表达酸碱的强弱？

2. 水中加酸或加碱将抑制水的解离，水的离子积是否发生变化？

3. 健康人血液中的 pH 为 7.35 ～ 7.45，若某患者的血液 pH 暂时降到 6.10，其血液中 H_3O^+ 浓度为正常状态的多少倍？

4. 同离子效应和盐效应如何影响弱电解质的解离度？

5. 用质子理论判断下列分子或离子在水溶液中，哪些是酸？哪些是碱？哪些是两性物质？

H_2S、HCl、HS^-、$H_2PO_4^-$、CO_3^{2-}、NH_3、Ac^-

6. 要使 H_2S 饱和溶液中的 $[S^{2-}]$ 加大，应加入碱还是加入酸？为什么？

7. 已知在室温下，乙酸的 K_a=1.75×10^{-5}，解离度约为 2.0%，试计算该乙酸的浓度。

8. 298.15 K 时，向 1 L 浓度为 0.1 mol · L^{-1} 的 HAc 溶液中加入 0.1 mol NaAc，求 HAc 的解离度（假设溶液的总体积不变，HAc 的 K_a=1.75×10^{-5}）。

9. 已知常温下 0.1 mol · L^{-1} HA 溶液的 pH 为 3.0，试计算 0.1 mol · L^{-1} NaA 溶液的 pH。

10. 乳酸［$CH_3CH(OH)COOH$］是糖代谢的最终产物，在体内积蓄会引起机体疲劳或酸中毒，已知乳酸的 K_a=1.4×10^{-4}，试计算浓度为 1.0×10^{-3} mol · L^{-1} 的乳酸溶液的 pH。

11. 复方阿司匹林为解热镇痛药，其主要成分乙酰水杨酸（$C_9H_8O_4$）为一元弱酸，以未解离的中性分子形式在胃中吸收，服用 0.65 g 阿司匹林后胃液的 pH 为 2.96，能被胃直接吸收的阿司匹林有多少克？（已知阿司匹林的 pK_a = 3.5。相对分子质量为 180.16）

12. 麻黄碱（$C_{10}H_{15}ON$）又称麻黄素，为一元弱碱，常用于预防和治疗支气管哮喘及鼻黏膜肿胀、低血压症等。实验测得其水溶液的 pH 为 10.86，已知麻黄碱的 K_b = 2.33×10^{-5}，求麻黄碱的浓度。

13. 水杨酸（邻羟基苯甲酸，$C_7H_6O_3$）为二元酸，有时可用它作为止痛药物代替阿司匹林，但它有较强的酸性，能引起胃出血。已知 K_{a1} = 1.1×10^{-3}，K_{a2} = 3.6×10^{-14}，将 3.2 g 水杨酸溶于水制成 500.0 mL 溶液，计算溶液的 pH。

（秦向阳）

知识拓展

习题详解

第四章　难溶强电解质的沉淀溶解平衡

PPT

在强电解质中，有一些物质，如 $BaSO_4$、AgCl、$CaCO_3$ 在水中的溶解度很小，被称为难溶强电解质。这类物质的饱和水溶液中存在固体与由它解离产生的离子之间的平衡，称为沉淀溶解平衡。该平衡是一种两相动态平衡体系。沉淀溶解平衡在医学、生命科学及工业生产等方面具有广泛的应用。本章主要介绍难溶强电解质沉淀溶解平衡的规律及其应用。

第一节　沉淀溶解平衡和溶度积常数

一、沉淀溶解平衡

任何物质在水中都会或多或少地溶解，完全不溶的物质是不存在的。难溶强电解质，是指在 298.15 K 时，水中溶解度小于 $0.1\ g \cdot L^{-1}$，并且溶解的部分全部解离的一类物质，如 $BaSO_4$、AgCl、$CaCO_3$ 等。

难溶强电解质沉淀溶解平衡是固态物质与溶液中自由运动的水合离子之间建立的两相平衡。以 AgCl 为例，一定温度下，在水溶液中，AgCl 沉淀与溶液中的 Ag^+ 和 Cl^- 之间达到平衡时，可表示为

$$AgCl(s) \rightleftharpoons Ag^+(aq) + Cl^-(aq)$$

平衡常数表达式为

$$K = \frac{[Ag^+][Cl^-]}{[AgCl(s)]}$$

由于［AgCl(s)］是常数，上式表示为

$$K_{sp} = [Ag^+][Cl^-] \tag{4-1}$$

K_{sp} 称为溶度积常数（solubility product constant），简称溶度积（solubility product）。

对于任意一个难溶强电解质（A_mB_n），存在如下平衡式

$$A_mB_n(s) \rightleftharpoons mA^{n+}(aq) + nB^{m-}(aq)$$

$$K_{sp} = [A^{n+}]^m[B^{m-}]^n \tag{4-2}$$

式（4-2）表明：在一定温度下，难溶强电解质的饱和溶液中，离子浓度幂的乘积为一常数，与其他平衡常数一样，它的大小仅与难溶强电解质的本性和温度有关。严格来讲，若考虑离子间的相互作用，溶度积应该是离子活度幂次方的乘积，但难溶电解质本身的溶解度很小，离子强度也很小，一般认为离子的活度因子趋近于 1，所以可用浓度代替活度。K_{sp} 可由实验测得，也可通过热力学或电化学数据计算得到。

二、溶度积与溶解度

溶度积和溶解度可以表示难溶强电解质在水中的溶解能力，溶度积 K_{sp} 是沉淀溶解平衡的平衡常数；溶解度（solubility）是指在一定温度下，单位体积的溶剂中所溶溶质的质量，通常是以每 100 g 水中所溶解物质的质量表示。对于难溶强电解质，其溶解度就是该物质的饱和溶液的浓度，溶解度是可变的，不是一个常数。溶度积和溶解度可以相互换算。为了说明溶度积和溶解度之间的计量关系，溶解度用物质的量浓度来表示。

设难溶强电解质 A_mB_n 的溶解度为 s，当沉淀溶解达到平衡时

$$A_mB_n(s) \rightleftharpoons mA^{n+}(aq) + nB^{m-}(aq)$$

平衡浓度 /($mol \cdot L^{-1}$)　　s　　ms　　ns

$$K_{sp} = [A^{n+}]^m \cdot [B^{m-}]^n = (ms)^m \cdot (ns)^n = m^m \cdot n^n \cdot s^{(m+n)}$$

$$s = \sqrt[(m+n)]{\frac{K_{sp}}{m^m n^n}} \tag{4-3}$$

例 4-1　已知在 298.15 K 时，AgCl 饱和溶液的浓度为 1.91×10^{-3} $g \cdot L^{-1}$，Ag_2CrO_4 的溶解度为 6.54×10^{-5} $mol \cdot L^{-1}$，分别计算它们的 K_{sp}。

解　已知 $M_r(AgCl) = 143.4$ $g \cdot mol^{-1}$，则 AgCl 的溶解度 s 为

$$s = \frac{1.91\times10^{-3}}{143.4} = 1.33\times10^{-5}\ (mol \cdot L^{-1})$$

对于 AgCl 饱和溶液，达到沉淀溶解平衡时，

$$[Ag^+] = [Cl^-] = 1.33 \times 10^{-5}\ (mol \cdot L^{-1})$$

$$K_{sp}(AgCl) = [Ag^+][Cl^-] = (1.33\times10^{-5})^2 = 1.77 \times 10^{-10}$$

同理对于 Ag_2CrO_4 饱和溶液中，存在以下平衡

$$Ag_2CrO_4(s) \rightleftharpoons 2Ag^+(aq) + CrO_4^{2-}(aq)$$

$$[Ag^+] = 2\times6.54\times10^{-5}\ (mol \cdot L^{-1}),\ [CrO_4^{2-}] = 6.54\times10^{-5}\ (mol \cdot L^{-1})$$

$$K_{sp}(Ag_2CrO_4) = [Ag^+]^2[CrO_4^{2-}] = (2\times6.54\times10^{-5})^2\times(6.54\times10^{-5}) = 1.12\times10^{-12}$$

例 4-2　298.15 K 时，$Ni(OH)_2$ 的 $K_{sp} = 5.48\times10^{-16}$，求该温度下 $Ni(OH)_2$ 的溶解度。

解　设 $Ni(OH)_2$ 的溶解度为 s，

$$Ni(OH)_2(s) \rightleftharpoons Ni^{2+}(aq) + 2OH^-(aq)$$

$$s\qquad\qquad 2s$$

$$K_{sp}[Ni(OH)_2] = [Ni^{2+}][OH^-]^2 = s(2s)^2 = 4s^3 = 5.48\times10^{-16}$$

$$s = \sqrt[3]{\frac{5.48 \times 10^{-16}}{4}} = 5.16 \times 10^{-6}\ mol \cdot L^{-1}$$

在一定温度下，同类型的难溶强电解质，K_{sp} 越大，s 越大；不同类型的难溶强电解质，只能用溶解度 s 的大小来比较其溶解能力的大小。例 4-1 中的 AgCl 与 Ag_2CrO_4，属于不同类型的难溶强电解质，前者的 K_{sp} 大，但其溶解度小，这是由于二者溶度积与溶解度的关系式不同所致。

问题与思考 4-1

298.15 K 时，$Mg(OH)_2$ 和 $Ag_2C_2O_4$ 的溶度积常数分别为 $K_{sp}(Ag_2C_2O_4) = 5.40\times10^{-12}$，$K_{sp}[Mg(OH)_2] = 5.61\times10^{-12}$，非常接近，那么二者饱和溶液中 Mg^{2+} 和 Ag^+ 浓度是否也非常接近？为什么？

因为影响难溶强电解质溶解度的因素很多，所以 K_{sp} 与 s 之间的相互换算仅适用于下列情况：

（1）浓度可以代替活度，即离子强度很小的溶液。对于溶解度较大的难溶强电解质如 $CaSO_4$、ZnF_2 等，由于溶解后离子浓度较大，离子强度较大，直接换算将会产生较大误差。

（2）溶解后解离出的正、负离子在水溶液中不发生水解反应，副反应程度很小的物质。例如难溶的硫化物、碳酸盐、磷酸盐等，由于 S^{2-}、CO_3^{2-}、PO_4^{3-} 容易水解，用上述方法换算也会产生比较大的误差。

（3）已溶解的部分能全部解离的物质。例如，Hg_2Cl_2、Hg_2I_2 等共价性较强的化合物，溶液中还存在已溶解的分子与水合离子之间的解离平衡，用上述方法换算也会产生较大误差。

三、溶度积规则

在一定温度下，难溶强电解质 A_mB_n 达到沉淀溶解平衡时，溶液中离子浓度幂的乘积为一常数，即 $[A^{n+}]^m \cdot [B^{m-}]^n = K_{sp}$。而在任意条件下，难溶强电解质溶液中离子浓度幂的乘积称为离子积*（ionic product）。用 I_P 表示，

$$I_P = c^m(A^{n+}) \cdot c^n(B^{m-})$$

对于一定的难溶强电解质，I_P 和 K_{sp} 存在如下关系，当 $I_P > K_{sp}$ 时，说明 A_mB_n 溶液体系已经过饱和，多出的自由离子会相互结合，以沉淀的形式析出；当 $I_P < K_{sp}$ 时，A_mB_n 溶液体系还未达到沉淀溶解平衡，是未饱和状态，此时，若体系中再加入固体 A_mB_n，A_mB_n 会继续溶解，直到溶液中离子浓度幂的乘积等于 K_{sp}，达到沉淀溶解平衡。

从上述讨论中，可依据 I_P 与 K_{sp} 之间的关系判断某一给定的难溶强电解质溶液沉淀与溶解的状态：

（1）$I_P = K_{sp}$ 时，为饱和溶液，既无沉淀析出又无沉淀溶解。

（2）$I_P < K_{sp}$ 时，为不饱和溶液，无沉淀析出。

（3）$I_P > K_{sp}$ 时，为过饱和溶液，溶液中有沉淀析出。

上述结论称为溶度积规则，它反映了难溶强电解质溶解与沉淀平衡移动的规律，也是判断沉淀生成和溶解的依据。

第二节　沉淀溶解平衡的移动

沉淀溶解平衡是有条件的，如果条件改变，沉淀溶解平衡就会发生移动。适用于中学学过的勒夏特列原理（Le Chatelier's principle）。

一、分步沉淀与沉淀的转化

（一）沉淀的生成

在沉淀反应中，可以根据溶度积规则判断是否有沉淀生成。当溶液中难溶强电解质的离子积大于该物质在此温度下的溶度积常数时，将会有沉淀生成，这是产生沉淀的必要条件。

由于没有绝对不溶于水的物质，所以任何一种沉淀的析出都不可能是百分之百的，因为难溶强电解质在水中的沉淀溶解平衡总是存在的，即溶液中总会有极少量的离子存在。一般认为，当溶液中的离子浓度小于 $10^{-5}\ mol \cdot L^{-1}$ 时，就可以认为这种离子已经沉淀完全。

例 4-3　将 20 mL 0.020 $mol \cdot L^{-1}$ $CaCl_2$ 溶液与等体积同浓度的 Na_2SO_4 溶液混合，判断是否有沉淀生成（忽略体积的变化）。已知 $CaSO_4$ 的 $K_{sp} = 4.93 \times 10^{-5}$。

解　溶液等体积混合后，$c(Ca^{2+}) = 0.010\ mol \cdot L^{-1}$，$c(SO_4^{2-}) = 0.010\ mol \cdot L^{-1}$，此时

$$I_P(CaSO_4) = c(Ca^{2+}) \cdot c(SO_4^{2-}) = 0.010 \times 0.010 = 1.0 \times 10^{-4} > K_{sp}(CaSO_4)$$

因此，溶液中有 $CaSO_4$ 沉淀析出。

（二）分步沉淀

当溶液中含有两种或两种以上可与同一试剂反应产生沉淀的离子时，首先满足溶度积规则 $I_P \geq K_{sp}$ 的离子先被沉淀出来，这种沉淀按先后顺序析出的现象，称为分步沉淀（fractional

---

*　也称为反应商 Q（reaction quotient）

precipitation）。

利用分步沉淀可以实现离子的分离。在相同温度下，同种类型的难溶强电解质，如果浓度相等，总是溶度积小的先沉淀，并且两种难溶强电解质的溶度积差别越大，分离效果越好。对于不同类型的难溶强电解质，则必须通过计算，根据溶解度大小，才能判断沉淀的先后顺序。

例 4-4 在含有 0.010 $mol \cdot L^{-1}$ Cl^- 和 0.010 $mol \cdot L^{-1}$ I^- 溶液中逐滴加入 $AgNO_3$ 溶液。（1）AgCl 和 AgI 哪个先沉淀析出？（2）根据（1）的结果，当后沉淀的离子开始沉淀时，另一种离子在溶液中的浓度为多少？（已知：AgCl 的 K_{sp}=1.77×10^{-10}，AgI 的 K_{sp}=8.52×10^{-17}）

解 （1）根据溶度积规则，AgCl 开始沉淀，必须满足 $I_P > K_{sp}$，即

$$[Ag^+] \geqslant \frac{K_{sp}(AgCl)}{[Cl^-]} = \frac{1.77\times10^{-10}}{0.010} = 1.77\times10^{-8}\ (mol\cdot L^{-1})$$

AgCl 开始沉淀时，所需 Ag^+ 浓度必须大于 1.77×10^{-8} $mol \cdot L^{-1}$。

同理，当 AgI 开始沉淀时所需 Ag^+ 的浓度为

$$[Ag^+] \geqslant \frac{K_{sp}(AgI)}{[I^-]} = \frac{8.52\times10^{-17}}{0.010} = 8.52\times10^{-15}\ (mol\cdot L^{-1})$$

AgI 开始沉淀时，所需 Ag^+ 浓度必须大于 8.52 × 10^{-15} $mol \cdot L^{-1}$。

由计算结果可知，沉淀 I^- 所需的 Ag^+ 浓度比沉淀 Cl^- 所需的 Ag^+ 浓度小得多，所以 AgI 沉淀先析出。

（2）当 Ag^+ 浓度大于 1.77×10^{-8} $mol \cdot L^{-1}$ 时，AgCl 才能开始沉淀，此时溶液中 I^- 浓度为

$$[I^-] = \frac{K_{sp}(AgI)}{[Ag^+]} = \frac{8.52\times10^{-17}}{1.77\times10^{-8}} = 4.81\times10^{-9}\ (mol\cdot L^{-1})$$

因为 $[I^-]$ 远小于 1.0×10^{-5} $mol \cdot L^{-1}$，所以 AgCl 开始沉淀时，I^- 已经沉淀完全了。

（三）沉淀的转化

将一种难溶强电解质转化为另一种难溶强电解质的过程称为沉淀的转化。例如，锅炉中水垢的主要成分是 $CaCO_3$ 和 $CaSO_4$，在除垢过程中，$CaCO_3$ 可用盐酸洗涤除去。但 $CaSO_4$ 难溶于酸，不易清除。可以先用足量的 Na_2CO_3 溶液浸泡，然后用盐酸洗涤。用 Na_2CO_3 溶液浸泡的目的是将 $CaSO_4$ 转化为疏松的可溶于酸的 $CaCO_3$ 沉淀，其转化过程如下

$$CaSO_4(s) + CO_3^{2-}(aq) \rightleftharpoons CaCO_3(s) + SO_4^{2-}(aq)$$

上述沉淀转化反应之所以能够发生，是因为生成的 $CaCO_3$ 比 $CaSO_4$ 在水中的溶解度更小。反应的平衡常数为

$$K = \frac{[SO_4^{2-}]}{[CO_3^{2-}]} = \frac{[SO_4^{2-}]\cdot[Ca^+]}{[CO_3^{2-}]\cdot[Ca^+]} = \frac{K_{sp}(CaSO_4)}{K_{sp}(CaCO_3)} = \frac{4.93\times10^{-5}}{3.36\times10^{-9}} = 1.47\times10^4$$

转化反应的平衡常数很大，表示沉淀转化很完全。由此可见，对于同一类型的难溶强电解质，由溶度积较大的难溶强电解质向溶度积较小的难溶强电解质的转化容易进行。但是反过来则难以进行。例如，将 $BaSO_4$ 转化为 $BaCO_3$ 的反应为

$$BaSO_4(s) + CO_3^{2-}(aq) \rightleftharpoons BaCO_3(s) + SO_4^{2-}(aq)$$

$$K = \frac{[SO_4^{2-}]}{[CO_3^{2-}]} = \frac{[SO_4^{2-}]\cdot[Ba^{2+}]}{[CO_3^{2-}]\cdot[Ba^{2+}]} = \frac{K_{sp}(BaSO_4)}{K_{sp}(BaCO_3)} = \frac{1.08\times10^{-10}}{2.58\times10^{-9}} = \frac{1}{24}$$

上述反应达到平衡时，$[CO_3^{2-}]$ =24$[SO_4^{2-}]$。若使 $BaSO_4$ 转化为 $BaCO_3$，必须使 CO_3^{2-} 浓度是 SO_4^{2-} 的 24 倍以上，但是随着转化反应的进行，溶液中 SO_4^{2-} 浓度逐渐增大，需要的 CO_3^{2-} 也越来越

多。在室温下，Na_2CO_3 饱和溶液的浓度为 2.0 mol · L^{-1}，平衡溶液中 $[SO_4^{2-}] = 0.08$mol · L^{-1}，所以 $BaSO_4$ 不易转化为 $BaCO_3$，必须分批多次用饱和 Na_2CO_3 溶液处理 $BaSO_4$ 后，才可将 $BaSO_4$ 完全转化为 $BaCO_3$。

对于不同类型的难溶强电解质，沉淀转化的方向是溶解度大的易转化为溶解度小的，例如在 Ag_2CrO_4 沉淀中加入 KCl 溶液，Ag_2CrO_4 会转化为 AgCl 沉淀。虽然 $K_{sp}(Ag_2CrO_4) < K_{sp}(AgCl)$，但 Ag_2CrO_4 的溶解度大于 AgCl，所以 Ag_2CrO_4 沉淀会转化为 AgCl 沉淀。

二、影响沉淀平衡的因素

（一）同离子效应

在难溶强电解质溶液中，加入与该难溶强电解质含有相同离子的易溶强电解质时，难溶强电解质的溶解度减小的现象，称为同离子效应（common ion effect），例如，在 $BaSO_4$ 的饱和溶液中加入 Na_2SO_4，使 SO_4^{2-} 浓度增大，从而引起 $BaSO_4$ 沉淀溶解平衡向着生成沉淀的方向移动，$BaSO_4$ 的溶解度减小。

例 4-5 计算 $BaSO_4$ 在 0.10 mol · L^{-1} Na_2SO_4 溶液中的溶解度。［已知 $K_{sp}(BaSO_4) = 1.08\times10^{-10}$］

解 设 $BaSO_4$ 在 0.10 mol · L^{-1} Na_2SO_4 溶液中的溶解度为 s，则

$$BaSO_4(s) \rightleftharpoons Ba^{2+}(aq) + SO_4^{2-}(aq)$$

平衡浓度 s $s + 0.10 \approx 0.10$

$$K_{sp}(BaSO_4) = [Ba^{2+}][SO_4^{2-}]$$

$$s = [Ba^{2+}] = \frac{K_{sp}(BaSO_4)}{[SO_4^{2-}]} = \frac{1.08\times10^{-10}}{0.10} = 1.08\times10^{-9}\ (mol\cdot L^{-1})$$

在 0.10 mol · L^{-1} Na_2SO_4 溶液中，$BaSO_4$ 的溶解度为 1.08×10^{-9} mol · L^{-1}，比在纯水中 1.04×10^{-5} mol · L^{-1} 小近万倍。

以上计算结果说明：同离子效应可使难溶强电解质的溶解度大大降低。利用这一原理，在分析化学中使用沉淀剂分离溶液中的某种离子，并用含相同离子的强电解质溶液洗涤所得到的沉淀，以减少因溶解而引起的损失。

（二）盐效应

在难溶强电解质溶液中，加入与难溶强电解质不含有相同离子的易溶强电解质时，难溶强电解质的溶解度略微增大的现象称为盐效应（salt effect）。例如，向 $BaSO_4$ 的过饱和溶液中加入 KNO_3 时，可促进固体 $BaSO_4$ 的溶解。产生盐效应的原因是随着易溶性强电解质的加入，溶液的离子强度增加，引起 Ba^{2+} 和 SO_4^{2-} 活度降低，从而使难溶电解质的溶解度增大。

产生同离子效应的同时必然伴随着盐效应，由于一般同离子效应比盐效应要显著得多，当两种效应共存时，除需要特别分析外，一般可忽略盐效应的影响。

（三）酸碱效应

溶液的酸度或碱度对沉淀溶解的影响，称为酸碱效应（acid-base effect）。产生酸碱效应的原因是沉淀解离出来的构晶离子与溶液中的 H^+ 或 OH^- 反应，生成了更稳定的物质，从而降低了构晶离子的浓度，沉淀溶解平衡向溶解的方向移动，沉淀的溶解度增大，如以下几种情况。

1. 金属氢氧化物沉淀的溶解 氢氧化物中的 OH^- 与酸反应生成难解离的水，故金属氢氧化物可以溶于酸或酸性盐溶液中。以 $Mg(OH)_2$ 为例，其反应如下：

$$
\begin{array}{ccccc}
Mg(OH)_2(s) & \rightleftharpoons & Mg^{2+}(aq) & + & 2OH^-(aq) \\
 & & & & + \\
 & & & & 2H^+(aq) \\
 & & & & \updownarrow \\
 & & & & 2H_2O(l)
\end{array}
$$

加入 HCl 后，生成弱电解质 H_2O，使 OH^- 浓度降低，此时，$I_P[Mg(OH)_2] < K_{sp}[Mg(OH)_2]$，沉淀溶解平衡被打破，平衡向右移动，以补充被消耗掉的 OH^-，导致 $Mg(OH)_2$ 沉淀溶解。$Mg(OH)_2$ 还可溶解在 NH_4Cl 溶液中，因为 NH_4^+ 也是酸，与 OH^- 生成 NH_3，从而降低 OH^- 浓度，导致 $I_P[Mg(OH)_2] < K_{sp}[Mg(OH)_2]$，使 $Mg(OH)_2$ 沉淀溶解。

2. 金属硫化物沉淀的溶解 在 ZnS 沉淀中加入 HCl，由于 H^+ 与 S^{2-} 结合生成 HS^-，再与 H^+ 结合生成 H_2S 气体，使 $I_P(ZnS) < K_{sp}(ZnS)$，沉淀溶解。

$$
\begin{array}{ccccc}
ZnS(s) & \rightleftharpoons & Zn^{2+}(aq) & + & S^{2-}(aq) \\
 & & & & + \\
 & & & & 2H^+(aq) \\
 & & & & \updownarrow \\
 & & & & H_2S(g)
\end{array}
$$

（四）配位效应

当溶液中存在能与沉淀的构晶离子形成配合物的配位剂时，则沉淀的溶解度增大，称为配位效应（coordination effect）。配位效应的产生是因为构晶离子与配位剂结合生成了更稳定的配合物，从而降低了构晶离子的浓度，沉淀溶解平衡向溶解的方向移动，难溶强电解质的溶解度增大。

例如，AgCl 不溶于酸也不溶于碱，但可溶于氨水。

$$
\begin{array}{ccccc}
AgCl(s) & \rightleftharpoons & Ag^+(aq) & + & Cl^-(aq) \\
 & & + & & \\
 & & 2NH_3(aq) & & \\
 & & \updownarrow & & \\
 & & [Ag(NH_3)_2]^+(aq) & &
\end{array}
$$

由于 Ag^+ 与 NH_3 结合成难解离的 $[Ag(NH_3)_2]^+$ 配离子，从而降低了 Ag^+ 的浓度，使 AgCl 沉淀溶解。

（五）其他影响因素

1. 温度 大多数难溶强电解质的溶解过程是吸热过程，所以温度升高有利于其溶解。

2. 溶剂的影响 无机物沉淀大多为离子型沉淀，它们在极性较小的有机溶剂中的溶解度比在极性较大的水中的溶解度小。例如，在 $BaSO_4$ 溶液中加入适量的乙醇，会使 $BaSO_4$ 的溶解度大大降低。

问题与思考 4-2

硫酸铜精制实验中，含有少量的可溶性杂质 Fe^{2+} 和 Fe^{3+}，可以通过加入适量 H_2O_2 将 Fe^{2+} 转化为 Fe^{3+}，那么下一步如何将 Fe^{3+} 除掉？

第三节　沉淀溶解平衡与矿化医学

矿化医学是以研究矿化组织（骨、牙）的形成以及矿化组织疾病的发生、发展、诊断、治疗及预防为主要内容，以促进人体矿化组织健康为目标的新型医学学科。矿化组织的形成过程也称为生物矿化过程，生物矿化（biomineralization）主要是指生物体内无机矿物的形成过程。这个过程是在生物体中细胞的参与下，无机元素从环境中选择性地沉淀在特定的有机质上而形成新矿物，如骨骼、牙齿和多种结石等。

目前已知的生物体内的矿物有 60 多种，含钙矿物约占生物矿物总数的一半。生物矿化有两种形式：一种是正常矿化，如正常人体内以矿物为主要成分的骨和牙；另一种是异常矿化，如异常情况下出现各种结石以及软组织钙化。许多因素可以导致骨或牙的异常矿化，表现为：矿化不足、矿化过度、矿化速度过快或过慢等以及非矿化组织出现矿化，如血管钙化、肌腱钙化、关节软骨内钙盐沉积等，导致结石，如胆结石、肾结石等。

生物矿化现象涉及沉淀的生成和转化原理，下面以龋齿的产生、尿路结石的形成为例介绍沉淀溶解平衡在医学中的应用。

一、龋齿的产生与预防

动物体牙齿的主要成分是矿物质羟基磷灰石［hydroxyapatite，HA，$Ca_{10}(PO_4)_6(OH)_2$］，以及一些少量的有机大分子材料。龋齿是一种多种因素导致的口腔疾病。正常情况下牙釉质处于脱矿与再矿化的动态平衡中：

$$Ca_{10}(PO_4)_6(OH)_2 + 8H^+ \rightleftharpoons 10Ca^{2+} + 6HPO_4^{2-} + 2H_2O$$

目前，普遍接受的学说认为细菌、食物、宿主、时间共同决定了龋齿的产生。口腔中的 pH 是中性的，即 pH 在 7 左右，当口腔内生物合成的细菌逐渐增多时，细菌与唾液中的糖类以及食物碎屑结合，附着在牙齿表面或窝沟上，形成菌斑。菌斑主要为变形链球菌和乳酸杆菌，它们分泌出酸性物质，使口腔里牙菌斑的 pH 在 5 ～ 10 以内下降到 5.5 以下，导致牙釉质脱矿的速率大于再矿化的速率，动态平衡遭到破坏，牙齿矿物质随唾液流失，使得坚硬的牙釉质变为多孔的易渗透结构，诱发龋齿。

氟是一种加固骨骼和牙齿的元素，世界卫生组织一直推荐使用含氟牙膏来预防龋齿。脱矿是牙体硬组织中的钙盐溶解流失。有研究表明，氟化物可促进钙盐重新在牙面上沉积，即促进牙齿的再矿化。原因是 F^- 可部分交换牙釉质中羟基磷灰石中 OH^-，生成溶解度更小、具有更好抗酸能力的氟磷灰石。

$$Ca_{10}(PO_4)_6(OH)_2 + 2F^-(aq) = Ca_{10}F_2(PO_4)_6 + 2OH^-(aq)$$

该反应是通过沉淀的转化来实现的。$Ca_{10}(PO_4)_6(OH)_2$ 的溶度积为 $K_{sp1} = 6.8\times10^{-37}$，$Ca_{10}F_2(PO_4)_6$ 的溶度积为 $K_{sp2} = 1.0\times10^{-60}$，因此，该反应转化的平衡常数为

$$K = \frac{[OH^-]}{[F^-]} = \frac{[K_{sp1}]}{[K_{sp2}]} = \frac{6.8\times10^{-37}}{1.0\times10^{-60}} = 6.8\times10^{23}$$

这个反应的平衡常数很大，说明反应能够进行得很完全。

所以使用含氟牙膏，可有效地维持口腔内的氟浓度，防止牙釉质脱矿和龋坏的发生。同时还要养成早晚刷牙、饭后、吃甜食后漱口的良好卫生习惯。

骨骼与牙齿的釉质不同，釉质是相对惰性的，而骨却一直是在不断地转换和再形成，混溶钙池与骨骼钙间呈现动态平衡，即骨骼中的钙不断地在破骨细胞的作用下释放出来进入混溶钙池；

而混溶钙池中的钙又不断地沉积于成骨细胞中，从而使骨骼得以不断更新。这样不断地释出、沉积，从而维持着钙的动态平衡。

在生物体内，组成骨骼的重要成分是羟磷灰石，又称为生物磷灰石，其含量占了骨骼的55%～75%。骨骼的形成与沉淀溶解平衡密切相关，在人体体温37℃、pH 7.4的生理条件下，体内的 Ca^{2+} 与 PO_4^{3-} 混合首先析出无定形磷酸钙，然后转化为磷酸八钙，最后变成稳定的羟磷灰石［$Ca_{10}(PO_4)_6(OH)_2$］。

二、尿路结石的形成

单一物质的水溶液，其溶度积和饱和度容易测定，但是某物质在尿液中的溶度积和饱和度非常难以测定。因为尿液不是单一的溶液，含有较多、较复杂的成分，它们可以相互影响彼此的溶解度。此外，尿液中所含的大部分有机分子也影响其他物质的溶解度。这些因素相互作用就增加了尿液中某种物质的溶解度，如草酸钙（CaC_2O_4），它在尿液中的溶解度就比水中大得多。

尿液中存在过饱和状态的草酸钙是形成结石的首要条件，结石的形成要经历尿液过饱和、成核、晶体生长和聚结等一系列物理化学过程。在人体内，进入肾脏的血液通过肾小球过滤，把蛋白质、细胞等大分子物质滤掉，出来的滤液就是原始的尿液，这些尿液再经过肾小管道进入膀胱。血液通过肾小球前通常对草酸钙是过饱和的，但由于血液中含有蛋白质等结晶抑制剂，草酸钙不易形成沉淀。经过肾小球过滤后，蛋白质等大分子物质被过滤掉，因此滤液在肾小管内或进入肾小管之前会形成草酸钙结晶。不过这种草酸钙沉淀小而且在肾小管中停留时间短，很快随尿液排出，不易形成尿结石。但有些人的尿液中抑制物浓度太低，或肾功能不好，滤液流动速率太慢，在肾小管内停留时间较长，草酸钙等微晶黏附于尿中脱落细胞或细胞碎片表面，形成结石的核心，以此核心为基础，晶体不断地沉淀、生长和聚集，最终形成结石。因此，医学上常用加快排尿速率（即缩短滤液停留时间）、加大尿量（减少 Ca^{2+}、$C_2O_4^{2-}$ 的浓度）等方式防止尿结石的生成。生活中多饮水，是防治尿路结石的一种常用方法。

矿化医学不仅为诊治矿化组织疾病以及软组织异常矿化疾病、异常矿物结构形成性疾病提供重要的理论基础，为设计和合成新型的仿生材料以及人工关节、牙种植体、牙科与骨科手术固定器材等的研究和应用提供学科平台，而且将为特殊环境下人体矿化组织变化规律以及设计相应防护方案和医疗保健措施及健身用品提供科学依据。

思考与练习

1. 什么是难溶强电解质的溶度积和离子积？两者有什么区别和联系？

2. 为什么 $BaSO_4$ 在生理盐水中的溶解度大于在纯水中的溶解度；而 AgCl 在生理盐水中的溶解度却小于在纯水中的溶解度。

3. 已知 298.15 K 时 CaC_2O_4 的溶解度为 4.82×10^{-5} mol · L^{-1}，计算它的溶度积。

4. 在含有固体 AgCl 的饱和溶液中，加入下列物质，对 AgCl 的溶解度有什么影响？并解释之。

（1）$AgNO_3$　（2）KNO_3　（3）氨水

5. 检查蒸馏水中 Cl^- 的允许限量时，取水样 50.0 mL，加稀硝酸 5 滴及 0.100 mol · L^{-1} $AgNO_3$ 溶液 1.00 mL，放置半分钟，溶液如不发生浑浊为合格，求蒸馏水中 Cl^- 的允许限量。［已知：$K_{sp}(AgCl) = 1.77\times10^{-10}$］

6. 室温下，往 0.01 mol · L^{-1} $ZnSO_4$ 溶液中通入 H_2S 达到饱和，如果 Zn^{2+} 能完全沉淀为 ZnS，则沉淀完全时，溶液中的 $[H^+]$ 应为多少？

［已知 H_2S 饱和溶液浓度为 0.10 mol · L^{-1}，$K_{a1}(H_2S) = 8.9\times10^{-8}$，$K_{a2}(H_2S) = 1\times10^{-19}$，$K_{sp}(ZnS) = 1.6\times10^{-24}$］

7. 解释下列现象。

（1）CaC_2O_4 沉淀溶于 HCl 溶液，而不溶于 HAc 溶液；

（2）在 $H_2C_2O_4$ 溶液中加入 $CaCl_2$ 溶液，则产生 CaC_2O_4 沉淀，当滤去沉淀，加氨水于滤液中，又产生 CaC_2O_4 沉淀；

（3）在 $ZnSO_4$ 溶液中通入 H_2S，ZnS 沉淀不完全；但如果在 $ZnSO_4$ 溶液中先加入 NaAc 后，再通入 H_2S，则 ZnS 沉淀较完全。

8. 假设溶于水中的 $Mn(OH)_2$ 完全解离，$K_{sp}[Mn(OH)_2] = 1.9\times10^{-13}$。试计算：

（1）$Mn(OH)_2$ 在水中的溶解度（$mol\cdot L^{-1}$）；

（2）$Mn(OH)_2$ 在 0.10 $mol\cdot L^{-1}$ NaOH 溶液中的溶解度（$mol\cdot L^{-1}$）[假设 $Mn(OH)_2$ 在 NaOH 溶液中不发生其他变化]；

（3）$Mn(OH)_2$ 在 0.20 $mol\cdot L^{-1}$ $MnCl_2$ 溶液中的溶解度（$mol\cdot L^{-1}$）。

9. 在浓度均为 0.010 $mol\cdot L^{-1}$ 的 Cl^- 和 CrO_4^{2-} 的混合溶液中，逐滴加入 $AgNO_3$ 溶液时，AgCl 和 Ag_2CrO_4 哪个先沉淀析出？可否用分步沉淀的方法分离两种离子？（忽略溶液体积的变化）[已知：$K_{sp}(AgCl) = 1.77\times10^{-10}$，$K_{sp}(Ag_2CrO_4) = 1.12\times10^{-12}$]

10. 在内服药生产中，除去产品中的 SO_4^{2-} 杂质时严禁使用钡盐，这是因为 Ba^{2+} 有剧毒，其对人的致死量为 0. 80 g。但在医院进行肠胃造影时，却让患者大量服用 $BaSO_4$（钡餐），这是为什么？

11. 在 10 mL 浓度均为 0.20 $mol\cdot L^{-1}$ Fe^{3+} 和 Mg^{2+} 的混合液中，加入 10 mL 0.2 $mol\cdot L^{-1}$ 的氨水，欲使 Fe^{3+} 和 Mg^{2+} 分离，最少应加入多少克 NH_4Cl？

（已知 $K_{sp}[Mg(OH)_2] = 5.61\times10^{-12}$，$K_{sp}[Fe(OH)_3] = 2.79\times10^{-39}$，$K_b(NH_3\cdot H_2O) = 1.8\times10^{-5}$）

12. 已知 $K_{sp}(BaSO_4) = 1.08\times10^{-10}$，$K_{sp}(BaCO_3) = 2.58\times10^{-9}$，在 $BaSO_4$ 饱和溶液中加入 Na_2CO_3，问满足什么条件时，$BaSO_4$ 可转化为 $BaCO_3$。

（乔 洁）

知识拓展

习题详解

PPT

第五章 缓冲溶液

许多化学反应，特别是生物体内的化学反应，需要在一定的酸度下才能进行。人体内的各种酶只有在一定 pH 范围的体液中才具有活性。人体血液 pH 需保持一定的范围，否则人就会生病甚至死亡。这些都与溶液的缓冲作用密切相关，因此，学习缓冲溶液的基本知识非常重要。

第一节 缓冲溶液的组成及其作用原理

一、缓冲溶液及其作用原理

分别取 1 L 0.10 mol · L^{-1} NaCl 溶液和 1 L 含 HAc 和 NaAc 均为 0.10 mol 的混合溶液，然后各加 0.010 mol 强酸（HCl）或 0.010 mol 强碱（NaOH），溶液 pH 的变化见表 5-1。

表 5-1 不同溶液中加入酸或碱后 pH 的变化

溶液	pH	加 HCl 后 pH	加 NaOH 后 pH
NaCl（0.10 mol · L^{-1}）	7.00	2.00	12.00
HAc-NaAc（0.10 mol · L^{-1}）	4.75	4.66	4.84

由表 5-1 可知，NaCl 溶液的 pH 改变了 5 个单位，pH 发生了显著变化；而 HAc 和 NaAc 混合溶液的 pH 变化很小，仅改变了不到 0.1 个单位。上述 HAc 和 NaAc 混合溶液用水稍加稀释时，pH 改变的幅度也很小。这说明 HAc 和 NaAc 混合溶液在一定条件下能保持 pH 的相对稳定。我们把这种能抵抗外来少量强酸、强碱或稍加稀释，而保持其 pH 基本不变的溶液称为缓冲溶液（buffer solution）。缓冲溶液对强酸、强碱或稀释的抵抗作用称为缓冲作用（buffer action）。

缓冲溶液为什么具有缓冲作用呢？现以 HA-NaA 缓冲溶液为例来说明缓冲溶液的作用原理。用 HA 代表某一弱酸，用 NaA 来表示其共轭碱。

HA-NaA 缓冲溶液中，NaA 为强电解质，在水溶液中以 A^- 及 Na^+ 存在；而 HA 是弱电解质，并且由于 NaA 溶液中解离的 A^- 引起的同离子效应，HA 几乎完全以分子形式存在。所以，在 HA-NaA 缓冲溶液中 HA 和 A^- 的浓度都比较大，且二者是共轭酸碱对，它们之间的质子转移平衡关系可表示如下：

$$HA + H_2O \rightleftharpoons H_3O^+ + A^-$$

当加入少量强酸时，增加的 H_3O^+ 与大量存在的 A^- 结合，平衡向左移动，使溶液中 H_3O^+ 浓度基本不变。共轭碱 A^- 起到抵抗外来少量强酸的作用，称为抗酸成分。

当加入少量强碱时，OH^- 与溶液中 H_3O^+ 结合生成 H_2O，H_3O^+ 浓度降低，平衡向右移动，HA 与 H_2O 发生质子转移，补充消耗的 H_3O^+，达到新的平衡时，溶液中 H_3O^+ 浓度基本不变。弱酸 HA 起到抵抗外来少量强碱的作用，称为抗碱成分。

总之，由于缓冲溶液中同时含有足量的抗酸成分和抗碱成分，可以通过共轭酸碱对的质子转移平衡起到缓冲作用。

二、缓冲溶液的组成

根据缓冲溶液的作用原理，缓冲溶液中应同时存在足量的抗酸成分和抗碱成分，即弱酸与其共轭碱，如 HAc-NaAc、NH_3-NH_4Cl 等。在缓冲溶液中，这些共轭酸碱对称为缓冲对（buffer pair）或缓冲系（buffer system）。一些常见的缓冲系见表 5-2。

表 5-2　常见缓冲系

缓冲系	弱酸	共轭碱	质子转移平衡	pK_a(298.15 K)
HAc-Ac^-	HAc	Ac^-	$HAc + H_2O \rightleftharpoons Ac^- + H_3O^+$	4.756
H_2CO_3-HCO_3^-	H_2CO_3	HCO_3^-	$H_2CO_3 + H_2O \rightleftharpoons HCO_3^- + H_3O^+$	6.35
H_3PO_4-NaH_2PO_4	H_3PO_4	$H_2PO_4^-$	$H_3PO_4 + H_2O \rightleftharpoons H_2PO_4^- + H_3O^+$	2.16
$H_2C_8H_4O_4$[1)]-$KHC_8H_4O_4$	$H_2C_8H_4O_4$	$HC_8H_4O_4^-$	$H_2C_8H_4O_4 + H_2O \rightleftharpoons HC_8H_4O_4^- + H_3O^+$	2.943
$Tris \cdot H^+$-Tris[2)]	$Tris \cdot H^+$	Tris	$Tris \cdot H^+ + H_2O \rightleftharpoons Tris + H_3O^+$	8.3[3)]
NH_4^+-NH_3	NH_4^+	NH_3	$NH_4^+ + H_2O \rightleftharpoons NH_3 + H_3O^+$	9.25
NaH_2PO_4-Na_2HPO_4	$H_2PO_4^-$	HPO_4^{2-}	$H_2PO_4^- + H_2O \rightleftharpoons HPO_4^{2-} + H_3O^+$	7.21
Na_2HPO_4-Na_3PO_4	HPO_4^{2-}	PO_4^{3-}	$HPO_4^{2-} + H_2O \rightleftharpoons PO_4^{3-} + H_3O^+$	12.32

注：1）邻苯二甲酸；2）三（羟甲基）甲胺；3）293.15 K 数据

问题与思考 5-1

20 mL 0. 10 mol · L^{-1} HAc 和 10 mL 0.20 mol · L^{-1} NaOH 是否可以组成缓冲溶液？

第二节　缓冲溶液 pH 的计算

一、缓冲溶液 pH 的计算公式

以 HB 代表弱酸，并与 NaB 组成缓冲溶液。HB 和 B^- 之间的质子转移平衡为

$$HB + H_2O \rightleftharpoons H_3O^+ + B^-$$

达到平衡，可得

$$K_a = \frac{[H_3O^+][B^-]}{[HB]}$$

则有

$$[H_3O^+] = K_a \frac{[HB]}{[B^-]}$$

等式两边同时取负对数，得

$$pH = pK_a + \lg\frac{[B^-]}{[HB]} = pK_a + \lg\frac{[\text{共轭碱}]}{[\text{共轭酸}]} \tag{5-1}$$

此式即为计算缓冲溶液 pH 的亨德森-哈塞尔巴尔赫（Henderson-Hasselbalch）方程。式中，pK_a 为弱酸解离常数的负对数，[HB] 和 [B^-] 均为平衡浓度。[B^-] 与 [HB] 的比值称为缓冲比（buffer-component ratio）。

设在 HB 和 B^- 之间的质子转移平衡中，HB 和 B^- 的初始浓度分别为 $c(HB)$ 和 $c(B^-)$，已解离的 HB 浓度为 $c'(HB)$，则 HB 和 B^- 的平衡浓度分别为

$$[HB] = c(HB) - c'(HB)$$

$$[B^-] = c(B^-) + c'(HB)$$

由于 HB 是弱酸，解离度较小，同时溶液中有大量的 B^-，由于 B^- 的同离子效应，HB 的解离度更小，即 $c'(HB)$ 很小，可以忽略，所以 $[HB] \approx c(HB)$，$[B^-] \approx c(B^-)$，式（5-1）可表示为

$$pH = pK_a + \lg\frac{[B^-]}{[HB]} = pK_a + \lg\frac{c(B^-)}{c(HB)} \tag{5-2}$$

设缓冲溶液体积为 V，则 $c(HB) = n(HB)/V$，$c(B^-) = n(B^-)/V$，则有

$$pH = pK_a + \lg\frac{n(B^-)/V}{n(HB)/V} = pK_a + \lg\frac{n(B^-)}{n(HB)} \tag{5-3}$$

由以上各式可知：

（1）缓冲溶液的 pH 首先取决于弱酸的解离平衡常数 pK_a，其次是缓冲比。若选定缓冲系，则 pK_a 一定，缓冲溶液的 pH 随缓冲比的改变而改变。当缓冲比 $\frac{[B^-]}{[HB]} = 1$ 时，$pH = pK_a$。

（2）弱酸的解离常数 K_a 与温度有关，所以温度对缓冲溶液的 pH 有影响。

（3）缓冲溶液在一定范围内加水稀释时，缓冲比不变，由式（5-3）计算的 pH 也不变，即缓冲溶液具有一定的抗稀释能力。但稀释会引起缓冲溶液离子强度的变化，缓冲溶液的 pH 也会随之有微小的改变。若过分稀释，使抗酸和抗碱成分的浓度降低很多，缓冲溶液将失去缓冲能力。

例 5-1 500 mL 0.05 $mol \cdot L^{-1}$ KH_2PO_4 溶液与 500 mL 0.05 $mol \cdot L^{-1}$ Na_2HPO_4 溶液混合，求此混合溶液的 pH。

解 此混合溶液的缓冲系为 KH_2PO_4-Na_2HPO_4，查相关数据表得 H_3PO_4 的 $pK_{a1} = 2.16$，$pK_{a2} = 7.21$，$pK_{a3} = 12.32$，代入式（5-3）得

$$pH = pK_{a2} + \lg\frac{c(HPO_4^{2-})}{c(H_2PO_4^-)} = 7.21 + \lg\frac{0.05\times0.5}{0.05\times0.5} = 7.21$$

例 5-2 将 0.10 $mol \cdot L^{-1}$ HAc 溶液和 0.10 $mol \cdot L^{-1}$ NaOH 溶液以 3 ∶ 1 的体积比混合，求此缓冲溶液的 pH。

解 设 HAc 溶液和 NaOH 溶液的体积分别为 $3V$ 和 V，查相关数据表得 HAc 的 $pK_a = 4.756$。

$$c(HAc) = \frac{0.10\times3V - 0.10\times V}{3V+V} = 0.050\ (mol\cdot L^{-1})$$

$$c(Ac^-) = \frac{0.10\times V}{3V+V} = 0.025\ (mol\cdot L^{-1})$$

$$pH = 4.756 + \lg\frac{0.025}{0.050} = 4.46$$

二、缓冲溶液 pH 计算公式的校正

通常计算缓冲溶液的 pH 只是近似值，忽略了离子强度的影响，为使计算值更加精确，应以活度替代平衡浓度，即在式（5-1）中引入活度因子加以校正

$$\begin{aligned} pH &= pK_a + \lg\frac{a(B^-)}{a(HB)} = pK_a + \lg\frac{[B^-]\cdot\gamma(B^-)}{[HB]\cdot\gamma(HB)} \\ &= pK_a + \lg\frac{[B^-]}{[HB]} + \lg\frac{\gamma(B^-)}{\gamma(HB)} \end{aligned} \tag{5-4}$$

式中，γ（HB）和 γ（B^-）分别为溶液中 HB 和 B^- 的活度因子；$\lg\frac{\gamma_{B^-}}{\gamma_{HB}}$ 为校正因数。校正因数与缓冲溶液总的离子强度（I）及缓冲系中弱酸的电荷数（z）有关。表 5-3 列出弱酸电荷数 z 不同的缓冲系的一些校正因数。

表 5-3　不同 I 和 z 时缓冲溶液的校正因数（20°C）

I	$z=+1$	$z=0$	$z=-1$	$z=-2$
0.01	+0.04	–0.04	–0.13	–0.22
0.05	+0.08	–0.08	–0.25	–0.42
0.10	+0.11	–0.11	–0.32	–0.22

注：0 ～ 30°C 的校正因数与 20°C 时基本相同。

例 5-3　使用酸度计测定例 5-1 的缓冲溶液 pH 为 6.86，请计算此缓冲溶液的精确 pH。

解

$$c(KH_2PO_4) = 0.05\times0.5/1.0 = 0.025\ (mol\cdot L^{-1})$$

$$c(Na_2HPO_4) = 0.05\times0.5/1.0 = 0.025\ (mol\cdot L^{-1})$$

则此缓冲溶液的离子强度为

$$I=\frac{1}{2}\sum_i c_i\cdot z_i^2=\frac{1}{2}\left[c(K^+)\times1^2+c(Na^+)\times1^2+c(H_2PO_4^-)\times1^2+c(HPO_4^{2-})\times2^2\right]$$

$$=\frac{1}{2}\left[0.025\times1^2+2\times0.025\times1^2+0.025\times1^2+0.025\times2^2\right]$$

$$=0.10$$

此缓冲溶液的离子强度为 0.10 $mol\cdot L^{-1}$，弱酸 $H_2PO_4^-$ 的 z 为 –1，查相关数据表得校正因数为 –0.32，由式（5-4）得此缓冲溶液的精确 pH：

$$pH = 7.21 + (-0.32) = 6.89$$

此精确计算值与实际测定值 6.86 非常接近。

在实际工作中，对 pH 要求精确时，即使用式（5-4）计算，也还需要用 pH 计实际测定，对所配缓冲溶液的 pH 加以校正。

第三节　缓冲容量和缓冲范围

一、缓冲容量

任何缓冲溶液的缓冲能力都有一定的限度，即当加入的强酸或强碱超过一定量时，缓冲溶液的 pH 将发生较大的变化，从而失去缓冲能力。不同的缓冲溶液，其缓冲能力是不同的，为了定量地表示缓冲溶液的缓冲能力大小，1922 年，范斯莱克（van Slyke）提出用缓冲容量（buffer capacity）作为衡量缓冲能力大小的量度。缓冲容量用 β 表示，等于使 1 L 缓冲溶液的 pH 改变 1 个单位时，所需加入一元强酸或一元强碱的物质的量，用微分式定义为

$$\beta=\frac{dn_{a(b)}}{V|dpH|} \tag{5-5}$$

式中，$dn_{a(b)}$ 是缓冲溶液中加入微小量的一元强酸（dn_a）或一元强碱（dn_b）的物质的量，单位是 mol 或 mmol；|dpH| 为缓冲溶液 pH 的微小改变量的绝对值。由式（5-5）可知，β 为正值，单位是 $mol\cdot L^{-1}\cdot pH^{-1}$。在同样的 $dn_{a(b)}$ 和 V 的条件下，缓冲溶液 pH 的改变量越小，β 越大，缓冲溶液的缓冲能力越大。

二、影响缓冲容量的因素

由式（5-5）可以推导出缓冲容量与缓冲溶液总浓度（$c_总$=[HB] + [B⁻]）以及 [HB]、[B⁻] 的关系

$$\beta = 2.303\frac{[HB][B^-]}{c_总} \tag{5-6}$$

由于 [HB] 及 [B⁻] 决定的缓冲比影响缓冲溶液的 pH，所以缓冲容量受缓冲溶液的 pH 影响。其变化如图 5-1 所示。

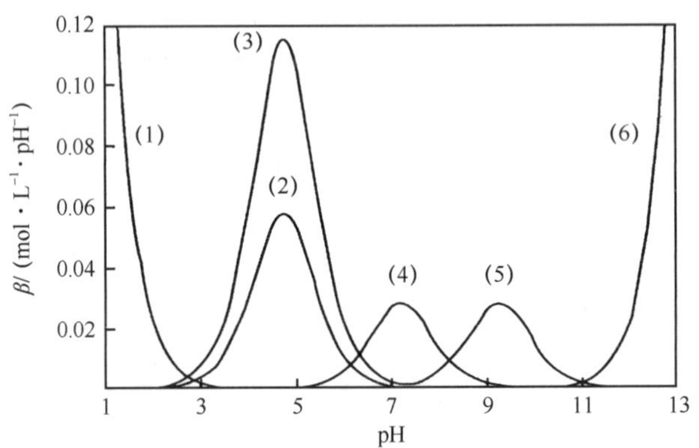

图 5-1　缓冲容量与 pH 的关系

（1）HCl-KCl；（2）0.1 mol · L^{-1} HAc-NaOH；（3）0.2 mol · L^{-1} HAc-NaOH；（4）0.05 mol · L^{-1} H_3PO_4-NaOH；（5）0.05 mol · L^{-1} H_3BO_3-NaOH；（6）NaOH-KCl

图 5-1 中曲线（2）和（3）分别表示总浓度为 0.1 mol · L^{-1} 和 0.2 mol · L^{-1} 的 HAc-Ac^- 缓冲系，当此两个缓冲溶液 pH 相等时，其缓冲比也相等。由图 5-1 可知（3）缓冲系的缓冲容量比相同缓冲比下的（2）缓冲系的缓冲容量大一倍。这说明，对于同一缓冲系，当缓冲比一定时，总浓度越大，缓冲容量越大。

由图 5-1 中曲线（2）～（5）可知，对同一缓冲系，当总浓度一定时，缓冲容量受缓冲系 pH 即缓冲比的影响。当 pH = pK_a，即缓冲比 $\frac{[B^-]}{[HB]}=1$，缓冲系的缓冲容量达到最大值；缓冲比 $\frac{[B^-]}{[HB]}$ 越偏离 1，缓冲容量越小。

图 5-1 中曲线（1）和（6）分别为强酸（HCl-KCl）和强碱（NaOH-KCl）溶液的缓冲容量与 pH 的关系曲线。由图可知，这两种溶液在一定 pH 范围内具有较强的缓冲能力，这是由于其溶液中存在较高浓度的 H_3O^+ 或 OH^-，外加少量强酸或强碱不会引起 H_3O^+ 或 OH^- 浓度的明显变化。但由于这两种溶液的酸碱性太强，离子强度较大，且不是由共轭酸碱对组成的，其并不属于我们所讨论的缓冲溶液的范畴。

三、缓冲范围

由上面讨论可知，当缓冲溶液的总浓度一定时，缓冲比越接近 1，缓冲容量越大；缓冲比越远离 1 时，缓冲容量越小。当缓冲比小于 $\frac{1}{10}$ 或大于 $\frac{10}{1}$ 时，缓冲溶液基本失去缓冲作用，如图 5-1 中曲线（2）～（5）的两翼降得很低。因此，缓冲比处于 $\frac{1}{10}$～$\frac{10}{1}$，即 pH = pK_a ± 1 是保证缓冲溶液具有足够缓冲能力的变化区间。一般认为 pH = pK_a ± 1 的范围为缓冲作用的有效区间，称为缓

冲溶液的缓冲范围（buffer effective range）。不同缓冲系，因各自弱酸的 pK_a 不同，所以缓冲范围也各不相同。

第四节　缓冲溶液的配制

一、缓冲溶液的配制方法

研究工作中，常常需要使用缓冲溶液来维持实验体系的酸碱度，体系 pH 的变化往往直接影响到实验的效果。如“提取酶”实验体系的 pH 变动会使酶的活性下降甚至完全丧失。因此，配制缓冲溶液是一个不可或缺的关键步骤，缓冲溶液的配制原则和步骤如下：

1. 选择合适的缓冲系

选择缓冲系应考虑以下两个因素：

（1）所配制的缓冲溶液的 pH 在所选缓冲系的缓冲范围（$pK_a \pm 1$）内，并尽量接近弱酸的 pK_a，以使所配制的缓冲溶液有较大缓冲容量。例如，配制 pH 为 4.8 的缓冲溶液，可选择 HAc-Ac^- 缓冲系，因 HAc 的 $pK_a = 4.756$。

（2）所选缓冲系的物质应稳定、无毒，不能与溶液中的反应物或生成物发生反应。例如，硼酸-硼酸盐缓冲系有毒，不能用于培养细菌或用作注射液或口服液的缓冲溶液。另外，在加温灭菌和储存期内要稳定。例如，碳酸-碳酸盐缓冲系因碳酸容易分解通常不采用。

2. 所配缓冲溶液的总浓度要适当　总浓度太低，缓冲容量过小；总浓度太高，一方面离子强度太大或渗透压过高而不适用，另一方面造成试剂的浪费。 在实际工作中，一般控制总浓度在 0.05 ～ 0.2 $mol \cdot L^{-1}$ 范围内。医用缓冲溶液还应加入与血浆相同的电解质以维持等渗。

3. 计算所需缓冲系的量　确定缓冲系之后，就可根据 Henderson-Hasselbalch 方程计算所需弱酸及其共轭碱的量或体积。一般为配制方便，常常使用相同浓度的弱酸及其共轭碱配制缓冲溶液。

4. 校正　按照 Henderson-Hasselbalch 方程计算值配制缓冲溶液时，由于未考虑到离子强度的影响等，计算结果与真实值常有偏差。若对实验 pH 要求严格，还需在 pH 计监控下对所配缓冲溶液的 pH 加以校正。

例 5-4　如何配制 100 mL pH 约为 5.00 的缓冲溶液？

解　（1）选择缓冲系，由于 HAc 的 $pK_a = 4.756$，接近所配缓冲溶液的 pH，所以可选用 HAc-Ac^- 缓冲系。

（2）确定总浓度：根据要求缓冲溶液应具备合适的总浓度，并考虑计算方便，选用 0.10 $mol \cdot L^{-1}$ HAc 和 0.10 $mol \cdot L^{-1}$ NaAc 缓冲系，应用式（5-3）可得

$$pH = pK_a + \lg\frac{n(Ac^-)}{n(HAc)} = pK_a + \lg\frac{V(Ac^-)}{V(HAc)}$$

$$5.00 = 4.756 + \lg\frac{V(Ac^-)}{100 - V(Ac^-)}$$

$$V(Ac^-) = 63.69\ (mL)$$

$$V(HAc) = 100 - 63.69 = 36.31\ (mL)$$

即将 36.31 mL 0.10 $mol \cdot L^{-1}$ HAc 和 63.69 mL 0.10 $mol \cdot L^{-1}$ NaAc 溶液混合就可配制 pH 为 5.00 的缓冲溶液。如有必要，可用 pH 计实际测定校准。

实际工作中，可通过查阅相关手册，按配方直接配制常用缓冲溶液。例如，磷酸盐缓冲系可以按表 5-4 的配方配制。医学上常用的磷酸盐缓冲溶液（PBS），其主要成分是 Na_2HPO_4、KH_2PO_4，配制时可加入适量 NaCl、KCl 以调节渗透压。因其 pH 受温度和稀释的影响较小，广泛应用于生物学和生物化学研究中。

表 5-4 $H_2PO_4^- - HPO_4^{2-}$ 缓冲溶液（298.15 K）

50 mL 0.10 mol · L^{-1} KH_2PO_4 + x mL 0.10 mol · L^{-1} NaOH 稀释至 100 mL					
pH	x / mL	β	pH	x / mL	β
5.80	3.6	—	7.00	29.1	0.031
5.90	4.6	0.010	7.10	32.1	0.028
6.00	5.6	0.011	7.20	34.7	0.025
6.10	6.8	0.012	7.30	37.0	0.022
6.20	8.1	0.015	7.40	39.1	0.020
6.30	9.7	0.017	7.50	41.1	0.018
6.40	11.6	0.021	7.60	42.8	0.015
6.50	13.9	0.024	7.70	44.2	0.012
6.60	16.4	0.027	7.80	45.3	0.010
6.70	19.3	0.030	7.90	46.1	0.007
6.80	22.4	0.033	8.00	46.7	—
6.90	25.9	0.033			

在医学中广泛使用的 Tris-Tris · HCl 缓冲系可按表 5-5 配方配制。Tris 和 Tris · HCl 分别为三（羟甲基）甲胺及其盐酸盐。Tris 是弱碱，性质稳定，易溶于体液且不会使体液中钙盐沉淀，对酶的活性几乎无影响；Tris · HCl 的 $pK_a = 8.30$，接近于生理 pH，因而广泛应用于生理、生化研究中。在 Tris 缓冲系中常加入 NaCl 调节离子强度为 0.16，得到临床上的等渗溶液。

表 5-5 Tris 和 Tris · HCl 组成的缓冲溶液

缓冲溶液组成 /(mol · kg^{-1})			pH	
Tris	Tris · HCl	NaCl	25°C	37°C
0.02	0.02	0.14	8.220	7.904
0.05	0.05	0.11	8.225	7.908
0.006667	0.02	0.14	7.745	7.428
0.01667	0.05	0.11	7.745	7.427
0.05	0.05		8.173	7.851
0.01667	0.05		7.699	7.382

此外，医学上常用的缓冲溶液还有有机酸缓冲溶液（如甲酸-甲酸盐、柠檬酸-柠檬酸钠）、硼酸盐缓冲溶液及氨基酸缓冲溶液等。

二、标准缓冲溶液

应用 pH 计测定溶液 pH 时，必须用标准缓冲溶液校正。一些常用标准缓冲溶液列于表 5-6。

表 5-6 标准缓冲溶液

溶液	浓度 /(mol · L^{-1})	pH（25°C）
酒石酸氢钾	饱和，25°C	3.557
邻苯二甲酸氢钾	0.05	4.008

续表

溶液	浓度 /(mol · L^{-1})	pH（25°C）
KH_2PO_4-Na_2HPO_4	0.025，0.025	6.865
KH_2PO_4-Na_2HPO_4	0.008695，0.03043	7.413
硼砂	0.01	9.180

在表 5-6 中，酒石酸氢钾、邻苯二甲酸氢钾和硼砂标准缓冲溶液，都是由一种化合物配制而成的。这些化合物溶液虽然都具有缓冲作用，但其原理不尽相同。一种情况是由于化合物（酒石酸氢钾、邻苯二甲酸氢钾）溶于水，解离出大量的两性离子 HA^-，它既可以接受质子生成 H_2A，也可以给出质子生成 A^{2-}，形成 H_2A-HA^- 和 HA^--A^{2-} 两个缓冲系。两个缓冲系的 pK_a 比较接近（ΔpK_a < 2.5），使两个缓冲系的缓冲范围重叠，增强了缓冲能力。另一种情况是溶液中化合物的组分就相当于一个缓冲对。如硼砂溶液中，1 mol 硼砂（$Na_2B_4O_7 \cdot 10H_2O$）相当于 2 mol 偏硼酸（HBO_2）和 2 mol 偏硼酸钠（$NaBO_2$）。显然，在硼砂溶液中存有同浓度的弱酸（HBO_2）和共轭碱（BO_2^-）成分。因此，用硼砂一种化合物也可配制缓冲溶液。

问题与思考 5-2

缓冲溶液通常由共轭酸碱对组成，那么一种化合物的酒石酸氢钾为什么可以做标准缓冲溶液呢?

酒石酸氢钾溶于水完全解离生成 K^+ 和 $HC_4H_4C_6^-$，而 $HC_4H_4C_6^-$ 是酸碱两性离子。$HC_4H_4C_6^-$ 在溶液中同时存在接受质子和给出质子的平衡。$HC_4H_4C_6^-$ 接受质子生成它的共轭酸（$H_2C_4H_4O_6$），给出质子生成它的共轭碱形成 $C_4H_4O_6^{2-}$，形成 $H_2C_4H_4O_6$-$HC_4H_4C_6^-$ 和 $HC_4H_4C_6^-$-$C_4H_4O_6^{2-}$ 两个缓冲系。在这两个缓冲系中，$H_2C_4H_4O_6$ 和 $HC_4H_4C_6^-$ 的 pK_a 分别为 2.98 和 4.30，比较接近，则它们的缓冲范围重叠，增强了缓冲能力，加之酒石酸氢钾饱和溶液中的抗酸、抗碱成分均有足够大的浓度，因此用酒石酸氢钾一种化合物就可配成缓冲溶液。

第五节　缓冲溶液在医学上的意义

缓冲溶液对于生物体的正常生命活动有着非常重要的作用。人体内各种体液都有一定的较稳定的 pH 范围，如成人胃液 pH 为 0.9 ～ 1.5，尿液 pH 为 4.8 ～ 7.5，而血液的 pH 范围比较窄，为 7.35 ～ 7.45。血液能保持如此狭窄的 pH 范围，主要是由于血液中存在多种缓冲系，以及与肾、肺共同协调作用的结果。血液中存在的缓冲系主要有：

血浆中：H_2CO_3-HCO_3^-、$H_2PO_4^-$-HPO_4^{2-}、H_nP-$H_{n-1}P^-$（H_nP 代表蛋白质）

红细胞中：H_2b-Hb^-（H_2b 代表血红蛋白）、H_2bO_2-HbO_2^-（H_2bO_2 代表氧合血红蛋白）、H_2CO_3-HCO_3^-、$H_2PO_4^-$-HPO_4^{2-} 等。

在这些缓冲系中，以碳酸缓冲系在血液中浓度最高，缓冲能力最大，在维持血液 pH 正常范围中发挥的作用最重要。

体液中碳酸主要是以溶解状态的 CO_2 形式存在，在 $CO_2(aq)$-HCO_3^- 缓冲系中存在如下平衡：

$$CO_2(aq) + 2H_2O \rightleftharpoons H_3O^+ + HCO_3^-$$

正常人血浆中 $[HCO_3^-]$ 与 $[CO_2(aq)]$ 分别为 24 mmol · L^{-1} 和 1.2 mmol · L^{-1}。在 37℃时，若血浆中离子强度为 0.16，$CO_2(aq)$ 经校正后的 $pK'_{a1} = 6.10$，则血浆 pH 为

$$pH = pK'_{a1} + \lg\frac{[HCO_3^-]}{[CO_2(aq)]} = 6.10 + \lg\frac{0.024}{0.0012} = 7.40$$

正常血浆中 HCO_3^--CO_2(aq) 缓冲系的缓冲比为 $\frac{20}{1}$，已超出体外缓冲系有效缓冲比 $\frac{1}{10}$ ～ $\frac{10}{1}$ 的范围，但碳酸缓冲系仍然具有较强的缓冲能力。这是因为人体是一个敞开系统，HCO_3^- 和 CO_2(aq) 浓度的改变可通过肺的呼吸作用和肾的生理功能调节，使血浆中 HCO_3^- 和 CO_2(aq) 浓度始终保持相对稳定，从而维持血液 pH 的恒定。

当人体内酸性物质增多时，血浆中大量存在 HCO_3^-，HCO_3^- 起到抗酸作用，与 H_3O^+ 结合，上述平衡向左移动。消耗的 HCO_3^- 由肾减少对其排泄而得到补充，增加的 CO_2 通过加快呼吸从肺部排出。

体内碱性物质增加时，OH^- 将结合 H_3O^+ 生成 H_2O，上述平衡向右移动。血浆中大量存在的抗碱成分 H_2CO_3 解离，以补充消耗掉的 H_3O^+。通过肺减缓 CO_2 的呼出来补充减少的 H_2CO_3。增加的 HCO_3^- 通过肾加速对其排泄，以维持 HCO_3^- 浓度的相对稳定。

HCO_3^--CO_2(aq) 和血液中存在的其他缓冲系共同作用，调控血液的 pH 在 7.35 ～ 7.45 范围内。若因某些原因破坏了体液的酸碱平衡，便会引起体内酸碱平衡紊乱。若血浆 pH 小于 7.35，就会引起酸中毒（acidosis）；若 pH 大于 7.45，则会引起碱中毒（alkalosis）；血浆 pH 偏离过大会导致死亡。

思考与练习

1. 什么是缓冲溶液？什么是缓冲容量？决定缓冲溶液 pH 和缓冲容量的主要因素各有哪些？

2. 试以 NH_3-NH_4Cl 缓冲溶液为例，说明为什么加少量的强酸或强碱时其溶液的 pH 基本保持不变。

3. 已知下列缓冲溶液中弱酸的 pK_a，试求缓冲溶液的缓冲范围。

（1）硼酸-硼酸钠，弱酸 H_3BO_3 的 $pK_a = 9.27$；

（2）丙酸-丙酸钠，弱酸 CH_3CH_2COOH 的 $pK_a = 4.86$。

4. 计算下列缓冲溶液的 pH。

（1）$0.50\ mol \cdot L^{-1}\ NH_3 \cdot H_2O$ 和 $0.10\ mol \cdot L^{-1}\ NH_4Cl$ 各 100 mL 混合；

（2）$0.20\ mol \cdot L^{-1}$ HAc 和 $0.10\ mol \cdot L^{-1}$ NaOH 各 100 mL 混合。

5. 将 0.1 mL $0.15\ mol \cdot L^{-1}$ NaOH 溶液加入 10 mL pH 为 4.74 的缓冲溶液中，溶液的 pH 变为 4.79，求此缓冲溶液的缓冲容量（忽略体积变化）。

6. 用 $0.10\ mol \cdot L^{-1}$ HAc 和 $0.20\ mol \cdot L^{-1}$ NaAc 等体积混合配成 500 mL 缓冲溶液，此缓冲溶液的 pH 是多少？

7. 用同浓度的 HAc 和 NaAc 溶液配制缓冲溶液，使溶液 $[H_3O^+]$ 为 $2.0 \times 10^{-6}\ mol \cdot L^{-1}$，HAc 和 NaAc 溶液的体积比应该是多少？

8. 为了配制 100 mL pH = 7.6 的缓冲溶液，应该用 $0.1\ mol \cdot L^{-1}\ KH_2PO_4$ 溶液及 $0.1\ mol \cdot L^{-1}\ K_2HPO_4$ 溶液各多少毫升？

9. 临床检验测得三人血浆中 HCO_3^- 和溶解的 CO_2 的浓度如下。

甲：$[HCO_3^-] = 24.0\ mmol \cdot L^{-1}$，$[CO_2]_{溶解} = 1.20\ mmol \cdot L^{-1}$；

乙：$[HCO_3^-] = 21.6\ mmol \cdot L^{-1}$，$[CO_2]_{溶解} = 1.34\ mmol \cdot L^{-1}$；

丙：$[HCO_3^-] = 56.0\ mmol \cdot L^{-1}$，$[CO_2]_{溶解} = 1.40\ mmol \cdot L^{-1}$。

试求此三人血浆的 pH，并判断何人属正常，何人属酸中毒，何人属碱中毒。

10. 用 $0.020\ mol \cdot L^{-1}\ H_3PO_4$ 和 $0.020\ mol \cdot L^{-1}$ NaOH 配成 pH 近似为 7.4 的缓冲溶液 100 mL，求所需 H_3PO_4 和 NaOH 溶液的体积。

（汤彦丰）

知识拓展

习题详解

第六章　胶　体

1861 年，英国化学家格雷姆（T. Graham）使用胶体（colloid）这个名词来描述扩散速度小、不能透过如羊皮纸一类的半透膜，溶剂蒸发后不结晶而形成无定形胶状的物质。40 多年后，俄国科学家韦曼（Веймарн）研究了 200 多种物质，证明任何能结晶的物质在一定介质中用适当的方法都能制成胶体。后来胶体的概念改变为物质的一种分散状态，粒子大小范围在 1 ～ 100 nm 的物质称为胶体。

胶体普遍存在于自然界尤其是生物界中，是构成人体组织和细胞的基础物质，在医学上有特殊的实际意义。机体组织和细胞中的基础物质，如蛋白质、核酸、淀粉、糖原、纤维素等都可以形成胶体；动物和人的机体是由溶液分散系、胶体分散系（溶胶、高分子溶液及凝胶等）和粗分散系组成的复杂分散系统。如果系统中某些胶体性质发生改变，就会引起机体生理平衡发生紊乱，从而导致疾病的发生。许多不溶于水的药物要制成胶体溶液才能被人体吸收。因此，了解有关胶体溶液的知识，掌握其基本概念、基本理论十分必要。本章主要阐述溶胶和高分子溶液的组成与性质。

第一节　分　散　系

一、分散系的概念

分散系（disperse system）是指一种或几种物质在另一种或另几种物质中被分散成微小粒子的体系。被分散的物质称为分散相（disperse phase），而另一种容纳分散相的连续分布的介质称为分散介质（disperse medium）。分散介质及分散相可以是气体、液体或固体，通常物质的量较少的为分散相，较多的则为分散介质。例如，生理盐水就是分散系，其中 NaCl 是分散相，水是分散介质。

二、分散系的分类

根据分散质和分散介质之间是否有界面存在，分散系可以分为均相（单相）分散系（homogeneous disperse system）和非均相（多相）分散系（heterogeneous disperse system）两类。相（phase）是指体系中物理性质和化学性质完全相同的均匀部分，相与相之间有明显的界面。分散系中的真溶液、高分子溶液属于均相分散系，而溶胶、乳状液和悬浊液的分散相与分散介质为不同的相，属于非均相分散系。

按分散相粒子的大小，又可以把分散系分为分子（离子）分散系（又称真溶液）、胶体分散系和粗分散系三类。真溶液的分散相粒子小于 1 nm，粗分散系的分散相粒子大于 100 nm，胶体系统（colloidal system）简称胶体，是分散相粒子粒径在 1 ～ 100 nm 之间的分散系。

胶体系统主要包括溶胶、高分子溶液和缔合胶体三类。胶体分散系的基本特征是分散相粒子扩散慢，不能透过半透膜，一般能透过滤纸，分散相分散度高，表现出一些特殊的物理化学性质。由小分子、离子或原子的聚集体以固态分散在液体介质（如水）中所形成的胶体，称为胶体溶液，简称溶胶（sol）。高分子化合物以单个大分子分散在水中即形成高分子溶液（macro-molecular solution）。溶胶和高分子溶液两者粒子大小相仿，性质上有相似之处，但又有本质上的区别，前者是高度分散的多相分散系统、比较不稳定，后者是单相、稳定体系。胶体分散系的基本特征及与其他分散系的区别见表 6-1。

表 6-1　分散系统按分散相粒子的大小分类

分散相粒子大小	分散系类型		分散相粒子	一般性质	实例
< 1 nm	分子分散系（真溶液）		小分子、离子	均相、热力学稳定体系；分散相粒子扩散快，能透过滤纸和半透膜	NaCl、蔗糖等水溶液
1 ~ 100 nm	胶体分散系	溶胶	胶粒（分子、离子、原子聚集体）	非均相、不稳定体系；分散相粒子扩散慢，能透过滤纸，不能透过半透膜	$Fe(OH)_3$、As_2S_3 溶胶及Au、S 等单质溶胶
		高分子溶液	高分子	均相、热力学稳定体系；分散相粒子扩散慢，能透过滤纸，不能透过半透膜	蛋白质、核酸水溶液，橡胶的苯溶液等
		缔合胶体	胶束	均相、热力学稳定系统；分散相粒子扩散较慢，能透过滤纸，不能透过半透膜	超过或达到临界浓度的十二烷基硫酸钠溶液
> 100 nm	粗分散系统（悬浊液、乳浊液、泡沫等）		粗分散粒子	非均相、不稳定体系；不能透过滤纸和半透膜；易聚沉和分层，浑浊	乳汁、泥浆等

粗分散系包括悬浊液和乳浊液。悬浊液是分散相以固体小颗粒的形式分散在液体分散介质中形成的粗分散系，如泥浆；乳浊液则是分散相以液体小液滴的形式分散在液体分散介质中所形成的粗分散系，如乳汁、豆浆等。

溶胶是高度分散的多相分散系统，一定量的物质经高度分散后，分散相表面积急剧增大，例如，边长为 1 cm 立方体的表面积是 6 cm^2，当它被分散为边长 1 nm 的小立方体时，总表面积变为 6×10^7 cm^2，增加了 1000 万倍。因此胶体溶液的许多行为都和分散相粒子的表面性质有关，所以表面现象是研究胶体的内容之一。在多相系统中，相与相之间的接触面称为界面（interface），有气-液、气-固、液-液、固-液等类型，若其中一相为气相，则此界面常称为表面（surface）。在相界面上发生的一切物理、化学现象称为界面现象或表面现象。

分散相在分散介质中分散的程度称为分散度（degree of dispersion），常用比表面（specific surface area）S_0 来表示：

$$S_0 = S/V \tag{6-1}$$

式中，S 是物质的总表面积；V 是物质的体积；比表面 S_0 是单位体积物质所具有的表面积。表面现象与物质的比表面有关，一定体积或一定质量的物质的分散度越高，比表面越大，表面现象就越突出。例如，当半径为 0.62 cm 的水滴分散为 10^{-7} cm 的水滴时，此时比表面则增加 7 个数量级，总面积自由能也增加 7 个数量级。

液体表面层分子的受力情况与内部分子的受力情况不同，因而它们的能量也不相同。如在气-液两相中，处于液体内部的每个分子所受周围分子引力合力为零，而液体表面层分子受液体内部分子引力较大，受液体上方气体分子的引力较小，故存在一个指向液体内部的合力，并与液面垂直，如图 6-1 所示。表面层的其余分子也都受到同样力的作用，这种合力图把表面层的分子拉入液体内部，所以液体表面存在着自动缩小的趋势，或者说表面恒有一种抵抗扩张的力，即表面张力（surface tension），用符号 σ 表示，其物理意义是等温等压下，沿着液体表面作用于单位长度相表面上的力，单位为 $N \cdot m^{-1}$。

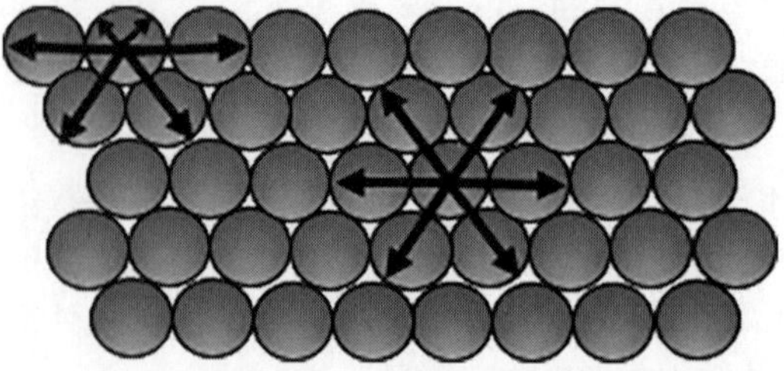

图 6-1　液体表层分子与液体内部分子受力情况示意图

若要增大表面积，将液体内部的分子移往表

面上，就要克服这种内部分子的拉力而对其做功，所做的功以势能的形式储存于表面分子。这种物质表面层分子比内部分子多出的能量称为表面能（表面自由能，surface free energy）。

表面能（E）等于表面张力和表面积（A）的积，即

$$E = \sigma \cdot A \tag{6-2}$$

物体的表面能有自动降低的趋势。从式（6-2）可知，表面能的降低有两条可能的途径，即自动地减小 A 或自动地减小 σ，或两者都自动地减小。对纯液体来说，一定温度下其 σ 是一个常数，因此表面能的降低只能通过缩小表面积来实现。如水珠总是成球形，几个小水珠相遇时会自动合并成较大的水滴，可以自发缩小表面积，降低表面能。

这个结论对固体物质同样适用，高度分散的溶胶比表面大，所以表面能也大，分散相粒子有互相聚结形成较大的颗粒而减小表面积的趋势，称为聚结不稳定性，表明溶胶是热力学不稳定系统。

第二节 溶 胶

溶胶是胶体分散系的典型代表。溶胶的胶粒是由大量的原子、离子或分子聚集而成，高度分散在不相溶的介质中。分散相粒子的直径在 1 ～ 100 nm，分散相和分散介质之间存在着明显的界面，所以溶胶是多相、热力学不稳定的高度分散体系，具有很大的界面积和界面能。

溶胶不是一类特殊的物质，而是任何物质都可以存在的一种特殊状态，如 NaCl 易溶于水，难溶于苯，它分散在水中是真溶液，而分散在苯中则成为溶胶；通过化学反应也可以使分子或离子聚集成胶粒，得到溶胶。如将 $FeCl_3$ 溶液缓慢滴加到沸水中，$FeCl_3$ 水解生成的成千上万个 $Fe(OH)_3$ 分子可聚集成 1 ～ 100 nm 胶粒，形成透明的红褐色溶胶。胶粒有自动聚集的趋势，它们力图合并变大，使体系的能量降低。因此，溶胶的特征是：多相性、高分散性和聚结不稳定性。由此导致溶胶在光学、动力学和电学等性质方面具有独特的性质。

一、溶胶的基本性质

（一）光学性质——丁铎尔现象

溶胶的光学性质是其高度分散性和不均匀性的反映。真溶液与溶胶外观常是有色透明的。在暗室中，用一束聚焦的可见光光源分别照射真溶液和胶体溶液时，在与光束垂直的方向观察，可以看到真溶液是透明的，而胶体溶液中却有一圆锥形浑浊发亮的光柱，如图 6-2 所示。溶胶具有的这种现象首先被英国物理学家丁铎尔（Tyndall）于 1869 年发现，故称为丁铎尔效应（Tyndall effect）或丁铎尔现象（Tyndall phenomenon）。丁铎尔现象在日常生活中经常能见到。例如，夜晚的探照灯或由放映机所射出的光线在带有微粒的空气中通过时，就会产生丁铎尔现象；清晨，在茂密的树林中，常常可以看到从枝叶间透过的一道道光柱，这是因为云、雾、烟尘也是胶体，只是这些胶体的分散剂是空气，分散质是微小的尘埃或液滴。

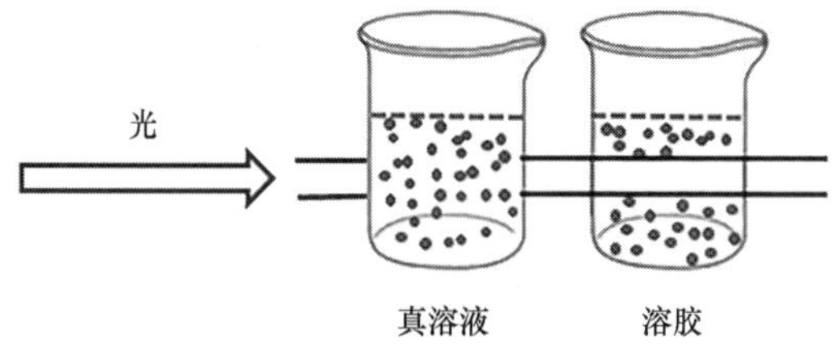

图 6-2 溶胶的丁铎尔现象

溶胶为什么会有丁铎尔效应？丁铎尔现象实质是溶胶的分散相粒子对可见光散射（light scattering）的结果。所谓散射，就是在光的前进方向之外也能观察到光的现象。当光线射入分散体系时，可发生两种现象：如果分散相粒子的直径远大于入射光线的波长时，主要发生光的反射现象，光线无法透过，可观察到粗分散系是浑浊不透明的；如果分散相粒子的直径（1 ～ 100 nm）

和光的波长（400 ～ 760 nm）接近或略小时，则发生光波被分散粒子散射的现象，每个粒子本身好像一个光源，向各个方向散射出与入射光同频率的光波，观察到散射光带。而真溶液的分散相粒子的直径很小（< 1 nm），对光的散射十分微弱，可见光几乎全部透过，导致整个溶液呈透明状。对于高分子溶液，分散相与分散介质之间折射率差值小，对光的散射作用也很弱。因此，丁铎尔现象是溶胶的特征，可以用来区分溶胶与真溶液、悬浊液和高分子溶液。

1871 年，瑞利（Rayleigh）研究了光的散射现象，得出如下结论：

（1）散射光强度与入射光波长的 4 次方成反比，因此入射光的波长越短，溶胶对入射光的散射作用就越强。在可见光中，波长较短的蓝、紫色光易被溶胶散射，故无色溶胶的散射光呈蓝色，而透射光呈橙红色。这也是晴朗的天空呈蓝色以及日出、日落时阳光呈红色的原因。

（2）散射光强度随单位体积内溶胶的增多而增大，两者呈正比。利用此原理可以测定溶胶的浓度，药物中的杂质和污水中悬浮杂质的含量。

（3）直径小于光波波长的胶粒，体积越大，散射光越强，散射光强度与胶粒体积的平方成正比。

（4）分散相与分散介质的折射率的差越大，散射光越强。

（二）溶胶的动力学性质

1. 布朗运动 1827 年，英国植物学家布朗（Brown）在显微镜下观察到悬浮在水中的花粉微粒处于不停的、无规则的运动之中。将一束强光通过溶胶并用超显微镜观察，可以看到溶胶中的胶粒在介质中不断地做无规则运动，这种不断改变方向、改变速率的运动，称为布朗运动（Brownian motion），如图 6-3 所示。

图 6-3 布朗运动

胶粒的布朗运动是分散介质热运动的结果。胶粒的布朗运动并不需要外加能量，是溶胶系统中分子固有热运动的表现。胶粒不断受到来自周围介质分子从各个方向、不同速率的撞击。因而在每一瞬间粒子所受到的合力方向不断改变，所以胶粒处于不断的无规则运动状态。胶粒质量越小，温度越高，运动速率越快，布朗运动越激烈。布朗运动的存在，使胶粒具有一定的能量，可以克服重力的影响，使胶粒稳定不易发生沉降，是溶胶的一个稳定因素，即溶胶具有动力学稳定性，布朗运动是溶胶的一个稳定因素。

2. 扩散 当溶胶中的胶粒存在浓度差时，由于布朗运动，胶粒将自动地从浓度大的区域向浓度小的区域迁移，最后体系达到浓度均匀，这种现象称为胶粒的扩散（diffusion）。浓度差越大，温度越高，介质黏度越小，粒子运动速率越大，越容易扩散。在生物体内，扩散是物质输送或物质分子通过细胞膜的推动力之一。

胶粒的扩散，能透过滤纸，但不能透过半透膜。这个性质可以通过实验进行验证，在半透膜中装入 10 mL 淀粉胶体和 5 mL 食盐溶液的混合液，将半透膜封口后置于盛有蒸馏水的烧杯中，数分钟后，用两支试管各取烧杯中的液体 5 mL，向其中一支试管中加入少量硝酸银，结果出现白色沉淀，向另一支试管里加入少量碘液却不发生变化。由此可以证明氯离子可以通过半透膜，而淀粉胶体的微粒不能透过半透膜。利用胶粒不能透过半透膜，而半径较小的离子、分子能透过半透膜的性质，可以把溶胶中混有的电解质的分子或离子分离出来，使溶胶净化，这种方法称为透析（dialysis）或渗析。

临床上，利用透析的原理，用人工合成的高分子膜（如聚甲基丙烯酸甲酯薄膜等）作半透膜制成人工肾，帮助肾脏病患者清除血液中的毒素，使血液净化。

3. 沉降 分散系中的分散相粒子在重力作用下逐渐下沉的现象称为沉降（sedimentation）。悬浊液（如泥浆水）中的分散相粒子大而重，可认为不存在扩散现象，在重力作用下很快沉降。而溶胶的胶粒较小，沉降和扩散两种作用同时存在。当沉降速度等于扩散速度时，系统处于平衡状态，此时胶粒的浓度从上到下逐渐增大，形成了一定的浓度梯度（图 6-4），这种状态称为沉降平衡（sedimentation equilibrium）。

达到沉降平衡所需的时间与胶粒的大小有关，胶粒越小，在重力场中的沉降速度越慢，建立沉降平衡所需的时间就越长。为了加速沉降平衡的建立，瑞典物理学家斯韦德伯贝里（T. Svedberg）首创了超速离心机，在比地球重力场大数十万倍的巨大离心力场的作用下，可使溶胶或蛋白质溶液迅速达到沉降平衡。应用超速离心技术，可以测定胶体分散系中颗粒的大小以及它们的相对分子质量，也是生物医学研究中的必备分离手段。

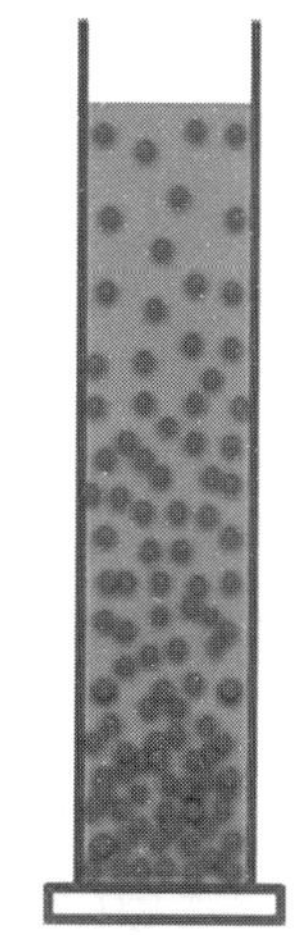

图 6-4 沉降平衡示意图

（三）溶胶的电学性质——电泳和电渗

在一个“U”形管内注入红棕色的 $Fe(OH)_3$ 溶胶，如图 6-5 所示，在“U”形管两臂溶胶上面小心地注入 NaCl 无色电解质溶液（导电作用），使有色溶胶与 NaCl 电解质溶液间有一清晰的界面，并使两液面在同一水平高度。将两惰性电极插入 NaCl 电解质溶液中，接通直流电，片刻可观察到负极一端棕红色的 $Fe(OH)_3$ 溶胶界面上升，而正极一端的界面下降。这表明 $Fe(OH)_3$ 胶粒在电场的作用下向负极移动，说明此溶胶微粒带正电荷，为正溶胶。这种在外电场的作用下，胶粒在分散介质中定向移动的现象称为电泳（electrophoresis）。

电泳现象的存在，可以证明胶粒是带电的，从电泳的方向可以确定胶粒带有何种电荷。如果上述实验改用黄色的 As_2S_3 溶胶，则正极一端的 As_2S_3 溶胶界面上升，这表明 As_2S_3 胶体粒子在电场中向正极移动，说明此溶胶微粒带负电荷。大多数金属氧化物和金属氢氧化物胶粒带正电，称为正溶胶（positive sol）；大多数金属硫化物、金属本身以及土壤所形成的胶粒则带负电，称为负溶胶（negative sol）。

若将溶胶吸附于多孔膜（如活性炭、多孔陶瓷、素烧瓷片）中限制胶粒跟随介质流动，在外加电场作用下，由于胶粒带电，整个溶胶系统又是电中性的，介质必然显现与胶粒相反的表观电荷。由于胶粒被固定，此时自由流动的介质在电场中向与介质表观电荷相反的电极方向移动，如图 6-6 所示，从电渗仪毛细管液面的升降可观察到液体介质的移动分向。这种在外电场作用下，分散介质的定向移动现象称为电渗（electroosmosis）。

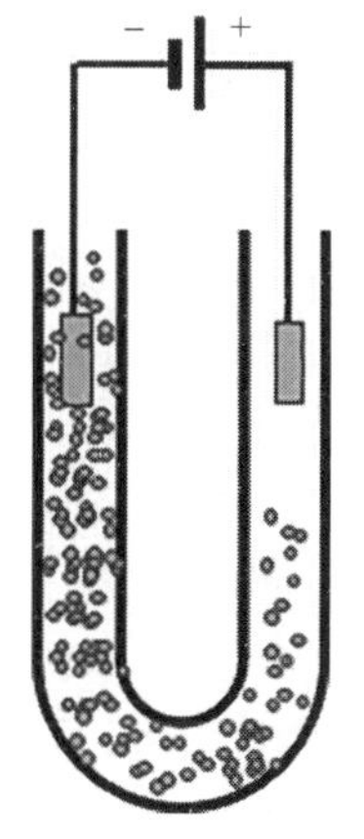

图 6-5 电泳示意图

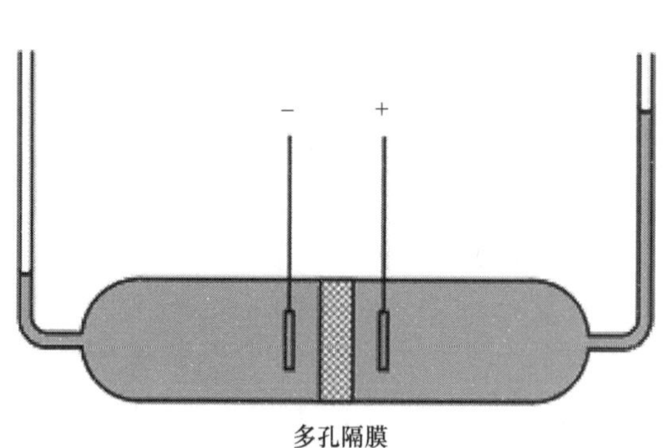

图 6-6 电渗示意图

电泳和电渗都是带电的分散相粒子和分散介质在电场中相对运动的电动现象。生物化学中常用电泳来分离和鉴定各种蛋白质、氨基酸和核酸等物质，医学中利用血清“纸上电泳”可以协助诊断患者是否有肝硬化。

二、胶团结构及溶胶的稳定性

电泳和电渗说明胶粒带电，为什么有的溶胶带正电，有的溶胶带负电？这主要是由于以下两种原因使胶粒带电，从而也决定了溶胶的特殊结构。

（一）溶胶离子带电的原因

固态胶核表面可因选择性吸附某种离子或解离而荷电。

1. 胶核选择性吸附离子 溶胶是多相、高度分散体系，具有很大的表面能。胶核（colloidal nucleus）是胶体粒子的中心，是某种物质的许多分子或原子的聚集体，易选择性地吸附溶液中的某种离子而带电，使其表面能降低。实验表明，胶核总是优先吸附分散系统中与自身组成类似的离子作为稳定剂，而使其界面带有一定电荷。

例如，将 $FeCl_3$ 溶液缓慢滴入沸水中制备 $Fe(OH)_3$ 溶胶。反应式为

$$FeCl_3 + 3H_2O = Fe(OH)_3 + 3HCl$$

许多 $Fe(OH)_3$ 分子聚集为溶胶的胶核，部分 $Fe(OH)_3$ 与 HCl 发生反应生成 FeOCl，FeOCl 再解离为 FeO^+ 和 Cl^-。

$$Fe(OH)_3 + HCl = FeOCl + 2H_2O$$

$$FeOCl = FeO^+ + Cl^-$$

$Fe(OH)_3$ 胶核选择性吸附与其组成类似的 FeO^+ 而带正电荷，而电荷符号相反的 Cl^-，称为反离子，则留在介质中。

又如，用 $AgNO_3$ 溶液和 KI 制备 AgI 溶胶，反应式为

$$AgNO_3 + KI = AgI + KNO_3$$

改变两种反应物的量，可使制备的 AgI 溶胶带有不同符号的电荷。如果 $AgNO_3$ 过量，溶液中含有 NO_3^-、K^+ 和少量 Ag^+，AgI 胶核优先吸附了与其具有相同组成的 Ag^+ 而带正电荷，生成正溶胶；如果 KI 溶液过量，AgI 胶核则优先吸附 I^- 而带负电荷，生成负溶胶。

2. 胶核表面层分子的解离 胶核和介质接触时，其表面层上的分子与介质作用而解离，其中一种离子扩散到介质中，这时胶核表面便带相反的电荷。例如，硅胶的胶核是由很多个 $xSiO_2 \cdot yH_2O$ 分子组成的，其表面层上 H_2SiO_3 分子在水分子作用下发生解离：

$$H_2SiO_3 \rightleftharpoons SiO_3^{2-} + 2H^+$$

H^+ 扩散到介质中，而 SiO_3^{2-} 留在胶核表面，结果使胶粒带负电荷，生成负溶胶。

（二）胶团的双电层结构

溶胶的结构比较复杂，其许多性质都与分散相粒子的内部结构有关。

胶核首先吸附的离子决定了胶体所带的电荷，因此称为电位离子（potential ion），被胶核吸附的离子又吸引溶液中过剩的带相反电荷的离子。与电位离子所带电荷相反的离子称为反离子（counterion），这些反离子一方面受到电位离子的静电吸引，有靠近胶核的倾向，同时又因本身的热运动有扩散分布到整个溶液中的倾向，两种作用的结果是，只有一部分反离子紧密地被吸引排列在胶核表面上，这部分反离子和胶核表面吸附的电位离子组成吸附层，电泳时，吸附层和胶核一起移动，因此胶核和吸附层构成胶粒（colloidal particle），在吸附层以外，还有一部分反离子呈扩散状态疏散地分布在吸附层周围，形成了一个与吸附层电荷符号相反的扩散层，胶粒

和扩散层一起总称胶团（micelle）。整个胶团是电中性的，如图 6-7 所示。这种由吸附层和扩散层构成的电性相反的两层，称为双电层（electric double layer）。胶团以外的介质称为胶团间液，溶胶就是所有胶团和胶团间液所构成的整体。

在吸附层和扩散层中的离子都是水合离子。所以胶团实际上由固体胶核和水合双电层组成的。电泳时，胶团从吸附层和扩散层之间裂开，外面包有水合吸附层的胶粒移向与胶粒电性相反的电极，水合扩散层则移向另一电极。

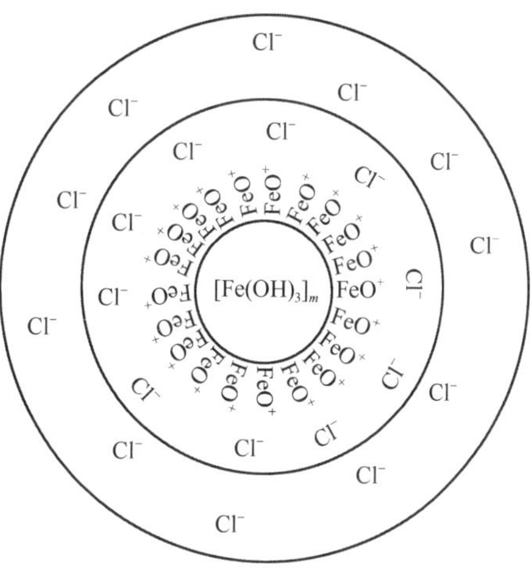

图 6-7 $Fe(OH)_3$ 胶团结构示意图

$Fe(OH)_3$ 胶团结构可用简式表示如下：

$\{[Fe(OH)_3]_m \cdot [nFeO^+(n-x)Cl^-]\}^{x+} \cdot xCl^-$

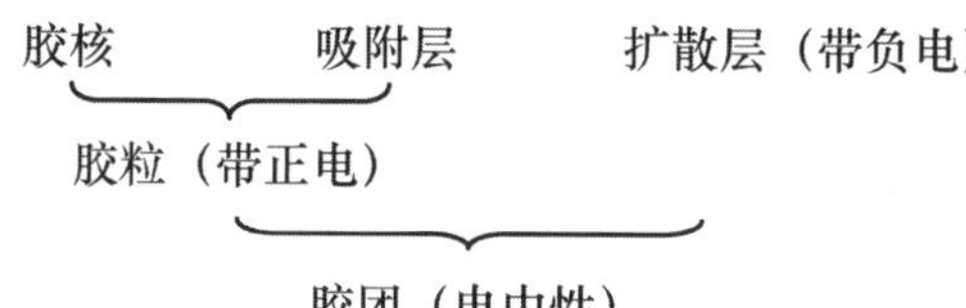

当胶粒移动时，胶团从吸附层和扩散层间裂开。我们把吸附层与扩散层分开的界面称为滑动面（sliding surface）。

（三）溶胶的稳定性

溶胶是高度分散的多相分散系统，有巨大的界面能，故在热力学上是不稳定的。为什么有的溶胶能在相当长的一段时间内保持稳定呢？例如，法拉第（Faraday）制备的金溶胶放置了几十年才聚沉下来。这主要有以下几方面的原因。

1. 胶粒带电 胶体稳定的主要因素是胶粒带电。同种胶粒在相同的条件下带有相同符号的电荷，使胶粒之间相互排斥，从而阻止了胶粒在运动时互相接近，不易聚集成较大的颗粒而沉降。带电越多，斥力越大，胶粒就越稳定。

2. 布朗运动 高分散度的溶胶的胶粒直径很小，布朗运动比较剧烈，布朗运动产生的动能可以阻止胶粒因重力作用而引起下沉，使胶体具有一定的稳定性。但剧烈的布朗运动使粒子间不断地相互碰撞后，也可能合并成大的颗粒，而引起聚沉。因此布朗运动不是胶体稳定的主要因素。

3. 溶剂化膜（水化膜）的存在 胶团具有水合双电层结构，即在胶粒周围包有一层水合膜，这层水合膜犹如一层弹性膜，阻碍胶粒之间的相互碰撞和聚集，使溶胶具有一定的稳定性。扩散层越厚，水化膜越厚，胶粒越稳定。

由于胶粒带电、布朗运动和水化膜的存在，溶胶能存在几天、几个月、几年甚至几十年，但最终还是要聚集成大的颗粒而沉降。

（四）溶胶的聚沉

溶胶的稳定因素受到破坏，胶粒在一定的条件下聚集成较大的颗粒从溶液中沉淀下来，此现象称为聚沉（coagulation）。

在实践中，有时胶体的形成会带来不利的影响，因此需要破坏胶体的稳定性，促使胶粒快速聚沉。引起溶胶聚沉的因素很多，有电解质的作用、溶胶之间的相互作用、溶胶的浓度和温度等，其中最主要的是加入电解质所引起的聚沉。

1. 电解质的聚沉作用 溶胶对电解质非常敏感，若向溶胶中加入一定量电解质，扩散层中的反离子受到电解质相同符号离子的排斥而被迫进入吸附层，使胶粒的电荷数减少甚至消除，水合膜和扩散层随之变薄或消失，致使胶粒迅速凝集而聚沉。例如，$Fe(OH)_3$ 胶粒表面吸附了 FeO^+，带正电荷，其吸附层和扩散层中的反离子主要是 Cl^-，当加入少量的 Na_2SO_4，与胶粒带相反电荷的 SO_4^{2-} 也能进入吸附层，这样就减少甚至中和了胶粒所带的电荷，胶粒电荷被中和后，水合膜也被破坏。由于胶体稳定的主要因素被破坏，当胶粒运动时互相碰撞，就可以聚集合并成大的颗粒，最终从溶胶中聚沉下来。

溶胶对电解质非常敏感。虽然在制备溶胶时极少量电解质的存在对溶胶有稳定作用，但只要稍微过量，就会引起溶胶的聚沉。常用聚沉值来衡量电解质对溶胶的聚沉能力。使一定量溶胶在一定时间内完全聚沉所需电解质的最小浓度，称为该电解质的临界聚沉浓度（critical coagulation concentration），单位为 $mmol \cdot L^{-1}$。各种电解质的聚沉能力有差别，临界聚沉浓度越小，聚沉能力越大。使溶胶聚沉的电解质有效部分是与胶粒带相反电荷的离子（反离子）。反离子的价数越高，聚沉能力越强，临界聚沉浓度越小。如对于 $Fe(OH)_3$ 溶胶（正溶胶）的聚沉能力是 $K_3[Fe(CN)_6] > K_2SO_4 > KCl$，对于 As_2S_3 溶胶（负溶胶）的聚沉能力是 $AlCl_3 > CaCl_2 > NaCl$。表 6-2 列出了一些电解质对 As_2S_3 负溶胶、AgI 负溶胶和 $Al(OH)_3$ 正溶胶的临界聚沉浓度。

表 6-2 不同电解质对三种溶胶的临界聚沉浓度

As_2S_3 负溶胶		AgI 负溶胶		$Al(OH)_3$ 正溶胶	
电解质	临界聚沉浓度 /($mmol \cdot L^{-1}$)	电解质	临界聚沉浓度 /($mmol \cdot L^{-1}$)	电解质	临界聚沉浓度 /($mmol \cdot L^{-1}$)
LiCl	58	$LiNO_3$	165	NaCl	43.5
NaCl	51	$NaNO_3$	140	KCl	46
KCl	49.5	KNO_3	136	KNO_3	60
KNO_3	50	$RbNO_3$	126	K_2SO_4	0.30
$CaCl_2$	0.65	$Ca(NO_3)_2$	2.40	$K_2Cr_2O_7$	0.63
$MgCl_2$	0.72	$Mg(NO_3)_2$	2.60	$K_2C_2O_4$	0.69
$MgSO_4$	0.81	$Pb(NO_3)_2$	2.43	$K_3[Fe(CN)_6]$	0.08
$AlCl_3$	0.093	$Al(NO_3)_3$	0.067		
$Al_2(SO_4)_3$	0.048	$La(NO_3)_3$	0.069		
$Al(NO_3)_3$	0.095	$Ce(NO_3)_3$	0.069		

由电解质对溶胶的聚沉实验得到如下规律：

（1）电解质对溶胶的聚沉作用，主要是由与胶粒带相反电荷的反离子引起的，电荷相同的反离子，聚沉能力几乎相等；而反离子的电荷越高，聚沉能力也急剧增强。舒尔策-哈代（Schulze-Hardy）规则表明，对于给定的溶液，反离子电荷绝对值为 1、2、3 的电解质，其临界聚沉浓度之比近似为

$$\left(\frac{1}{1}\right)^6 : \left(\frac{1}{2}\right)^6 : \left(\frac{1}{3}\right)^6 = 100 : 1.8 : 0.14$$

（2）同价离子的聚沉能力虽然接近，但也不完全相同。例如，一价正离子聚沉负溶胶时，其聚沉能力次序为

$$H^+ > Cs^+ > Rb^+ > NH_4^+ > K^+ > Na^+ > Li^+$$

一价负离子聚沉正溶胶时，其聚沉能力次序为

$$F^- > Cl^- > Br^- > I^- > CNS^-$$

以上顺序称为感胶离子序（lyotropic series）。

（3）有机化合物的离子（如脂肪酸盐和聚酰胺类化合物的离子）都具有非常强的聚沉能力，能有效地破坏溶胶使之聚沉，这可能是有机物离子能被胶核强烈吸附的缘故。

2. 溶胶的相互聚沉 将带有相反电荷的两种溶胶按适当比例混合后，两种带相反电荷的胶粒互相吸引，彼此中和电荷，从而引起溶胶聚沉，这称为相互聚沉现象。与电解质对溶胶的聚沉作用不同的是，如果两种溶胶比例不适当，胶粒的电荷不能完全被中和，则聚沉不完全，甚至不发生聚沉。

溶胶的相互聚沉具有很大的实际意义。我国自古以来沿用的明矾净水法就是溶胶相互聚沉的典型例子。明矾［$KAl(SO_4)_2 \cdot 12H_2O$］的主要成分是硫酸铝，水解后能生成带正电荷的 $Al(OH)_3$ 胶粒，当其加入水后，遇到悬浮在天然水中的带负电荷的泥土胶粒，互相中和电荷后快速发生聚沉，再加上 $Al(OH)_3$ 絮状物对悬浮粒子的吸附作用，可使污物除去，从而达到使水净化的目的。

3. 加热 有些溶胶在加热时能发生聚沉，这是由于加热增加了离子的运动速率和粒子的碰撞聚合的概率；同时，升温降低了胶核对离子的吸附作用，减少了胶粒所带的电荷，减弱了胶粒的溶剂化作用，有利于胶粒在碰撞时聚沉。例如，将 As_2S_3 溶胶加热至沸，就析出黄色的硫化砷沉淀。

4. 高分子化合物对溶胶的保护作用和敏化作用 在一定量的溶胶中加入足量的高分子溶液，可显著地增强溶胶的稳定性，当受到外界因素影响时（如加入电解质）不易发生聚沉，这种现象称为高分子化合物对溶胶的保护作用（protective action）。

高分子溶液对溶胶的保护作用是由于加入的高分子化合物都是链状能卷曲的线形分子，易吸附在胶粒表面，将胶粒包裹起来形成一个保护层，由于高分子化合物本身很稳定，是高度溶剂化的，有很厚的一层水化膜，这样将阻止溶胶对溶液中异电离子的吸引以及胶粒之间互相碰撞的概率，从而大大增强了溶胶的稳定性。但有时加入少量的高分子溶液，不但起不到保护作用，反而降低溶胶的稳定性，甚至发生聚沉，这种现象称为敏化（sensitization）。产生这种现象的原因可能是高分子物质数量少时，无法将胶体颗粒表面完全覆盖，胶粒附着在高分子物质上，附着的量多了，质量变大而引起聚沉。

高分子化合物对溶胶的保护作用应用很广。我们常用的墨水是一种胶体，为了使墨水稳定、长时间不聚沉，常常加入明胶或阿拉伯胶起保护作用；医药中的灭菌剂蛋白银就是蛋白质保护银溶胶。保护作用在生命体中非常重要。血液中的碳酸钙、磷酸钙等微溶性的电解质，它们是以溶胶的形式存在，由于血液中的蛋白质对这些盐类溶胶起了保护作用，所以它们在血液中的含量虽然比在水中的溶解度提高了近 5 倍，但仍然能稳定存在而不聚沉。但若发生某些疾病使血液中的蛋白质减少，减弱了对这些盐类溶胶的保护作用，则微溶性盐类就可能沉积在肝、肾等器官中，这就是形成各种结石的原因之一。

三、气 溶 胶

（一）气溶胶的形成

气溶胶（aerosol）是由极小的固体或液体粒子分散并悬浮在气体介质中形成的胶体分散系统。分散相为固体或液体小粒子，其粒子直径为 0.01 ～ 10^5 nm，分散介质为气体。气溶胶分为烟、雾和灰尘，可自然产生或人工形成。用物理或化学凝结法获得的小于 10 μm 固体微粒构成的气溶胶称为烟（smoke）。在蒸气凝结或液体分散过程中液体微粒构成的气溶胶称为雾（fog）。固体物质分散时由大于 10 μm 固体微粒构成的气溶胶称为灰尘（dust）。烟、雾的分散度较高（粒子直径 0.01 ～ 1 nm），粉尘的分散度（粒子直径 1 ～ 10^3 nm）比烟和雾的低，相对来说后者稳定性要差些。

来源于自然界的气溶胶有：天然气溶胶（云、雾、霭、烟等），气溶胶的胶粒能发生光的散射，这是使天空成为蓝色、太阳落山时成为红色的原因；生物气溶胶［含有生物性粒子的气溶胶称为生物气溶胶（bioaerosol），其中含有微生物粒子的称为微生物气溶胶]。人工形成的气溶胶有：工业化气溶胶（如杀虫剂、洗涤剂、空气清新剂、油漆、香水和发胶等）；食用气溶胶（如搅拌过的奶油）。

气溶胶粒子没有双电层，但可以带电，其电荷来源于与大气中气体离子的碰撞或与介质的摩擦，胶粒既可带正电也可带负电，取决于外界条件。在稳定性方面，由于气溶胶粒子没有溶胶粒子那样的溶剂化层和扩散双电层，故相互碰撞时即可发生聚结，生成大液滴（雾）或聚集体（烟），此过程进展极其迅速，所以气溶胶是极不稳定的胶体分散体系，但由于布朗运动的存在，也具有一定的相对稳定性。

气溶胶的分散介质为气体，由于气体的黏度小，分散相与分散介质的密度差很大，质点相碰时极易黏结以及液体粒子挥发，故气溶胶有其独特的规律性。气溶胶的分散相有相当大的比表面和表面能，可以使一些在普通情况下相当缓慢的化学反应进行得非常迅速，甚至可以引起爆炸，如磨细的糖、淀粉和煤等。

当气溶胶的浓度达到足够高时，将对人类健康造成威胁，尤其是对哮喘患者及其他有呼吸道疾病的人群。空气中的气溶胶还能传播真菌和病毒，这可能会导致一些地区疾病的流行和暴发，需设法清除气溶胶。气溶胶的消除，主要靠大气的降水、粒子间的碰撞、凝聚、聚合和沉降过程。

气溶胶在医学、环境科学、军事学方面都有很大的应用。在医学方面，应用于治疗呼吸道疾病的粉尘型药的制备，因为粉尘型药粉更能够被呼吸道吸附而有利于疾病的治疗；在环境科学方面，如用卫星检测火灾；在军事方面，如烟雾弹。

（二）气溶胶与环境的关系

气溶胶粒子具有分布不均匀、变化尺度小、复杂的特点，多集中于大气的底层，对云的凝结核、雨滴、冰晶形成起重要作用。气溶胶甚至可以改变云的存在时间，能够在云的表面产生化学反应，决定降水量的多少，影响大气成分。

空气污染是当今城市发展面临的难题之一，如英国在 1950 年左右开始频繁出现酸性雾霾及我国近年出现的雾霾天气。霾是大量极细微的干尘粒等均匀地浮游在空中，使水平能见度小于 10 km 的空气浑浊现象，这里的干尘粒指的是干气溶胶粒子。微粒物主要来源于工业生产、加工过程、各种锅炉或炉灶排出的烟尘以及汽车排出的污染物。气溶胶粒子在气体介质中做布朗运动，不因重力作用而沉降，因此可长期悬浮于空气中，通过呼吸道侵入人体，对人体健康造成危害。粉尘形成的气溶胶的动力学性质和电学性质与溶胶胶粒的性质类似。粉尘在大气中的稳定程度及被机体吸入的机会与分散相粒子的大小及荷电状态直接相关。带电尘粒易被机体滞留，一般粒径为 10 μm 的粒子可进入鼻腔，但主要沉积在上呼吸道；而粒径在 2 ～ 10 μm 的粒子主要沉积在支气管并可直接渗入人体肺泡并沉积在肺泡壁上。粒径≤ 2.5 μm 的细颗粒物（particulate matter），即 $PM_{2.5}$，达到肺部无纤毛区。由于细颗粒物比表面大，吸附性强，可携带重金属、硫酸盐、有机毒物、病毒等，对人体影响比大粒子更严重。长期吸入生产性粉尘而引起的心肺组织纤维化为主的全身性疾病称为尘肺，如一种结晶形二氧化硅粉尘可引起矽肺，是尘肺中病情发展最快、危害最为严重的一种。因此，应该通过改进燃烧方式，采用无污染或少污染能源以及植树造林等措施，加强对微粒的控制。人们把空气中细颗粒物含量作为重要的大气质量标准。世界卫生组织推出指导值，$PM_{2.5}$ 年均值不超过 10 $\mu g \cdot m^{-3}$，日均值不超过 25 $\mu g \cdot m^{-3}$。

第三节　高分子溶液

高分子（macromolecular）化合物是由成千上万个原子所组成的具有巨大相对分子质量（10^4 ～ 10^6）的化合物，又称为大分子化合物（macromolecular compound），包括天然高分子化合物

（如蛋白质、核酸、淀粉、糖原、橡胶等）和人工合成的高聚物（如尼龙、塑料、有机玻璃以及合成橡胶等）。大多数生物和生化药品都是天然高分子化合物，如增强人体免疫力的人血丙种球蛋白、抗病毒的干扰素、用于防止传染病的各种菌苗、疫苗等。高分子化合物的许多性质，如难溶解、溶胀现象、溶液黏度大等，都与相对分子质量大这一特点有关。

在合适的介质中，高分子化合物能以分子状态自动分散形成均匀的溶液，分子的直径达胶粒大小，高分子溶液是胶体分散系中的一类亲液胶体，分散相颗粒的大小在 1 ～ 100 nm 范围内，所以也有一些胶体分散系共有的性质，与溶胶粒子一样具有布朗运动、不能透过半透膜。高分子溶液与溶胶有本质的区别，其主要特征是分散相与分散介质没有界面，是稳定的单相系统。所以，高分子溶液的某些性质与真溶液相似。但由于高分子化合物的直径在胶体分散系范围内，又与真溶液有所不同，所以具有溶胶的某些性质。

一、高分子化合物的结构特点及其溶液的形成

高分子化合物与低分子化合物相比，具有相对分子质量大、结构和形状复杂等特征。高分子化合物一般具有碳链，碳链由一种或多种小的结构单位重复通过共价键连接而成，每个结构单位称为单体（monomer），单体重复的次数称为聚合度（degree of polymerization），以 n 表示。例如，天然橡胶由数千个异戊二烯单体 ($—C_5H_8—$) 连接而成，化学式可写为 $(C_5H_8)_n$。聚糖类高分子化合物，如纤维素、淀粉、糖原等的分子是由许多个葡萄糖单位 ($—C_6H_{10}O_5—$) 连接而成，它们的通式可写成 $(C_6H_{10}O_5)_n$，但各物质的分子链长度和连接方式不同，则形成线状或枝状结构的高分子化合物。蛋白质的结构单位是氨基酸。高分子化合物是不同聚合度的同系物分子组成的混合物，故聚合度和相对分子质量指的都是平均值。

高分子化合物的性质与其形态有关。高分子链很长，而且长链上相邻链节之间的单键可围绕固定的键角（109°28′）自由旋转，使高分子化合物的碳链构象发生改变，高分子长链两端的距离也随之改变，我们称这样的分子链具有柔性（flexibility）。高分子链易弯曲成无规则的线团状，导致形态不断改变。常态时，线状分子具有弯曲状，在拉力的作用下被伸直，但伸直的链具有自动弯曲恢复原来状态的趋势，这说明高分子化合物具有弹性。

只含碳氢原子的烃链一般比较柔顺，是因为高分子链内各原子间的相互作用力较小，阻碍不了碳碳键的自由旋转。当分子链上含有极性取代基（如—Cl、—OH、—CN、—COOH 等）时，彼此间作用力增大，阻碍了自由旋转，故分子链的柔性降低、刚性增加。

高分子化合物加到适当溶剂中，可自动溶解形成均匀的溶液。由于溶剂分子小，钻到高分子中的速度远比高分子扩散到溶剂中的速度快，溶剂分子进去多了，可使高分子化合物体积成倍甚至数十倍地膨胀，这就是高分子化合物所特有的溶胀（swelling）现象。随着溶剂分子不断进入高分子链段之间，高分子也扩散进入溶剂，彼此扩散，最后完全溶解形成高分子溶液。高分子化合物在良溶剂中能自发溶解，因此高分子溶液是稳定系统。当用蒸发、烘干等方法除去溶剂后，再加入溶剂，高分子化合物仍能自动溶解，即它的溶解过程是可逆的。高分子的溶解性取决于介质与高分子化合物之间亲和力的强弱，亲和力强则高分子化合物在溶剂中表现得舒展松弛，反之团缩起来。

高分子溶液比溶胶稳定，在无菌、溶剂不蒸发的情况下，无需稳定剂，可以长期放置而不沉淀。这与高分子化合物本身的结构分不开。高分子化合物具有许多亲水能力很强的基团，如羟基（—OH）、羧基（—COOH）、氨基（$—NH_2$）等，当高分子化合物溶解在水中时，其表面能通过氢键与水形成很厚的水合膜，使其能稳定分散于溶液中不易凝聚，这层水合膜比溶胶粒子水合膜厚且紧密，因而它在水溶液中比溶胶粒子稳定得多，这是高分子溶液具有稳定性的重要原因。

高分子溶液和溶胶的主要性质的异同点见表 6-3。

表 6-3　高分子化合物溶液和溶胶性质的比较

性质	高分子化合物	溶胶
分散相颗粒特征	粒径 1 ～ 100 nm，单个水合分子均匀分散	粒径 1 ～ 100 nm，胶团由胶核（原子、离子和分子聚集体）、吸附层与扩散层组成
均一性	均相分散体系	多相分散体系
稳定性	热力学稳定系统	热力学不稳定系统
扩散速度	慢	较慢
通透性	不能透过半透膜	不能透过半透膜
黏度	大	小
分散相与分散介质亲和力	强	弱
表面张力	比分散介质小	与分散介质相近
丁铎尔现象	不明显	明显
外加电解质的影响	不敏感，加入大量电解质后脱水化膜导致盐析	敏感，加入少量电解质会聚沉

二、蛋白质溶液的性质及其稳定性

蛋白质（protein）是相对分子质量很大（一万以上，有的高达数千万）的高分子化合物，由各种 α-氨基酸通过酰胺键即肽链连成的长链分子。通常以有 50 个以上氨基酸残基组成的肽链称为蛋白质，50 个以下的称为肽（peptide）或多肽（polypeptide）。蛋白质不管肽链有多长仍有自由的氨基（$—NH_2$）和羧基（—COOH）存在。肽链上可解离基团的类型很多，既有质子给体（羧基、酚羟基、巯基），又有质子受体（氨基、胍基、咪唑基），数量也很大。蛋白质分子所带电荷主要是由羧基给出质子或由氨基接受质子决定的。因此，蛋白质分子的特征是在每个分子链上有很多荷电基团、电荷密度大、对极性溶剂的亲和力强。

蛋白质等高分子化合物在水溶液中往往以离子形式存在，常称为聚电解质（polyelectrolyte）。在溶液中，蛋白质的电荷数量及电荷分布与溶液的 pH 有关。使蛋白质所带正电荷与负电荷数量相等（净电荷为零）时溶液的 pH 称为该蛋白质的等电点（isoelectric point），以 pI 表示。若 pH ＜ pI，氨基接受的质子多，形成 $P\langle^{NH_3^+}_{COOH}$（P 表示蛋白质高分子），使蛋白质带正电；若溶液 pH ＞ pI，羧基给出的质子多，形成 $P\langle^{NH_2}_{COO^-}$，使蛋白质带负电；若 pH = pI，蛋白质处于等电状态，主要以两性离子 $P\langle^{NH_3^+}_{COO^-}$ 存在。蛋白质在不同 pH 溶液中的平衡移动可用下式表示：

$$
\begin{array}{ccccc}
 & & P\langle^{NH_2}_{COOH} & & \\
 & & \Updownarrow \text{pI} & & \\
P\langle^{NH_3^+}_{COOH} & \underset{OH^-}{\overset{H^+}{\rightleftharpoons}} & P\langle^{NH_3^+}_{COO^-} & \underset{OH^-}{\overset{H^+}{\rightleftharpoons}} & P\langle^{NH_2}_{COO^-} \\
\textbf{阳离子} & & \textbf{两性离子} & & \textbf{阴离子} \\
pH<pI & & pH=pI & & pH>pI
\end{array}
$$

例如，肌红蛋白的等电点是 6.8，如果将其置于 pH 5.0 的缓冲溶液中，蛋白质以阳离子状态存在，带正电荷；如果溶液的 pH 为 8.0，蛋白质就以阴离子状态存在，带负电荷。调节溶液的 pH 至 6.8，则蛋白质处于等电状态。处于等电点的蛋白质在外加电场中不发生泳动，也容易发生聚沉。各种蛋白质的氨基酸组成及空间构型不同，等电点也各不相同。在等电点时，蛋白质对水的亲和力大大减小，水合程度降低，蛋白质分子链相互靠拢并聚集在一起，此时蛋白质的溶解度最小，因此可以通过调节溶液的 pH，使蛋白质从溶液中析出，达到分离或提纯的目的。当介质的 pH 偏离蛋白质等电点时，蛋白质分子链上的净荷电量增多，分子链舒展开来，水合程度也随之提高，蛋白质的溶解度也相应增大。蛋白质的两性性质和等电点在生产实践中有极其重要的意义，可作为科学实验和生化工业中提取分离蛋白质的依据之一。

蛋白质的水合作用是蛋白质溶液稳定的主要因素。如果在蛋白质溶液中加入大量电解质，如硫酸铵、硫酸钠等，它们既是电解质又与水有强烈的水合作用，所以当把它们加入蛋白质溶液中达到相当大的浓度时，蛋白质的水合程度降低，蛋白质的稳定因素受破坏而从溶液中沉淀出来。这种因加入大量电解质使蛋白质从溶液中沉淀析出的过程称为盐析（salting out）。盐析过程实质上是蛋白质的脱水过程。电解质的种类和浓度不同，夺取水分子的能力不同，其盐析的能力也不同。盐析以硫酸铵为最佳。硫酸铵溶解度大，25℃时的饱和溶液浓度可达 4.1 $mol \cdot L^{-1}$，而且不同温度下饱和溶液浓度变化不大；硫酸铵又是很温和的试剂，即使浓度很高也不会使蛋白质丧失生物活性。不同的蛋白质盐析时，需要的电解质的浓度也不一样，利用这一点可以分离蛋白质，如在血清中加硫酸铵可使血清蛋白与球蛋白分开，因为球蛋白沉淀时需要的硫酸铵的浓度是 2 $mol \cdot L^{-1}$，而血清蛋白沉淀时需要的硫酸铵的浓度是 3 ～ 3.5 $mol \cdot L^{-1}$。

电解质对溶胶和蛋白质高分子溶液都能起凝聚作用，但作用的机制和需要的电解质的量不相同。溶胶对电解质非常敏感，只需少量电解质就能使溶胶聚沉。若要使蛋白质从溶液中析出，则需要大量电解质。同样是胶体分散系，为什么聚沉时所需要的电解质的量不同呢？这是因为溶胶稳定的主要因素是胶粒带电，少量的电解质就可中和胶粒电荷，使溶胶聚沉。蛋白质高分子溶液稳定的主要因素不是胶粒带电，而是其分子表面存在很厚的水化膜，所以加入大量的电解质，除了中和电荷外，更重要的是把蛋白质高分子很厚的水化膜破坏掉，使蛋白质聚沉析出。

在盐析中电解质离子的价数不太重要，盐析能力主要与离子的种类有关，阴离子起主要作用。阴离子的盐析能力顺序为

$$SO_4^{2-} > C_6H_5O_7^{3-} > C_4H_4O_6^{-} > CH_3COO^{-} > Cl^{-} > NO_3^{-} > Br^{-} > I^{-} > CNS^{-}$$

阳离子的盐析能力顺序为

$$NH_4^{+} > K^{+} > Na^{+} > Li^{+}$$

这种按离子盐析能力排列起来的顺序称为离子盐析的感胶离子序。

除盐析法外，加入少量重金属盐类，或加钨酸、三氯乙酸等生物碱沉淀剂（生成不溶解的蛋白质盐），或向蛋白质溶液中加入与水作用强烈的有机溶剂（如乙醇、丙酮等）也能使蛋白质因脱水而沉淀。但是这些沉淀剂如不注意其用量，就会使蛋白质变性，而盐析是不使蛋白质变性的。

三、高分子溶液的渗透压和膜平衡

（一）高分子溶液的渗透压

高分子化合物的相对分子质量大，物质的量浓度低，故依数性效应很小。只有渗透压法适于测定高分子化合物的相对分子质量，其他依数性方法皆不佳。运用渗透压法的另一个优点是半透膜对低分子杂质是可透过的，从而可以设法消除高分子化合物中小分子杂质的影响，这是其他依数性方法做不到的。高分子化合物稀溶液的渗透压数值并不符合范托夫公式，其渗透压不是随浓

度线性增加，而是比浓度增加更快。产生这种现象的主要原因是呈卷曲状的高分子长链的空隙间包含和束缚着大量溶剂，致使溶液的实际浓度增大。

为了纠正高分子溶液渗透压的偏差，在用渗透压求高分子化合物分子的摩尔质量时，常采用位力公式

$$\frac{\Pi}{\rho_B}=RT\left(\frac{1}{M_B}+A_2\rho_B+A_3\rho_B^2+\cdots\right) \tag{6-3}$$

式中，Π 代表高分子溶液的渗透压；ρ_B 代表高分子溶液的质量浓度；M_B 为高分子化合物分子的摩尔质量；A_2 和 A_3 是常数，称为位力系数。

高分子稀溶液可以忽略 ρ^2 以后各项，于是式（6-3）可化简为

$$\frac{\Pi}{\rho_B}=RT\left(\frac{1}{M_B}+A_2\rho_B\right) \tag{6-4}$$

以 $\frac{\Pi}{\rho_B}$ 对 ρ_B 作图得一直线，外推至 $\rho_B \to 0$ 处的截距 $\left(\frac{\Pi}{\rho_B}\right)_{\rho_B\to 0}=\frac{RT}{M_B}$，由此可以计算高分子化合物分子的摩尔质量。

在生物体内，由蛋白质等高分子化合物引起的胶体渗透压对维持血容量和血管内外水、电解质的相对平衡起着重要作用。

（二）膜平衡

上述讨论的高分子溶液的渗透压只适用于不带电的高分子化合物，带电的高分子化合物的情况就要复杂些。通常，将带电的高分子化合物称为聚电解质（如蛋白质、聚丙烯酸钠盐等），在聚电解质溶液中，由于聚电解质能解离为聚电解质离子和小离子，其中小离子能透过半透膜，从而使渗透压出现异常。小离子既能通过半透膜，又要受到不能透过半透膜的大离子的影响，为保持溶液的电中性，平衡状态时小离子在膜的内外两边分布不均匀，这种不均匀的分布平衡称为膜平衡（membrane equilibrium）或唐南平衡（Donnan equilibrium）、唐南效应。膜平衡有助于理解小分子在细胞内外的分布。

以蛋白质钠盐为例，它在水中按下式解离：

$$Na_zP \rightleftharpoons zNa^+ + P^{z-}$$

在图 6-8 中，开始时，在膜内加入聚电解质 Na_zP，浓度为 c_1(mol · L^{-1})，它解离成能透过膜的小离子 Na^+ 与不能透过膜的大离子 P^{z-}。在膜外加浓度为 c_2(mol · L^{-1}) 的 NaCl，NaCl 解离成 Na^+ 和 Cl^-，并都可以透过半透膜。如果膜内没有 Na_zP，NaCl 会扩散得使膜内外两边浓度相等，即 $c_2/2$。现在膜内加入了 Na_zP，当 1 个 Cl^- 通过半透膜进入膜内时，为了保持溶液的电中性，必须有 1 个 Na^+ 也进入膜内，透过的速度应与两种离子浓度的乘积 $c_{Na^+}\times c_{Cl^-}$ 成正比：

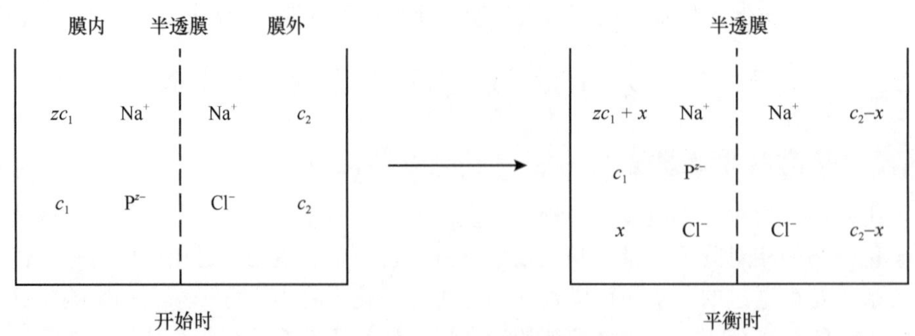

图 6-8 膜平衡示意图

$$v = kc_{Na^+}c_{Cl^-}$$

膜内的小离子（Na^+ 和 Cl^-）也可以通过半透膜成对地扩散到膜外。平衡时，膜内与膜外的扩散速度相等，$v_{左} = v_{右}$，因此

$$[Na^+]_{左} \times [Cl^-]_{左} = [Na^+]_{右} \times [Cl^-]_{右} \tag{6-5}$$

式中，$[Na^+]_{左}$、$[Cl^-]_{左}$、$[Na^+]_{右}$和$[Cl^-]_{右}$为膜两侧各离子的平衡浓度。

平衡时膜两侧电解质离子浓度的乘积相等，这是建立膜平衡的条件。假设这时从膜外扩散到膜内的 $[Cl^-]$ 为 x，将平衡时各物质浓度代入式（6-5）得

$$(zc_1 + x)x = (c_2 - x)(c_2 - x) \tag{6-6}$$

$$x = \frac{c_2^2}{zc_1 + 2c_2} \tag{6-7}$$

平衡时膜内与膜外 NaCl 浓度之比为

$$\frac{[NaCl]_{膜外}}{[NaCl]_{膜内}} = \frac{c_2 - x}{x} = 1 + \frac{zc_1}{c_2} \tag{6-8}$$

式（6-8）说明：①由于存在不透过半透膜的离子，平衡时膜内外 NaCl 浓度不等，产生一附加渗透压，此即为膜平衡。z 越大，膜平衡越显著；② $c_1 \gg c_2$ 时，$x \approx 0$，表明电解质的扩散几乎可以忽略，NaCl 几乎都在膜外；③ $c_1 \ll c_2$ 时，$x \approx c_2/2$，表明接近一半的 NaCl 扩散到膜的另一侧，NaCl 在膜两侧的分布是均匀的；④ $c_1 = c_2$ 时，$x \approx c_2/3$，表明约 1/3 的 NaCl 扩散到膜的另一侧。

膜平衡在生理上具有重要意义。细胞膜对离子的透过性并不完全取决于膜孔的大小，膜内蛋白质的浓度对膜外离子的透入及膜两侧电解质离子的分布有一定的影响。例如，血红细胞膜可以让 Cl^- 自由透过，但胞内 Cl^- 浓度只是胞外血浆中 Cl^- 浓度的 70%，其原因之一是血红细胞内蛋白质阴离子（血红蛋白）浓度较高，产生膜平衡。当然细胞膜不是一般的半透膜，它有复杂的结构和功能，影响细胞内外电解质离子分布的因素是多方面的，膜平衡仅是其中的原因之一。利用膜平衡可以解释为什么同一种离子在细胞膜内外的浓度可以不同；也可以部分地解释为什么细胞膜有时允许一些离子透过，而有时又不让这些离子透过。

四、凝 胶

在适当条件下，使高分子或溶胶粒子相互交联成立体空间网状结构，分散介质充满网状结构的空隙，形成失去流动性的半固体状态的胶冻，处于这种状态的物质称为凝胶（gel），这种自动形成凝胶的过程称为胶凝（gelation）。如豆浆是流体，加电解质后变成豆腐，豆腐即是凝胶。将琼脂、明胶等物质溶解于热水中，静置冷却后即为凝胶。凝胶中包含的分散介质的量可以很大，如固体琼脂的含水量仅 0.2%，而琼脂凝胶的含水量可达 99.8%。

凝胶是胶体存在的一种特殊形式，介于固体与液体之间，以网状结构的整体存在，一方面具有一定的强度，可以保持一定的形状，另一方面可以使许多物质通过网状结构进行物质交换，因此凝胶和胶凝过程在医学和生物学上具有重要意义。人体的肌肉、脏器、细胞膜、皮肤、毛发、指甲、软骨都可以看成凝胶。约占人体体重的 2/3 的水，基本上是以凝胶的形式存在。没有凝胶，生物体就会像液体或石头一样，不能兼有保持一定形状和物质交换的双重功能。可以说，没有凝胶，就没有生命。

（一）凝胶的分类

根据分散相质点的性质（柔性的还是刚性的）以及形成凝胶结构时质点间联结的结构强度，凝胶可以分为弹性凝胶（elastic gel）和非弹性凝胶（non-elastic gel）两类。

1. 弹性凝胶 由柔性的线型大分子形成的凝胶，称为弹性凝胶，如明胶、琼脂、橡胶等。弹性凝胶脱除分散介质，只剩下分散相质点构成的网状结构，且外表完全呈固体状时，称为干胶（xerogel）。弹性凝胶的干胶在水中加热溶解后，在冷却过程中便胶凝成凝胶；此凝胶经过脱水干燥后又成干胶，并可如此往复循环下去，说明这一过程完全是可逆的，故又称为可逆凝胶（reversible gel）。皮肤就是一种弹性凝胶，富有弹性，比较柔软，可以拉长而不破裂，变性后能恢复原状，在吸收或释放液体时往往改变体积。

2. 非弹性凝胶 由刚性分散相质点（如 SiO_2、TiO_2、V_2O_5、Fe_2O_3、Al_2O_3 等无机物）交联成网状结构的凝胶属于非弹性凝胶，亦称刚性凝胶（rigid gel）。这类凝胶网状骨架坚固，吸收或脱除液体时空间网状结构几乎不变，凝胶的体积无明显变化。非弹性凝胶脱水干燥后再置于水中加热，一般不形成原来的凝胶，更不能形成产生此凝胶的溶胶，因此这类凝胶也称为不可逆凝胶（irreversible gel）。如硅胶、氢氧化铁凝胶，吸收或脱水前后，体积变化很小，干燥后，可以磨成粉。

一些生理过程，如血液的凝结、人体的衰老等都与凝胶的性质有关。

（二）凝胶的性质

凝胶的一些性质与它的网状结构密切相关。

1. 溶胀 凝胶的溶胀（swelling），是指凝胶在液体或蒸气中吸收这些液体或蒸气时，其自身体积、质量明显增加的现象。溶胀是弹性凝胶所特有的性质。

凝胶在介质中溶胀具有选择性。溶胀有“无限溶胀”和“有限溶胀”两种类型。如果凝胶在液体中溶胀进行到一定程度便停止，网状结构只被撑大而不解体，这种作用称为有限溶胀（limited swelling）；如果凝胶无限量吸收分散介质，最终导致网状结构撑大、破裂、解体并最终完全溶解，这种膨胀则称为无限溶胀（infinite swelling）。

溶胀的程度与凝胶的结构有关，改变条件如温度、分散介质，凝胶可以从有限溶胀变为无限溶胀。例如，明胶在 20℃水中为有限溶胀，但加热到 40℃或在室温下，将其置于 2 $mol \cdot L^{-1}$ KSCN 或 2 $mol \cdot L^{-1}$ KI 水溶液中溶胀，均发生无限溶胀。

影响凝胶溶胀的外因有温度、介质的 pH 以及溶液中盐类的影响等。

（1）温度：温度升高，分子热运动加剧，溶胀速度加快。溶胀的变化有两种情况：一种情况是，当体系呈平衡态时（有限溶胀），升高温度，最大溶胀度减小；另一种情况是，温度升高，使凝胶中质点联结强度减弱，则可使有限溶胀转变为无限溶胀，如明胶在水中的溶胀就是这种情况。

（2）介质的 pH：蛋白质、纤维素等在水中溶胀时，介质的 pH 影响很大，只有当介质处于某一最适宜 pH 时，凝胶的溶胀才能达到最大。通常蛋白质在等电点时溶胀度最小，pH 偏离等电点（介质酸度或碱度增大）时溶胀度增大，这与蛋白质在等电点时的水化程度最小有关。

（3）盐类：在溶胀过程中，盐类的影响很显著。例如，将明胶浸泡在浓度相同的下列不同钠盐溶液中，各类盐对明胶溶胀的影响顺序为 $SCN^- > I^- > Br^- > NO_3^- > ClO_3^- > Cl^- > CH_3COO^- >$ 柠檬酸根 > 酒石酸根 > SO_4^{2-}。其中，Cl^- 及其前列离子均促使凝胶溶胀，SCN^- 最为显著，而 CH_3COO^- 以后的离子均使凝胶收缩，SO_4^{2-} 最为显著。上述结果只有在盐浓度相当高以及介质 pH 为中性或弱碱性条件下才适用。如果介质为强酸，则所有阴离子都能使溶胀作用减弱，总之，盐类的影响比较复杂，既与介质 pH 有关，又与盐浓度有关。

另外，凝胶的老化程度、交联度对凝胶的溶胀也有影响。凝胶老化得越厉害，或交联度越高，溶胀度就越小。

在生理过程中，溶胀起着非常重要的作用。有机体越年轻，溶胀作用越强，老年人的血管硬化与构成血管壁的凝胶溶胀能力降低有关。

2. 结合水 凝胶溶胀时吸收水分，有一部分与凝胶结合得很牢固，这部分水称为结合水。结合水的介电常数和蒸气压低于纯水，凝固点和沸点也偏离正常值。如在0℃时不结冰，在100℃时不沸腾。

结合水的研究在生物学中有很大意义，如植物具有抗热作用、耐寒作用，可能是由于结合水的沸点较高或凝固点较低的缘故。人体肌肉组织中的结合水量随着年龄的增大而减少。结合水也可能因患某些疾病（如水肿）而发生变更。

3. 触变作用 某些凝胶受到振摇或搅拌等外力作用时，网状结构解体而变成有较大流动性的溶液状态（稀化），去掉外力静置一定时间后，又恢复成半固体凝胶状态（重新稠化），这种现象称为凝胶的触变（thixotropy）。具有触变性质的凝胶的网状结构解体和恢复是可逆的，可以反复进行。

4. 离浆作用 凝胶形成后，其性质并没有完全固定下来，在放置过程中，一部分液体会自动地从凝胶中分离出来，使凝胶本身体积缩小，这种现象称为离浆（syneresis）或脱液收缩。例如，糨糊搁久后要渗出水，果冻在放置过程中会脱液，血块放置后便有血清分离出来。

离浆产生的原因是构成网状结构的粒子随时间的延长进一步定向靠近，使凝胶的立体网状结构收缩并排出部分液体，产生"出汗"即离浆现象。分离出来的液体不是纯溶剂，而是高分子稀溶液或稀溶胶。离浆不同于物质的干燥失水，离浆在低温潮湿环境中也可以发生。

弹性凝胶的离浆是可逆的，是溶胀的逆过程，只要改变条件，如稍微加热，即可吸收液体，恢复为原来的凝胶。生物体中的离浆作用对研究人体衰老过程具有重要意义，人类的细胞膜、肌肉组织纤维等都是凝胶状物质，老年人皮肤松弛、变皱主要就是由细胞老化失水而引起的。

第四节 表面活性剂和乳状液

一、表面活性剂

凡是能使溶液的表面张力降低的物质，称为表面活性剂（surface active agent）。表面活性剂的分子中一般含有两类基团：一类是极性基团（亲水基或疏油基），如—OH、—COOH、—NH_2、—SH、—SO_3Na 等；另一类是非极性基团（亲油基或疏水基），即一些直链或带支链的有机烃基。具有两亲性基团是表面活性剂在分子结构上的共同特征，如图6-9所示。表面活性剂与生命科学有密切关系。构成细胞膜的磷脂、血液中的某些蛋白质、胆汁中的胆汁酸盐等都是表面活性剂，且表面活性剂还具有润湿、增溶、乳化等作用。

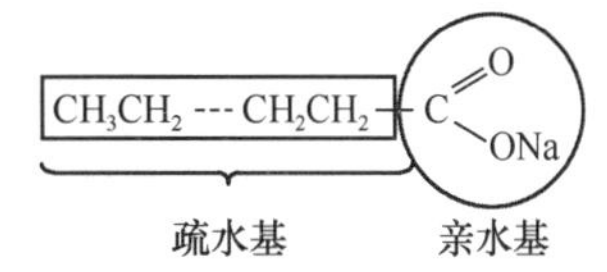

图6-9 肥皂的疏水基与亲水基示意图

二、缔合胶体

以肥皂（脂肪酸钠）为例，当它溶入水中，亲水的羧基受极性水分子的吸引进入水中，而疏水基（亲油基）的长碳氢链则受水分子的排斥离开水相。当肥皂量不大时，它主要集中在水的表面上定向排列起来，构成单分子吸附层，从而降低了水的表面张力和体系的表面能。但当逐步增大肥皂浓度，其除在水相表面形成单分子吸附层外，表面活性剂逐步相互聚集，把疏水基靠拢在一起，形成疏水基向内、亲水基伸向水相、直径在胶体分散相粒子大小范围的缔合体，这种缔合体称为胶束（micelle）（图6-10）。胶束的形成减小了疏水基与水相的接触面积，从而形成稳定的系统。由胶束形成的溶液称为缔合胶体（association colloid）。形成胶束所需的表面活性剂的最低浓度称为临界胶束浓度（critical micelle concentration，CMC）。在达到临界胶束浓度以后，继续增加表面活性剂的浓度，只会改变胶束的形状，使胶束增大或增加胶束的数目，溶液中表面活性剂单

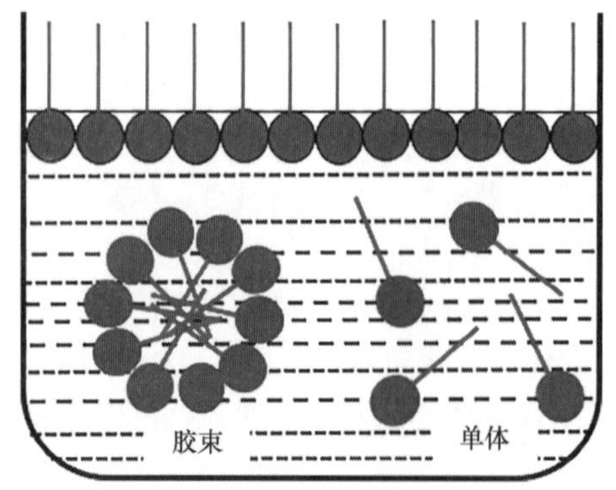

图 6-10 表面活性剂分子在溶液中的状态

个分子的数目不再增加。当表面活性剂浓度达到CMC后，溶液的表面张力不再下降，很多和表面活性剂单个分子相关的物理性质会发生明显的改变，如电导率、渗透压、蒸气压、光学性质、去污能力及增溶作用等性质在CMC前后都有一个明显的变化。CMC值受温度、表面活性剂结构、分子缔合程度、溶液pH及电解质存在的影响。

三、乳 状 液

乳状液（emulsion）是一种液体以直径＞100 nm的极小液滴形式分散在另一种与其不相混溶的液体中所形成的粗分散系，甚至用肉眼即可观察到其中的分散相粒子。乳状液属于不稳定系统。例如，在水中加入少量油，剧烈振荡时，即可得到油分散在水中的乳状液；但静置片刻，油、水便分成两层，不能形成稳定的乳状液。这是由于油呈细小液滴分散在水中后，油滴和水之间的总界面积和界面能有很大增加，体系处于不稳定状态，所以小油滴会自动合并以减小总界面积，降低界面能。

若在上述的油、水混合液中加入少量的肥皂，充分振荡后就可以得到外观均匀、较为稳定的乳状液。能增加乳状液稳定性的物质，称为乳化剂(emulsifying agent)。乳化剂使乳状液稳定的作用，称为乳化作用（emulsification）。常用的乳化剂是表面活性剂。其在乳状液中，疏水基朝向油相、亲水基伸向水相，在界面上定向排列，结果不仅降低界面张力和界面能，而且乳化剂分子还附着在细小油滴的表面形成单分子层保护膜，阻止小油滴之间聚集合并，从而使乳状液稳定。

乳状液的类型有两类，油分散在介质水中形成水包油（oil in water，O/W）型乳状液，见图6-11（a）；水分散在油介质中形成油包水（water in oil，W/O）型乳状液，见图6-11（b）。如牛奶、鱼肝油乳剂属于O/W型；而油剂青霉素注射液、原油等属于W/O型。

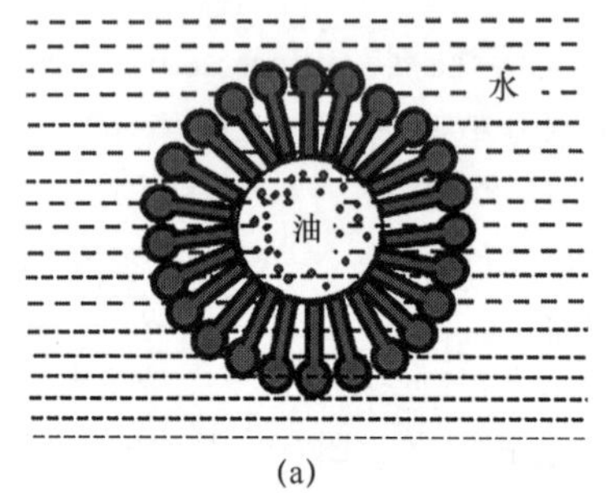

(a)

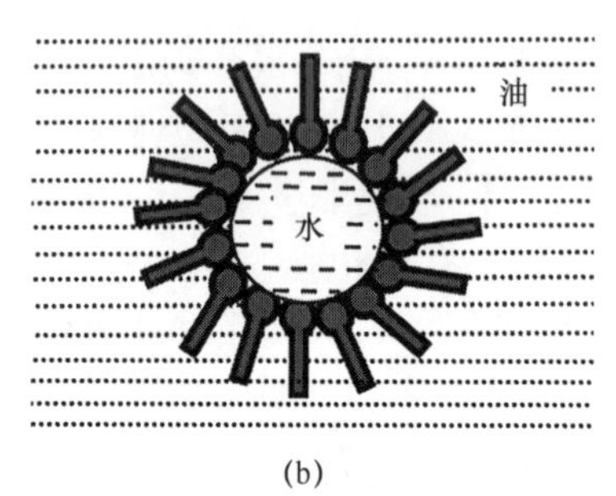

(b)

图 6-11 乳状液的类型

形成乳状液的类型主要取决于乳化剂。如钠肥皂形成O/W型，因为钠肥皂易溶于水，能降低水的界面能，水则不以水滴存在，而成为连续相；而钙肥皂易溶于油而降低油的界面能，故形成W/O型乳状液。一般地，亲水性强的乳化剂易形成O/W型乳状液，而亲油性强的乳化剂易形成W/O型乳状液。确定乳状液类型可用稀释法。因为乳状液主要显示分散介质的性质，当向O/W型乳状液中加水时，分散介质与水互溶，乳状液则被稀释，当加入油时即引起分层；W/O型乳状液可用油稀释，而加入水时则分层。

乳状液和乳化作用在生物学和医学上都具有重要的意义。例如在消化吸收过程中，食物中的脂肪经过胆酸盐和胆固醇（表面活性剂）的乳化，形成乳状液，不仅便于在体内通过血液运输，而且加速了消化油脂的脂肪酸水解反应速率。药用油类常需乳化后才能作为内服药，如鱼肝油乳剂，其目的是便于吸收和尽量减小扰乱胃肠功能。乳化的流行性感冒疫苗治疗的患者所显示的抗体水平约为平常治疗的十倍，且能保持两年以上。此外，消毒和杀菌用的药剂也常制成乳状液，如煤酚皂溶液，以增加药物和细菌的接触面，提高药效。

思考与练习

1. 什么是分散系、分散相、分散介质？举例说明。

2. 汞蒸气易引起中毒，若将液态汞——①盛入烧杯中；②盛于烧杯中，其上覆盖一层水；③散落成直径为 2×10^{-4} cm 的汞滴，问哪一种引起的危害性最大？为什么？

3. 什么是表面能和表面张力？两者有何关系？

4. 胶粒为什么会带电？何种情况带正电荷？何种情况带负电荷？

5. 丁铎尔现象的实质是什么？为什么溶胶会产生丁铎尔现象？

6. 什么是电渗？什么是电泳？

7. 蛋白质的电泳与溶液的 pH 有什么关系？某蛋白质的等电点为 6.5，如溶液的 pH 为 8.6 时，该蛋白质大离子的电泳方向如何？

8. 溶胶是热力学不稳定系统，但它在相当长的时间内可以稳定存在，其主要原因是什么？用什么方法可破坏其稳定性？

9. 为什么在江河入海处都有三角洲的形成？

10. 在以 NaCl 和 $AgNO_3$ 为原料制备 AgCl 溶胶时，或使 $AgNO_3$ 过量，或使 NaCl 过量，写出这两种情况下所制得 AgCl 溶胶的胶团结构简式。胶核吸附离子时有何规律？

11. 将 $FeCl_3$ 水溶液加热水解制备 $Fe(OH)_3$ 溶胶，写出此溶胶的胶团结构简式。若将此溶胶放入电泳装置中进行电泳，通电后将会观察到什么现象？

12. 用等体积的 0.008 mol · L^{-1} KI 溶液和 0.010 mol · L^{-1} $AgNO_3$ 溶液制成 AgI 溶胶，分别加入同体积的 0.100 mol · L^{-1} 下述电解质溶液，该四种电解质对此溶胶的聚沉能力大小如何？聚沉能力大小次序如何？

（1）NaCl；（2）Na_2SO_4；（3）$MgSO_4$；（4）$K_3[Fe(CN)_6]$

13. 为什么溶胶对电解质很敏感，加入少量电解质就产生沉淀，而蛋白质溶液则需加入大量的盐才会沉淀？

14. 高分子化合物如淀粉、蛋白质等，分散相的颗粒大小与胶粒差不多，两者有什么异同之处？

15. 结合溶胶和高分子溶液稳定的主要原因，解释聚沉作用和盐析作用。怎样解释高分子物质对溶胶的保护作用？

16. 什么是凝胶？凝胶有哪些主要性质？产生胶凝作用的先决条件是什么？

17. 什么是表面活性剂？什么是临界胶束浓度？试从表面活性剂结构特点说明它能降低溶剂表面张力的原因。

18. 什么是乳状液？为什么乳化剂能使乳状液稳定存在？举例说明乳化作用在医学中的意义。

（姚惠琴）

知识拓展

习题详解

PPT

第七章　化学热力学基础和化学平衡

热力学（thermodynamics）是研究各种形式的能量互相转化的规律的科学。用热力学的原理和方法研究化学问题就形成了化学热力学（chemical thermodynamics）。

例如，我们在选择药物合成路线时，需要考虑以下几个主要问题：在指定条件下能否得到我们的目标产物；如果这个化学反应能够朝着预定的方向进行，将会进行到什么程度；温度、压力、浓度等外界条件对反应有什么影响；如何控制这些外界条件，进一步优化我们所设计的反应。另外，化学反应一定伴随着能量的变化，那么如何判断化学反应的热效应。这些问题都属于化学热力学研究的范畴。

本章主要介绍热力学第一定律和热力学第二定律，这两个定律都是人们根据广泛的实践经验总结的具有普遍性的规律，至今在自然界尚未发现不符合热力学规律的事实。物理学家以热力学定律为基础，用数学方法加以演绎推论，建立了一些热力学函数（例如焓、熵、自由能）及函数间的相互关系。我们通过学习热力学的基本理论和方法，用热力学函数讨论化学反应的热效应以及化学反应进行的方向和限度。

第一节　热力学系统与状态函数

在我们的生活和生产实践中几乎无处不存在热力学现象，例如在生产碳酸氢钠注射液过程中，如何控制配制药液的温度？如何选择合适的灭菌温度？这些因素与碳酸氢钠注射液的稳定性密切相关。对安瓿瓶进行封口时，我们希望知道一定量的燃气究竟能产生多少热量，以及燃烧时能够达到的最高温度是多少？热力学知识为药品的生产、包装等提供了科学依据，以保障临床用药安全有效。下面介绍一些与热力学相关的基本概念。

一、系统与环境

我们用观察、实验等方法进行科学研究时，必须首先确定研究对象。在热力学中，为了研究问题方便，可以把一部分物质与其余部分分开，这种处理方法可以是实际存在的，也可以是想象的。其中被划定的研究对象部分称为系统（system），而与系统密切相关、相互影响所能及的部分称为环境（surroundings）。

系统的划分不是固定的，要看研究的目的和范围。如果我们要研究枸橼酸铋钾用于治疗胃溃疡，一般把胃、胃液、胃黏膜连同枸橼酸铋钾看作是系统；如果考察枸橼酸铋钾与抗生素合用治疗幽门螺杆菌感染，那么胃的幽门也要划入系统。

根据系统和环境之间的关系，可以把系统分为三种。我们研究在一个敞口的烧杯中加热碳酸氢钠溶液的反应，可以把溶液当作系统，加热的酒精灯以及周围接触的大气作为环境，溶液从酒精灯吸收热量，同时溶剂水分子挥发到周围大气中，系统与环境之间可以有能量以及物质的交换，这种系统称为开放系统（open system）。如果把碳酸氢钠溶液封装在安瓿瓶中高温灭菌，安瓿瓶中的碳酸氢钠溶液和环境可以发生能量交换，但是没有物质交换，这种系统称为封闭系统（closed system）。完全不受环境影响，系统与环境之间既没有物质交换也没有能量交换，这种系统称为孤立系统（isolated system）。例如，将热水倒入理想的保温瓶中，这个保温瓶的绝热性和密闭性非常好，保温瓶中的热水（系统）与其周围大气（环境）之间既没有物质交换，也没有热量交换，则保温瓶中的热水可以近似地看作是孤立系统。但是世界上的一切事物总是相互联系、相互依赖的，因此现实中并不存在绝对的孤立系统（图 7-1）。

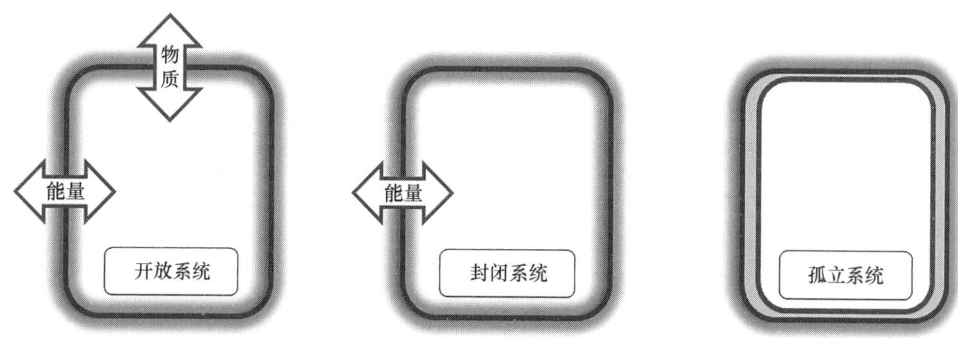

图 7-1　开放系统、封闭系统和孤立系统示意图

在以后的讨论中，若不特别注明，则我们所指的化学反应一般看作封闭系统。但是，如果要研究某种药物在人体内的变化，应当把整个人体看作是一个非常复杂的开放系统。这是因为人体从环境获取物质和能量，经过新陈代谢又不停地把代谢产物和能量释放到环境中。

二、状态函数与过程

我们都有过测量体温的经历。当体温高于 37℃时，我们就说自己发热了，处于一种非正常状态。据临床观察，体温低于 28℃时人会丧失意识，而低于 22℃时，可能导致死亡；当体温高于 41℃时会引起中枢神经系统障碍，出现谵语、神志不清等症状；而当体温高于 43℃时，就有生命危险了。从化学热力学角度来讨论这个问题，也就说系统的状态（人体的生理功能）与状态函数（温度）有密切的关系。

（一）状态和状态函数

如果我们以一杯水作为系统（研究对象）。在标准大气压下，当环境温度处于室温时，杯子中的水是液态；当环境温度低于 0℃，杯子中的水变成固态；当环境温度高于 100℃时，杯子中的水蒸发为气态。在上面的例子中，我们把系统在一定的温度和压力下的存在形式称为系统的状态（state）。换言之，热力学通常用系统的宏观可测性质如压力、温度、体积、浓度等来描述系统的状态，这些性质又称为热力学变量，这些确定系统状态的物理量称为系统的状态函数（state function）。

当系统处于一定的状态，其所有的状态函数都具有一定的数值。例如，把物质的量 $n = 1$ mol 理想气体当作系统，在压力 $p = 1.013\times10^5$ Pa、温度 $T = 273.15$ K 条件下，气体的体积 $V = 22.4$ L，我们说系统处于一定的状态。理想气体的这种状态由 n、p、V 和 T 这些状态函数确定。反过来说，对于确定的状态，系统的各状态函数都有确定的数值。

如果系统的一个或几个状态函数发生变化，那么我们说系统的状态已发生改变。系统发生变化前的状态称为始态（initial state），变化后的状态称为终态（final state）。系统在某一确定的状态下，其状态函数的数值都是确定的。所以系统的各状态函数的改变量只与始态和终态有关。状态函数的改变量经常用希腊字母 Δ 表示，如始态的温度为 T_1，终态的温度为 T_2，则状态函数 T 的改变量：

$$\Delta T = T_2 - T_1$$

不同的状态函数具有不同的性质。例如，体积、质量、物质的量等物理量，它们的数值与系统中所含该物质的量成正比，是系统中各部分该性质的总和，这些状态函数具有广度性质（extensive property）。广度性质的特点是具有加和性。又如温度、压力、密度等物理量，它们的数值不随系统中物质的量而变化，这种性质的特点是不必指定物质的量就可确定，不具有加和性，这些状态函数具有强度性质（intensive property）。例如，将两杯体积为 250 mL、温度为 68℃的热水混合，混合后的体积等于 500 mL，但是水的温度仍是 68℃。因为体积具有广度性质，而温度具有强度性质。

（二）过程和途径

前面提到的温度为 68℃的热水，经过一段时间，温度冷却到室温，系统的性质有显著的改变，那么我们说这个系统的状态已发生变化。热力学上把系统从始态变化到终态的经过称为过程（process）。系统在不同条件下进行的过程具有不同的特点，例如在某一过程中，如果系统的始态、终态和环境的压力保持恒定，即 $\Delta p = 0$，这样的热力学过程为等压过程（isobaric process）。如果系统的始态、终态的温度保持不变，即 $\Delta T = 0$ 的过程为等温过程（isothermal process）。如果系统的始态、终态的体积保持不变，即 $\Delta V = 0$ 的过程为等容过程（isochoric process）。如果过程中系统与环境之间没有热量交换，我们称之为绝热过程（adiabatic process）。

系统由始态变化到终态，完成这个过程的具体步骤在热力学上称为途径（path）。一定量的某理想气体由始态 A（p_1，V_1）到终态 B（p_2，V_2），可以有下列三种不同的途径。

如图 7-2 所示，途径 1：直接 A→B 等温膨胀；途径 2：先 A→C 等容降温，再 C→B 等压升温；途径 3：先 A→D 等压升温，再 D→B 等容降温。不论采取哪种途径，因为始态和终态相同，系统的状态函数改变量都是相同的。

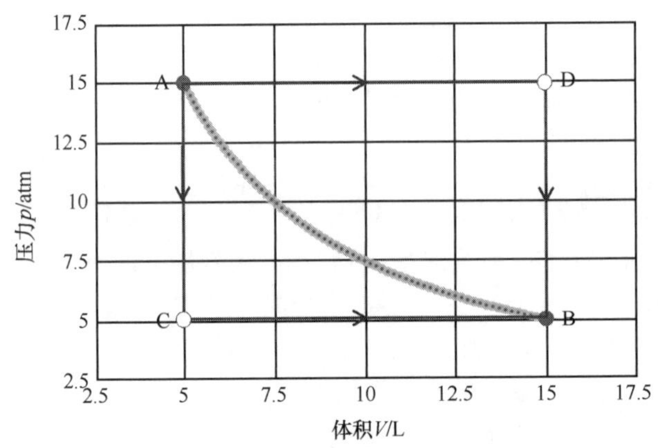

图 7-2 理想气体的 p-V 等温线

三、热 和 功

我们知道钻木可以取火，通过持续做功就可以产生足够的热，最终引燃易燃物。钻木取火的原理是摩擦生热，这里引出两个问题。

第一个问题是：热究竟是什么？热力学采用了宏观的研究方法，根据我们所直接观察的宏观现象来进行研究，因此可以暂时不管热的本质。我们知道，倘若把两种温度不同的物体放在一起，则温度高的物体就会渐渐变冷，温度低的物体渐渐变热，最后达到温度一致。如果把其中一个物体看作系统，则另一个物体就可以看作是环境，在热力学中我们给“热”下了如下定义：由于温度不同，在系统和环境之间交换或传递的能量称为热（heat），用符号 Q 表示。热力学规定系统从环境吸收热量 Q 为正值，系统向环境放出热量 Q 为负值。

第二个问题是做功为什么会产生热？英国物理学家焦耳（J. P. Joule）用多种实验方法证明热是

一种被传递的能量，可以与机械能、电能等互相转化。而且定量地研究了热和功的关系，证明做了多少机械功，就有多少机械能转化成热这种形式的能量。这种热功当量的关系可以表示为

$$1\ \text{cal} = 4.1840\ \text{J}$$

国际单位制中规定热和功统一用 J（焦耳）作单位。

在热力学中，把除了热以外的其他各种被传递的能量都称为功（work），用符号 W 表示。热力学规定系统对环境做功 W 为负值，环境对系统做功 W 为正值。系统所做的功一般分为体积功和非体积功两种，我们在本章中研究的系统不涉及非体积功，非体积功相关内容将在本书第九章中介绍。

显然，如果系统能够对环境做体积功，则系统本身决定体积变化方向的作用力必须大于它所克服的环境阻力。以气体膨胀过程为例，把一定量理想气体置于理想活塞筒（假定活塞既没有摩擦力，也没有重量）中，系统（这里指活塞中的气体）的压力为 p_{in}，外压（即环境的压力）为 p_{out}。系统克服外压而膨胀，体积从 V_1 膨胀到 V_2。对于这个指定的等压过程来说，系统对环境做功的大小视其克服的外力而定，可以表示为

$$W = -p_{out} \cdot \Delta V = -p_{out} \cdot (V_2 - V_1) \tag{7-1}$$

若外压 $p_{out} = 0$，这种膨胀称为自由膨胀，$W = 0$。若外压逐渐增大，则系统膨胀所做的功也逐渐增大；当外压增加到无限接近系统的压力时，系统从 V_1 膨胀到 V_2 需要无限长的时间才能完成，这个准静态过程在热力学上称为可逆过程（reversible process），在可逆过程中一个系统所做的功最大：

$$W = -nRT \ln\frac{V_2}{V_1} \tag{7-2}$$

由此可见，功的值与具体的变化途径有关，始态、终态相同，途径不同，所做的功不同，所以 W 不是状态函数。

例 7-1　一定量的理想气体，始态为 $p_1 = 5\times10^5$ Pa，$V_1 = 1\times10^{-3}$ m^3。在外压 $p_{out} = 1\times10^5$ Pa 条件下，气体膨胀到终态 $p_2 = 1\times10^5$ Pa，$V_2 = 5\times10^{-3}$ m^3，试计算系统在该等压过程中对环境所做的体积功。

解　理想气体经等压过程由始态变化至终态，其所做的体积功 W 为

$$\begin{aligned} W &= -p_{out} \cdot \Delta V \\ &= -p_{out} \times (V_2 - V_1) \\ &= -1\times10^5\times(5\times10^{-3} - 1\times10^{-3}) \\ &= -400\ (\text{J}) \end{aligned}$$

第二节　能量守恒和化学反应热

人类社会发展的历史与能源的开发和利用水平密切相关。一切经济活动和生存都依赖于能源的供给，能源已成为我们必须关注和面对的问题。如何解决人类对能源需求的增长和现有能源资源日趋减少的矛盾？我们能不能制造出一种“永动机”，它不靠外界供给能量，并且本身也不减少能量，但却能不断地对外做功。历史上曾有不少人尝试设计“永动机”，其中包括意大利的达 · 芬奇（Leonardo da Vinci），结果都失败了。是因为人类的科学技术发展不够，还是根本就不可为之？热力学第一定律建立以后，人们认识到不可能造出“永动机”。在化学反应中，物质发生化学变化的同时，还伴随有能量的变化。这种化学反应的热效应在能源的开发与利用方面起着十分重要的作用，我们解决能源问题的途径之一就是全面、综合、合理地使用化学能源，例如在火力发电中燃料的能量只利用了 15% ～ 30%，而使用燃料电池在理论上可以达到 100%。

一、内能和热力学第一定律

系统内一切能量的总和称为系统的热力学能（thermodynamic energy），也称内能（internal energy），通常用 U 表示。内能包括系统内各种物质的分子或原子运动的平动能、分子间的势能、分子内部的振动能和转动能、电子的动能以及核能等。既然内能是系统内部能量的总和，它就是系统本身的性质，所以只取决于状态。在一定的状态下，系统具有一定的内能数值，因此内能是一个状态函数。到目前为止，尽管我们尚无法确定某一系统的内能的绝对数值，但是系统在变化过程中必然通过功和热与环境进行能量的交换，只要确定系统的始态和终态，即可确定内能的变化 ΔU。

人们发现能量守恒是自然界存在的客观规律，可以表述为"自然界的一切物质都具有能量，能量具有不同的形式，可以从一种形式转化为另一种形式，可以从一个物体传递给另一个物体，在转化或传递过程中总能量不变。"能量守恒定律就是热力学第一定律（the first law of thermodynamics）。因为热和功是系统与环境之间进行能量交换的两种形式，所以热力学第一定律可描述为"对于一个封闭系统，其内能的增量等于系统与环境交换的总能量，即系统从环境得到的热与功之和"。

不论什么系统，从简单的化学反应到高级的生物体，它们从一种状态改变为另一种状态时，系统的能量都发生了变化。是什么原因使得系统的状态发生变化呢？我们在上一节曾提到，系统从低温的始态变到高温的终态是由于从环境吸收了热。这表明利用系统与环境之间交换热量的办法可以改变系统的状态。除了交换热量之外，还可以用做功的方法来改变系统的状态，例如环境对气缸里的气体做压缩功而使系统的体积变小，因而改变了系统的状态。用交换热量和做功的方法改变了系统的状态，意味着系统的能量必然发生变化。这种能量的变化与热和功之间有什么关系？我们可以设想某一系统从环境吸收热量，同时环境对系统做功，系统的能量发生改变。根据热力学第一定律，系统从一个状态变到另一个状态，其内能的变化值 ΔU 等于始态的系统吸收的热量 Q 和环境做的功 W，用公式表示为

$$\Delta U = Q + W \tag{7-3}$$

式（7-3）是热力学第一定律的表达式，它适用于封闭系统的任何过程，可以用于讨论系统在状态改变过程中所发生的能量变化。例如，一定量的气体在活塞中被压缩，环境对其做功 462 J。在压缩过程中，气体温度升高，向环境释放 128 J 的热量。根据热力学第一定律，活塞中的气体在状态改变过程中的能量变化：

$$\Delta U = Q + W = (-128 + 462) = 334\ (\text{J})$$

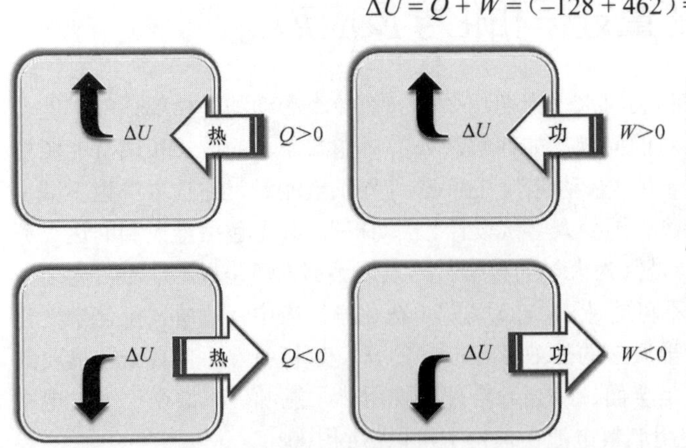

图 7-3　热和功与内能变化的关系

内能是状态函数，热和功不是状态函数。热和功是能量的交换形式，只能存在于系统和环境之间的能量传递过程，传递过程一结束，热和功都转变为系统的内能（图 7-3），因此我们不能说"系统中有多少热和功"。正如我们从来不会说"河里有多少雨"，因为雨是水在自然界循环过程中出现的现象，雨落到河里都汇集成水了。

二、系统的焓变

化学反应进行时总是伴随着放热和吸热的现象。例如，我们日常生活中利用 CH_4 在空气中燃烧放出的热量来做饭、烧水、取暖等，而煅烧石灰石变成生石灰的反应是一个吸热反应。我们把化学反应过程中放出或吸收的热量称为反应热，即化学反应的热效应。热效应对于控制反应温度十分重要，如乙烯氧化为环氧乙烷是一个强放热的反应，若不及时排出热量，反应温度迅速升高，甚至还可能引起爆炸。所以人们建立了一门研究化学反应过程中能量变化的学科——热化学（thermochemistry），它是热力学第一定律在化学反应中的具体应用。

从前面的讨论中得知，用状态函数内能量度系统能量的变化需要测量和计算两个物理量——热和功，这显然是很不方便的。我们知道大多数化学过程是在等压条件下进行，那么我们能否找到另一个状态函数来量度等压条件下进行的化学反应的能量变化呢？对于一个在封闭系统中进行的化学反应，在指定的始态和终态下，不同的过程具有不同的热效应。在化学反应中，生成物和反应物的温度通常并不相同，因此反应热一般是假定生成物和反应物在相同温度时反应所吸收或放出的热量。实践中热化学数据的测定都是依据这个原则来进行的，让反应物在绝热的量热器中进行化学反应，由于反应系统不能与环境交换热量，则量热器中的温度必有改变，从这个温度的变化，我们就可以计算需要供给量热器多少热量或从量热器中取出多少热量才能使得反应系统恢复到反应前的温度，这样可以间接计算出该反应的反应热。在热化学中，若系统吸热，反应热为正值；若系统放热，反应热为负值。下面分别讨论在等容和等压情况下的热效应。

（一）等容反应热

倘若一个化学反应在等容的情况下进行，其热效应称为等容反应热，通常用 Q_V 表示。

由式（7-3）可知：

$$\Delta U = Q_V + W$$

在等容过程中，系统的 $\Delta V = 0$，则 $W = 0$，于是

$$\Delta U = Q_V \tag{7-4}$$

式（7-4）表明，化学反应在等容反应过程中，系统吸收或放出的热量全部用来改变系统的内能。当 $\Delta U > 0$ 时，则 $Q_V > 0$，该反应是吸热反应；当 $\Delta U < 0$ 时，则 $Q_V < 0$，该反应是放热反应。

从原则上讲，要准确测量一个化学反应的反应热是一件困难的事情，这是因为在量热过程中不可能做到完全绝热。如图 7-4 所示，人们通常使用一种被称为弹式量热计（bomb calorimeter）的装置来测定一些有机物燃烧反应的等容反应热。把一定量的有机物置于充满高压氧气的弹式反应室中，开动搅拌器使水传热均匀。然后通过电火花引发反应，产生的热量就会传入水中。如果水的质量和比热容都已知道，用精密的温度计测量水温在反应前后的数值，就可以求出反应所放出的热量，即等容反应热 Q_V。

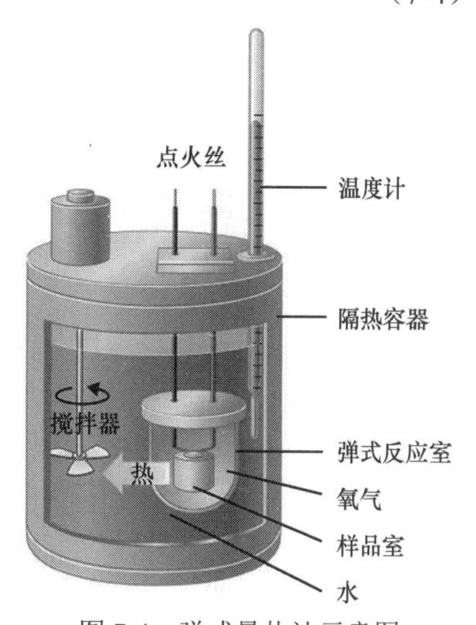

图 7-4 弹式量热计示意图

（二）等压反应热

实际上，大多数化学反应不是在等容条件下进行的，而是在等压条件下进行的。反应热可以使用一个称为杯式量热计（图 7-5）的装置来测量。计算所得的反应热是化学反应在等压情况下进

图 7-5　杯式量热计示意图

行的热效应，我们把它称为等压反应热，通常用 Q_p 表示。

由式（7-3）可知：

$$\Delta U = Q_p + W$$

由于系统只做体积功，克服外压 p 做的功 $W = -p\,\Delta V$，上式可变为

$$\Delta U = Q_p - p\Delta V$$

移项可得

$$Q_p = \Delta U + p\Delta V$$

$$Q_p = (U_2 - U_1) + p(V_2 - V_1)$$

在等压过程中，系统的终态压力（p_2）、始态压力（p_1）与外压 p 相等，因此上式可以表示为

$$Q_p = U_2 - U_1 + p_2V_2 - p_1V_1$$

如果将（$U + pV$）合并起来考虑，则

$$Q_p = (U_2 + p_2V_2) - (U_1 + p_1V_1)$$

因为 U、p、V 都是系统的状态函数，故（$U + pV$）必然也是系统的状态函数，我们可以定义一个新的状态函数 H，称为焓（enthalpy），表示为

$$H = U + pV$$

当系统在等压条件下，从状态（H_1）变到状态（H_2），焓变 ΔH 为

$$\Delta H = H_2 - H_1 = (U_2 + p_2V_2) - (U_1 + p_1V_1) = Q_p \tag{7-5}$$

式（7-5）表明，系统在等压且只做体积功时，焓的变化值（ΔH）可以用系统和环境之间的热量传递来衡量，但是一定不能把 H 误解为“系统中的热量”。

由于我们不能确定系统内能的绝对值，所以焓的绝对值也尚不得知。但是，焓作为系统的状态函数，只要系统的状态确定了，焓就会有唯一确定的值。焓变 ΔH 与变化的途径无关，系统在等压过程（从始态到终态）中吸收或释放的热量全部用于焓的改变。大多化学反应都是在等压下进行的，因此我们可以使用 H 这个状态函数来讨论有关化学热效应的问题。

三、反应进度、标准状态与热化学方程式

（一）反应进度

对于一个化学反应而言，进行的程度不同，其放出或吸收的热量 ΔH 也不相同。所以我们在讨论化学反应热时，需要了解一个重要的物理量——反应进度（extent of reaction），用符号 ξ 表示（读作“克赛”）。

通常可以把任一化学反应写成

$$a\text{A} + b\text{B} = g\text{G} + h\text{H}$$

当反应在初始状态时，各物质的物质的量分别为 $n_o(\text{A})$、$n_o(\text{B})$、$n_o(\text{G})$ 和 $n_o(\text{H})$；当反应进行到任意时刻时，各物质的物质的量分别为 $n(\text{A})$、$n(\text{B})$、$n(\text{G})$ 和 $n(\text{H})$，则反应进度定义为

$$\xi = -\frac{n(\text{A}) - n_o(\text{A})}{a} = -\frac{n(\text{B}) - n_o(\text{B})}{b} = \frac{n(\text{G}) - n_o(\text{G})}{g} = \frac{n(\text{H}) - n_o(\text{H})}{h} \tag{7-6}$$

由式（7-6）可知，反应进度（ξ）的量纲是物质的量（mol）。ξ 值可以是正整数，也可以是非正整数。

例 7-2　已知合成氨反应：

$$N_2(g) + 3H_2(g) = 2NH_3(g)$$

把 10 mol N_2 和 30 mol H_2 混合通过合成氨塔，在 300 atm 和 500℃的条件下，经过多次循环反应，最终生成 3 mol NH_3。试计算该反应的反应进度。

解 对于化学反应 $N_2 + 3H_2 \longrightarrow 2NH_3$

	N_2	$3H_2$	$2NH_3$
初始状态	10 mol	30 mol	0 mol
反应终止	8.5 mol	25.5 mol	3 mol

用 N_2 的物质的量的变化来计算反应进度 ξ

$$\xi=-\frac{8.5-10}{1}=1.5\text{mol}$$

用 H_2 的物质的量的变化来计算反应进度 ξ

$$\xi=-\frac{25.5-30}{3}=1.5\text{mol}$$

用 NH_3 的物质的量的变化来计算反应进度 ξ

$$\xi=\frac{3-0}{2}=1.5\text{mol}$$

由此可见，在计算某一化学反应的反应进度时，无论选用反应物还是生成物，所得 ξ 值都相同。当反应进度 $\xi=1$ mol 时，意味着反应恰好按照化学计量系数完成，即 1 mol N_2 和 3 mol H_2 完全反应，生成 2 mol NH_3，这算作一个“单位化学反应”。对于一个“单位化学反应”的焓变称为摩尔反应焓变 $\Delta_r H_m$，Δ 右下标“r”表示反应（reaction），H 右下标“m”指反应进度 $\xi=1$ mol。

（二）热力学标准状态

我们知道物质在不同的压力和温度下，它们的状态不同。例如，在标准大气压下，当温度等于 25℃时，水以液态的形式存在；当温度低于 0℃时，水以固态形式存在。状态不同，描述其性质的状态函数就不同，如相同质量的水和冰的内能 U 并不相等。热力学上为了便于比较不同状态时它们的相对值，需要规定一个状态作为比较的标准，这种人为规定的状态称为热力学标准状态（standard state）。

热力学标准状态指定标准压力为 100 kPa，但是没有给定温度，所以物质在每个温度 T 都存在一个标准状态。国际纯粹与应用化学联合会（International Union of Pure and Applied Chemistry，IUPAC）推荐 298.15 K 为参考温度，本书如果没有注明压力和温度，则都是指压力为 100 kPa，温度为 298.15 K。我们在讨论标准状态时应当注意如下几点：

（1）标准压力通常用符号 $p^{\ominus}$ 表示，IUPAC 推荐标准压力的数值采用 1.0×10^5 Pa 或 100 kPa。

（2）在标准压力 $p^{\ominus}$ 和温度为 T 的条件下，纯固体、纯液体的状态为标准状态。

（3）对于纯气体而言，选择温度为 T，压力为标准压力 $p^{\ominus}$ 时，符合理想气体特点的状态作为标准状态。理想气体客观上并不存在，故纯气体的标准状态是一种假想的状态。

（4）如果反应在溶液中进行，各组分的标准状态是指在标准压力 $p^{\ominus}$ 和温度 T 的条件下，溶质的物质的量浓度 $c^{\ominus}=1\ \text{mol}\cdot\text{L}^{-1}$ 或质量摩尔浓度 $b^{\ominus}=1\ \text{mol}\cdot\text{kg}^{-1}$。

（三）热化学方程式

通常用化学方程式表示某个化学反应过程，如果同时标注反应过程中吸收或放出的热量，我们则称之为热化学方程式（thermochemical equation）。

通常书写热化学方程式须注意以下几点：

（1）注明反应起始时的温度和压力。如果不注明则表示温度为 298.15 K，压力为标准压力 $p^{\ominus}$（1.0×10^5 Pa 或 100 kPa）。

（2）因为 U、H 的数值与系统的状态有关，必须注明物质的聚集状态、固体的晶形，分别用小写的 s（solid）表示固态，用 l（liquid）表示液态，用 g（gas）表示气态，用 aq（aqueous solution）表示水溶液。对于固态还应注明其晶形，如 C（石墨）、C（金刚石）。

（3）$\Delta_r H_m^\ominus$ 表示标准摩尔反应热，单位为 $kJ \cdot mol^{-1}$。其下标“m”是指“单位化学反应，反应进度 $\xi = 1$ mol”。例如：

$$C(\text{石墨}) + O_2(g) = CO_2(g) \qquad \Delta_r H_m^\ominus = -393.5\ kJ \cdot mol^{-1}$$

$$C(\text{金刚石}) + O_2(g) = CO_2(g) \qquad \Delta_r H_m^\ominus = -395.4\ kJ \cdot mol^{-1}$$

（4）对于同一化学反应，当反应方程式的计量系数不同时，该反应的标准摩尔反应热也不同。例如：

$$H_2(g) + \frac{1}{2}O_2(g) = H_2O(l) \qquad \Delta_r H_m^\ominus = -285.8\ kJ \cdot mol^{-1}$$

$$2H_2(g) + O_2(g) = 2H_2O(l) \qquad \Delta_r H_m^\ominus = -571.6\ kJ \cdot mol^{-1}$$

（5）在相同条件下，正反应和逆反应的标准摩尔反应热数值相等，符号相反。例如：

$$2H_2(g) + O_2(g) \rightleftharpoons 2H_2O(l) \qquad \Delta_r H_m^\ominus = -571.6\ kJ \cdot mol^{-1}$$

$$H_2O(l) \rightleftharpoons H_2(g) + \frac{1}{2}O_2(g) \qquad \Delta_r H_m^\ominus = 571.6\ kJ \cdot mol^{-1}$$

四、化学反应热的计算

（一）赫斯定律与化学反应热

1840 年，俄国科学家赫斯（G. H. Hess）根据当时已提供的许多反应热的数据，总结出赫斯定律：不管化学反应是一步完成，还是分几步完成，这个过程的热效应总是相同的。在应用赫斯定律时需要记住一点：如化学反应在等压下一步完成，则分成数步完成时，各步也要在等压下进行，否则这个定律就无意义。

赫斯定律是计算反应热的重要依据。例如有些反应进行得太慢，所需的实验时间过长，在这种情况下热效应不易准确测定，或者某些化学反应的热效应还没有妥善的方法直接测量。这些情况下，我们可用赫斯定律，把所要的反应热计算出来。例如，碳和氧气合成 CO 的反应热就不能直接用实验测定，因为其中必然混有 CO_2，但可以间接地根据下列两个反应式求出其反应热：

（1）$C(\text{石墨}) + O_2(g) = CO_2(g) \qquad \Delta_r H_1^\ominus = -393.5\ kJ \cdot mol^{-1}$

（2）$CO(g) + \frac{1}{2}O_2(g) = CO_2(g) \qquad \Delta_r H_2^\ominus = -283.0\ kJ \cdot mol^{-1}$

–)

（3）$C(\text{石墨}) + \frac{1}{2}O_2(g) = CO(g) \qquad \Delta_r H_3^\ominus = -110.5\ kJ \cdot mol^{-1}$

赫斯定律把热化学方程式当作寻常代数公式，可以加减乘除而不影响结果的准确性。把同物质项互相消去时，不仅要求物质的种类必须相同，而且其状态（即物态、压力、温度）也要相同，否则不能相消。

从化学热力学的角度来说，赫斯定律实际上是热力学第一定律的必然结果。因为 H 是状态函数，只要化学反应的始态和终态给定，则 ΔH 便是定值，至于通过什么具体途径来完成这一反应，则无关紧要。现将上例中的三个反应之间的关系表示为

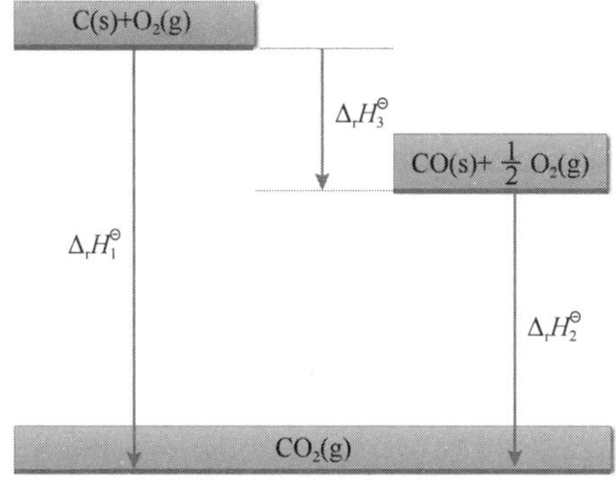

根据赫斯定律可知：

$$\Delta_r H_1^\ominus = \Delta_r H_3^\ominus + \Delta_r H_2^\ominus$$
$$\Delta_r H_3^\ominus = \Delta_r H_1^\ominus - \Delta_r H_2^\ominus$$

代入相关反应热数据：

$$\Delta_r H_3^\ominus = \Delta_r H_1^\ominus - \Delta_r H_2^\ominus = -393.5-(-283.0) = -110.5\ (\text{kJ}\cdot\text{mol}^{-1})$$

例 7-3　合成氨工业中用水煤气作为 H_2 的来源，当水蒸气通过红热的碳时，发生下述反应：

$$\text{C(石墨)} + H_2O(g) = CO(g) + H_2(g)$$

由于该反应的 $\Delta_r H_m^\ominus$ 不能直接由实验测得，请结合下列已知实验的反应热，通过赫斯定律求算该反应的 $\Delta_r H_m^\ominus$。

（1）$CO(g) + \frac{1}{2}O_2(g) = CO_2(g)$　　$\Delta_r H_1^\ominus = -283.0\ \text{kJ}\cdot\text{mol}^{-1}$

（2）$H_2(g) + \frac{1}{2}O_2(g) = H_2O(g)$　　$\Delta_r H_2^\ominus = -241.8\ \text{kJ}\cdot\text{mol}^{-1}$

（3）$\text{C(石墨)} + O_2(g) = CO_2(g)$　　$\Delta_r H_3^\ominus = -393.5\ \text{kJ}\cdot\text{mol}^{-1}$

解　在制造水煤气的反应中 CO 和 H_2 是生成物，因此首先把反应（1）和（2）写成逆过程的形式，它们的反应热的符号同时改变。

（1）$^*CO_2(g) = CO(g) + \frac{1}{2}O_2(g)$　　$\Delta_r H_4^\ominus = 283.0\ \text{kJ}\cdot\text{mol}^{-1}$

（2）$^*H_2O(g) = H_2(g) + \frac{1}{2}O_2(g)$　　$\Delta_r H_5^\ominus = 241.8\ \text{kJ}\cdot\text{mol}^{-1}$

（3）$\text{C(石墨)} + O_2(g) = CO_2(g)$　　$\Delta_r H_3^\ominus = -393.5\ \text{kJ}\cdot\text{mol}^{-1}$

（1）*+（2）*+（3），得 $\text{C(石墨)} + H_2O(g) = CO(g) + H_2(g)$

所以该反应的 $\Delta_r H_m^\ominus = \Delta_r H_4^\ominus + \Delta_r H_5^\ominus + \Delta_r H_3^\ominus$

$$= 283.0 + 241.8 + (-393.5)$$
$$= 131.3\ (\text{kJ}\cdot\text{mol}^{-1})$$

（二）标准生成焓与化学反应热

当我们讨论某一化学反应的反应热 $\Delta_r H^\ominus$ 时，如果能够知道反应物和生成物的焓的绝对值，代入下式就可以很方便地计算出该反应的反应热：

$$\Delta_r H^\ominus = \sum \Delta H^\ominus(\text{生成物}) - \sum \Delta H^\ominus(\text{反应物})$$

由于无法得知内能的绝对值，因而焓的绝对值也无法求得。但这并不妨碍问题的解决，我们可以采用一种相对标准求出焓的相对值，从而计算出反应热。通常做法是：在 100 kPa 和反应进行的温度下（也就是前面介绍的热力学标准状态），指定最稳定单质的焓为零。这是相对标准的起点，并不意味着最稳定单质在该条件下的焓真的等于零。需要指出的是，我们将最稳定单质的焓定义为零完全是任意的，也可以指定其他值。但规定最稳定单质的焓等于零，化合物的生成焓和化合物的相对焓在数值上保持一致。

这样就可以通过反应热间接求得大部分化合物在标准状态下的生成焓。只要知道化合物的标准生成焓，也就可以计算参加反应的各物质都处于标准状态下的反应热 $\Delta_r H^{\ominus}$（右上标“$\ominus$”表示系统处于标准状态）。

化学热力学规定，在标准压力下，反应温度为 298.15 K 时，由各种元素的最稳定单质生成标准状态下的 1 mol 某纯物质的热效应，称为该温度下这种纯物质的标准摩尔生成焓（standard molar enthalpy of formation），简称标准生成焓或标准生成热，用符号 $\Delta_f H_m^{\ominus}$ 表示，其单位为 $kJ \cdot mol^{-1}$。Δ 右下标“f”表示生成（formation），H 的右上标“$\ominus$”表示物质处于标准状态，H 的右下标“m”指生成 1 mol 处于标准状态的某物质。

根据上述定义，最稳定单质的标准生成焓 $\Delta_f H_m^{\ominus}$ 都为零。例如，碳有石墨（graphite）和金刚石（diamond）等同素异形体，在 298.15 K 与标准压力下，最稳定单质是石墨；又如磷有红磷（red phosphorus）、白磷（white phosphorus）和黑磷（black phosphorus）等单质，白磷被定为最稳定的单质；等等。

例如，在 298.15 K，标准压力下：

$$C(石墨) + O_2(g) =\!=\!= CO_2(g) \qquad \Delta_r H_m^{\ominus} = -393.5\ kJ \cdot mol^{-1}$$

C(石墨) 和 $O_2(g)$ 都是最稳定单质，由它们化合生成 1 mol $CO_2(g)$ 的反应热是 $-393.5\ kJ \cdot mol^{-1}$，所以 $CO_2(g)$ 的标准摩尔生成焓 $\Delta_f H_m^{\ominus} = -393.5\ kJ \cdot mol^{-1}$。表 7-1 列出了一些常见物质在 298.15 K 时的标准摩尔生成焓 $\Delta_f H_m^{\ominus}$。

表 7-1　一些常见物质的标准摩尔生成焓（298.15 K）

物质	$\Delta_f H_m^{\ominus}/(kJ \cdot mol^{-1})$	物质	$\Delta_f H_m^{\ominus}/(kJ \cdot mol^{-1})$
$Br_2(l)$	0	$NaCl(s)$	−411.2
$Br_2(g)$	+30.9	$Na_2O_2(s)$	−510.9
C(石墨)	0	$NaOH(s)$	−425.6
C(金刚石)	+1.9	$BaO(s)$	−548.0
$CO(g)$	−110.5	$BaCO_3(s)$	−1213.0
$CO_2(g)$	−393.5	$AgCl(s)$	−127.0
$CaCO_3(s)$	−1207.8	$ZnO(s)$	−350.5
$CuO(s)$	−157.3	$SiO_2(s)$	−910.7
$CuSO_4(s)$	−771.4	$HNO_3(l)$	−174.1
$H_2O(l)$	−285.8	$CH_4(g)$	−74.6
$H_2O(g)$	−241.8	$C_2H_6(g)$	−84.0
$HF(g)$	−273.3	$F(g)$	+79.49
$HCl(g)$	−92.3	$H(g)$	+218.0
$HBr(g)$	−36.3	$Cl(g)$	+121.3
$HI(g)$	+26.5	$O(g)$	+249.2
$H_2S(g)$	−20.6	$Na^+(aq)$	−240.36
$NO(g)$	+90.3	$Cl^-(aq)$	−167.08
$NO_2(g)$	+33.2	$Ag^+(aq)$	+105.79

我们可以利用这些数据求算某化学反应的摩尔反应热 $\Delta_r H_m^\ominus$。如图 7-6 所示，一个化学反应过程可以看作由反应物直接转变为生成物；也可以先由反应物分解为最稳定单质，然后再由最稳定单质变为生成物。

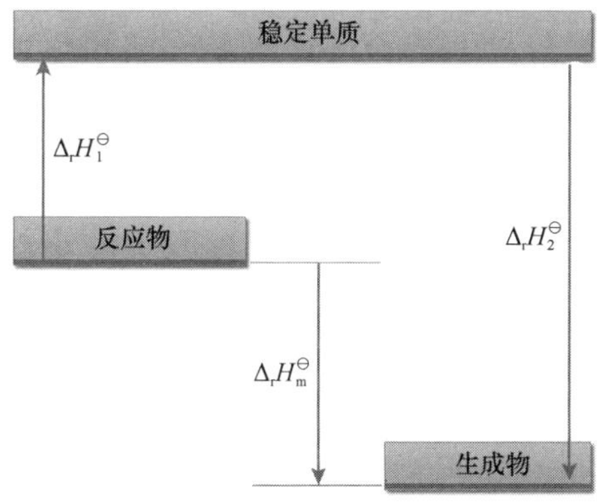

图 7-6 标准摩尔生成焓和摩尔反应热之间的关系

根据赫斯定律，可得

$$\Delta_r H_m^\ominus = \Delta_r H_1^\ominus + \Delta_r H_2^\ominus$$

由标准摩尔生成焓的定义可得

$$\Delta_r H_1^\ominus = -\sum \Delta_f H_m^\ominus(\text{反应物})$$

$$\Delta_r H_2^\ominus = \sum \Delta_f H_m^\ominus(\text{生成物})$$

所以反应的摩尔反应热 $\Delta_r H_m^\ominus$ 与物质的标准摩尔生成焓 $\Delta_f H_m^\ominus$ 之间的关系可以表示为

$$\Delta_r H_m^\ominus = \sum \Delta_f H_m^\ominus(\text{生成物}) - \sum \Delta_f H_m^\ominus(\text{反应物}) \tag{7-7}$$

例 7-4 利用标准摩尔生成焓 $\Delta_f H_m^\ominus$ 计算下述反应在 298.15 K 和 100 kPa 下的摩尔反应焓 $\Delta_r H_m^\ominus$。

$$4NH_3(g) + 5O_2(g) = 4NO(g) + 6H_2O(l)$$

解 查表得各反应物和生成物的标准摩尔生成焓 $\Delta_f H_m^\ominus$。

物质	NH_3	O_2	NO	H_2O
$\Delta_f H_m^\ominus/(kJ \cdot mol^{-1})$	–45.9	0	91.3	–285.8

$$\begin{aligned}\Delta_r H_m^\ominus &= \sum \Delta_f H_m^\ominus(\text{生成物}) - \sum \Delta_f H_m^\ominus(\text{反应物}) \\ &= [4\times 91.3 + 6\times(-285.8)] - [4\times(-45.9) + 5\times 0] \\ &= -1166\ (kJ \cdot mol^{-1})\end{aligned}$$

例 7-5 利用标准摩尔生成焓 $\Delta_f H_m^\ominus$ 计算碳酸钙（方解石）在 298.15 K 和 100 kPa 下发生分解的摩尔反应焓 $\Delta_r H_m^\ominus$。

$$CaCO_3(s) = CaO(s) + CO_2(g)$$

解 查相关数据表得各反应物和生成物的标准摩尔生成焓 $\Delta_f H_m^\ominus$。

物质	$CaCO_3$	CaO	CO_2
$\Delta_f H_m^\ominus/(kJ \cdot mol^{-1})$	–1207.6	–634.9	–393.5

$$\begin{aligned}\Delta_r H_m^\ominus &= \sum \Delta_f H_m^\ominus(\text{生成物}) - \sum \Delta_f H_m^\ominus(\text{反应物}) \\ &= [-634.9 + (-393.5)] - (-1207.6) \\ &= 179.2\ (kJ \cdot mol^{-1})\end{aligned}$$

在上面两个例子中，前者 $\Delta_r H_m^\ominus < 0$，是放热反应（exothermic reaction）；而后者 $\Delta_r H_m^\ominus > 0$，

是吸热反应（endothermic reaction）。

尽管反应焓 $\Delta_r H_m^\ominus$ 和反应温度有关，但是温度对 $\Delta_r H_m^\ominus$ 影响不大。这是因为当温度变化时，反应物和生成物的标准摩尔生成焓 $\Delta_f H_m^\ominus$ 都随之变化，最后的结果是总反应的 $\Delta_r H_m^\ominus$ 在相当宽的温度范围内几乎维持不变。在本课程中我们可以近似地认为化学反应的 $\Delta_r H_m^\ominus$ 在一般温度范围内与 298.15 K 的 $\Delta_r H_m^\ominus$ 数值相等。

第三节　熵和吉布斯自由能

通过学习热力学第一定律，我们可以计算一个化学反应在等压过程中吸收或放出的能量，即化学反应热 $\Delta_r H$。那么这个化学反应能否发生？在怎样的压力和温度下才能朝着有利于生成物的方向进行呢？显然，$\Delta_r H$ 不足以回答这些问题。

一、自发过程

我们通过观察发现，周围发生的过程都具有一定的方向性。水由高处向低处流，而绝不会自动地从低处流向高处；热量自动地从高温物体传递给低温物体，其反方向传递不会自动进行；方糖可以自动地溶解到一杯咖啡中，而它的逆过程显然是不能自动进行。这种在一定条件下不需外力作用就能自动进行的过程，称为自发过程（spontaneous process）。例如，把一小块金属钠放到水中，Na 和 H_2O 剧烈反应，生成 H_2 和 NaOH。但是 H_2 不能和 NaOH 反应生成 Na 和 H_2O。天然气（CH_4）在氧气中点燃就会燃烧，燃烧的产物（CO_2 和 H_2O）不会自发反应而重新变成 CH_4 和氧气。反之，如果某个变化在一定条件下不能发生，我们称之为非自发过程（nonspontaneous process）。

需要指出的是，我们所讨论的自发过程或非自发过程是指定具体条件的。例如，冰块在 25℃的条件下会融化，“冰→水”是一个自发过程；我们从没见过 25℃的一杯水会自动产生冰块，因此可以说“水→冰”为非自发过程。但是当室温降到 0℃以下，我们就会发现水会自动结冰，“水→冰”是一个自发过程。因此应当注意：所谓的非自发并不是“不可能”的意思。这个概念在化学反应过程中同样适用，例如由石灰石烧制生石灰和二氧化碳的反应：

$$CaCO_3(s) =\!=\!= CaO(s) + CO_2(g)$$

在标准大气压和 25℃时，反应是非自发的，如果升高温度至 850℃，即需要热源提供能量，该反应就可以自发地朝着生成 CaO 和 CO_2 的方向进行。再看另外一个例子，在常温常压下，H_2O 分解成 O_2 和 H_2 的反应是非自发的，但是对水进行电解发生分解反应，即环境对系统做电功，该反应可以自发朝着生成 O_2 和 H_2 的方向进行。这两个例子都表明我们可以采用加热或做功（非体积功，即所谓“有用功”）使非自发反应发生。

我们在讨论自发过程时，还应注意到“自发”并不包含反应迅速发生的意思。事实上许多自发过程进行得非常慢，我们无从察觉。例如，前面提到 H_2O 分解成 O_2 和 H_2 的逆过程应该是一个自发过程：

$$2H_2(g) + O_2(g) =\!=\!= 2H_2O(l)$$

尽管 O_2 和 H_2 的混合气体在常温常压下可长期保持无明显变化，然而混合气体一旦接触铂箔或火花，反应立即剧烈进行，甚至发生爆炸。这里涉及反应速率的问题，属于化学动力学研究范畴。

我们利用化学热力学讨论某个化学反应的方向，是指各种物质均处于标准状态时，化学反应自发进行的方向。那么如何判断一个化学反应能否自发进行呢？人们首先想到用反应热来预言反应的自发性，提出所有的自发反应都是放热的，也就是说化学反应的推动力是 ΔH，其自发反应的条件为 $\Delta H < 0$。从反应系统的能量变化来看，如果反应过程中放出热量，系统的能量降低，说明生成物比反应物更稳定。研究表明，在 1.01325×10^5 Pa（1 atm）和 298.15 K 下，几乎所有的

放热反应都可以自发进行，例如放在潮湿空气中的铁会自动生锈；Zn 和 $CuSO_4$ 水溶液能自动发生置换反应等。但是人们也发现一些吸热反应也可以自发进行，例如 $NH_4NO_3(s)$ 在水中的溶解过程，其溶解焓 $\Delta_{sol}H$ 为 25.7 kJ · mol^{-1}：

$$NH_4NO_3(s) \xrightarrow{H_2O} NH_4^+(aq) + NO_3^-(aq)$$

再如 1mol $Ba(OH)_2 \cdot 8H_2O$ 与 NH_4Cl 可以自动发生反应，其 $\Delta H > 0$，从周围环境吸收 80.3 kJ 热量：

$$Ba(OH)_2 \cdot 8H_2O(s) + 2NH_4Cl(s) = BaCl_2(aq) + 2NH_3(g) + 10H_2O(l)$$

还有一些吸热反应在常温常压下不能自发进行，但随着温度的升高就能自发进行，如 HgO(s) 的分解反应：

$$2HgO(s) = 2Hg(l) + O_2(g) \qquad \Delta_r H_m^\ominus = 90.7\ kJ \cdot mol^{-1}$$

对各种自发反应的本质进行深入的研究发现，系统倾向于取得最低的能量状态，但是仅仅把化学反应的焓变当作化学反应的推动力是不全面的，并不能作为判断反应自发性的充分必要条件。也就是说，还存在其他因素影响自发过程的方向。例如，$NH_4NO_3(s)$ 分散到溶剂中，系统倾向于取得最大混乱度。

二、系统的熵变与热力学第二定律

（一）混乱度和熵

众所周知，物质在一定状态下有一定的内能。我们从微观角度来阐明内能的意义。如图 7-7 所示，固态中的质点（分子、原子或离子）在空间呈规则的周期性排列，它们虽然也在不停地运动，但只能维持在一定的平衡位置上振动。也就是说，在固态中，这种运动形式是主要的，质点具有较低的能量。物质处于液态时，质点之间的距离比固态稍有增加，质点的排列也比较没有规则，所以分子除了振动之外，还有转动和平动。物质处在气态时，质点间的距离较远，以平动为主进行不规则运动。通过分析可知，物质从固态转变为液态再转变为气态时物质内部的质点排列的有序性逐步减小，即其混乱度（disorder）逐步增加。

固体

液体

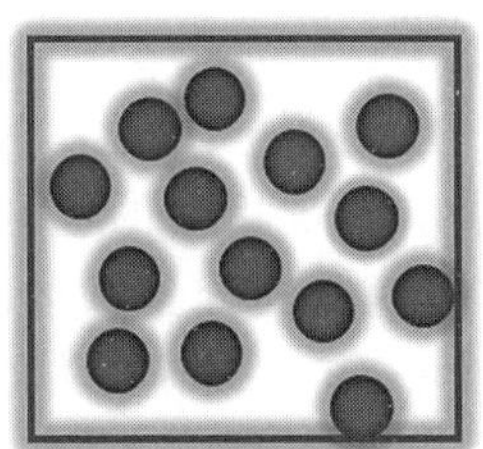
气体

图 7-7 物质处于固态、液态和气态时质点排列情况的二维示意图

冰从环境吸收能量融化成水（宏观现象），吸收的能量转化为系统的内能，使得系统的混乱度增大（微观状态）。我们再看看 $NH_4NO_3(s)$ 的溶解过程，NH_4^+ 和 NO_3^- 在水合作用下逐渐离开结构有序的晶体而扩散到水中，形成了溶液。与溶解之前相比较，NH_4^+ 和 NO_3^- 处于一种比较无序的混乱状态。同样，溶剂水分子也分散到溶质离子之间，其混乱度增大。$CaCO_3(s)$、HgO(s) 的吸热分解过程，都有气态物质生成，系统的混乱度增大。我们从微观角度总结这些自发过程发现：系统自发地向混乱度增加的方向进行。由此可见，系统的混乱度增大是许多自发过程的推动力。

为此人们引入一个新的状态函数——熵（entropy），用符号 S 表示。熵反映了系统内部质点运动的混乱度。熵的增加，表示系统的组成微粒从某种束缚中解放出来，变得无秩序。因此系统的混乱度总是与确定的微观状态数对应，那么状态函数熵和微观状态数之间必然存在某种定量关系。1877 年玻尔兹曼（L. E. Boltzmann）用 Ω 来表示微观状态数，则熵（S）与微观状态数之间的定量关系为

$$S = k \ln \Omega \tag{7-8}$$

式中，$k = 1.38 \times 10^{-23}\ \mathrm{J \cdot K^{-1}}$，称为玻尔兹曼常量。从式（7-8）可以看出，系统的微观状态数越多，即混乱度越大，则系统的熵值越大。

1906 年，德国物理学家能斯特（W. H Nernst）总结了一系列低温实验结果，认识到在热力学零度时，任何完美晶体的原子或分子只有一种排列方式，即只有一种微观状态数。也就是说，在 0 K 时任何纯物质完美晶体的熵值等于零，即

$$S_0 = 0$$

这就是热力学第三定律（the third law of thermodynamics），下标“0”表示热力学零度。如果将一种纯净晶体从热力学零度升温到任一温度 T，并测量这个过程的熵变量，则

$$\Delta S = S_T - S_0$$

由于任何纯物质完美晶体在 0 K 时的熵值等于零，所以可得

$$S_T = \Delta S$$

热力学规定：在标准压力下，1 mol 某纯物质的熵值称为标准熵（standard entropy），用符号 $S_\mathrm{m}^\ominus$ 表示，单位为 $\mathrm{J \cdot K^{-1} \cdot mol^{-1}}$。标准熵 $S_\mathrm{m}^\ominus$ 与标准摩尔生成焓 $\Delta_\mathrm{f} H_\mathrm{m}^\ominus$ 有着根本的不同，$\Delta_\mathrm{f} H_\mathrm{m}^\ominus$ 是以指定最稳定单质的焓值为零的相对数值，而标准熵 $S_\mathrm{m}^\ominus$ 的数值可以求得。

下面我们讨论几种典型情况的标准熵 $S_\mathrm{m}^\ominus$。

（1）对于同一种物质来说，气态比液态具有较高的熵值，液态又比固态具有较高的熵值，即 $S_\mathrm{g} > S_\mathrm{l} > S_\mathrm{s}$，例如：

物质	H_2O(s)	H_2O(l)	H_2O(g)
$S_\mathrm{m}^\ominus/(\mathrm{J \cdot K^{-1} \cdot mol^{-1}})$	48.0	70.0	188.8

（2）同一物态的物质，其分子中原子数目或电子数目越多，它的熵值一般也越大。例如：

物质	HF(g)	HCl(g)	HBr(g)	HI(g)
$S_\mathrm{m}^\ominus/(\mathrm{J \cdot K^{-1} \cdot mol^{-1}})$	173.8	186.9	198.7	206.6

（3）摩尔质量相同的不同物质，结构越复杂，$S_\mathrm{m}^\ominus$ 值越大。如乙醇（CH_3CH_2OH）和二甲醚（CH_3OCH_3）是同分异构体，在 298.15 K 它们的气态的 $S_\mathrm{m}^\ominus$ 值分别为 $281.6\ \mathrm{J \cdot K^{-1} \cdot mol^{-1}}$ 和 $266.4\ \mathrm{J \cdot K^{-1} \cdot mol^{-1}}$，这是因为乙醇分子的对称性不如二甲醚。

（4）同一种物质，其熵值随温度升高而增大。因为温度升高，分子的动能增加，微粒运动的自由度增加，熵值相应增大。

（5）压力对固态、液态物质的熵值影响较小，而压力对气态物质的熵值影响较大。压力越大，微粒运动的自由度减小，熵值就小。

（二）热力学第二定律

热力学第二定律（the second law of thermodynamics）指出：在孤立系统中，总是从有序到无序，向着混乱度增加的方向变化，又称为熵增原理（principle of entropy increasing），即 $\Delta S \geqslant 0$。简而言之，孤立系统不可能发生熵减小的过程。

对于一个化学反应来说，其标准熵变 $\Delta_\mathrm{r} S_\mathrm{m}^\ominus$ 可以直接由生成物和反应物的标准熵 $S_\mathrm{m}^\ominus$ 计算：

$$\Delta_\mathrm{r} S_\mathrm{m}^\ominus = \sum S_\mathrm{m}^\ominus(\text{生成物}) - \sum S_\mathrm{m}^\ominus(\text{反应物}) \tag{7-9}$$

每一物质的标准熵都随温度升高而增加，因此化学反应的 $\Delta_r S_m^\ominus$ 与温度有关。但是在大多情况下反应物增加的熵与生成物增加的熵差不多，所以在近似计算时可以用 298.15 K 的数据代替。

例 7-6 利用标准熵 $S_m^\ominus$ 计算下述反应在 298.15 K 和 100 kPa 下的标准熵变 $\Delta_r S_m^\ominus$。

$$2NO(g) + O_2(g) \xlongequal{\quad} 2NO_2(g)$$

解 查相关数据表得各反应物和生成物的标准熵 $S_m^\ominus$。

物质	NO	O_2	NO_2
$S_m^\ominus/(J \cdot K^{-1} \cdot mol^{-1})$	210.8	205.2	240.1

$$\begin{aligned}\Delta_r S_m^\ominus &= \sum S_m^\ominus(\text{生成物}) - \sum S_m^\ominus(\text{反应物}) \\ &= (2\times240.1) - (2\times210.8 + 205.2) \\ &= -146.6\ (J \cdot K^{-1} \cdot mol^{-1})\end{aligned}$$

例 7-7 利用标准熵 $S_m^\ominus$ 计算碳酸钙（方解石）在 298.15 K 和 100 kPa 下发生分解时的标准熵变 $\Delta_r S_m^\ominus$。

$$CaCO_3(s) \xlongequal{\quad} CaO(s) + CO_2(g)$$

解 查相关数据表得各反应物和生成物的标准熵 $S_m^\ominus$。

物质	$CaCO_3$	CaO	CO_2
$S_m^\ominus/(J \cdot K^{-1} \cdot mol^{-1})$	91.7	38.1	213.8

$$\begin{aligned}\Delta_r S_m^\ominus &= \sum S_m^\ominus(\text{生成物}) - \sum S_m^\ominus(\text{反应物}) \\ &= (213.8 + 38.1) - 91.7 \\ &= 160.2\ (J \cdot K^{-1} \cdot mol^{-1})\end{aligned}$$

在通常情况下，我们也可以通过比较气态物质的化学计量系数定性地判断化学反应的熵变。生成物和反应物相比，如果气态物质的化学计量系数 $\Delta n_g > 0$，意味着反应的结果是增加了气体的物质的量，系统的混乱度变大，则反应过程的 $\Delta_r S_m^\ominus > 0$。如果气态物质的化学计量系数 $\Delta n_g < 0$，则反应过程的 $\Delta_r S_m^\ominus < 0$。

这里需要注意的是，如果我们仅仅知道化学反应的熵变，无法判断其自发与否。例如，NO 和 O_2 的化合反应是一个熵减小的过程，但实际上在常温下可以自发进行。而 $CaCO_3$ 的分解反应在 298.15 K 是一个熵增加过程，但是不会自发进行，除非温度升高到 850℃以上（能量发生变化）。这是因为熵增原理适用于孤立系统，而实际的化学反应并非一个孤立系统。我们可以把系统与环境合在一起，这样构成一个孤立系统，则熵增原理表示为

$$\Delta S_{\text{总}} = \Delta S_{\text{系统}} + \Delta S_{\text{环境}} \geqslant 0 \tag{7-10}$$

式（7-10）表示自发过程朝着总熵增加的方向进行。当总熵不再增加时，变化就会停止，也就是说自发过程达到平衡状态。因此可以用 $\Delta S_{\text{总}}$ 来判断化学反应的方向和限度。我们利用熵函数来判断化学反应的自发方向时，不仅仅需要考虑系统熵变（$\Delta S_{\text{系统}}$），还必须包括与之相关的环境熵变（$\Delta S_{\text{环境}}$）。

三、系统的吉布斯自由能变与化学反应方向

（一）吉布斯自由能

我们所讨论的大多数化学反应是在等温等压条件下进行的，能不能找到一个只与系统相关的状态函数，作为自发过程方向的判据呢？由前面的讨论可知，焓变 ΔH 和熵变 ΔS 都是化学反应的推动力，两者同时起作用。为了确定反应方向，一般须同时考虑 ΔH 和 ΔS 对反应的影响：系统放

出的热量越多（ΔH 越小），系统的混乱度增大（ΔS 越大），化学反应自发进行的可能性越大。如果化学反应放出热量的同时混乱度减小，或者吸收热量的同时混乱度增大，该如何确定自发反应的方向呢？

美国物理学家吉布斯（J. W. Gibbs）引入新的状态函数——吉布斯自由能（Gibbs free energy），它量度封闭系统在等温等压条件下做有用功（非体积功）的能力，用符号 G 表示。一个化学反应能做有用功的大小取决于反应物（始态）和生成物（终态）的自由能 G 的差值，即反应的自由能变 ΔG。吉布斯证明封闭系统在等温等压条件下发生的变化过程的 ΔG 与 ΔH 和 ΔS 之间的关系为

$$\Delta G = \Delta H - T\Delta S \tag{7-11}$$

式（7-11）称为吉布斯-亥姆霍兹方程（Gibbs-Helmholtz equation），表明在等温等压条件下，反应的自发方向由 ΔH 和 $T\Delta S$ 两项来决定，即吉布斯自由能（有用功）同时考虑了化学反应的焓变和熵变。所以自由能变 ΔG 可作为化学反应在等温等压条件下能否自发进行的判据。对于只做体积功的化学反应系统，吉布斯推导出：

$\Delta G < 0$　　自发过程　　（7-12a）

$\Delta G = 0$　　平衡状态，反应达到最大限度　　（7-12b）

$\Delta G > 0$　　非自发过程（相反方向为自发过程）　　（7-12c）

为了讨论温度对自发反应方向的影响，可以按照反应的焓变和熵变数值的正负号，判断某一化学反应等压条件下，温度对自发方向的影响（表 7-2）。

表 7-2　等压条件下温度对反应自发性影响

类型	ΔH	ΔS	ΔG	反应情况	实例
1	–	+	–	任何温度下均自发	$2H_2O_2(l) = 2H_2O(l)+O_2(g)$
2	+	–	+	任何温度下均非自发	$CO(g) = C(石墨)+\frac{1}{2}O_2(g)$
3	+	+	+ –	低温时非自发 高温时自发	$CaCO_3(s) = CaO(s)+CO_2(g)$
4	–	–	– +	低温时自发 高温时非自发	$N_2(g)+3H_2(g) = 2NH_3(g)$

从表 7-2 中情况可以看出，第一类反应在任何温度下的 ΔG 均为负值（$\Delta G < 0$），反应可自发进行。第二类反应在任何温度下的 ΔG 均为正值（$\Delta G > 0$），反应不能自发进行，即逆向自发。第三类反应的 ΔH 和 ΔS 均为正值，又由于 ΔH 的绝对值一般较大，ΔS 的绝对值较小，低温时反应的 $\Delta G > 0$（ΔG 正负号主要由 ΔH 决定），不能自发进行；当温度升高到 $T\Delta S > \Delta H$ 时，则导致反应的 $\Delta G < 0$，反应能够自发进行。第四类反应的自发方向也会随温度发生逆转。所以根据吉布斯-亥姆霍兹方程可以求出使反应自发进行的最低温度或控制反应方向不变的最高温度，即 $\Delta G = 0$ 的温度 T。

$$T = \frac{\Delta H}{\Delta S} \tag{7-13}$$

例 7-8　对于反应：

$$CaCO_3(s) = CaO(s) + CO_2(g)$$

我们在前面例题利用热力学数据求得其 $\Delta_r H_m^\ominus = 179.5\ kJ \cdot mol^{-1}$，$\Delta_r S_m^\ominus = 160.2\ J \cdot K^{-1} \cdot mol^{-1}$，求该反应在 298.15 K 时的 $\Delta_r G_m^\ominus$，并讨论是否可以自发进行以及自发进行的最低温度。

解　由吉布斯-亥姆霍兹方程可知

$$\begin{aligned}\Delta_r G_m^\ominus &= \Delta_r H_m^\ominus - T\Delta_r S_m^\ominus \\ &= 179.5 - 298.15\times 160.2\times 10^{-3} \\ &= 131.7\ (\text{kJ}\cdot\text{mol}^{-1})\end{aligned}$$

反应的 $\Delta_r G_m^\ominus > 0$，表明该反应在 298.15 K 不能自发进行。

欲使反应自发进行，须满足 $\Delta_r G_m^\ominus < 0$，即 $T\Delta_r S_m^\ominus > \Delta_r H_m^\ominus$，所以该反应自发进行的最低温度为

$$T = \frac{\Delta_r H_m^\ominus}{\Delta_r S_m^\ominus} = \frac{179.5}{160.2\times 10^{-3}} = 1120\ (\text{K})$$

（二）化学反应的标准吉布斯自由能变

吉布斯自由能 G 与 H 和 S 有关，我们知道 H 的绝对值无法测得，所以吉布斯自由能的绝对值也无法确定。在判断一个反应的方向时，虽然我们不知道体系吉布斯自由能的绝对值，但只需要知道这个反应的 ΔG 就足够了。可以采用与求标准生成焓相似的方法，来计算吉布斯自由能的改变值。

化学热力学规定：某温度下由处于标准状态的各种元素的最稳定单质生成标准状态下 1 mol 某纯物质的吉布斯自由能变化，称为该温度下这种物质的标准生成吉布斯自由能（standard Gibbs free energy of formation）。用符号 $\Delta_f G_m^\ominus$ 表示，单位为 $\text{kJ}\cdot\text{mol}^{-1}$。与标准生成焓一样，这里没有指定温度，通常化学工具书上给出的大多是 298.15 K 的数值。由标准生成吉布斯自由能定义可知，处于标准状态下各元素的最稳定单质的标准生成吉布斯自由能为零。

将从相关数据表中查出的 $\Delta_f G_m^\ominus$ 的数据代入式（7-14），即可求出反应标准自由能（standard free energy of reaction）变化值 $\Delta_r G_m^\ominus$。

$$\Delta_r G_m^\ominus = \sum \Delta_f G_m^\ominus(\text{生成物}) - \sum \Delta_f G_m^\ominus(\text{反应物}) \tag{7-14}$$

根据 $\Delta_r G_m^\ominus$ 数值，就可以按照式（7-12）判断该化学反应自发进行的方向了。

例 7-9　利用标准生成吉布斯自由能 $\Delta_f G_m^\ominus$ 计算下述反应在 298.15 K 和 100 kPa 时反应标准自由能变化值 $\Delta_r G_m^\ominus$。

$$6CO_2(g) + 6H_2O(l) \xlongequal{\quad} C_6H_{12}O_6(s) + 6O_2(g)$$

请用反应的吉布斯自由能变估计这个反应在通常情况下能否发生？

解　由相关数据表查出 298.15 K 时各物质的 $\Delta_f G_m^\ominus$ 数据：

物质	CO_2	H_2O	$C_6H_{12}O_6$	O_2
$\Delta_f G_m^\ominus/(\text{kJ}\cdot\text{mol}^{-1})$	–394.4	–237.1	–910.4	0

$$\begin{aligned}\Delta_r G_m^\ominus &= \sum \Delta_f G_m^\ominus(\text{生成物}) - \sum \Delta_f G_m^\ominus(\text{反应物}) \\ &= (-910.4 + 6\times 0) - [6\times(-394.4) + 6\times(-237.1)] \\ &= 2878.6\ (\text{kJ}\cdot\text{mol}^{-1})\end{aligned}$$

该化学反应的 $\Delta_r G_m^\ominus$ 的正值很大，表明该反应在实验室通常条件下不可能发生。但是植物通过光合作用可以利用 CO_2 和 H_2O 合成 $C_6H_{12}O_6$，把吸收的太阳能转化为化学能并储存在葡萄糖中。葡萄糖在进行氧化反应时，其中的化学能又转化为其他形式的能量释放出来。

热力学中没有指定标准状态的温度数值，而且温度变化对 $\Delta_r H_m^\ominus$ 和 $\Delta_r S_m^\ominus$ 的影响又较小，因此化学反应在温度 T 和 100 kPa 下进行时，可以采用 298.15 K 时的 $\Delta_r H_m^\ominus$ 和 $\Delta_r S_m^\ominus$ 数值代替该温度下焓变和熵变的数值，来求算 $\Delta_r G_m^\ominus(T)$ 的近似值，例如：

$$\Delta_r G_m^\ominus(T) = \Delta_r H_m^\ominus(298.15\ \text{K}) - T\Delta_r S_m^\ominus(298.15\ \text{K}) \tag{7-15}$$

例 7-10 利用下列热力学数据讨论下述反应

$$C(s) + H_2O(g) \xlongequal{\quad} CO(g) + H_2(g)$$

在 298.15 K 和 1000 K 时自发进行的情况。已知：

物质	C	H_2O	CO	H_2
$\Delta_f H_m^\ominus/(kJ \cdot mol^{-1})$	0	–241.8	–110.5	0
$S_m^\ominus/(J \cdot K^{-1} \cdot mol^{-1})$	5.7	188.8	197.7	130.7
$\Delta_f G_m^\ominus/(kJ \cdot mol^{-1})$	0	–228.6	–137.2	0

解 反应在 298.15 K 时

$$\begin{aligned}\Delta_r H_m^\ominus &= \sum \Delta_f H_m^\ominus(\text{生成物}) - \sum \Delta_f H_m^\ominus(\text{反应物}) \\ &= (-110.5 + 0) - (-241.8 + 0) \\ &= 131.3\ (kJ \cdot mol^{-1})\end{aligned}$$

$$\begin{aligned}\Delta_r S_m^\ominus &= \sum S_m^\ominus(\text{生成物}) - \sum S_m^\ominus(\text{反应物}) \\ &= (197.7 + 130.7) - (188.8 + 5.7) \\ &= 133.9\ (J \cdot K^{-1} \cdot mol^{-1})\end{aligned}$$

$$\begin{aligned}\Delta_r G_m^\ominus &= \sum \Delta_f G_m^\ominus(\text{生成物}) - \sum \Delta_f G_m^\ominus(\text{反应物}) \\ &= (-137.2 + 0) - (-228.6 + 0) \\ &= 91.4\ (kJ \cdot mol^{-1})\end{aligned}$$

表明反应在该温度下非自发。

反应在 1000 K 时，

$$\begin{aligned}\Delta_r G_m^\ominus(T) &= \Delta_r H_m^\ominus(298.15\ K) - T\Delta_r S_m^\ominus(298.15\ K) \\ &= 131.3 - 1000 \times 133.9 \times 10^{-3} \\ &= -2.6\ (kJ \cdot mol^{-1})\end{aligned}$$

表明反应在该温度自发进行。

计算结果表明，温度变化会使反应的 ΔG 发生明显的改变，从而有可能改变化学反应的方向。

我们讨论在水溶液中进行的无机化学反应时，还需要知道离子的标准生成吉布斯自由能。在热力学中，水合离子的标准生成吉布斯自由能是指由标准状态的稳定单质生成 1 mol 溶于足够量水中的离子的吉布斯自由能变。由于无法确定某一离子的生成吉布斯自由能，因而规定无限稀溶液的 H^+ 的标准生成吉布斯自由能为零。以此为基础，可求得其他离子的标准生成吉布斯自由能。一些离子的标准生成吉布斯自由能列于表 7-3 中。

表 7-3 一些离子的标准生成吉布斯自由能（298.15 K）

离子	$\Delta_f G_m^\ominus/(kJ \cdot mol^{-1})$	离子	$\Delta_f G_m^\ominus/(kJ \cdot mol^{-1})$
Cl^-	–131.2	Na^+	–261.9
Br^-	–104.0	K^+	–283.3
I^-	–51.6	Ca^{2+}	–553.6
SO_4^{2-}	–744.5	Ag^+	+77.1
CO_3^{2-}	–527.8	Cu^{2+}	+65.5
OH^-	–157.2	Zn^{2+}	–147.1

例 7-11　请计算在 298.15 K、标准状态下，下列反应的 $\Delta_f G_m^\ominus$

$$Zn(s) + Cu^{2+}(aq) = Cu(s) + Zn^{2+}(aq)$$

解　各物质的标准生成吉布斯自由能如下：

物质	Zn	Cu^{2+}	Cu	Zn^{2+}
$\Delta_f G_m^\ominus/(kJ \cdot mol^{-1})$	0	65.5	0	–147.1

将数据代入下式

$$\begin{aligned}\Delta_r G_m^\ominus &= \sum \Delta_f G_m^\ominus(\text{生成物}) - \sum \Delta_f G_m^\ominus(\text{反应物}) \\ &= (-147.1 + 0) - (65.5 + 0) \\ &= -212.6\ (kJ \cdot mol^{-1})\end{aligned}$$

计算结果表明，在常温下该反应可自发进行。而且可以设计成原电池，把其中的化学能转化成电能，即对外做有用功。

综上所述，我们可以根据反应标准自由能变 $\Delta_r G_m^\ominus$ 来判断化学反应在标准状态下自发进行的方向和限度。但是，在工业生产实践中，几乎没有哪个化学反应是在标准状态下进行的。例如，在合成 NH_3 的工艺流程中，H_2 和 N_2 的分压并不等于 100 kPa，而是采用较高压强的反应条件。那么，该如何判断一个化学反应在非标准状态下自发进行的方向？我们可以借助范托夫等温式来讨论在非标准状态下化学反应自由能 $\Delta_r G_m$ 以及自发方向。

第四节　化学反应的限度与化学平衡

上一节我们学习了热力学状态函数吉布斯自由能，讨论如何控制反应条件，使化学反应朝着我们所希望得到的产物方向进行，这只是解决了化学反应方向的问题。事实上，有些反应在给定的条件下能够进行完全，但有些反应只能进行到一定程度，此时反应的自由能变 $\Delta G = 0$，化学反应处于平衡状态。如何控制外界条件（如温度、浓度或压力）使化学平衡移动，以最大限度提高产率，这是化学反应限度问题。学习化学平衡不仅对工业生产有指导意义，也可以帮助我们理解一些生理现象，如高原反应为什么会导致缺氧等。

一、化学反应的限度与实验平衡常数

（一）化学反应的可逆性

在合成氨工业中，H_2 来源于水煤气的转化：

$$CO(g) + H_2O(g) \longrightarrow CO_2(g) + H_2(g)$$

在这个反应中，不论经过多长时间，CO 总是不能全部和 H_2O 作用。原因何在？人们研究发现 CO_2 和 H_2 在高温下作用能够发生如下的反应：

$$CO_2(g) + H_2(g) \longrightarrow CO(g) + H_2O(g)$$

正是由于这个原因，水煤气中的 CO 不可能全部转化成 CO_2。

由此可见，一个化学反应在指定条件下可以自左向右进行，同时也可以自右向左进行，这种现象称为反应的可逆性。我们把这类化学反应称为可逆反应（reversible reaction）。上述化学反应可以表示为

$$CO(g) + H_2O(g) \rightleftharpoons CO_2(g) + H_2(g)$$

在反应方程式中常用两个相反的箭头“$\rightleftharpoons$”来表示反应的可逆性。按反应方程式，从左向右进行的反应称为正反应，从右向左进行的反应称为逆反应。在一个反应系统中，正反应和逆反

应同时进行着。

一般来说，可逆性是化学反应的普遍特征。几乎所有的化学反应都是可逆的，不过各种化学反应的可逆程度有很大的差别。例如在给定条件下，氢气和碘单质反应可生成碘化氢，同时 HI 也能分解成 H_2 和 I_2

$$H_2(g) + I_2(g) \rightleftharpoons 2HI(g)$$

该化学反应的可逆程度高，因而反应不能进行完全。

再看看过氧化氢和硫化铅的反应，H_2O_2 可使黑色的 PbS 氧化为白色的 $PbSO_4$

$$4H_2O_2(l) + PbS(s) = PbSO_4(s) + 4H_2O(l)$$

这个反应在常温下可逆程度很小，反应向右进行得很完全。通常我们把可逆程度极微小的反应称为不可逆反应（irreversible reaction）。

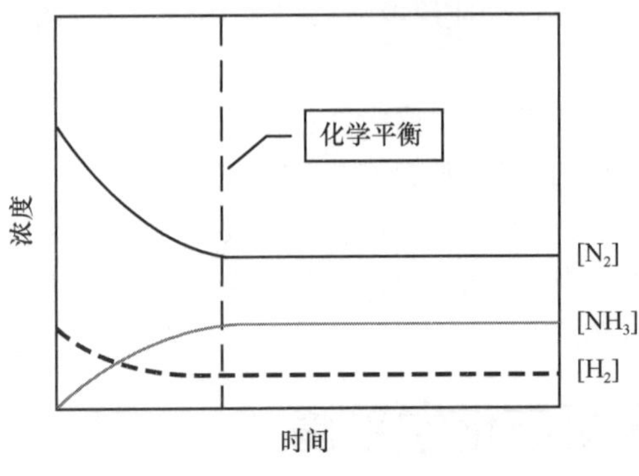

图 7-8　化学平衡示意图

对于一个可逆反应来说，在一定条件下，只要系统与环境不发生物质的交换，反应系统会自发地趋于平衡。例如我们用氮气和氢气合成氨气，在反应开始的一瞬间，反应系统中只有 N_2 和 H_2，开始向着生成 NH_3 的方向进行（正反应）。随着正反应的进行，N_2 和 H_2 的浓度逐渐降低。与此同时，随着正反应的进行，NH_3 从无到有，而且浓度逐渐增大，开始向着 N_2 和 H_2 的方向进行（逆反应）。正反应和逆反应同时进行一段时间后，两者进行的程度达到一致，即单位时间内正反应生成 NH_3 所消耗的 N_2 和 H_2 的物质的量等于逆反应分解 NH_3 生成的 N_2 和 H_2 的物质的量。从宏观上看，反应系统内反应物和生成物浓度在给定的条件下无论经过多长时间都不会改变，如图 7-8 所示。我们称这一可逆反应达到了化学平衡（chemical equilibrium）。

从图 7-8 可以看出，反应达到平衡前，系统中氨的浓度逐渐增大；反应达到平衡后，氨的浓度最大，而且无论怎样延长时间，都不会再提高氨的浓度。所以平衡的时刻就是一定量的反应物进行化学反应的限度，是化学反应具有可逆性的必然结果。

从表面看，达到平衡的可逆反应处于一个静止状态，但实际上正反应和逆反应仍在进行，只不过二者的进行程度一致而已，所以化学平衡是一个动态平衡。而且化学平衡是相对的、暂时的。当外界条件发生变化，平衡状态就会被破坏，平衡发生移动，直至建立新的平衡状态。另外需要指出的是，我们讨论的是封闭系统的化学平衡。如果在敞开的试管中加热 $NaHCO_3$ 使其分解

$$2NaHCO_3(s) = Na_2CO_3(s) + CO_2(g) + H_2O(g)$$

由于产生的气态物质不断逸出系统，因此达不到平衡状态。

（二）实验平衡常数

当可逆反应达到平衡态时，系统中各物质的浓度不再随着时间的改变而改变，称为平衡浓度。例如在给定条件下，一氧化碳和氢气向合成甲醇的方向进行，表 7-4 列出在 483.15 K 时进行的三次甲醇合成反应的实验数据。

表 7-4　反应 $CO(g) + 2H_2(g) \rightleftharpoons CH_3OH(g)$ 的实验数据（483.15 K）

编号	起始浓度 /(mol · L^{-1})			平衡浓度 /(mol · L^{-1})			$\frac{[CH_3OH]}{[CO]\cdot[H_2]^2}$
	CO	H_2	CH_3OH	CO	H_2	CH_3OH	
1	0.1000	0.1000	0	0.0911	0.0822	0.0089	14.46

续表

编号	起始浓度 /(mol · L⁻¹)			平衡浓度 /(mol · L⁻¹)			$\frac{[CH_3OH]}{[CO]\cdot[H_2]^2}$
	CO	H_2	CH_3OH	CO	H_2	CH_3OH	
2	0	0	0.1000	0.0753	0.1510	0.0247	14.39
3	0.1000	0.1000	0.1000	0.1380	0.1760	0.0620	14.50

分析表 7-4 中的反应物和生成物的平衡浓度，结果表明：在同一温度下，不管反应物的初始浓度如何，当达到平衡时，$[CH_3OH]$ 与 $[CO]\cdot[H_2]^2$ 的比值保持恒定。

$$K_c = \frac{[CH_3OH]}{[CO]\cdot[H_2]^2} \approx 14.45$$

由此可得：在一定温度下，无论起始物是反应物还是生成物，无论各物质的起始浓度和平衡浓度是何值，只要达到平衡态，该系统中生成物平衡浓度幂的乘积与反应物平衡浓度幂的乘积之比总是一个确定的数值，其中幂指数就是反应方程式中的化学计量系数。我们把这个 K_c 称为浓度平衡常数。对于一般的化学反应式，K_c 可以表示为

$$a\text{A} + b\text{B} \rightleftharpoons c\text{C} + d\text{D}$$

$$K_c = \frac{[\text{C}]^c\cdot[\text{D}]^d}{[\text{A}]^a\cdot[\text{B}]^b} \tag{7-16}$$

在化工生产中，人们在讨论这类气体化学反应式时，往往用分压来表示物质的浓度。反应达到平衡，反应物和生成物的分压之间存在定量关系吗？表 7-5 列出在 673.15 K 时进行合成氨反应的实验数据。

表 7-5　反应 $N_2(g) + 3H_2(g) \rightleftharpoons 2NH_3(g)$ 的实验数据（673.15 K）

编号	混合气体总压 /atm	起始分压 /atm			平衡分压 /atm			$\frac{[p_{NH_3}]^2}{[p_{N_2}]\cdot[p_{H_2}]^3}$
		N_2	H_2	NH_3	N_2	H_2	NH_3	
1	10	2.50	7.50	0	2.40	7.22	0.385	1.641×10^{-4}
2	30	7.5	22.50	0	6.74	20.2	3.03	1.653×10^{-4}
3	50	12.5	37.5	0	10.6	31.8	7.56	1.677×10^{-4}

分析表 7-5 中的反应物和生成物的平衡分压，结果表明：在同一温度下，不管反应物的初始分压如何，当达到平衡时，反应物和生成物的平衡分压之间同样存在定量关系。

$$K_p = \frac{[p_{NH_3}]^2}{[p_{N_2}]\cdot[p_{H_2}]^3} \approx 1.657\times10^{-4}$$

我们把这个 K_p 称为压力平衡常数，对于一般的化学反应式，K_p 可以表示为

$$a\text{A} + b\text{B} \rightleftharpoons c\text{C} + d\text{D}$$

$$K_p = \frac{[p_\text{C}]^c\cdot[p_\text{D}]^d}{[p_\text{A}]^a\cdot[p_\text{B}]^b} \tag{7-17}$$

浓度平衡常数 K_c 和压力平衡常数 K_p 通称实验平衡常数 K（experiment equilibrium constant）。每一个可逆反应在一定温度下有各自的平衡常数。对同一个反应，温度不同，平衡常数的数值也不同。平衡常数 K 值的大小可以衡量反应进行的程度，K 值越大，表明反应达到平衡时，生成物的浓度（分压）越大，反应物的浓度（分压）越小，正反应进行的程度越大，反应物的平衡转化率

越高。如果平衡常数极小，意味着正向反应在该条件下基本上没有进行。

平衡常数关系式仅适用于反应的平衡状态，即表达式中各物质的浓度或分压是指平衡状态的浓度或分压。我们书写实验平衡常数表达式时应注意以下几点。

（1）反应系统中的纯固体、纯液体或稀溶液中的水，均不写入实验平衡常数表达式中。例如：

$$Cr_2O_7^{2-}(aq) + H_2O(l) \rightleftharpoons 2CrO_4^{2-}(aq) + 2H^+(aq) \qquad K_c = \frac{[CrO_4^{2-}]^2 \cdot [H^+]^2}{[Cr_2O_7^{2-}]}$$

$$Fe_3O_4(s) + 4H_2(g) \rightleftharpoons 3Fe(s) + 4H_2O(g) \qquad K_c = \frac{[H_2O]^4}{[H_2]^4} \text{ 或 } K_p = \frac{[p_{H_2O}]^4}{[p_{H_2}]^4}$$

（2）平衡常数表达式必须与反应方程式相对应，反应式的写法不同，平衡常数表达式和平衡常数值也不同。例如：

$$CO(g) + \frac{1}{2}O_2(g) \rightleftharpoons CO_2(g) \qquad K_c = \frac{[CO_2]}{[CO] \cdot [O_2]^{\frac{1}{2}}}$$

$$2CO(g) + O_2(g) \rightleftharpoons 2CO_2(g) \qquad K_c = \frac{[CO_2]^2}{[CO]^2 \cdot [O_2]}$$

（3）正、逆反应的平衡常数值互为倒数。例如：

$$2SO_2(g) + O_2(g) \rightleftharpoons 2SO_3(g) \qquad K_c = \frac{[SO_3]^2}{[SO_2]^2 \cdot [O_2]}$$

$$2SO_3(g) \rightleftharpoons 2SO_2(g) + O_2(g) \qquad K_c = \frac{[SO_2]^2 \cdot [O_2]}{[SO_3]^2}$$

（4）如果某个反应可以表示为两个或多个反应的总和，则总反应的平衡常数等于各反应平衡常数的乘积。这种关系称为多重平衡规则，例如：

$$SO_2(g) + \frac{1}{2}O_2(g) \rightleftharpoons SO_3(g) \qquad K_1 = \frac{[SO_3]}{[SO_2] \cdot [O_2]^{\frac{1}{2}}}$$

$$NO_2(g) \rightleftharpoons NO(g) + \frac{1}{2}O_2(g) \qquad K_2 = \frac{[NO] \cdot [O_2]^{\frac{1}{2}}}{[NO_2]}$$

$$SO_2(g) + NO_2(g) \rightleftharpoons SO_3(g) + NO(g) \qquad K_c = \frac{[NO] \cdot [SO_3]}{[NO_2] \cdot [SO_2]} = K_1 \cdot K_2$$

通过化学方程式，可以确定某一化学反应的平衡常数。利用平衡常数可以求得平衡时生成物和反应物的浓度，以及反应物的转化率或产物的生成率。

例 7-12 下述反应为合成氨工业上水煤气中 CO 的变换反应。在 476℃时，其平衡常数 $K_c = 2.60$。

$$CO(g) + H_2O(g) \rightleftharpoons CO_2(g) + H_2(g)$$

已知反应开始时系统中只有 CO 和 H_2O，两者的浓度均为 2 $mol \cdot L^{-1}$。试求达到平衡时，各物质的浓度以及 CO 的平衡转化率。

解 设平衡时 $[CO_2] = [H_2] = x\ mol \cdot L^{-1}$，则

	$CO(g)$	+	$H_2O(g)$	$\rightleftharpoons$	$CO_2(g)$	+	$H_2(g)$
起始浓度	2		2		0		0
平衡浓度	$2-x$		$2-x$		x		x

代入平衡常数表达式得

$$K_c = \frac{[CO_2]\cdot[H_2]}{[CO]\cdot[H_2O]} = 2.60$$

$$\frac{x\cdot x}{(2-x)\cdot(2-x)} = 2.60$$

$$x = 1.25\ (\text{mol}\cdot\text{L}^{-1})$$

故达到平衡时，各物质的平衡浓度为

$$[CO_2] = [H_2] = 1.25\ (\text{mol}\cdot\text{L}^{-1})$$

$$[CO] = [H_2O] = 2 - x = 0.75\ (\text{mol}\cdot\text{L}^{-1})$$

$$\text{CO的平衡转化率} = \frac{\text{所消耗的CO}}{\text{CO在反应前的总量}}\times 100\% = \frac{1.25}{2}\times 100\% = 62.5\%$$

二、标准平衡常数

（一）标准平衡常数与标准反应自由能的关系

在前面的讨论中，我们提到 $\Delta_r G_m^\ominus$ 代表在温度 T 和系统中各物质（包括反应物和生成物）都处于标准态时的吉布斯自由能变。在实际系统中，各物质不可能都处于标准状态，因此具有普遍实用意义的判据是在非标准状态的反应自由能 $\Delta_r G_m$。范托夫推导出 $\Delta_r G_m$ 和 $\Delta_r G_m^\ominus$ 之间的关系：

$$\Delta_r G_m = \Delta_r G_m^\ominus + RT\ln Q \tag{7-18}$$

式（7-18）亦称为范托夫等温式，式中 Q 称为反应商（reaction quotient），其表达式与平衡常数相似，只是浓度（或压力）是指某一时刻的相对浓度（或相对分压）。这里所说的相对浓度是指各物质相对于标准浓度的数值，相对分压是指各物质的分压相对于标准压力的数值。

当使用 $\Delta_r G_m$ 判断一个处于任意状态的反应的方向时，既要考虑该反应的标准状态 $\Delta_r G_m^\ominus$，又要考虑与该时刻状态（常称为初始状态）有关的反应商 Q。若 $\Delta_r G_m = 0$，则反应处于平衡状态，此时反应物和生成物的浓度（或压力）就是平衡浓度（或平衡压力），在平衡时刻的反应商 Q 称为标准平衡常数（standard equilibrium constant），一般用 $K^\ominus$ 表示。

把 $\Delta_r G_m = 0$ 和 $K^\ominus$ 代入式（7-15）可得

$$0 = \Delta_r G_m^\ominus + RT\ln K^\ominus$$

移项可得

$$\Delta_r G_m^\ominus = -RT\ln K^\ominus \text{ 或 } \ln K^\ominus = -\frac{\Delta_r G_m^\ominus}{RT} \tag{7-19}$$

式（7-19）是化学热力学中最重要的公式之一。通过查相关数据表可以计算 298.15 K 化学反应的 $\Delta_r G_m^\ominus$，而在任意温度的 $\Delta_r G_m^\ominus(T)$ 也可由吉布斯-亥姆霍兹方程计算。当 $\Delta_r G_m^\ominus$ 已知时，利用式(7-19)即可求出标准平衡常数 $K^\ominus$。

表 7-6　$\Delta_r G_m^\ominus$ 和 $K^\ominus$ 的关系

$\Delta_r G_m^\ominus/(\text{kJ}\cdot\text{mol}^{-1})$	$K^\ominus$
−200	1.1×10^{35}
−100	3.3×10^{17}
−50	5.7×10^{8}
−25	2.4×10^{4}
−5	7.5

续表

$\Delta_r G_m^\ominus/(kJ\cdot mol^{-1})$	$K^\ominus$
0	1.0
5	1.3×10^{-1}
25	4.2×10^{-5}
50	1.7×10^{-9}
100	3.0×10^{-18}
200	9.3×10^{-36}

每一个可逆反应都有各自的特征平衡常数，它表示化学反应在一定条件下达到平衡后反应物的转化程度。根据式（7-19），可以断定在一定的温度下，标准平衡常数 $K^\ominus$ 必然是一个常数。而且 $\Delta_r G_m^\ominus$ 的负值越大，则 $K^\ominus$ 越大（表 7-6），意味着正反应进行得越完全，平衡混合物中生成物的相对平衡浓度就越大。由于式（7-19）中没有包括浓度项，因此 $K^\ominus$ 与浓度或分压无关。但反应温度影响 $\Delta_r G_m^\ominus$ 的大小，因此 $K^\ominus$ 随温度的变化而变化。

从来源和量纲看，实验平衡常数 K_c（或 K_p）和标准平衡常数 $K^\ominus$ 有区别，但其物理意义可以用相对浓度或相对压力予以统一。在以后各章中，如果未加说明，所涉及的平衡常数均看做标准平衡常数。

特别需要说明的是，尽管 $\Delta_r G_m^\ominus$ 和 $K^\ominus$ 之间的热力学关系为 $\Delta_r G_m^\ominus = -RT\ln K^\ominus$，但是 $\Delta_r G_m^\ominus$ 和 $K^\ominus$ 是两个物理意义完全不同的物理量。$\Delta_r G_m^\ominus$ 是各物质处于标准状态时系统的自由能变化（大多数情况下不是平衡状态），而 $K^\ominus$ 是反应达到平衡状态时的反应商，此式只是表示 $\Delta_r G_m^\ominus$ 和 $K^\ominus$ 数值上的关系。为了避免产生误会，常把 $K^\ominus$ 写成 K，在一些教科书里也称为热力学平衡常数。

例 7-13 试用 $\Delta_r G_m^\ominus$ 求算下述反应在 298.15 K 的标准平衡常数 $K^\ominus$。

$$2NO_2(g) \rightleftharpoons N_2O_4(g)$$

解 各物质的标准生成吉布斯自由能如下：

物质	NO_2	N_2O_4
$\Delta_f G_m^\ominus/(kJ\cdot mol^{-1})$	51.3	99.8

将数据代入下式

$$\begin{aligned}\Delta_r G_m^\ominus &= \sum\Delta_f G_m^\ominus(\text{生成物}) - \sum\Delta_f G_m^\ominus(\text{反应物})\\ &= 99.8 - 2\times51.3\\ &= -2.8\ (kJ\cdot mol^{-1})\end{aligned}$$

利用 $\Delta_r G_m^\ominus = -RT\ln K^\ominus$ 求 298.15 K 的标准平衡常数：

$$\ln K^\ominus = -\frac{\Delta_r G_m^\ominus}{RT}$$

$$\ln K^\ominus = -\frac{\Delta_r G_m^\ominus}{RT} = -\frac{-2.8\times10^3}{8.314\times298.15} = 1.13$$

$$K^\ominus = 3.10$$

反应系统在 298.15 K 处于标准状态，意味着 NO_2 和 N_2O_4 的分压都等于标准压力 100 kPa，它们的相对分压均为 1，此时的反应商 $Q = 1$。该反应的 $\Delta_r G_m^\ominus < 0$，表示反应自发向右进行。我们来看达到化学平衡时的分压情况。

$$2NO_2(g) \rightleftharpoons N_2O_4(g)$$

起始分压（标准状态） 1 1

平衡分压（平衡状态） $1-2x$ $1+x$

$$K^{\ominus} = \frac{[p_{N_2O_4}]}{[p_{NO_2}]^2} = 3.10$$

$$\frac{1+x}{(1-2x)^2} = 3.10$$

$$x = 0.19$$

由此可见，反应达到平衡时 NO_2 和 N_2O_4 的相对分压分别为 0.62 和 1.19，不再是标准状态。

（二）利用标准平衡常数判断化学反应的自发方向

一个化学反应某一时刻的状态用反应商 Q 表示，而平衡状态则用平衡常数 $K^{\ominus}$ 表示；利用两者的比值，也可以判断反应自发进行的方向。将式（7-19）代入式（7-18），可得

$$\Delta_r G_m = -RT\ln K^{\ominus} + RT\ln Q$$

整理可得

$$\Delta_r G_m = RT\ln\frac{Q}{K^{\ominus}} \tag{7-20}$$

因为 Q 值代表某一时刻状态，$K^{\ominus}$ 代表平衡状态。由式（7-20）可见，Q 与 $K^{\ominus}$ 的相对大小决定 $\Delta_r G^{\ominus}$ 的正负符号，所以用 $\frac{Q}{K^{\ominus}}$ 的比值来判断反应自发方向很方便，可作为自发反应方向的判据：

$Q < K^{\ominus}$，$\frac{Q}{K^{\ominus}} < 1$，$\Delta_r G_m < 0$ 正向反应自发进行；

$Q = K^{\ominus}$，$\frac{Q}{K^{\ominus}} = 1$，$\Delta_r G_m = 0$ 反应处于平衡状态；

$Q > K^{\ominus}$，$\frac{Q}{K^{\ominus}} > 1$，$\Delta_r G_m > 0$ 逆向反应自发进行。

例 7-14 已知下述反应在 425℃的标准平衡常数为 55.64。

$$H_2(g) + I_2(g) \rightleftharpoons 2HI(g)$$

在反应开始，体积为 2 L 的密闭容器中有 1 mol H_2、0.1 mol I_2 和 0.5 mol HI，试判断混合气体在该温度下的反应方向。

解 因为容器的体积为 2 L，故各物质的浓度如下

物质	H_2	I_2	HI
初始浓度	$0.50\ mol \cdot L^{-1}$	$0.05\ mol \cdot L^{-1}$	$0.25\ mol \cdot L^{-1}$
相对浓度 $/c^{\ominus}$	0.50	0.05	0.25

该反应系统的反应商 $Q = \frac{0.25^2}{0.50 \times 0.05} = 2.5$

由于 $Q < K^{\ominus}$，$\Delta_r G_m < 0$，反应在 425℃能够自发向右进行，H_2 和 I_2 反应生成 HI，直至达到平衡。

三、影响化学平衡移动的因素

对于一个处在平衡状态的可逆反应，如果外界条件发生改变，例如改变反应物或生成物的浓度，原来的平衡状态就被破坏。为了适应新的条件，反应系统不断做出调整，直到建立新的平衡。

这种由于外界条件的改变，使可逆反应从一种平衡状态向另一种平衡状态转变的过程，称为化学平衡的移动（shift of chemical equilibrium）。法国的化学家勒夏特列（Le Chatelier）总结大量实验结果发现：如果改变导致平衡移动的任意条件，包括浓度、压力或温度，平衡总会向着减弱这种影响的方向移动，这个规律被称为勒夏特列原理。利用勒夏特列原理可以定性地讨论化学平衡的移动方向。具体来说：

（1）当增大任一反应物浓度时，平衡向右移动，以减弱反应条件发生的改变（消耗反应物）。同理，当减小任一反应物的浓度时，平衡向左移动。

（2）当增大总压力时，平衡向气体分子数目减少的方向移动（以减小压力）；当减小总压力时，平衡向气体分子数目增加的方向移动。

（3）当升高温度时，平衡向吸热方向移动（以降低温度）；当降低温度时，平衡向放热的方向移动。

我们研究化学平衡，就是要想办法让反应向着我们需要的方向转化。下面分别讨论浓度、压力、温度对化学平衡的影响。

（一）浓度对化学平衡的影响

可逆反应在某一特定温度下进行的方向和限度取决于反应商 Q 和标准平衡常数 $K^{\ominus}$ 的相对大小。当 $Q = K^{\ominus}$ 时，$\Delta_r G_m = 0$，系统处于平衡状态。如果改变平衡系统中任一反应物或生成物的浓度，系统的反应商 Q 必将发生改变，使得 $Q \neq K^{\ominus}$，原有的平衡状态的条件发生变化，从而引起平衡移动。如果增大反应物浓度或减小生成物的浓度，使得 $Q < K^{\ominus}$，系统因此将朝着正反应的方向移动。随着反应的进行，反应物浓度不断减小，生成物浓度不断增大，Q 值也随之不断增大。当 Q 值重新等于 $K^{\ominus}$ 时，系统又在新的浓度基础上建立起新的平衡。反之，如果增大平衡系统的生成物浓度或减小平衡系统的反应物浓度，使得 $Q > K^{\ominus}$，系统就会朝着逆反应方向移动。

例如，把 $CuSO_4$ 溶液和氨水混合，发生下列可逆反应：

$$Cu^{2+}(aq) + 4NH_3(aq) \rightleftharpoons [Cu(NH_3)_4]^{2+}(aq)$$

$[Cu(NH_3)_4]^{2+}$ 在水溶液中呈现深蓝色。如果加入浓氨水，可以观察到溶液的蓝色加深的现象，表明 $[Cu(NH_3)_4]^{2+}$ 的浓度增大，意味着平衡向生成物的方向移动。

总体来说，在平衡系统中，如果增大（或减小）其中某物质的浓度，平衡就朝着减小（或增大）该物质浓度的方向移动。人们利用浓度对化学平衡影响的规律，在可逆反应中，为了尽可能使某一反应物反应完全，通常可采用过量的其他反应物与之作用。浓度对化学平衡的影响，可以通过下面例题中 CO 的平衡转化率加以说明。

例 7-15 下述反应为合成氨工业上水煤气中 CO 的变换反应。在 476℃时，其平衡常数 $K_c = 2.60$。

$$CO(g) + H_2O(g) \rightleftharpoons CO_2(g) + H_2(g)$$

已知反应开始时系统中只有 CO 和 H_2O，它们的起始浓度分别为 2 mol · L^{-1} 和 8 mol · L^{-1}。试求达到平衡时，各物质的浓度以及 CO 的平衡转化率。

解 设平衡时 $[CO_2] = [H_2] = x$ mol · L^{-1}，则

	$CO(g)$ +	$H_2O(g) \rightleftharpoons$	$CO_2(g)$ +	$H_2(g)$
起始浓度	2	8	0	0
平衡浓度	$2 - x$	$8 - x$	x	x

代入平衡常数表达式得

$$K_c = \frac{[CO_2]\cdot[H_2]}{[CO]\cdot[H_2O]} = 2.60$$

$$\frac{x \cdot x}{(2-x)\cdot(8-x)} = 2.60$$

$$x = 1.80\ (\text{mol} \cdot \text{L}^{-1})$$

故达到平衡时：

$$\text{CO的平衡转化率} = \frac{\text{所消耗的CO}}{\text{CO在反应前的总量}} \times 100\% = \frac{1.80}{2} \times 100\% = 90.0\%$$

通过比较，我们发现在例 7-12 中 CO 的平衡转化率只有 62.5%，但是将水蒸气的浓度增大为原来的 4 倍，CO 的平衡转化率提高到 90.0%。在合成氨实际生产中，水煤气中的 CO 会造成催化剂中毒，因此需要尽可能将它清除掉。那么能否通过加入过量的水蒸气将 CO 全部转变为 CO_2 和 H_2 呢？由化学平衡的特点可知，这显然是不可能的。人们在实际生产中采用乙酸亚铜的氨溶液来吸收 CO，将它清除掉。

如果不断将生成物从反应系统中分离出来，以减小生成物浓度，则反应会不断朝着生成物增加的方向进行。例如：

$$Fe_3O_4(s) + 4H_2(g) \rightleftharpoons 3Fe(s) + 4H_2O(g)$$

若将氢气不断地通过红热的 Fe_3O_4，把生成的水蒸气不断从反应系统中移出，Fe_3O_4 就可以全部变成金属 Fe。反之，将水蒸气不断地通过灼热的铁屑，铁屑也可以完全被氧化成 Fe_3O_4。请思考一下，该反应系统在这种情况下会达到平衡状态吗？

（二）总压力对化学平衡的影响

对有气态物质参加的化学反应来说，改变气体分压对于平衡的影响，实质上就是物质浓度变化对化学平衡的影响。这是因为系统中组分气体的分压与其浓度正相关，因此气体分压的变化必然会影响反应商 Q 的大小。当通过压缩体积增大反应系统的总压力时，对反应中固体和液体物质的浓度几乎不产生影响。但是对于有气体物质参与的化学反应来说，如果系统中各种气体物质在单位体积内分子数（$\frac{n}{V}$）都会随着反应容器体积改变而改变，而且它们的浓度以相同倍数改变，那么平衡会发生什么样的变化呢？

下面以 $2NO_2(g) \rightleftharpoons N_2O_4(g)$ 的可逆反应为例来讨论总压力对化学平衡的影响。假设上述平衡系统封闭在带有活塞的玻璃容器中，等温条件下推动活塞将平衡系统的体积快速压缩到原来的一半，NO_2 和 N_2O_4 的浓度（或分压）都增大 2 倍。接下来会观察到容器中的气体颜色变浅，意味着 NO_2 转变成 N_2O_4，平衡向右移动。平衡为什么会发生移动？这是因为在从平衡常数表达式 $K^\ominus = \frac{[N_2O_4]}{[NO_2]^2}$ 中可以看出，计量系数是浓度幂的指数。在上述平衡中，NO_2 的计量系数为 2，N_2O_4 的计量系数为 1，如果 NO_2 和 N_2O_4 的浓度增大相同的倍数，反应商 Q 的分母比分子增大的程度大，使得 $Q < K^\ominus$，平衡向右移动，有更多的 NO_2 转化成 N_2O_4。即通过压缩体积以增大总压力，平衡向着气体物质计量系数减小的方向移动。

减小总压力的情况与此相反。当我们抽动活塞将平衡系统的体积增大到原来的 2 倍，则 NO_2 和 N_2O_4 的浓度减小为原来的一半。接下来会观察到容器中的气体颜色变深，意味着平衡向左移动，有更多的 N_2O_4 转变成 NO_2。这是因为 NO_2 和 N_2O_4 的浓度减小相同的倍数，反应商 Q 的分母比分子减小的程度大，使得 $Q > K^\ominus$，平衡向左移动，即减小总压力，平衡向着气体物质计量系数增大的方向移动。

对于那些反应前后气体物质计量系数相等的反应，例如：

$$H_2(g) + I_2(g) \rightleftharpoons 2HI(g)$$

尽管增大或减小总压力对生成物和反应物的浓度产生相应的影响，但是由于反应前后的计量系数相等，对反应商 Q 的影响程度相互抵消，保持 $Q=K^{\ominus}$，化学平衡不发生移动。

（三）温度对化学平衡的影响

温度对化学平衡的影响同浓度、压力对化学平衡的影响有着本质的区别。在等温条件下，标准平衡常数 $K^{\ominus}$ 不变，浓度、压力变化使得反应商 Q 改变，从而 $Q\neq K^{\ominus}$，引起平衡向相应方向移动。然而，当温度由 T_1 改变为 T_2 时，标准平衡常数 $K^{\ominus}$ 随之改变，$K_1^{\ominus}\neq K_2^{\ominus}$，我们可以把温度 T_1 时的标准平衡常数 $K_1^{\ominus}$ 看作反应商 Q，所以同样是 $Q\neq K^{\ominus}$，平衡发生移动。在这种情况下，反应系统的始态（T_1）和终态（T_2）的温度不同，对应的 $\Delta_r G_m^{\ominus}$ 不同，我们可以采取下面的热力学方法来讨论某一可逆反应：

$$\ln K^{\ominus}=-\frac{\Delta_r G_m^{\ominus}}{RT}$$

$$\Delta_r G_m^{\ominus}=\Delta_r H_m^{\ominus}-T\Delta_r S_m^{\ominus}$$

两式联立可得

$$\ln K^{\ominus}=-\frac{\Delta_r H_m^{\ominus}-T\Delta_r S_m^{\ominus}}{RT}=-\frac{\Delta_r H_m^{\ominus}}{RT}+\frac{\Delta_r S_m^{\ominus}}{R}$$

假设反应系统在初始平衡状态的温度为 T_1，对应的平衡常数为 $K_1^{\ominus}$；当温度改变为 T_2 时，其平衡常数变为 $K_2^{\ominus}$。我们在前面介绍过反应的 $\Delta_r H_m^{\ominus}$ 和 $\Delta_r S_m^{\ominus}$ 受温度影响较小，可以当作常量处理，因此则有

$$\ln K_1^{\ominus}=-\frac{\Delta_r H_m^{\ominus}}{RT_1}+\frac{\Delta_r S_m^{\ominus}}{R}$$

$$\ln K_2^{\ominus}=-\frac{\Delta_r H_m^{\ominus}}{RT_2}+\frac{\Delta_r S_m^{\ominus}}{R}$$

两式相减，可得

$$\ln\frac{K_2^{\ominus}}{K_1^{\ominus}}=-\frac{\Delta_r H_m^{\ominus}}{R}\left(\frac{1}{T_2}-\frac{1}{T_1}\right)$$

$$\ln\frac{K_2^{\ominus}}{K_1^{\ominus}}=\frac{\Delta_r H_m^{\ominus}}{R}\left(\frac{T_2-T_1}{T_1T_2}\right) \tag{7-21}$$

从式（7-21）可以看出，温度对平衡常数的影响，与反应的热效应有密切关系。如果已知化学反应的 $\Delta_r H_m^{\ominus}$ 值，只要测定某一温度 T_1 的标准平衡常数 $K_1^{\ominus}$，我们可以计算温度 T_2 下的标准平衡常数 $K_2^{\ominus}$。同样也给我们提供了另外一种计算 $\Delta_r H_m^{\ominus}$ 的方法，若测得反应在不同温度的 $K^{\ominus}$ 值，则可求出反应的 $\Delta_r H_m^{\ominus}$。

下面结合实际例子简单讨论温度对化学平衡的影响。

例 7-16 合成氨反应：

$$N_2(g)+3H_2(g)\rightleftharpoons 2NH_3(g)$$

已知 200℃时，标准平衡常数 $K_1^{\ominus}=0.44$。试求温度升高到 300℃时标准平衡常数 $K_2^{\ominus}$。

解 查相关数据表得各反应物和生成物的标准摩尔生成焓 $\Delta_f H_m^{\ominus}$：

物质	N_2	H_2	NH_3
$\Delta_f H_m^{\ominus}/(kJ\cdot mol^{-1})$	0	0	–45.9

$$\begin{aligned}\Delta_r H_m^\ominus &= \sum \Delta_f H_m^\ominus(\text{生成物}) - \sum \Delta_f H_m^\ominus(\text{反应物}) \\ &= [2\times(-45.9)] - [0+3\times 0] \\ &= -91.8\ (\text{kJ}\cdot\text{mol}^{-1})\end{aligned}$$

$\Delta_r H_m^\ominus < 0$，表明该反应是一个放热反应。

系统的热力学温度为：

$$T_1 = 200 + 273.15 = 473.15\ (\text{K})$$
$$T_2 = 300 + 273.15 = 573.15\ (\text{K})$$

代入式（7-21）中，可得

$$\ln\frac{K_2^\ominus}{0.44} = \frac{-91.8\times 10^3}{8.314}\left(\frac{573.15-473.15}{473.15\times 573.15}\right) = -4.07$$
$$K_2^\ominus = 7.48\times 10^{-3}$$

计算结果表明，对于合成氨反应，温度越高，平衡常数越小，不利于 NH_3 的合成。

例 7-17　在合成氨工业中，用水煤气作为 H_2 的来源。制造水煤气的反应如下：

$$C(s) + H_2O(g) \rightleftharpoons CO(g) + H_2(g)$$

已知该反应在 25℃的标准平衡常数 $K_1^\ominus = 9.36\times 10^{-17}$，试求温度升高到 700℃时标准平衡常数 $K_2^\ominus$。

解　我们在前面例 7-10 中通过计算得知该反应的 $\Delta_r H_m^\ominus = 131.3\ \text{kJ}\cdot\text{mol}^{-1}$，$\Delta_r H_m^\ominus > 0$，表明该反应是一个吸热反应。

把温度写成热力学温度形式：

$$T_1 = 25 + 273.15 = 298.15\ (\text{K})$$
$$T_2 = 700 + 273.15 = 973.15\ (\text{K})$$

代入式（7-21）中，可得

$$\ln\frac{K_2^\ominus}{9.36\times 10^{-17}} = \frac{131.3\times 10^3}{8.314}\left(\frac{973.15-298.15}{298.15\times 973.15}\right) = 36.74$$
$$K_2^\ominus = 0.846$$

计算结果表明，对于制造水煤气的反应来说，温度越高，平衡常数越大。因此要获得 H_2 的高产率，需要提高煤气发生炉的温度。

综合以上讨论：若反应系统为放热反应，其 $\Delta_r H_m^\ominus < 0$，升高温度（$T_1 < T_2$）时，标准平衡常数随温度升高而减小，即 $K_2^\ominus < K_1^\ominus$，平衡就会向逆反应方向进行（吸热方向）。与此相反，若反应系统为吸热反应，其 $\Delta_r H_m^\ominus > 0$，升高温度（$T_1 < T_2$）时，标准平衡常数随温度升高而增大，即 $K_2^\ominus > K_1^\ominus$，平衡就会向正反应方向进行（放热方向）。

思考与练习

1. 储能、供能是脂肪最主要的生理功能，其中硬脂酸甘油酯（tristearin）在人体中代谢时发生下列反应：

$$2C_{57}H_{110}O_6(s) + 163O_2(g) = 114CO_2(g) + 110H_2O(l)$$

其 $\Delta_r H_m^\ominus = -7.552\times 10^4\ \text{kJ}\cdot\text{mol}^{-1}$，试计算当人体消耗 1 g 硬脂酸甘油酯，理论上释放出多少千焦热量？

2. 在对汽车尾气进行无害处理时，我们需要知道下述反应的热效应

$$2NO(g) + 2CO(g) = 2CO_2(g) + N_2(g)$$

由于该反应的 $\Delta_r H_m^{\ominus}$ 不能直接由实验测得，请结合下列已知实验的反应热，利用赫斯定律求算该反应的 $\Delta_r H_m^{\ominus}$。

（1）$2CO(g) + O_2(g) = 2CO_2(g)$ $\Delta_r H_1^{\ominus} = -566.0\ kJ \cdot mol^{-1}$

（2）$N_2(g) + O_2(g) = 2NO(g)$ $\Delta_r H_2^{\ominus} = 182.6\ kJ \cdot mol^{-1}$

3. 已知下列热化学方程式：

（1）$C(s) + O_2(g) = CO_2(g)$ $\Delta_r H_1^{\ominus} = -393.5\ kJ \cdot mol^{-1}$

（2）$2H_2(g) + O_2(g) = 2H_2O(l)$ $\Delta_r H_2^{\ominus} = -571.6\ kJ \cdot mol^{-1}$

（3）$C_3H_8(g) + 5O_2(g) = 3CO_2(g) + 4H_2O(l)$ $\Delta_r H_3^{\ominus} = -2219.9\ kJ \cdot mol^{-1}$

利用赫斯定律，计算由单质 C 和 H_2 生成 C_3H_8 的热效应，即 C_3H_8 的标准摩尔生成焓。

4. 判断下列反应哪些是熵增加的过程。

（1）$H_2O(l) \longrightarrow H_2O(s)$

（2）$CO_2(s) \longrightarrow CO_2(g)$

（3）$CO(g) + Cl_2(g) \longrightarrow COCl_2(g)$

（4）$2NH_4NO_3(s) \longrightarrow N_2(g) + O_2(g) + 4H_2O(g)$

（5）$N_2H_4(l) + 2H_2O_2(l) \longrightarrow N_2(g) + 4H_2O(g)$

5. 计算下列反应在 298.15 K 时的 $\Delta_r G_m^{\ominus}$，并判断它们能否自发进行。

（1）$Fe_2O_3(s) + 3CO(g) \longrightarrow 2Fe(s) + 3CO_2(g)$

（2）$ZnO(s) + CO(g) \longrightarrow Zn(s) + CO_2(g)$

（3）$CH_4(g) + H_2O(g) \longrightarrow CO(g) + 3H_2(g)$

（4）$N_2(g) + 3H_2(g) \longrightarrow 2NH_3(g)$

（5）$CO(g) + 2H_2(g) \longrightarrow CH_3OH(l)$

6. 在标准状态下，计算合成氨反应自发进行所允许的最高温度。

$$N_2(g) + 3H_2(g) \rightleftharpoons 2NH_3(g)$$

7. 写出下列可逆反应的浓度平衡常数 K_c 的表达式。

（1）$2NO(g) + Cl_2(g) \rightleftharpoons 2NOCl(g)$

（2）$2Fe^{3+}(aq) + Cu(s) \rightleftharpoons 2Fe^{2+}(aq) + Cu^{2+}(aq)$

（3）$Zn(s) + 2H^+(aq) \rightleftharpoons Zn^{2+}(aq) + H_2(g)$

（4）$NH_4HS(s) \rightleftharpoons NH_3(g) + H_2S(g)$

（5）$2CH_4(g) + O_2(g) \rightleftharpoons 2CO(g) + 4H_2(g)$

8. 下述反应在 230℃达到平衡：

$$2NO(g) + O_2(g) \rightleftharpoons 2NO_2(g)$$

NO、O_2 和 NO_2 的浓度分别为 $0.0542\ mol \cdot L^{-1}$、$0.127\ mol \cdot L^{-1}$ 和 $15.5\ mol \cdot L^{-1}$，试求该反应在 230℃的浓度平衡常数 K_c。

9. 下述反应在 250℃达到平衡：

$$PCl_5(g) \rightleftharpoons PCl_3(g) + Cl_2(g)$$

PCl_5、PCl_3 和 Cl_2 的分压分别为 0.875 atm、0.463 atm 和 1.98 atm，试求该反应在 250℃的压力平衡常数 K_p。

10. 在 700 K 时，反应 $H_2(g) + I_2(g) \rightleftharpoons 2HI(g)$ 的浓度平衡常数 $K_c = 57.0$，如果将 2.00 mol H_2 和 2.00 mol I_2 置于 4.0 L 容器内，在该温度下达到平衡时有多少 HI 生成？

11. 血红蛋白（hemoglobin，Hb）既能结合 O_2 又能结合 CO，在人体内存在下述平衡

$$HbO_2(aq) + CO(g) \rightleftharpoons HbCO(aq) + O_2(g)$$

在正常体温时，其平衡常数约为 2.0×10^2。如果 $\frac{[HbCO]}{[HbO_2]}$ 接近 1，就会造成死亡。已知 O_2 的分压为 0.20 atm，试求此时空气中 CO 的平衡分压。

12. 已知下述反应的 $\Delta_r G_m^\ominus = -147.1\ kJ\cdot mol^{-1}$，试求该反应在 298.15 K 的标准平衡常数 $K^\ominus$。

$$Zn(s) + 2H^+(aq) \rightleftharpoons Zn^{2+}(aq) + H_2(g)$$

13. 计算反应 $CH_4(g) + 2H_2O(g) \rightleftharpoons 4H_2(g) + CO_2(g)$ 在 298.15 K 时的 $\Delta_r H_m^\ominus$、$\Delta_r S_m^\ominus$ 和 $\Delta_r G_m^\ominus$，以及该温度下的标准平衡常数 $K^\ominus$。

14. 25℃时，下述反应

$$2H_2O_2(l) \rightleftharpoons 2H_2O(l) + O_2(g)$$

的 $\Delta_r H_m^\ominus = -196\ kJ\cdot mol^{-1}$，$\Delta_r S_m^\ominus = 126\ J\cdot K^{-1}\cdot mol^{-1}$。试计算该反应在 25℃和 100℃的标准平衡常数 $K^\ominus$。

15. 已知合成氨反应：

$$N_2(g) + 3H_2(g) = 2NH_3(g)$$

在 200℃时的标准平衡常数 $K_1^\ominus = 0.64$，温度升高到 400℃时，$K_2^\ominus = 6.0\times10^{-4}$，试求该反应的标准摩尔反应热 $\Delta_r H_m^\ominus$ 和 $NH_3(g)$ 的标准摩尔生成焓 $\Delta_f H_m^\ominus$。

16. 欲用 MnO_2 和 HCl 反应制备 Cl_2，已知该反应的方程式为

$$MnO_2(s) + 4H^+(aq) + 2Cl^-(aq) \rightleftharpoons Mn^{2+}(aq) + Cl_2(g) + 2H_2O(l)$$

（1）在 298.15 K 标准状态时，反应能否自发进行？

（2）若用 $12.0\ mol\cdot L^{-1}$ HCl，其他物质仍为标准状态，298.15 K 时反应能否自发进行？

（苟宝迪）

知识拓展

习题详解

PPT

第八章　化学反应速率

化学反应涉及两个基本问题：一是在指定条件下反应进行的方向和限度，这是化学热力学的研究内容；另一个是反应进行的速率和反应机制，这是化学动力学所要解决的问题。化学动力学（chemical kinetics）就是研究化学反应速率及其影响因素的作用规律和反应机制的科学。化学动力学目前越来越受到人们的重视，与化学热力学不同，化学动力学是用绝对运动观点去探讨化学反应的规律性。从这种意义上说，化学动力学就是动态化学，是专门研究化学反应的发生、发展和消亡的科学。

化学动力学的基本任务是研究浓度、压力、温度、催化剂等外界因素对反应速率的影响，从而可通过控制影响因素或条件，控制反应的进程；研究化学反应的机制，找出决定反应速率的关键，以便有效地控制和调节反应速率。化学动力学的发展与生命科学的关系十分密切，如通过临床上药物代谢的机制研究，常常希望药物作用达到速效或长效，速效感冒胶囊、长效青霉素就是基于这样的目的研制出来的；又如，口腔补牙材料的固化，固定骨折用的石膏绷带的硬化等问题，这些研究都涉及到化学动力学。

第一节　化学反应速率及基本概念

一、化学反应速率

有的化学反应进行得快，如燃烧、酸碱反应、血红蛋白与氧结合的生化反应可在飞秒级的时间内完成；有的化学反应进行得慢，如石油、煤的形成，某些放射性元素的衰变反应甚至需要亿万年的时间。不同化学反应的速率是不同的，任何一个化学反应的快慢都可以用化学反应速率（v）表示。化学反应速率（chemical reaction rate）通常是用单位时间内反应物浓度的减小或生成物浓度的增大来表示，是衡量化学反应过程进行快慢的量度，即反映体系中各物质的数量随时间的变化率。

在化学反应中，每一反应组分（反应物或生成物），都严格按照各自的计量系数成比例地改变，无论用哪一种反应组分的物质的量或浓度变化来表达反应速率都是可以的。

二、化学反应的平均速率和瞬时速率

对绝大多数反应而言，反应速率随反应时间的推进而不断变化，开始时较快，然后逐渐减慢。而反应速率是通过实验测定在一定的时间间隔内某反应物或某产物浓度的变化来确定的。化学反应速率又分为平均速率和瞬时速率。平均速率（mean speed）是在一段时间间隔内反应体系某组分浓度的改变量。

$$\bar{v} = -\frac{\Delta c_{\text{反应物}}}{\Delta t} \quad \text{或} \quad \bar{v} = \frac{\Delta c_{\text{生成物}}}{\Delta t} \tag{8-1}$$

式中，$\bar{v}$ 的单位通常为 $mol \cdot L^{-1} \cdot s^{-1}$，时间单位根据反应的快慢可以用秒（s）、分（min）、小时（h）、天（d）和年（a）等。

当然，平均速率并不能确切地表示反应的真实速率，瞬时速率（instantaneous speed）能确切地反映出反应在任一时刻的真实速率，它是时间间隔 Δt 趋近于零时的速率。

$$v=-\frac{dc_{反应物}}{dt} \quad 或 \quad v=\frac{dc_{生成物}}{dt} \tag{8-2}$$

如果反应式中各反应组分的计量系数不同，则用不同的反应组分所表达的反应速率是不相等的，所以在表示反应速率时，必须写明化学反应计量方程式。

对于一等容反应

$$aA+bB \longrightarrow dD+eE$$

不同物质表示的反应速率有如下的关系：

$$v=-\frac{1}{a}\frac{dc_A}{dt}=-\frac{1}{b}\frac{dc_B}{dt}=\frac{1}{d}\frac{dc_D}{dt}=\frac{1}{e}\frac{dc_E}{dt} \tag{8-3}$$

以过氧化氢的分解反应为例，室温时含有少量 I^- 的情况下，过氧化氢（H_2O_2）水溶液的分解反应为

$$H_2O_2(aq) \xrightarrow{I^-} H_2O(l)+\frac{1}{2}O_2(g)$$

只要测定不同时间氧气的量，就可计算出 H_2O_2 的浓度，从而得知 H_2O_2 的分解速率。若有一份浓度为 0.80 mol · L^{-1} H_2O_2 溶液（含有少量 I^-），在分解过程中其浓度见表 8-1，随时间变化的曲线如图 8-1 所示。在反应开始的第一个 20 min 内，H_2O_2 的浓度降低最快，Δc = 0.40 mol · L^{-1} – 0.80 mol · L^{-1} = –0.40 mol · L^{-1}；在第二个 20 min 内，H_2O_2 的浓度降低较慢，Δc = 0.20 mol · L^{-1} – 0.40 mol · L^{-1} = –0.20 mol · L^{-1}；每个考察浓度变化的时间间隔 Δt = 20 min 相同，随着反应的继续，H_2O_2 浓度降低的幅度将减小。

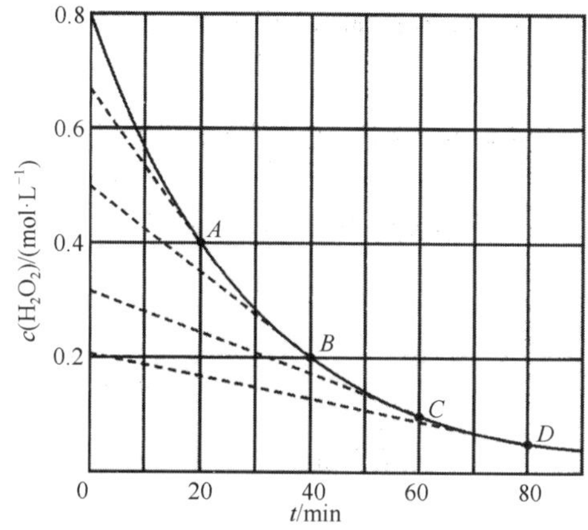

图 8-1　H_2O_2 分解的浓度-时间曲线

通常所说的反应速率均指瞬时速率，用作图法可求得。将表 8-1 内的 H_2O_2 浓度 $c(H_2O_2)$ 对时间 t 作图，可以得到图 8-1。图中点 A、B、C、D 四点分别表示 H_2O_2 分解过程中在时间为第 20 min、40 min、60 min 和 80 min 时的浓度。不难看出，瞬时速率实际上是反应进程中某组分在某时刻其 c-t 曲线上切线的斜率，表明 H_2O_2 分解的瞬时速率在每一时刻都不相同。

表 8-1　H_2O_2 溶液分解的平均速率和瞬时速率（25℃）

t/min	0	20	40	60	80
$c(H_2O_2)$ / (mol · L^{-1})	0.80	0.40	0.20	0.10	0.050
$\overline{v}$ / (mol · L^{-1} · min^{-1})		0.020	0.010	0.0050	0.0025
v / (mol · L^{-1} · min^{-1})		0.014	0.0075	0.0038	0.0019

第二节　化学反应速率理论简介

为什么在相同条件下，反应速率千差万别？物质本性是如何影响反应速率的？要解决上述问题，借助分子运动理论、统计力学和量子力学的研究方法，化学家又先后建立了碰撞理论模型和过渡态理论模型，这都是较成熟的化学反应速率理论。

一、碰撞理论与活化能

经典碰撞理论、简单碰撞理论、现代分子碰撞理论等是碰撞理论的不同发展阶段，对于碰撞理论的成果，在此仅介绍简单碰撞。它是 1916 ～ 1923 年由路易斯等在阿伦尼乌斯经典碰撞理论和气体分子运动理论的基础上建立起来的。

（一）有效碰撞理论

碰撞理论（collision theory）认为，要发生化学反应，反应物分子首先要克服它们之间的斥力并充分接近，才能相互碰撞使其价层电子重新分布，完成反应物分子旧化学键的削弱、断裂和产物分子新化学键的形成这一过程。

根据气体动力学理论，每升气体分子间 1 秒可有数亿次碰撞，若每次碰撞都发生反应，那所有的气相反应都会以非常快的速率进行。然而事实并非如此，大量的实验证实，反应物分子或离子的碰撞有的能发生化学反应，有的则不能。碰撞理论把能发生反应的碰撞称为有效碰撞（effective collision），而大部分不能发生反应的碰撞称为弹性碰撞（elastic collision），也称无效碰撞。反应物分子或离子若要发生有效碰撞，必须具备以下两个条件：

（1）要有足够的动能，克服外层电子之间的斥力而充分接近并发生反应。

（2）碰撞时要有合适的方位，要恰好碰在能起反应的部位上，如果碰撞的部位不合适，即使反应物分子具有足够的动能，也不会发生反应。见图 8-2。

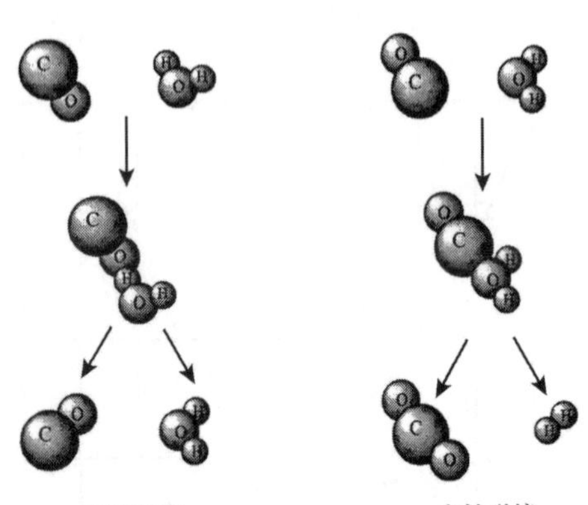

图 8-2 有效碰撞和弹性碰撞示意图

（二）活化能

反应物分子中具有较大的动能并能够发生有效碰撞的分子称为活化分子（activated molecule），通常它只占分子总数中的一小部分。活化分子具有的最低能量 E' 与反应物分子的平均能量 $E_{平}$ 之差，称为活化能（activation energy），用 E_a 表示，其单位为 $kJ \cdot mol^{-1}$。

$$E_a = E' - E_{平} \tag{8-4}$$

由于不同物质具有不同的组成、结构和键能，因此它们进行化学反应时的活化能也不同。当温度一定时，化学反应的活化能越大，普通分子转变为活化分子所需要吸收的能量越大，反应速率就越慢。反应活化能的大小是决定化学反应速率的重要因素。化学反应的活化能越小，活化分子百分数越大，反应速率越快。反之，化学反应活化能越大，活化分子百分数越小，反应速率就越慢。一般化学反应活化能在 60 ～ 250 $kJ \cdot mol^{-1}$。活化能小于 40 $kJ \cdot mol^{-1}$ 的反应，反应速率非常快，可以瞬间完成；活化能大于 400 $kJ \cdot mol^{-1}$ 的反应，反应速率很慢，可以认为难以发生反应。

由大量分子构成的反应体系中，在一定温度下，分子具有一定的平均动能，但并非每一个分子的动能都是一样的。碰撞过程实际上也是分子间相互传递能量的过程。因此，碰撞使得分子间不断进行着能量的重新分配，每个分子的动能并不固定为一个数值。

从统计学的观点看，在温度一定时，具有一定动能的分子数目是不随时间改变的。又因为气体分子运动的动能与其运动速度有关（$E = \frac{1}{2}mv^2$），所以一定温度下气体分子的能量分布曲线类似于分子的速率分布曲线，如图 8-3 所示。

图 8-3 中的横坐标为分子的动能 E，纵坐标 $\Delta N/(N\Delta E)$ 表示具有动能 $E \sim (E+\Delta E)$ 范围内单位动能区间的分子数 ΔN 与分子总数 N 的比值，即分子分数（$\Delta N/N$）。图 8-3 中，$E_{平}$是分子的平均动能，E' 为活化分子所具有的最低能量。根据气体分子运动理论，气体分子的能量分布只与温度有关。能量较低或较高的分子是少数，大多数分子的能量处在分子的平均动能 $E_{平}$附近。曲线下的总面积，即为具有各种能量的分子分数的总和，等于 100%。相应地，E' 右边阴影部分的面积与整个曲线下总面积之比，表示活化分子在分子总数中所占的比值，即活化分子分数。

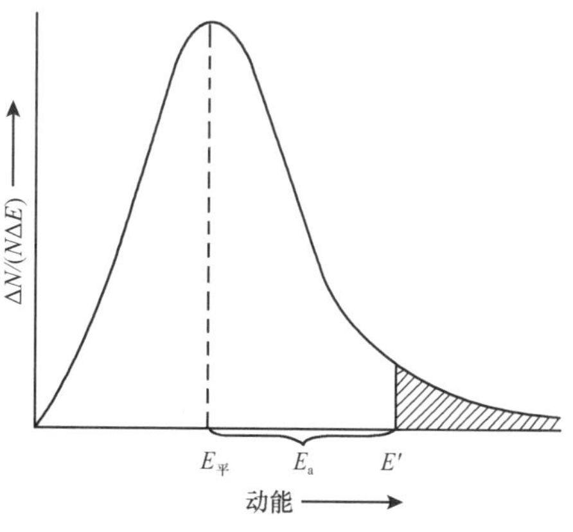

图 8-3 气体分子的能量分布曲线

二、过渡态理论简介

碰撞理论比较直观地描述了反应物分子之间通过有效碰撞转化为产物的一般过程，但是由于碰撞理论没有考虑碰撞时分子内部结构和能量的变化，对于一些比较复杂的反应，碰撞理论往往无法给予合理的解释。

（一）过渡态理论

20 世纪 30 年代，艾林（H. Eyring）、波拉尼（M. Polanyi）等在统计力学和量子力学发展的基础上提出了过渡态理论（transition state theory），从分子角度更深刻地解释了化学反应速率。

过渡态理论认为，在由反应物生成产物的过程中，分子要经历一个价键重排的过渡阶段。也就是说反应物分子在彼此靠近时，其形状和内部结构发生变化，分子的动能逐渐转变为分子内的势能，原有的化学键逐渐削弱，直至断裂，新的化学键逐渐形成，直至生成产物，经历了一个称为活化络合物（activated complex）的过渡状态，简称为过渡态（transition state）。

对于反应

$$A + BC \longrightarrow AB + C$$

$$\underset{\text{反应物}}{A + BC} \xrightleftharpoons{\text{快}} \underset{\substack{\text{过渡态}\\[\text{活化络合物}]}}{A\cdots B\cdots C} \xrightarrow{\text{慢}} \underset{\text{产物}}{AB + C}$$

活化络合物很不稳定，可以进一步转化为产物，也可分解为原来的反应物。在反应的过程中，活化络合物能与反应物较快地建立平衡，而它转化为产物的速率较慢。因此，反应速率是由活化络合物转化为产物的速率所决定的。

（二）活化能与反应热

活化络合物具有的能量比反应物分子和产物分子具有的能量都高。活化络合物比反应物分子的平均能量高出的那部分能量就是反应的活化能 E_a。活化络合物具有的能量高，因而很不稳定。

若产物分子的平均能量比反应物分子的平均能量低，多余的能量将在反应过程中以热的形式放出，这样的反应是放热反应；反之，则是吸热反应。

如图 8-4 所示，A + B—C 表示反应物 A 和 B—C 分子的平均势能 E_1，在这样的势能条件下不能发生反应，$[A\cdots B\cdots C]^{\neq}$表示活化络合物的势能 $E^{\neq}$，A—B+C 点表示产物 A—B 和 C 分子的平均势能 E_2。在反应历程中，A 和 BC 分子必须越过能垒才能经活化络合物生成 AB 和 C 分子。活化能犹如一个反应的能垒，它是由反应物转化为产物过程中的能量障碍，反应物分子必须具有足

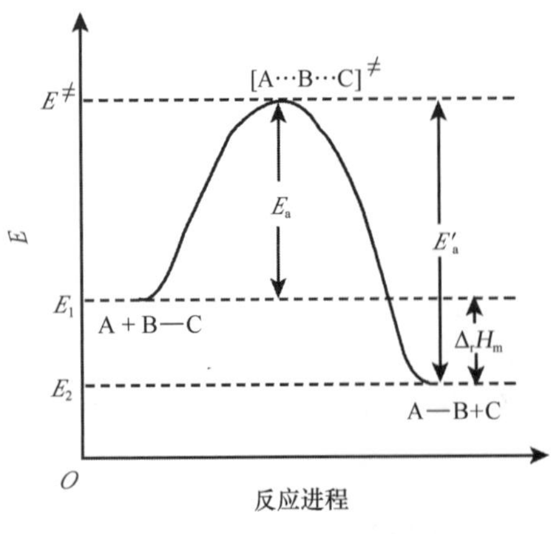

图 8-4 放热反应的势能曲线

够的能量才能越过这个能垒，形成活化络合物进而转化为产物，要越过的能垒越高，则反应的活化能越大，反应物分子越难形成活化络合物，反应速率就越慢；反之，反应进行时要越过的能垒越小，则活化能越小，反应物分子越容易形成活化络合物，反应进行速率就越快。

反应体系的始态与终态能量之差等于化学反应的等压反应热（摩尔焓变）。

$$\Delta_r H_m = E_a - E'_a \tag{8-5}$$

由此可见，等压反应热等于正向反应的活化能与逆向反应的活化能之差。

第三节 浓度对化学反应速率的影响

大量实验事实表明，在一定温度下，增加反应物的浓度可以加快反应速率。这个现象可以用有效碰撞理论加以解释。因为当温度一定时，增加反应物的浓度，则单位体积内分子数增多，活化分子的数目也相应增加，从而增加了单位时间内反应物分子有效碰撞的频率，反应速率加快。

一、基元反应和复合反应

化学反应方程式仅表示参与反应的反应物和最终产物是什么，以及它们之间的化学计量关系，并未表示反应所经历的具体途径。反应物具体通过哪些步骤才能转变为产物，化学反应方程式不一定能体现出来。

在化学反应中，凡是反应物微粒（分子、原子、离子或自由基）一次碰撞就直接转变为产物的反应，称为基元反应（elementary reaction）。

例如下列反应就是基元反应：

$$CO(g) + H_2O(g) \xlongequal{\quad} CO_2(g) + H_2(g)$$

实际上，由一步基元反应完成的化学反应称为简单反应（simple reaction），但这类反应不多。绝大多数化学反应的过程都很复杂，要经过几个步骤，并不是一步就能完成的。将经过两个或两个以上步骤完成的化学反应称为复合反应（complex reaction）。复合反应的每一个步骤是一个基元反应，一个复合反应的速率应由反应速率最慢的那一步基元反应的速率决定。复杂反应中最慢的基元反应限制了整个反应的速率，称为速率控制步骤，又称为限速步骤。例如：

$$H_2(g) + I_2(g) \xlongequal{\quad} 2HI(g)$$

它是经两步完成的，每一步都是一个基元反应：

（1）$I_2(g) \rightleftharpoons 2I(g)$　　快反应

（2）$H_2(g) + 2I(g) \rightleftharpoons 2HI(g)$　　慢反应（速率控制步骤）

二、化学反应的速率方程

1867 年由挪威化学家古德贝格（G. M. Guldberg）和瓦格（P. Waage）在大量实验的基础上总结出一条规律：在一定温度下，基元反应的瞬时速率与各反应物的瞬时浓度幂的乘积成正比，且各反应物瞬时浓度的幂指数，等于其在基元反应方程式中各反应物化学计量数的绝对值。这就是著名的质量作用定律（law of mass action），也就是浓度对基元反应速率影响的定量关系式。之所以命名为

“质量作用定律”，是因为他们当年描述浓度是采用了“有效质量”这一历史名词。

设反应 $a\text{A} + b\text{B} \xlongequal{\quad} d\text{D} + e\text{E}$ 是一个基元反应，则由质量作用定律可得其反应速率方程

$$v = kc^a(\text{A}) \cdot c^b(\text{B}) \tag{8-6}$$

式中，比例系数 k 称为速率常数（rate constant），量纲取决于速率方程中浓度项上的幂次。

质量作用定律可以简单说就是要发生反应，反应物必须相互碰撞，碰撞次数越多，反应速率越大，单位体积内反应物分子的碰撞次数应与反应物浓度幂的乘积成正比，因此反应速率和反应物浓度幂的乘积成正比。

质量作用定律表明了反应速率与反应物浓度之间的关系。质量作用定律仅适用于基元反应。对于复杂反应，则不能根据反应式直接写出其速率方程，而要由实验来确定。例如反应：

$$2\text{N}_2\text{O}_5(\text{g}) \xlongequal{\quad} 4\text{NO}_2(\text{g}) + \text{O}_2(\text{g})$$

研究表明，该反应分三步完成：

（1）$\text{N}_2\text{O}_5 \xlongequal{\quad} \text{NO}_2 + \text{NO}_3$　（慢，速率控制步骤）

（2）$\text{NO}_3 \xlongequal{\quad} \text{NO} + \text{O}_2$　（快）

（3）$\text{NO} + \text{NO}_3 \xlongequal{\quad} 2\text{NO}_2$　（快）

第一步基元反应是速率控制步骤，根据质量作用定律，得

$$v = k\,c\,(\text{N}_2\text{O}_5)$$

实验已证明其反应速率仅与 N_2O_5 的浓度成正比，从反应速率的角度进一步说明了该反应不是基元反应。

对于多相基元反应，也可以应用质量作用定律，但纯固态或纯液态反应物的浓度不写入速率方程。例如，属于基元反应的碳的燃烧反应

$$\text{C(s)} + \text{O}_2(\text{g}) \xlongequal{\quad} \text{CO}_2(\text{g})$$

因为反应只在碳的表面进行，对一定粒度的碳固体而言，其表面为一常数，因此速率方程为

$$v = k\,c\,(\text{O}_2)$$

在稀溶液中进行的基元反应，若溶剂参与了反应，而溶剂的浓度几乎维持不变，因此也不写入速率方程。例如，蔗糖的水解反应

$$\underset{\text{蔗糖}}{\text{C}_{12}\text{H}_{22}\text{O}_{11}} + \text{H}_2\text{O} \xlongequal{\quad} \underset{\text{葡萄糖}}{\text{C}_6\text{H}_{12}\text{O}_6} + \underset{\text{果糖}}{\text{C}_6\text{H}_{12}\text{O}_6}$$

其速率方程为

$$v = k\,c\,(\text{C}_{12}\text{H}_{22}\text{O}_{11})$$

例 8-1　在 1073 K 时，测得反应 $2\text{NO(g)} + 2\text{H}_2(\text{g}) \xlongequal{\quad} \text{N}_2(\text{g}) + 2\text{H}_2\text{O(g)}$ 生成 N_2 的速率，数据如表 8-2 所示，试求该反应的速率方程。

表 8-2　NO 和 H_2 的反应速率（1073 K）

实验编号	起始浓度 /($\text{mol} \cdot \text{L}^{-1}$)		生成 N_2(g) 的速率 /($\text{mol} \cdot \text{L}^{-1} \cdot \text{s}^{-1}$)
	c(NO)	$c(\text{H}_2)$	
1	6.00×10^{-3}	1.00×10^{-3}	3.20×10^{-3}
2	6.00×10^{-3}	2.00×10^{-3}	6.38×10^{-3}
3	6.00×10^{-3}	3.00×10^{-3}	9.59×10^{-3}
4	1.00×10^{-3}	6.00×10^{-3}	0.49×10^{-3}
5	2.00×10^{-3}	6.00×10^{-3}	1.98×10^{-3}
6	3.00×10^{-3}	6.00×10^{-3}	4.42×10^{-3}

解 设该反应的速率方程为

$$v = k\,c^{x}(\mathrm{NO}) \cdot c^{y}(\mathrm{H_2})$$

将1、2、3号实验数据比较可知：当反应物NO浓度保持不变，随着2、3中H_2的浓度分别增加到实验1浓度的2倍和3倍时，反应速率也增加到原来速率的2倍和3倍，即$v \propto c(\mathrm{H_2})$，$y = 1$；同样分析对比4、5、6号实验数据，当$H_2$的浓度保持不变，$v \propto c^2(\mathrm{NO})$，$x = 2$。因此该反应的速率方程为

$$v = k\,c^{2}(\mathrm{NO}) \cdot c(\mathrm{H_2})$$

值得注意的是，有时通过实验测定而得到的速率方程与用质量作用定律直接写出的一致，也不能说明该反应一定为基元反应。例如，前面提到的反应$H_2(g) + I_2(g) \xlongequal{\quad} 2HI(g)$，其速率方程为$v = k\,c(\mathrm{H_2}) \cdot c(\mathrm{I_2})$，与直接用质量作用定律写出的恰好一致，但它不是基元反应。反应的确切机制必须通过实验来确定，而不是由速率方程确定。

三、简单级数反应的特点

（一）反应级数

在反应速率方程中，各物种浓度的幂指数分别称为反应中该物种的级数，也称分级数，而分级数之和称为反应总级数，简称反应级数（reaction order）。对于复杂反应$a\mathrm{A} + b\mathrm{B} \longrightarrow$产物，其速率方程为

$$v = k\,c^{\alpha}(\mathrm{A}) \cdot c^{\beta}(\mathrm{B})$$

式中，α为反应物A的级数，β为反应物B的级数，整个反应级数为$\alpha + \beta$。这里α不一定等于a，β不一定等于b。若$\alpha + \beta = 0$，则该反应为零级反应；若$\alpha + \beta = 1$，则该反应为一级反应；以此类推。

反应级数的大小一般反映了反应物浓度对反应速率的影响程度，并能对推测反应机制有所启发，其值可以是正整数，也可以是分数，还可以是零或负数。级数越大，表明反应物浓度对反应速率的影响越大；若为负级数，则表示反应物对反应的进行起阻碍作用。

在动力学研究中，通常按反应级数大小将反应分为零级反应、一级反应、二级反应、三级反应和分数级反应等。由于基元反应速率方程也具有幂函数形式，与具有幂函数形式速率方程的复杂反应相似，两者可统称为具有简单级数的反应。

与反应级数相关，而且容易混淆的一个概念是反应分子数，它是指基元反应中作为反应物参与的化学粒子（分子、原子、离子或自由基）的数目，或者说是导致化学反应发生的反应物粒子同时碰撞所需的最少数目，它反映了化学反应的微观特征，它与复合反应的反应级数是属于不同范畴的概念，也就是说，仅基元反应具有反应分子数的概念。对于基元反应来说，反应级数和反应分子数的概念均可被引用，通常其值相等，但其意义是有区别的，反应级数描述基元反应宏观速率对浓度的依赖程度。反应分子数的大小等于基元反应方程中各反应物的化学计量数绝对值之和，反应分子数只能是正整数，即不能为零、负数或分数。

（二）简单级数反应的特征

化学反应速率方程反映了速率与浓度的关系。而在实际工作中，往往用反应时间来表示反应的快慢，如药物的有效期、半衰期及药物在体内的停留时间等，所以在研究反应速率时，通常研究反应的时间t和相应时刻的反应物或产物浓度c之间的关系。反应级数不同，浓度与时间关系的方程式也不同，下面讨论具有简单级数的反应。

1. 一级反应 反应速率与反应物浓度的一次方成正比的反应称为一级反应（first-order reaction），若以c表示t时刻反应物的浓度，则其速率方程可表示为

$$v=-\frac{\mathrm{d}c}{\mathrm{d}t}=kc$$

以 c_0 表示 $t=0$ 时反应物的起始浓度，将上式定积分：

$$\int_{c_0}^{c}-\frac{\mathrm{d}c}{c}=\int_0^t k\mathrm{d}t$$

得

$$\ln\frac{c_0}{c}=kt \text{ 或 } \lg\frac{c_0}{c}=\frac{k}{2.303}t \tag{8-7}$$

$$\ln c=-kt+\ln c_0 \quad \text{或} \quad \lg c=-\frac{k}{2.303}t+\lg c_0 \tag{8-8}$$

一级反应的主要特征：

（1）由式（8-8）可知，$\ln c$ 对 t 作图得到一条直线，其斜率为 $-k$（图 8-5）。

（2）一级反应速率常数 k 的量纲为[时间]$^{-1}$，表明一级反应速率常数的数值与浓度采用的单位无关。

（3）半衰期（half life period）是指反应物浓度消耗一半所需要的时间，用 $t_{1/2}$ 表示。一级反应的半衰期 $t_{1/2}$ 可由式（8-7）得

$$t_{1/2}=\frac{\ln 2}{k}=\frac{0.693}{k} \tag{8-9}$$

一级反应的半衰期与速率常数成反比，与反应物起始浓度无关。对于一个给定的反应，由于速率常数有定值，所以半衰期也是定值。

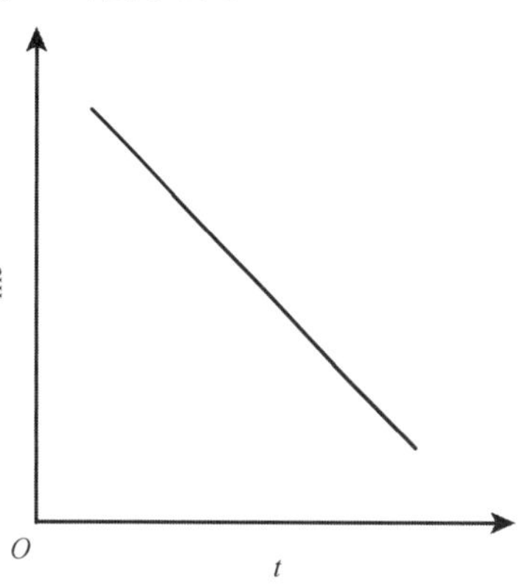

图 8-5 一级反应的直线关系

一级反应的实例很多，例如一些物质的分解反应、分子内的重排反应、放射性元素的蜕变、多数药物在体内的代谢（前提是这些药物在代谢转化部位的浓度低于其药物代谢酶的限制浓度。大多数药物或外源性物质在体内的氧化代谢是由肝脏中种类相对有限的药物代谢酶所介导和催化的）等都是一级反应。许多物质在水溶液中的水解反应，实际上是二级反应，但由于有大量水的存在，水的浓度可看作常数而不写入速率方程，因此可按一级反应的方程处理而表现出一级反应的特征，这类反应称为准一级反应（pseudo first order reaction）。

例 8-2 已知某药物的分解反应的速率常数 k 为 0.0693 h^{-1}。该药经多长时间可分解 90% 和 50%？

解 由于反应为一级反应，该药物分解一半所需时间为

$$t_{1/2}=\frac{\ln 2}{k}=\frac{0.693}{0.0693\mathrm{h}^{-1}}=10\,(\mathrm{h})$$

设该药物初始浓度为 c_0，药物分解 90% 后的浓度为（1 − 90%）c_0，则

$$\lg\frac{c_0}{c}=\frac{k}{2.303}t$$

$$\lg\frac{c_0}{(1-90\%)c_0}=\frac{0.0693\mathrm{h}^{-1}}{2.303}t$$

$$t=33.2\,(\mathrm{h})$$

2. 二级反应 反应速率与反应物浓度的二次方成正比的反应称为二级反应（second-order reaction）。速率方程为：

$$v = -\frac{dc}{dt} = kc^2 \tag{8-10}$$

经定积分处理后得

$$\frac{1}{c} = \frac{1}{c_0} + kt \tag{8-11}$$

二级反应的主要特征：

（1）反应物浓度的倒数 $1/c$ 与时间 t 呈直线关系，直线斜率为 k，截距为 $1/c_0$。

（2）二级反应速率常数 k 的量纲为［浓度］$^{-1}$·［时间］$^{-1}$。

（3）二级反应的半衰期为 $t_{1/2} = \dfrac{1}{kc_0}$。

较为常见的二级反应，如有机化学中的加成反应、分解反应、取代反应等。

例 8-3 乙酸乙酯在 298K 时的皂化反应为二级反应

$$CH_3COOC_2H_5 + NaOH \longrightarrow CH_3COONa + C_2H_5OH$$

若乙酸乙酯与氢氧化钠的初始浓度均为 0.0150 mol · L^{-1}，反应进行 20 min 后，碱的浓度减少了 0.0066 mol · L^{-1}，求反应的速率常数和半衰期。

解 碱的初始浓度 c_0 = 0.0150 mol · L^{-1}，反应 20 min 后，碱的浓度 c = 0.0150 mol · L^{-1} – 0.0066 mol · L^{-1} = 0.0084 mol · L^{-1}，由于反应为二级反应，则有

$$\frac{1}{c} = \frac{1}{c_0} + kt$$

$$\frac{1}{0.0084\ \text{mol}\cdot\text{L}^{-1}} = \frac{1}{0.0150\ \text{mol}\cdot\text{L}^{-1}} + k \times 20\ \text{min}$$

$$k = 2.62\ (\text{L}\cdot\text{mol}^{-1}\cdot\text{min}^{-1})$$

$$t_{1/2} = \frac{1}{kc_0} = \frac{1}{2.62\ \text{L}\cdot\text{mol}^{-1}\cdot\text{min}^{-1} \times 0.0150\ \text{mol}\cdot\text{L}^{-1}} = 25.4\ (\text{min})$$

3. 零级反应 反应速率与反应物浓度无关的反应称为零级反应（zero-order reaction）。其速率方程为

$$v = -\frac{dc}{dt} = kc_0 = k \tag{8-12}$$

经定积分处理得

$$c = -kt + c_0 \tag{8-13}$$

零级反应的主要特征：

（1）反应物浓度 c 与时间呈直线关系，直线斜率为 $-k$，截距为 c_0。

（2）零级反应速率常数 k 的量纲为［浓度］·［时间］$^{-1}$。

（3）零级反应的半衰期为 $t_{1/2} = \dfrac{c_0}{2k}$。

常见的零级反应，是一些多相催化反应，如某些光化反应、表面催化反应、酶催化反应等。当药物代谢酶的活性部位全部被其代谢药物饱和时，药物代谢显示零级速率过程。近年来发展的一些缓释长效药，其释药速率在相当长的时间范围内比较恒定，属于一类特殊的零级反应，如一月一针的长效青霉素的缓释速率可使血药浓度长时间维持在一定的水平；又如，在国际上应用较广的一种皮下植入剂，内含女性避孕药左旋 18-炔诺孕酮，每天约释药 30 μg，可一直维持 5 年左右。

具有简单级数的几种反应的特征归纳在表 8-3 中。

表 8-3　简单级数反应的特征

反应级数	基本方程	直线关系	斜率	半衰期	k 的量纲
一级	$\lg c=-\frac{k}{2.303}t+\lg c_0$	$\lg c$ 对 t	$-\frac{k}{2.303}$	$\frac{0.693}{k}$	[时间]$^{-1}$
二级	$\frac{1}{c}=kt+\frac{1}{c_0}$	$\frac{1}{c}$ 对 t	k	$\frac{1}{kc_0}$	[浓度]$^{-1}$·[时间]$^{-1}$
零级	$c=-kt+c_0$	c 对 t	$-k$	$\frac{c_0}{2k}$	[浓度]·[时间]$^{-1}$

从表 8-3 可以看出，由各级反应的半衰期可以求得相应的速率常数。另外，由速率常数的量纲也可以判断出反应的级数。

第四节　温度对化学反应速率的影响

众所周知，温度对反应速率的影响是非常显著的。生物体系同样如此，如土拨鼠在正常活动时，心率为 80 次 · min^{-1}，但冬眠期只有 4 次 · min^{-1}；工厂排出的温热水，可以使池塘里的水生生物代谢速率加快，耗氧量增大，严重时导致水中的鱼儿缺氧死亡；再如，人发高热的时候，心率加快，呼吸变急促。那么，温度是如何影响化学反应速率的呢？

一、温度与速率常数的关系

（一）范托夫规则

温度能显著影响反应速率，对于大多数反应，不管是放热反应还是吸热反应，其反应速率都随温度的升高而加快。在室温下，氢气与氧气反应生成水需要 2.3×10^{12} 年，在 400℃时需要约 80 天，如果把温度升至 600℃左右，反应即可瞬间完成。根据有效碰撞理论，温度升高，一方面分子平均动能增大，单位时间内分子间碰撞次数增加，导致反应速率加快；另一方面更重要的是温度升高，可导致更多的分子获得能量成为活化分子，即具有高能量的活化分子百分数增加，从而使反应速率加快。在实验室和工厂生产中常用加热的方法来加快反应速率，另外，某些药物和化学试剂，在高温或常温下容易变质，因此这些物质必须储存在冰箱或阴暗处。

1884 年，荷兰化学家范托夫总结了大量实验事实，归纳出一条近似规律——范托夫规则，温度每升高 10 K，化学反应速率一般加快 2 ～ 4 倍。范托夫规则为预测温度对反应速率影响的程度提供了估算依据。

（二）阿伦尼乌斯方程

1889 年，瑞典化学家阿伦尼乌斯在范托夫等研究的基础上，经过对大量反应实验数据的处理，提出反应速率常数 k 与温度 T 之间存在的定量关系式，即阿伦尼乌斯方程：

$$k=Ae^{-\frac{E_a}{RT}} \tag{8-14}$$

将上式两边取对数可得

$$\ln k=-\frac{E_a}{RT}+\ln A \tag{8-15}$$

或
$$\lg k=-\frac{E_a}{2.303RT}+\lg A \tag{8-16}$$

式中，k 为速率常数；E_a 为反应的活化能；R 为摩尔气体常量；T 为热力学温度；A 称为指前因子（preexponential factor）或频率因子，它与单位时间内反应物分子的碰撞频率及碰撞时分子取向的可能性有关，对给定的反应为特性常数，反应不同，A 值可以不同，其单位与 k 一致。

从阿伦尼乌斯方程可以看出：

（1）对某一反应，E_a 和 A 都可视为常数，$e^{-\frac{E_a}{RT}}$ 随温度升高而增大，表明升高温度，k 增大，反应加快。

（2）当温度一定时，A 值相近的几个反应，E_a 越大的反应，$e^{-\frac{E_a}{RT}}$ 越小，k 也越小；即活化能越大，反应进行越慢。

（3）活化能不同的反应，温度变化对反应速率的影响程度不同。活化能越大的反应，受温度变化的影响越大。对于可逆反应，吸热反应正反应活化能 E_a 大于逆反应活化能 E'_a，升高温度，正反应速率增加得多，平衡向正（吸热）方向移动；放热反应正反应活化能 E_a 小于逆反应活化能 E'_a，升高温度，逆反应速率增加得多，平衡向逆（吸热）方向移动。

若某反应在温度 T_1 时速率常数为 k_1，在温度 T_2 时速率常数为 k_2，根据阿伦尼乌斯方程可得

$$\lg k_1=-\frac{E_a}{2.303RT_1}+\lg A$$

$$\lg k_2=-\frac{E_a}{2.303RT_2}+\lg A$$

两式相减得

$$\lg\frac{k_2}{k_1}=\frac{E_a}{2.303R}\left(\frac{T_2-T_1}{T_1T_2}\right) \tag{8-17}$$

由式（8-17）可知，对于温度变化相同时，活化能不同的反应，活化能越大，$\frac{k_2}{k_1}$ 值也越大，即反应速率增大的倍数也越大。

利用式（8-17）可以计算反应的活化能或不同温度时反应的速率常数。

例 8-4 某药物在水溶液中分解，323 K 和 343 K 时测得该分解反应的速率常数分别为 $7.08\times10^{-4}\ h^{-1}$ 和 $3.55\times10^{-3}\ h^{-1}$，求该反应的活化能和 298 K 时的速率常数。

解 由式（8-18）得

$$\begin{aligned}E_a&=2.303R\left(\frac{T_1T_2}{T_2-T_1}\right)\lg\frac{k_2}{k_1}\\&=2.303\times8.314\ \text{J}\cdot\text{mol}^{-1}\cdot K^{-1}\times\left(\frac{323\text{K}\times343\text{K}}{343\text{K}-323\text{K}}\right)\times\lg\frac{3.55\times10^{-3}\text{h}^{-1}}{7.08\times10^{-4}\text{h}^{-1}}\\&=7.426\times10^4\ \text{J}\cdot\text{mol}^{-1}\\&=74.26\ \text{kJ}\cdot\text{mol}^{-1}\end{aligned}$$

设该反应在 298 K 时的速率常数为 k_3，则

$$\lg\frac{k_3}{k_1}=\frac{E_a}{2.303\text{R}}\left(\frac{T_3-T_1}{T_1T_3}\right)$$

$$\lg\frac{k_3}{7.08\times10^{-4}\,\mathrm{h}^{-1}}=\frac{7.426\times10^4\ \mathrm{J\cdot mol^{-1}}}{2.303\times8.314\ \mathrm{J\cdot mol^{-1}}}\left(\frac{298\mathrm{K}-323\mathrm{K}}{298\mathrm{K}\times323\mathrm{K}}\right)$$

$$\lg\frac{k_3}{7.08\times10^{-4}\,\mathrm{h}^{-1}}=-1.007$$

$$k_3=6.97\times10^{-5}\ (\mathrm{h}^{-1})$$

二、温度影响化学反应速率的原因

阿伦尼乌斯方程从数量关系上体现出温度对反应速率常数的影响。其实，温度是通过影响反应速率常数来影响反应速率的。

图 8-6 示意了反应物分子的能量在不同温度下分布情况的变化。温度升高时，曲线明显右移、峰高降低，表明分子的平均动能增加，具有平均动能分子的分数减少；而活化分子的分数（图 8-6 中的阴影区域）却显著增加，这表明活化分子数的增加将使反应物分子间的有效碰撞增多。因此，当温度升高时，活化分子分数的大大增加是反应速率加快的重要原因。

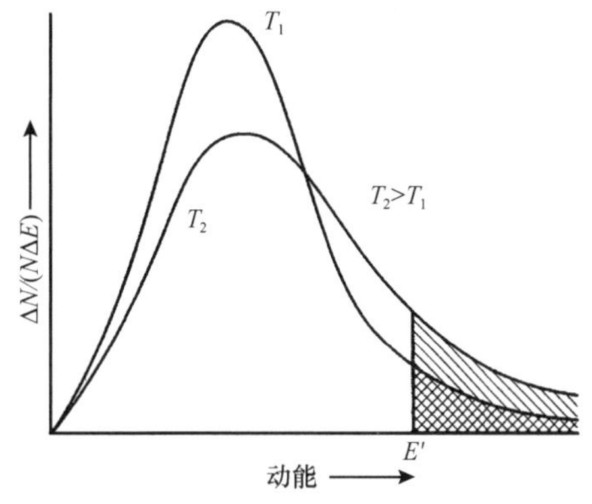

图 8-6　温度升高活化分子分数增大

第五节　催化剂对化学反应速率的影响

催化现象的最早记载可追溯到 16 世纪德国炼金术的著作中，但催化作用作为一个化学概念，直到 1836 年才由瑞典化学家贝采尼乌斯（Berzelius）提出来。在此之后，催化研究得以广泛开展。1894 年，德国化学家奥斯特瓦尔德（Ostwald）给出了催化剂的明确定义。催化剂一般可使化学反应速率增大 10 个数量级以上，但其本身并不消耗，一个多世纪以来，“催化”一直是化学学科中最活跃的一门分支学科，这不仅因为催化技术的进展对石油、化学工业的变革起着决定性的作用，而且因为在生物体系中普遍存在的酶，是生物赖以生存的一切化学反应的催化剂。

一、催化剂及催化作用

能够显著改变化学反应速率，而其本身的质量和化学组成在反应前后保持不变的物质称为催化剂（catalyst）。催化剂改变化学反应速率的作用称为催化作用。在催化剂作用下进行的反应称为催化反应（catalytic reaction）。如氢和氧在室温下几乎不发生反应，但在它们的混合气体中加入微量铂粉即可发生爆炸反应。反应后铂粉的成分和质量并没有改变。不过，其某些物理性质常会发生改变，如外观改变、晶形消失等。高温下氨的氧化通过与外表光泽的铂丝网接触而催化生成一氧化氮，反应过后铂丝网表面会变粗糙。

通常将能加快化学反应速率的催化剂称为正催化剂，催化剂的选择性很强，一种催化剂往往只能加速一种或少数几种反应，有时对同一种反应物使用不同的催化剂可能得到不同的产物。催化剂的用量一般也很少，如在每升过氧化氢中加入 3 μg 的胶态铂，可显著促进过氧化氢分解成水和氧气。能减缓化学反应速率的催化剂称为负催化剂或阻化剂，一般情况下，如果没有加以说明，都是指正催化剂。而有些反应的产物本身就能作该反应的催化剂，从而使反应自动加快，这种催化剂称为自催化剂。这类反应称为自催化反应（self-catalyzed reaction）。例如，在酸性溶液中，$KMnO_4$ 氧化草酸的反应，反应式为

$$2KMnO_4 + 3H_2SO_4 + 5H_2C_2O_4 = 2MnSO_4 + K_2SO_4 + 8H_2O + 10CO_2$$

反应开始进行时较慢，生成 Mn^{2+} 后，反应就自动变快，这是由于反应所生成的 Mn^{2+} 对该反应具有催化作用。

大量实验事实证明，催化剂具有以下基本特点：

（1）催化剂参与了整个反应过程，但在化学反应前后的质量和化学组成不变。

（2）催化剂具有选择性，即一种催化剂通常只对一种或少数几种反应起催化作用。对同一反应，不同的催化剂对反应速率影响不同，还可得到不同的产物。

（3）在可逆反应中，催化剂可同时催化正反应速率与逆反应速率，但不会改变平衡常数 $K^{\ominus}$，也不能改变化学反应的吉布斯自由能变 $\Delta_r G_m$，因此催化不能使热力学上已经证明不可能发生的反应实现。催化剂能加快到达化学平衡，但不会使平衡移动。

催化剂加快反应速率的原因是，加入催化剂后改变了反应途径，降低了反应的活化能。由于反应的活化能降低，活化分子分数增加，反应速率加快。

二、催化作用理论简介

催化反应根据催化剂与反应物是否在同一相，可分为均相催化和多相催化。

（一）均相催化理论——中间产物学说

催化剂与反应物处于同一相的反应称为均相催化反应，简称均相催化（homogeneous catalytic）。酸碱催化、配位催化和自催化是常见的均相催化。在均相催化反应中，由于催化剂与反应物分子形成了不稳定的中间化合物，从而改变了反应途径，降低了反应的活化能，反应加快。这种理论称为中间产物学说。

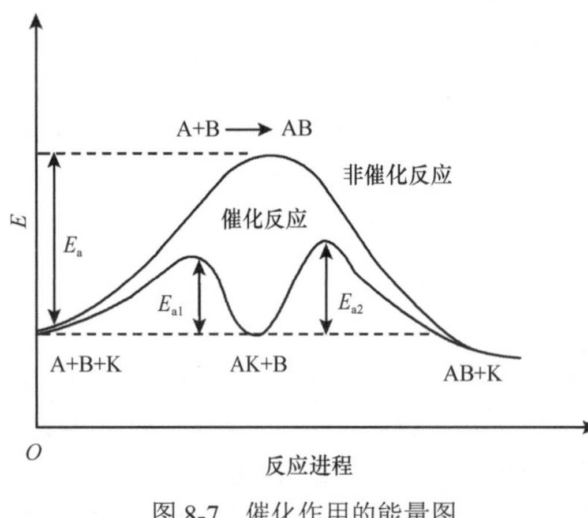

图 8-7　催化作用的能量图

催化剂生成中间产物的反应机制，可用下式表示。

对于反应 $A + B \longrightarrow AB$

加入催化剂 C，其催化机制可表达为

（1）$A + C \rightleftharpoons AC$

（2）$AC + B \longrightarrow AB + C$

如图 8-7 所示，非催化反应中，由反应物生成产物所需的活化能为 E_a。催化反应中，第一步先形成中间产物 AK，反应的活化能为 E_{a1}；再进一步反应生成产物 AB，并释放出催化剂 K，反应的活化能为 E_{a2}。E_{a1} 和 E_{a2} 均小于 E_a，因此在催化剂作用下，反应速率明显加快。

（二）多相催化理论——活化中心学说

催化剂与反应物处于不同相的反应称为多相催化反应，简称多相催化（heterogeneous catalysis）。在多相催化反应中，催化剂一般为固体，而反应物为气体或液体，反应通常在催化剂表面进行。固体催化剂表面超微结构凹凸不平，在棱角处及表面上不规则处等部位造成表面化学键的不饱和性，能吸附反应物并发生化学反应，使得反应物旧键松弛而失去正常的稳定状态，转变为新物质。在这个过程中，反应的活化能比原来低，因此反应速率加快。催化剂表面易于发生化学吸附的部

位称为活性中心，因此，这种理论也被称为活化中心学说。不同的催化剂活化中心的几何排布不同，化学吸附能力不同，因此催化活性也不同。

多相催化的例子很多，如分子筛催化、金属催化等。其典型实例之一是汽车废气的清洁。多相催化比均相催化复杂，多相催化机制的理论也很多，均有其局限性，因此有关催化理论的研究仍在不断地研究与发展。

三、生物催化剂——酶

酶（enzyme）是一种特殊的、具有催化能力的蛋白质。几乎所有生物体内进行的化学反应都是在酶的催化下完成的。早在远古时代，人类就开始利用酵母等含糖和含淀粉的食物酿造酒和醋，这些酵母实际上就是酶。大多数酶由蛋白质分子组成，近 20 年也发现了核酸性酶的存在。蛋白酶分子往往很大，相对分子质量为 $10^4 \sim 10^6$，相当于胶体粒子的大小。因此，酶催化是介于均相催化和多相催化之间的、具有自身特性的一类催化作用。酶催化反应中的反应物称为底物（substrate）。天然酶能够在生物体所能耐受的特定条件下加速许许多多体内的生物反应。生物体内酶的种类繁多，主要有水解酶、氧化还原酶、转移酶、合成酶、连接酶、裂合酶和异构酶等。如果生物体内缺少了某些酶，则影响这些酶所参与的反应，严重时将危及健康。酶催化反应的机制为酶与底物首先生成中间配合物，继续反应生成产物，同时使酶再生。酶高效催化的根本原因仍是改变反应途径，降低反应的活化能。与一般的催化反应相比较，酶催化反应具有以下显著特点。

1. 高度的选择性（专一性） 酶对其所催化的底物具有严格的选择性，一种酶只能催化一种或一类底物而发生反应。有的酶只对一种物质的某种旋光异构体起作用。例如，淀粉酶催化淀粉水解；从酵母中分离出来的乳酸脱氢酶，只催化 *L*-乳酸脱氢生成丙酮酸，而对 *D*-乳酸则没有影响。

2. 高度的催化活性 酶具有很强的催化能力，其催化效率比一般的非酶催化剂可高出 $10^6 \sim 10^{10}$ 倍。例如，食物中蛋白质的水解（即消化），在体外需在浓的强酸（或强碱）条件下煮沸相当长的时间才能完成，但在酸碱性都不太强、温度仅 37℃的人体消化道中，却能迅速消化，这是因为消化液中有蛋白酶催化的结果。又如，存在于血液中的碳酸酐酶能催化 H_2CO_3 分解为 CO_2 和 H_2O，1 个碳酸酐酶分子在 1 min 内可以催化 1.9×10^7 个 H_2CO_3 分子分解。正因为血液中存在如此高效的催化剂，才能及时完成排放 CO_2 的任务，以维持正常的生理 pH。

3. 酶通常在一定 pH 范围及一定温度范围内才具有催化活性 酶的作用依赖于酶蛋白分子三维结构的形状，温度升高到一定程度时，酶蛋白将变性，使三维结构破坏而失去催化活性，大多数酶的最适温度在 37℃左右。同样地，酶活性对 pH 的变化也非常敏感，酶只有在一定的 pH 范围内才有活性，并且对其活性常常也有一最适 pH，如胃蛋白酶 pH 为 2 ～ 4，小肠蛋白水解酶——胰蛋白酶 pH 为 7 ～ 8，如果超出此范围，活性就会完全失去。pH 改变可使稳定的天然酶蛋白三维结构的弱键发生断裂，也可以使参与活性中心功能的氨基酸侧链的电解状态发生改变。

思考与练习

1. 名词解释。

（1）化学反应速率 （2）瞬时速率 （3）碰撞理论 （4）有效碰撞
（5）活化能 （6）基元反应 （7）复合反应 （8）反应级数
（9）半衰期 （10）零级反应 （11）范托夫规则
（12）均相催化反应

2. 零级反应是不是基元反应？具有简单级数的反应是否一定是基元反应？

3. 某一反应进行完全所需时间是有限的，且等于 $\frac{c_0}{k}$（c_0 为反应物起始浓度），则该反应是几级反应？

4. 反应速率常数 k 的物理意义是什么？当时间单位为 h，浓度单位为 $mol \cdot L^{-1}$ 时，对一级、二级和零级反应，速率常数的单位各是什么？

5. 碰撞理论与过渡态理论分别如何阐述反应速率？

6. 某定容基元反应的热效应为 $100\ kJ \cdot mol^{-1}$，则该正反应的实验活化能 E_a 的数值将大于、等于还是小于 $100\ kJ \cdot mol^{-1}$？如果反应热效应为 $-100\ kJ \cdot mol^{-1}$，则 E_a 的数值又将如何？

7. 如下列气相反应是基元反应，根据反应相关数据

$$2NO+O_2 \underset{k'}{\overset{k}{\rightleftharpoons}} 2NO_2$$

T / K	600	645
k / ($L^2 \cdot mol^{-2} \cdot min^{-1}$)	6.62×10^5	6.81×10^5
k' / ($L \cdot mol^{-1} \cdot min^{-1}$)	8.40	40.8

求：（1）两个温度下的平衡常数。

（2）正向反应和逆向反应的活化能。

8. 在 SO_2 氧化成 SO_3 反应的某一时刻，SO_2 的反应速率为 $13.60\ mol \cdot L^{-1} \cdot h^{-1}$，试求 O_2 和 SO_3 的反应速率各是多少？

9. 多数农药的水解反应是一级反应，它们的水解速率是杀虫效果的重要参考指标。溴氰菊酯在 20°C 时的半衰期是 23 天。试求在 20°C 时的速率常数。

10. 25°C 时，N_2O_5 的分解反应的半衰期是 340 min，并且与 N_2O_5 的最初压力无关。①反应的速率常数是多少？②分解完成 80% 需多少时间？

11. 气体 A 的分解反应为 A(g) $\longrightarrow$ 产物，当 A 的浓度为 $0.50\ mol \cdot L^{-1}$ 时，反应速率为 $0.014\ mol \cdot L^{-1} \cdot s^{-1}$。如果该反应分别属于①零级反应、②一级反应、③二级反应，则当 A 的浓度等于 $1.0\ mol \cdot L^{-1}$ 时，反应速率常数各是多少？

12. 乙醛的热分解反应是二级反应，733 K 和 833 K 时，反应的速率常数分别为 $0.038\ L \cdot mol^{-1} \cdot s^{-1}$ 和 $2.10\ L \cdot mol^{-1} \cdot s^{-1}$，求①反应的活化能及 773 K 时的速率常数；② 773 K 时当乙醛的浓度为 $0.050\ mol \cdot L^{-1}$，反应到 200 s 时的速率。

13. 经呼吸 O_2 进入体内，在血液中发生反应：Hb（血红蛋白）+ $O_2 \longrightarrow HbO_2$（氧合血红蛋白），此反应对 Hb 和 O_2 均为一级反应。在肺部两者的正常浓度应不低于 $8.0 \times 10^{-6}\ mol \cdot L^{-1}$ 和 $1.6 \times 10^{-6}\ mol \cdot L^{-1}$，正常体温 37°C 下，该反应的速率常数 $k = 1.98 \times 10^6\ L \cdot mol^{-1} \cdot s^{-1}$，计算：

（1）正常人肺部血液中 O_2 的消耗速率和 HbO_2 的生成速率各是多少？

（2）若某位患者的 HbO_2 生成速率达到 $1.3 \times 10^{-4}\ mol \cdot L^{-1} \cdot s^{-1}$，通过输氧使 Hb 浓度维持正常值，肺部 O_2 浓度应为多少？

14. 在 28°C，鲜牛奶大约 4 h 开始变酸，但在 5°C 的冰箱中可保持 48 h。假定变酸反应的速率与变酸时间成反比，求牛奶变酸反应的活化能。

15. 某酶催化反应的活化能是 $50.0\ kJ \cdot mol^{-1}$，试估算此反应在发烧至 40°C 的患者体内比正常人（37°C）加快的倍数（不考虑温度对酶活力的影响）。

16. 活着的动植物体内 ^{14}C 和 ^{12}C 两种同位素的比值和大气中 CO_2 所含这两种碳同位素的比值是相等的，但动植物死亡后，由于 ^{14}C 不断蜕变（此过程为一级反应）

$$^{14}C \longrightarrow {}^{14}N + e \qquad t_{1/2}=5720\ a$$

$^{14}C/^{12}C$ 便不断下降，考古工作者根据 $^{14}C/^{12}C$ 值的变化推算生物化石的年龄，如周口店山顶洞遗址出土的斑鹿骨化石的 $^{14}C/^{12}C$ 值是当今活着的动植物的 0.109 倍，试估算该化石的年龄。

（张　悦）

知识拓展

习题详解

第九章　氧化还原反应与原电池

反应前后元素原子的氧化值发生变化的化学反应，称为氧化还原反应（oxidation-reduction reaction, redox reaction）。氧化还原反应广泛地存在于自然界和生命过程中，是一类十分重要的化学反应。生物的光合作用、呼吸过程、新陈代谢、神经传导、生物电现象等都属于氧化还原反应。氧化还原反应包含氧化反应和还原反应。氧化反应和还原反应可以作为两个电极反应组成原电池，将氧化还原反应产生的化学能转变为电能。氧化还原反应及电化学在工农业生产、科学技术、生命过程以及人们的日常生活等诸多方面有着广泛的应用。

本章重点阐述利用氧化还原反应组成原电池、电池电动势、电极电位的产生及影响因素、电极电位的应用，以及电位法测定溶液的 pH，并简要介绍生物传感器及其应用。

第一节　氧化还原反应

一、氧　化　值

1970 年，国际纯粹与应用化学联合会（IUPAC）给出了氧化值（氧化数）的定义：氧化值（氧化数，oxidation number）是某元素一个原子的表观电荷数，即形式电荷数。在离子化合物中，元素的氧化值等于该元素离子的电荷数；在共价化合物中，元素的氧化值等于该元素的原子偏离或偏向的共用电子对数。共用电子对偏离的原子，氧化值为正，偏向的原子氧化值为负。氧化值是形式电荷数，所以可以是分数或小数。

确定氧化值的规则如下：

（1）单质中元素的氧化值为零。例如，H_2 中 H 的氧化值为 0。

（2）在化合物中氢的氧化值一般为 +1，在金属氢化物中为 –1。例如，NaH 中 H 的氧化值为 –1。

（3）在化合物中氧的氧化值一般为 –2，在过氧化物中为 –1，在超氧化物中为 $-\frac{1}{2}$，在氧的氟化物中为 +1 或 +2。例如，H_2O_2 中 O 的氧化值为 –1；在 KO_2 中为 $-\frac{1}{2}$；OF_2 中为 +2。

（4）离子型化合物中元素的氧化值等于该离子所带的电荷数。例如，KCl 中 K 的氧化值为 +1，Cl 的氧化值为 –1。

（5）共价型化合物中，两原子的形式电荷数即为它们的氧化值。例如，HCl 中 H 的氧化值为 +1；Cl 的氧化值为 –1。

（6）中性分子中各原子的氧化值的代数和为零，复杂离子的电荷数等于各元素氧化值的代数和。

（7）卤素的氧化值：氟的氧化值在所有化合物中均为 –1，如在 OF_2 中。其他卤素原子的氧化值一般为 –1，但在卤族的二元化合物中，列在周期表中靠前的卤原子的氧化值为 –1，如 Cl 在 BrCl 中，Cl 的氧化值为 –1，Br 的氧化值为 +1；在含氧化合物中按氧化物决定，如 ClO_2 中 Cl 的氧化值为 +4。

例 9-1　求 NH_4^+ 中 N 的氧化值。

解　H 的氧化值为 +1，设 N 的氧化值为 x，则，

$$x + (+1)\times 4 = +1，x = -3$$

即 NH_4^+ 中 N 的氧化值为 –3。

例 9-2　求 Fe_3O_4 中 Fe 的氧化值。

解　O 的氧化值为 –2，设 Fe 的氧化值为 x，则

$$3x + (-2) \times 4 = 0，\ x = \frac{8}{3}$$

即 Fe_3O_4 中 Fe 的氧化值为 $\frac{8}{3}$。

氧化值和化合价是两个不同的概念，不能混淆。化合价是某种元素的原子与其他元素的原子化合时两种元素的原子数目之间的比例关系，所以化合价为整数。例如，在 Fe_3O_4 中，Fe 的化合价为 +2 和 +3。氧化值是形式电荷数，可以为分数或小数。

实际上，某元素原子氧化值的正负取决于在化合物中该元素原子的电负性的相对大小，电负性相对较大的原子，吸引电子的能力强，氧化值为负；反之，氧化值为正。如 HCl 中，Cl 的电负性大于 H 的电负性，所以，Cl 的氧化值为负，H 的氧化值为正。

注意：

（1）在共价化合物中，确定元素氧化值时不要与共价键数相混淆。例如，CH_4、CH_3Cl、CH_2Cl_2、$CHCl_3$、CCl_4 等化合物中，C 的共价键数均为 4，但 C 的氧化值分别为 –4、–2、0、+2、+4。

（2）化学中常以 Mn(Ⅶ)、S(Ⅵ) 表示 Mn、S 元素的氧化值，说明是结合态的 Mn(Ⅶ)、S(Ⅵ)，不能写作游离态的 Mn^{7+}、S^{6+}。

二、氧化还原反应的概念

氧化还原反应可以拆分成两个半反应（half-reaction），即氧化反应（oxidation reaction）和还原反应（reduction reaction）。失去电子，使元素原子氧化值升高的半反应为氧化反应；得到电子，使元素原子氧化值降低的半反应为还原反应。获得电子，氧化值降低的物质为氧化剂（oxidizing agent）；失去电子，氧化值升高的物质为还原剂（reducing agent）。由此可见，氧化还原反应的实质是电子的转移。

例如，氯气氧化碘离子的反应

$$Cl_2 + 2I^- \Longrightarrow 2Cl^- + I_2$$

反应前氯的氧化值为 0，反应后氯的氧化值为 –1，每个氯原子获得了一个电子，氧化值降低，发生了还原反应，Cl_2 为氧化剂；反应前碘的氧化值为 –1，反应后碘的氧化值为 0，每个碘离子失去了一个电子，氧化值升高，发生了氧化反应，I^- 为还原剂。

将 Cl_2 氧化 I^- 的反应拆分成两个半反应

氧化反应：$2I^- \longrightarrow I_2 + 2e^-$

还原反应：$Cl_2 + 2e^- \longrightarrow 2Cl^-$

氧化反应和还原反应合并为氧化还原反应

$$\overset{2e^-}{\overbrace{Cl_2 + 2I^-}} \Longrightarrow 2Cl^- + I_2$$

氯原子获得电子，氧化值降低，Cl_2 为氧化剂，被还原；碘离子失去电子，氧化值升高，I^- 为还原剂，被氧化。

再如，高锰酸钾氧化过氧化氢的反应

$$2MnO_4^- + 5H_2O_2 + 6H^+ \Longrightarrow 2Mn^{2+} + 5O_2 + 8H_2O$$

氧化反应：$H_2O_2 \longrightarrow O_2 + 2H^+ + 2e^-$

还原反应：$MnO_4^- + 8H^+ + 5e^- \longrightarrow Mn^{2+} + 4H_2O$

MnO_4^- 为氧化剂，被还原；H_2O_2 为还原剂，被氧化。

当溶液中的介质或其他物质参与半反应时，如 MnO_4^- 氧化 H_2O_2 反应中的 H^+，尽管它们在反应中未得失电子，但维持了反应中原子的种类和数目不变，故也应写入半反应中。

在氧化还原反应中，电子得失平衡，氧化反应和还原反应同时存在。氧化还原半反应用以下通式表示

$$氧化型 + ne^- \rightleftharpoons 还原型$$

或

$$Ox + ne^- \rightleftharpoons Red$$

n 为半反应中转移的电子数。Ox 为氧化型物质，是某元素原子氧化值相对较高的物质；Red 为还原型物质，是该元素原子氧化值相对较低的物质。

同一元素的原子在不同化学式中的氧化值可能不同，如铁原子，在 $FeCl_3$ 中氧化值为 +3，在 $FeSO_4$ 中氧化值为 +2，在铁单质中氧化值为 0。同一元素原子的氧化型物质及对应的还原型物质构成氧化还原电对。氧化还原电对写成“氧化型 / 还原型”的形式，氧化型或还原型物质通常用其化学式表示，例如：

$$Fe^{3+}/Fe^{2+}，Fe^{2+}/Fe，Cl_2/Cl^-，Cu^{2+}/Cu，MnO_4^- / Mn^{2+}，H_2O_2/H_2O$$

每个氧化还原半反应中都含有一个氧化还原电对。

第二节　原电池与电极电位

一、原　电　池

把锌粒放入硫酸铜溶液中，会发生如下反应：

$$Zn(s) + CuSO_4 \xlongequal{} Cu(s) + ZnSO_4$$

锌从 $CuSO_4$ 溶液中置换出铜，发生了氧化还原反应。反应中 Zn 和 Cu^{2+} 之间发生了电子转移，但是没有电流产生。原因是 Zn 与 $CuSO_4$ 溶液直接接触，电子直接由 Zn 转移给 Cu^{2+}，电子无序移动，不能形成电流。如果 Zn 与 $CuSO_4$ 不直接接触，Zn 给出电子的氧化反应和 Cu^{2+} 获得电子的还原反应分别在两处进行，用导线沟通，会不会产生电流呢？

将锌片放在 $ZnSO_4$ 溶液中，铜片放在 $CuSO_4$ 溶液中，锌片与铜片之间连接电流计（图 9-1），在外电路接通后电流计指针发生了偏转，说明产生了电流，但瞬间就消失了。用盐桥（salt bridge）将内路连接起来，就会源源不断地产生电流。这种将氧化还原反应产生的化学能转化成电能的装置称为原电池（primary cell），简称电池（cell）。铜锌电池是英国科学家丹聂尔（Daniell）于 1836 年在伏打电堆的基础上发明的第一个实用电池，又称为丹聂尔电池。

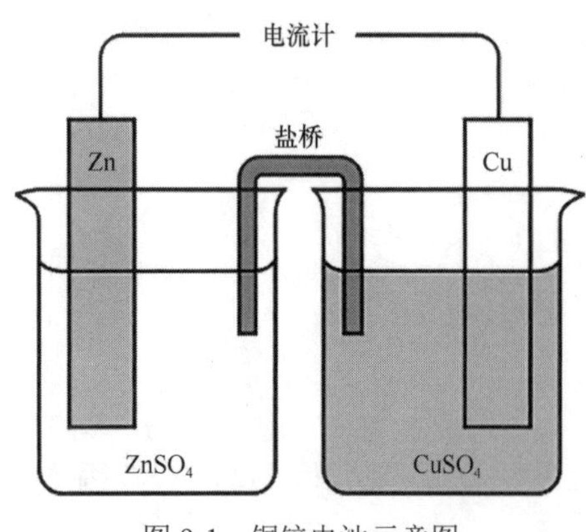

图 9-1　铜锌电池示意图

化学能转换为电能的原理的发现和各式各样电池装置的发明，是储能和供能技术的巨大进步，是化学对人类的一项重大贡献，极大地推进了现代化的进程，改变了人们的生活方式，提高了人们的生活质量。

二、电池反应与电极反应

从理论上讲任何一个氧化还原反应都可以设计成一个原电池。氧化还原反应拆分成的两个半反应，可以组成原电池的两个电极（electrode），又称半电池（half cell）。电极包含导线材料和电解质溶液。

在铜锌电池中，锌片不断腐蚀溶解，铜片上不断析出红棕色的铜，$ZnSO_4$ 溶液中 Zn^{2+} 浓度增加，$CuSO_4$ 溶液中 Cu^{2+} 浓度降低。由此可知，锌片上的 Zn 原子失去电子以 Zn^{2+} 的形式进入溶液，$CuSO_4$ 溶液中 Cu^{2+} 回到铜片上获得电子析出 Cu，电子经导线由锌片传递到铜片，形成电流。根据物理学的规定，电子流出的一极为负极，电子流入的一极为正极。因此，锌电极为负极（negative electrode），铜电极为正极（positive electrode）。负极上失去电子，发生氧化反应；正极上得到电子，发生还原反应。电子流动的反方向为电流方向，因此，电流方向是从铜片到锌片。正、负极上发生的反应称为半电池反应，由正极反应和负极反应合并所构成的总反应，称为电池反应。如铜锌电池：

电池反应（氧化还原反应）：　$Zn(s) + Cu^{2+} \xlongequal{\quad} Zn^{2+} + Cu(s)$

负极反应（氧化反应）：　$Zn(s) \longrightarrow Zn^{2+} + 2e^-$

正极反应（还原反应）：　$Cu^{2+} + 2e^- \longrightarrow Cu(s)$

电极反应的通式为

$$\text{氧化型} + ne^- \rightleftharpoons \text{还原型}$$

或

$$Ox + ne^- \rightleftharpoons Red$$

书写电极反应时，如果不能确定电极在电池中作正极还是负极，通常按正向还原的方式书写，并用双向箭头“$\rightleftharpoons$”表示；如果已知电极在电池中作正极或负极，则按实际反应的方向书写，并用单向箭头“$\longrightarrow$”表示。

为了方便起见，可以用电池组成式（电池符号）表示原电池的组成。例如铜锌原电池的电池组成式（电池符号）：

$$(-)\ Zn(s)\ |\ Zn^{2+}(c_1)\ \|\ Cu^{2+}(c_2)\ |\ Cu(s)\ (+)$$

书写电池组成式时要遵循以下规定：

（1）负极写在盐桥的左边，正极写在盐桥的右边，用“(–)”表示负极，“(+)”表示正极。

（2）用单竖线“|”表示相界面，将不同相的物质分开；同一相中的不同物质用逗号“，”隔开。用双竖线“‖”表示盐桥，将正、负极分开。

（3）电解质溶液中的溶质要标注其浓度，浓度用小括号括起来；气体物质需在括号内标注分压。当标准状态时，即溶质浓度为 $1\ mol \cdot L^{-1}$ 或气体分压为 100 kPa 时可不标注。

（4）若电极反应无金属导体，用惰性电极 Pt 或 C（石墨）代替。

（5）电极板写在外边，溶液紧靠盐桥。纯液体、固体和气体物质要标出相态。

例 9-3 将反应

$$2Fe^{2+}(1.0\ mol \cdot L^{-1}) + Cl_2\ (100\ kPa) \xlongequal{\quad} 2Fe^{3+}(0.10\ mol \cdot L^{-1}) + 2Cl^-(2.0\ mol \cdot L^{-1})$$

设计成原电池，并写出电池组成式。

解 Cl_2 获得电子生成 Cl^-，为正极反应；Fe^{2+} 失去电子生成 Fe^{3+}，为负极反应。

正极反应：　$Cl_2(g) + 2e^- \longrightarrow 2Cl^-$；

负极反应：　$Fe^{2+} \longrightarrow Fe^{3+} + e^-$；

电池组成式：　$(-)Pt(s)|Fe^{2+}, Fe^{3+}(0.10mol \cdot L^{-1})\ \|\ Cl^-(2.0mol \cdot L^{-1})\ |Cl_2(g)|Pt(s)\ (+)$

因为 Cl_2（100 kPa）和 $Fe^{2+}(1.0\ mol \cdot L^{-1})$ 是标准状态，所以在电池组成式中可以不标注其浓度

或分压。非标准状态的浓度或分压一定要标注出来，因为电池电动势与浓度或分压有关，相同的组成材料但浓度或分压不同，就是不同的电池。这部分知识在下一节讨论。

例 9-4 已知沉淀反应 $Ag^+ + I^- \rightleftharpoons AgI(s)$，试用该反应组成一原电池，写出电极反应和电池组成式。

解 反应物和产物中均有 Ag，因此首先选一个 Ag^+/Ag 电极，而且，该电极一定是正极，因为总反应中产物是难溶物 AgI，Ag^+ 浓度很低，所以另一电极必定是负极。则所选的正极反应为

$$Ag^+ + e^- \longrightarrow Ag(s)$$

在已知的总反应式中减去正极的反应式

$$Ag^+ + I^- = AgI(s)$$

$$-)\quad Ag^+ + e^- \longrightarrow Ag(s)$$

得到负极的反应式

$$Ag(s) + I^- \longrightarrow AgI(s) + e^-$$

电池组成式为

$$(-)\ Ag(s)\ |\ AgI(s)\ |\ I^-(c_1\ mol \cdot L^{-1})\ \|\ Ag^+(c_2\ mol \cdot L^{-1})\ |\ Ag(s)\ (+)$$

由此可见，不但氧化还原反应可以设计成原电池，而且沉淀反应、酸碱反应、配位反应等也可以设计成原电池。

三、常见电极的类型

电极的命名方式很多，有些根据电极的金属部分命名，如铜电极、铂电极等；有些根据电极的氧化还原电对中的特征物质命名，如甘汞电极、氢电极；有些根据电极金属部分的形状命名，如滴汞电极、转盘电极；有些根据电极的功能命名，如参比电极、指示电极等。

根据组成电极的氧化还原电对中的特征物质，通常把电极分成如下五类。

1. 金属-金属离子电极 由金属插入该金属离子溶液中组成，只有固/液一个相界面，因此又称为第一类电极。

例如银电极由金属银-银离子组成：

电对： Ag^+/Ag

电极组成式： $Ag(s)\ |\ Ag^+(c\ mol \cdot L^{-1})$

电极反应： $Ag^+ + e^- \rightleftharpoons Ag$

金属电极中，作为还原型的金属本身兼作电子导体。第一类电极的电极电位与金属离子的浓度（活度）有关。

2. 金属-金属难溶盐-阴离子电极 由金属及在其表面涂覆同一种金属难溶盐（或难溶的氧化物、氢氧化物），浸在与该难溶盐（或难溶的氧化物、氢氧化物）具有相同阴离子的电解质溶液中组成。这类电极包含两个相界面，因此又称第二类电极。

例如，甘汞电极由金属汞、甘汞（Hg_2Cl_2）及 KCl 溶液组成。

电对： $Hg_2Cl_2(s)/Hg(s)$

电极组成式： $Pt(s)\ |\ Hg(s)\ |\ Hg_2Cl_2(s)\ |\ Cl^-(c\ mol \cdot L^{-1})$

电极反应： $Hg_2Cl_2(s) + 2e^- \rightleftharpoons 2Hg(s) + 2Cl^-$

这类电极中，电极电位取决于电解质溶液中阴离子的浓度，只要阴离子浓度一定，其电极电位就是固定值，因此，金属-金属难溶盐-阴离子电极常用作参比电极，如 Ag-AgCl 电极、Hg-Hg_2Cl_2 电极都是常用的参比电极。

3. 气体电极 气体电极指有气体参与电极反应的电极，如氢电极、氧电极等，用石墨或镀有铂黑的铂片作为惰性导体。

例如，氢电极由 H^+ 和 H_2 组成。

电对：　　H^+/H_2

电极组成式：　　$Pt(s) \mid H_2(g) \mid H^+(c\ mol \cdot L^{-1})$

电极反应：　　$2H^+ + 2e^- \rightleftharpoons H_2$

4. 氧化还原电极　将 Pt、石墨等惰性材料浸入含有同一种元素的两种不同氧化值离子的溶液组成。电极本身不参与氧化还原反应，只起储存和传导电子的作用，但是能反映出氧化还原反应中氧化型和还原型浓度比值的变化，这类电极又称零类电极或氧化还原电极。

例如，惰性电极铂插入 Fe^{3+}、Fe^{2+} 溶液中组成的电极：

电对：　　Fe^{3+}/Fe^{2+}

电极组成式：　　$Pt(s) \mid Fe^{3+}(c_1\ mol \cdot L^{-1}), Fe^{2+}(c_2\ mol \cdot L^{-1})$

电极反应：　　$Fe^{3+} + e^- \rightleftharpoons Fe^{2+}$

Fe^{3+}、Fe^{2+} 在同一相中，书写时需用逗号分开。本类电极命名为氧化还原电极，是历史沿袭下来的缘故。实际上，前面三类电极发生的也是氧化还原反应。

5. 膜电极　对特定离子有选择性响应，又称离子选择性电极，是以固体膜或液体膜为传感器，能对溶液中某特定离子选择性响应的电极。响应机制主要是基于离子交换或扩散（在敏感膜上不发生电子得失），形成膜电位。因为膜内外被测离子浓度（或活度）的不同而产生电位差（膜电位），膜电位与溶液中待测成分浓度（或活度）的关系类似于能斯特方程。

膜电极的关键部位即敏感元件是敏感膜，选择不同的敏感膜，可以测定特定物质的浓度。常见的敏感膜有单晶、混晶、液膜、高分子功能膜及生物膜等。玻璃电极是一种非晶体膜电极，玻璃膜的组成不同可制成对不同阳离子响应的玻璃电极。

四、电极电位的产生

电流是电子定向运动产生的，而电子的定向运动需要电池的两极间存在电位差，就像水的流动需要水位差一样。在铜锌电池中，用导线连接两个电极，产生了电流，说明两个电极的电位不同，存在电位差。电极电位是怎么产生的呢？德国化学家能斯特（W. H. Nernst）提出的双电层理论，很好地解释了金属电极电位的产生。如图 9-2 所示，当把金属电极板浸入其相应的盐溶液中时，存在两个相反的变化趋势。一方面，金属表面的原子由于本身的热运动及极性溶剂水分子的作用，进入溶液生成溶剂化离子，同时将电子留在电极板上；另一方面，溶液中的离子获得电子沉积到电极表面。当这两个相反过程的速率相等时，达到平衡状态。电极反应通式如下：

$$M(s) \rightleftharpoons M^{n+} + ne^-$$

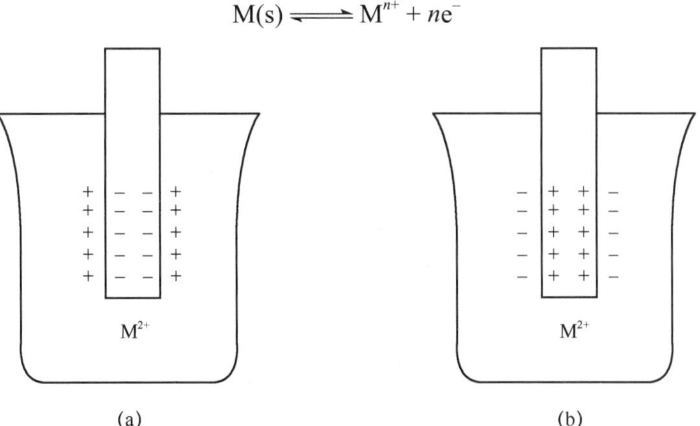

图 9-2　双电层示意图

（a）活泼金属；（b）不活泼金属

这两个相反的趋势哪个占优势呢？主要取决于电极材料的本性，还与电解质溶液中物质的浓度（或活度）以及温度或压力有关。若金属材料的性质比较活泼，则金属失去电子以离子的形式进入溶液的趋势较大；若电解质溶液中离子的浓度较小，则金属原子以离子的形式进入溶液的趋势较大；反之亦然。另外，温度影响原子、离子、电子等的热运动，对电极电位有影响。当电解质溶液浓度和温度一定的前提下，电极电位的高低取决于电极材料的本性。

铜锌电池中，锌相对比较活泼，失去电子的趋势大于锌离子沉积的趋势，达到平衡时，金属电极板表面上带有过剩的负电荷（电子），等量正电荷的金属离子（Zn^{2+}）分布在溶液中。在静电吸引作用下，溶液中的 Zn^{2+} 和电极板上的电子主要集中在固液两相界面附近，形成双电层结构（图 9-2）。这个双电层之间的电位差，称为该金属电极在此溶液中的电极电位（electrode potential）。金属越活泼，金属溶解趋势就越大，平衡时金属表面负电荷越多，该金属电极的电极电位就越低。铜相对不活泼，铜离子沉积的趋势大于铜失去电子的趋势，达到平衡时，铜电极板表面上带有过剩的正电荷（Cu^{2+}），等量负电荷（SO_4^{2-}）分布在溶液中。由于静电引力的作用，正负电荷聚集在固液两相的界面附近，形成双电层结构（图 9-2）。这个双电层之间的电位差就是铜电极的电极电位。金属越不活泼，金属溶解趋势就越小，平衡时金属表面正电荷越多，该金属电极的电极电位就越高。

在一定温度下，当电极及溶液中的各种物质处于平衡状态时，电极电位具有确定值，但目前无法测定电极电位的绝对值，只能测定相对值。电极电位用符号 $\varphi_{Ox/Red}$ 或 $\varphi(Ox/Red)$ 表示，单位是伏特（V）。

五、标准电极电位

双电层的厚度很小（约 10^{-10} m 数量级），电极电位的绝对值目前无法测定，但可以想办法测定电极电位的相对值。实际工作中，只要知道电极电位的相对值，进而知道两个电极的电极电位的相对高低，就完全满足使用的要求了。测定电极电位的相对值，需要某一特定的参比电极为参照，其他电极的电极电位通过与这个参比电极组成原电池来确定。IUPAC 规定，以标准氢电极为通用参比电极。

（一）标准氢电极

标准氢电极的组成如图 9-3 所示，其电极反应为

$$2\,H^+ + 2e^- \rightleftharpoons H_2\,(g)$$

电极组成式为

$$Pt \mid H_2(100\ kPa) \mid H^+(1\ mol \cdot L^{-1})$$

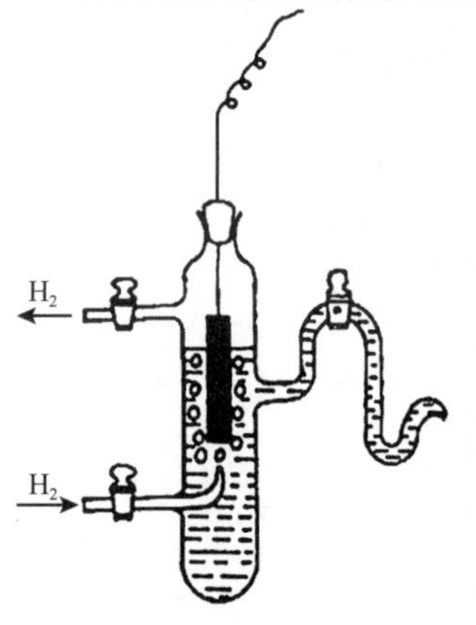

图 9-3 氢电极示意图

铂作为惰性电极板，金属铂片上要镀一层蓬松的铂黑，以增大表面积和作为催化剂，从而增强吸附 H_2 的能力并加快反应速率；电解质溶液为 1 mol · L^{-1} HCl 溶液；由外部不断通入 H_2 使铂电极吸附的 H_2 达到饱和，并与溶液中的 H^+ 达到平衡。在标准状态，即 H_2 分压为 100 kPa，H^+ 浓度（严格地说是活度）为 1 mol · L^{-1}，即为标准氢电极（standard hydrogen electrode，SHE）。规定在任何温度下，标准氢电极的电极电位为 0 V。由于目前的测定精度最多达到小数点后面 5 位，因此，为了和测定精度保持一致，规定：

$$\varphi^{\ominus}(SHE) = 0.00000\ V$$

在任何温度下 H^+ 活度都为 1 的溶液无法制得，所以标准氢电极是个理想电极。实际上常用的参比电极是饱和甘汞电极或银-氯化银电极。

（二）电极电位的测定

将待测电极和一个已知电极电位的参比电极组成原电池，测定原电池的电动势（electromotive force，E），即两个电极之间的电极电位之差，即可计算得到待测电极的电极电位。当然这是相对于参比电极的相对电极电位。当标准氢电极作参比电极构成原电池的负极时，待测电极作正极，电池组成式如下所示：

$$(-)Pt(s) \mid H_2(100\ kPa) \mid H^+(1\ mol \cdot L^{-1}) \parallel M^{n+}(c\ mol \cdot L^{-1}) \mid M(s)\ (+)$$

电池的电动势等于正极电极电位与负极电极电位之差，用 E 表示，单位是伏特（V）

$$E = \varphi_{正极} - \varphi_{负极}$$

或

$$E = \varphi_+ - \varphi_-$$

测定该电池的电动势，就可计算待测电极的电极电位。如果用标准氢电极作为参比电极，测得的电池电动势就等于待测电极的电极电位。

IUPAC 建议，用对消法测定电池电动势，即在电流强度趋近于零时的电池电动势即为 E，此时电池反应极弱，电池中各物质浓度基本维持恒定。

例如，Zn^{2+}/Zn 电极的电极电位测定方法如图 9-4 所示，以 Zn^{2+}/Zn 做负极、SHE 做正极组成电池，测得的电池电动势即为 Zn^{2+}/Zn 电极的电极电位。

$$E = \varphi(SHE) - \varphi(Zn^{2+}/Zn) = -\varphi(Zn^{2+}/Zn)$$

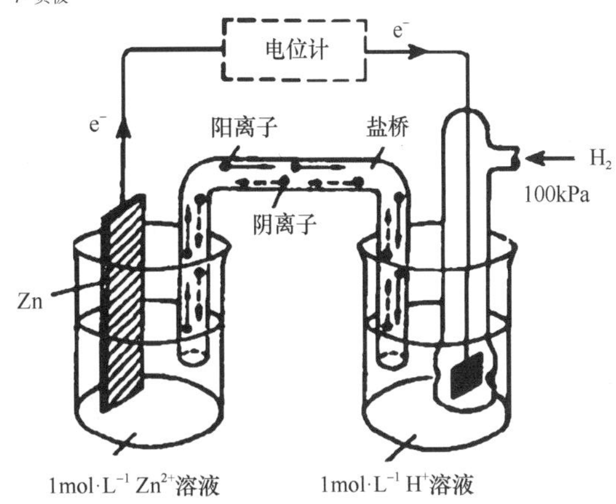

图 9-4 标准电极电位测定示意图

（三）标准电极电位

通过与标准氢电极构成原电池，理论上任何电极的电极电位都可以测定出来。但是电极电位的大小与氧化还原电对的本性、温度、浓度和压力等因素有关，不可能把任何情况下的电极电位都测出来，前人测定了许多种电极在标准状态下的电极电位。在标准状态下测得的某个氧化还原电对所形成电极的电极电位就是该氧化还原电对的标准电极电位（standard electrode potential），用 $\varphi^{\ominus}_{Ox/Red}$ 表示。电极的标准状态与热力学标准状态是一致的，即对于溶液，组成电极的各物质浓度均为 1 mol · L^{-1}（严格地说，活度为 1 mol · L^{-1}）；若有气体参加反应，则气体分压为 100 kPa；反应温度未指定，参考温度为 298.15 K。

例 9-5 测定锌电极的标准电极电位。

解 以标准状态下的 Zn^{2+}/Zn 电极为负极、SHE 为正极组成电池，电池组成式为

$$(-)\ Zn(s) \mid Zn^{2+}(1\ mol \cdot L^{-1}) \parallel H^+(1mol \cdot L^{-1}) \mid H_2(100\ kPa) \mid Pt(s)\ (+)$$

在此条件下测得电池的电动势为 0.7618 V，则

$$E = \varphi^{\ominus}(SHE) - \varphi^{\ominus}(Zn^{2+}/Zn) = -\varphi^{\ominus}(Zn^{2+}/Zn)$$

$$\varphi^{\ominus}(Zn^{2+}/Zn) = -0.7618\ (V)$$

锌电极的标准电极电位为 –0.7618 V。

应该指出，标准电极电位的数值并不是完全按照与标准氢电极组成电池，通过测定其电池电动势的方法得到的，有些是通过热力学数据计算得到的，有些是通过实验方法如电池电动势外推法得到的。

将各种氧化还原电对的标准电极电位按一定的方式汇集，构成标准电极电位表。编制成表的方式有多种，本书按电极电位由低到高的顺序编制。部分常见氧化还原电对的标准电极电位见表 9-1。

表 9-1 部分电极的标准电极电位（298.15 K）

	电极反应	$\varphi^\ominus$/V	
氧化剂的氧化能力增强 ↓	$Li^+ + e^- \rightleftharpoons Li$	–3.0401	还原剂的还原能力增强 ↑
	$Zn^{2+} + 2e^- \rightleftharpoons Zn$	–0.7618	
	$Fe^{2+} + 2e^- \rightleftharpoons Fe$	–0.447	
	$2H^+ + 2e^- \rightleftharpoons H_2$	0.00000	
	$Sn^{4+} + 2e^- \rightleftharpoons Sn^{2+}$	0.151	
	$Cu^{2+} + 2e^- \rightleftharpoons Cu$	0.3419	
	$I_2 + 2e^- \rightleftharpoons 2I^-$	0.5355	
	$O_2 + 2H^+ + 2e^- \rightleftharpoons H_2O_2$	0.695	
	$Fe^{3+} + e^- \rightleftharpoons Fe^{2+}$	0.771	
	$Ag^+ + e^- \rightleftharpoons Ag$	0.7996	
	$Br_2(l) + 2e^- \rightleftharpoons 2Br^-$	1.066	
	$Cl_2 + 2e^- \rightleftharpoons 2Cl^-$	1.35827	
	$MnO_4^- + 8H^+ + 5e^- \rightleftharpoons Mn^{2+} + 4H_2O$	1.507	
	$F_2 + 2e^- \rightleftharpoons 2F^-$	2.866	

电极电位反映了氧化还原电对得失电子的趋势，根据标准电极电位的高低可判断在标准状态下物质的氧化还原能力的相对强弱。使用标准电极电位表时要注意：

（1）标准电极电位是指在热力学标准状态下的电极电位，应在满足标准状态的条件下使用。由于表 9-1 中的数据是在水溶液中求得的，因此不能用于非水溶液或高温下的固相反应。

（2）表 9-1 中半反应用 $Ox + ne^- \rightleftharpoons Red$ 表示，是得电子的还原反应，因此，电极电位又称还原电位。标准电极电位是强度性质，与物质的量无关，也与方程式的书写方向无关，如

$$Zn^{2+} + 2e^- \rightleftharpoons Zn \qquad \varphi^\ominus(Zn^{2+}/Zn) = -0.7618\ V$$

$$\frac{1}{2}Zn^{2+} + e^- \rightleftharpoons \frac{1}{2}Zn \qquad \varphi^\ominus(Zn^{2+}/Zn) = -0.7618\ V$$

$$Zn \rightleftharpoons Zn^{2+} + 2e^- \qquad \varphi^\ominus(Zn^{2+}/Zn) = -0.7618\ V$$

（3）表 9-1 中的标准电极电位数据为 298.15K（25℃）下的，在一定温度范围内，电极电位随温度变化不大，其他温度下的电极电位也可参照使用此表。

第三节 能斯特方程及影响电极电位的因素

一般情况下，氧化还原反应大多数是在非标准状态下进行的，不能直接使用标准电极电位，而是通过能斯特方程计算得到非标准状态下的电池电动势和电极电位。

一、电池电动势与电极电位的能斯特方程

1. 电池电动势的能斯特方程 对于任意氧化还原反应

$$a\,Ox_1 + b\,Red_2 \rightleftharpoons c\,Red_1 + d\,Ox_2$$

根据范托夫等温方程，任意状态下的吉布斯自由能 $\Delta_r G_m$ 与标准状态下的吉布斯自由能 $\Delta_r G_m^\ominus$ 有以下关系：

$$\Delta_r G_m = \Delta_r G_m^\ominus + RT\ln Q \qquad (9\text{-}1)$$

Q 称为反应商，

$$Q=\frac{\left\{\frac{[\mathrm{Red}_1]}{c^\ominus}\right\}^c\left\{\frac{[\mathrm{Ox}_2]}{c^\ominus}\right\}^d}{\left\{\frac{[\mathrm{Ox}_1]}{c^\ominus}\right\}^a\left\{\frac{[\mathrm{Red}_2]}{c^\ominus}\right\}^b}$$

在等温等压的前提下，可逆过程中系统的吉布斯自由能的降低值等于系统对外所做的最大有用功。原电池可近似作为可逆电池，因此电池反应的吉布斯自由能降低值等于该电池可以提供的最大有用功 $W_{最大}$。$W_{最大}$等于电量 q 与电池电动势 E 的乘积，即

$$W_{最大}=qE \tag{9-2}$$

根据法拉第定律：

$$q=nF \tag{9-3}$$

n 为反应中转移的电子数；F 为法拉第（Faraday）常量，将式（9-3）代入式（9-2），得

$$W_{最大}=nFE$$

系统对环境做功，功为负值，所以

$$\Delta_rG_m=-W_{最大}$$

$$\Delta_rG_m=-nFE \tag{9-4a}$$

若原电池处于标准状态时，应使用标准电池电动势，则

$$\Delta_rG_m^\ominus=-nFE^\ominus \tag{9-4b}$$

将式（9-4a）和式（9-4b）代入式（9-1）中，得

$$nFE=nFE^\ominus-RT\ln\frac{\left\{\frac{[\mathrm{Red}_1]}{c^\ominus}\right\}^c\left\{\frac{[\mathrm{Ox}_2]}{c^\ominus}\right\}^d}{\left\{\frac{[\mathrm{Ox}_1]}{c^\ominus}\right\}^a\left\{\frac{[\mathrm{Red}_2]}{c^\ominus}\right\}^b}$$

两边同除以 nF，得

$$E=E^\ominus-\frac{RT}{nF}\ln\frac{\left\{\frac{[\mathrm{Red}_1]}{c^\ominus}\right\}^c\left\{\frac{[\mathrm{Ox}_2]}{c^\ominus}\right\}^d}{\left\{\frac{[\mathrm{Ox}_1]}{c^\ominus}\right\}^a\left\{\frac{[\mathrm{Red}_2]}{c^\ominus}\right\}^b} \tag{9-5}$$

式（9-5）中，$E^\ominus$ 为电池标准电动势；R 为摩尔气体常量（8.314 J · K^{-1} · mol^{-1}）；F 为法拉第常量（964 85 C · mol^{-1}）；T 为热力学温度；n 为电池反应中转移的电子数。当 $T=298.15$ K 时，将这些常数代入式（9-5）中，同时，在溶液中，$[\mathrm{Ox}]/c^\ominus$ 可以写成 $c(\mathrm{Ox})$、$[\mathrm{Red}]/c^\ominus$ 可以写成 $c(\mathrm{Red})$，且 $\ln x=2.303\lg x$，则能斯特方程为

$$E=E^\ominus-\frac{0.05916}{n}\lg\frac{c^c(\mathrm{Red}_1)c^d(\mathrm{Ox}_2)}{c^a(\mathrm{Ox}_1)c^b(\mathrm{Red}_2)} \tag{9-6}$$

式（9-6）即为电池电动势 E 的能斯特方程。

如果反应中有气体参与，则应将气体的分压除以标准大气压（$p/p^\ominus$）后代入能斯特方程。

2. 电极电位的能斯特方程 因为 $E=\varphi_+-\varphi_-$，$E^\ominus=\varphi_+^\ominus-\varphi_-^\ominus$，所以，电池电动势的能斯特方程可以转换为电极电位的能斯特方程，如 298.15 K 时，式（9-6）可以写成：

$$\varphi_+-\varphi_-=\varphi_+^\ominus-\varphi_-^\ominus-\frac{0.05916}{n}\left\{\lg\frac{c^c(\mathrm{Red}_1)}{c^a(\mathrm{Ox}_1)}+\lg\frac{c^d(\mathrm{Ox}_2)}{c^b(\mathrm{Red}_2)}\right\}$$

$$=\left\{\varphi_+^\ominus+\frac{0.05916}{n}\lg\frac{c^a(\mathrm{Ox}_1)}{c^c(\mathrm{Red}_1)}\right\}-\left\{\varphi_-^\ominus+\frac{0.05916}{n}\lg\frac{c^d(\mathrm{Ox}_2)}{c^b(\mathrm{Red}_2)}\right\}$$

由此可得

正极：
$$\varphi_{+}=\varphi_{+}^{\ominus}+\frac{0.059\,16}{n}\lg\frac{c^{a}(\mathrm{Ox_1})}{c^{c}(\mathrm{Red_1})} \tag{9-7a}$$

负极：
$$\varphi_{-}=\varphi_{-}^{\ominus}+\frac{0.059\,16}{n}\lg\frac{c^{d}(\mathrm{Ox_2})}{c^{b}(\mathrm{Red_2})} \tag{9-7b}$$

式（9-7a）和式（9-7b）即为电极电位的能斯特方程，是电化学中最重要的公式之一，可以计算非标准状态下的电极电位。

对于任意一个电极反应

$$a\,\mathrm{Ox}+n\,\mathrm{e}^{-}\rightleftharpoons b\,\mathrm{Red}$$

电极电位的能斯特方程的通式为

$$\varphi(\mathrm{Ox/Red})=\varphi^{\ominus}(\mathrm{Ox/Red})+\frac{RT}{nF}\ln\frac{c^{a}(\mathrm{Ox})}{c^{b}(\mathrm{Red})} \tag{9-8}$$

n 为电极反应中转移的电子数；$c(\mathrm{Ox})$ 和 $c(\mathrm{Red})$ 分别代表半反应中氧化型一侧和还原型一侧各组分浓度幂的乘积，若为气体则用其分压除以 100 kPa 表示，a、b 为配平后氧化型和还原型的化学计量系数。纯液体、固体物质和溶剂不写入能斯特方程。

例 9-6 计算 Zn^{2+}/Zn 电对在 $c(Zn^{2+}) = 1.00\times10^{-3}\ \mathrm{mol\cdot L^{-1}}$ 时的电极电位。已知 $\varphi^{\ominus}(Zn^{2+}/Zn) = -0.7618\ \mathrm{V}$。

解 电极反应为

$$\mathrm{Zn}\rightleftharpoons \mathrm{Zn^{2+}}+2\mathrm{e^{-}}$$

$$\begin{aligned}\varphi&=\varphi^{\ominus}+\frac{0.059\,16}{2}\lg c(\mathrm{Zn^{2+}})\\&=-0.7618+\frac{0.059\,16}{2}\lg(1.00\times10^{-3})=-0.850\ (\mathrm{V})\end{aligned}$$

例 9-7 写出半反应 $Cr_2O_7^{2-} + 14H^{+} + 6e^{-} \rightleftharpoons 2Cr^{3+} + 7H_2O$ 的能斯特方程。

解 能斯特方程为

$$\varphi(\mathrm{Cr_2O_7^{2-}/Cr^{3+}})=\varphi^{\ominus}(\mathrm{Cr_2O_7^{2-}/Cr^{3+}})+\frac{0.059\,16}{6}\lg\frac{c(\mathrm{Cr_2O_7^{2-}})c^{14}(\mathrm{H^{+}})}{c^{2}(\mathrm{Cr^{3+}})}$$

因为 H^{+} 与氧化型 $Cr_2O_7^{2-}$ 在同一侧，H^{+} 计量系数为 14，所以 H^{+} 浓度的 14 次幂与 $Cr_2O_7^{2-}$ 的浓度乘在一起。

二、影响电极电位的因素

在电化学中，电极电位是一个重要的物理量，掌握以下几点有助于理解电极电位的影响因素。

（1）从能斯特方程看出，电极电位与电极的本性（即标准电极电位）、反应时的温度、氧化型物质、还原型物质及相关介质的浓度（或分压）有关。

（2）从能斯特方程看出，在真数部分，氧化型物质浓度在分子上，还原型物质浓度在分母上。因此，在温度一定的前提下，半反应中氧化型与还原型物质的浓度发生变化，电极电位也随之改变。氧化型物质浓度增大（或电极反应中氧化型同一侧其他物质的浓度增大），则电极电位升高；反之，还原型物质浓度增大（或还原型同一侧其他物质的浓度增大），则电极电位降低。

（3）从能斯特方程看出，电极电位的高低主要取决于标准电极电位，浓度对电极电位的影响不太显著，只有当氧化型或还原型物质的浓度很大或很小时，或电极反应式中配平的计量系数很大时才对电极电位产生较明显的影响。

下面将分别讨论溶液的酸度和沉淀、难解离物质的生成对电极电位的影响。

1. 酸度对电极电位的影响　如果电极反应中，H^+、OH^- 和 H_2O 参加了反应，溶液 pH 的改变将导致电极电位的变化。

例 9-8　如下电极反应：

$$MnO_2 + 4H^+ + 2e^- \rightleftharpoons Mn^{2+} + 2H_2O \quad \varphi^{\ominus} = 1.224\ (V)$$

pH = 4.00，其他物质浓度均为标准浓度 1 mol · L^{-1}，温度为 298.15 K，求该电极的电极电位。

解　能斯特方程为

$$\varphi(MnO_2/Mn^{2+}) = \varphi^{\ominus}(MnO_2/Mn^{2+}) + \frac{0.05916}{2}\lg\frac{c^4(H^+)}{c(Mn^{2+})}$$

$$\varphi(MnO_2/Mn^{2+}) = 1.224 + \frac{0.05916}{2}\lg(10^{-4})^4 = 0.751\ (V)$$

由于 pH 的改变幅度较大，且 H^+ 计量系数也较大，pH 的改变导致了电极电位的显著变化。该题中电极电位由标准状态时的 1.224 V 降到 0.751 V，MnO_2 的氧化性较标准状态下明显降低。

在氧化还原半反应即电极反应中，若有 H^+（或 OH^-）参与半反应，pH 的改变肯定引起电极电位的改变；若半反应中没有 H^+（或 OH^-）参与反应，一般可认为 pH 的改变不引起电极电位的变化。

2. 生成沉淀对电极电位的影响　在氧化还原半反应中，加入某种试剂使氧化型（或还原型）物质生成沉淀，会导致氧化型（或还原型）物质浓度的改变，从而使电极电位发生变化。

例 9-9　已知，$Ag^+ + e^- \rightleftharpoons Ag \quad \varphi^{\ominus} = 0.7996\ (V)$

若在电极溶液中加入 NaCl，使氧化型 Ag^+ 生成 AgCl 沉淀，并保持 Cl^- 浓度为 1 mol · L^{-1}，求 298.15 K 时的电极电位。已知 $K_{sp}(AgCl) = 1.77\times10^{-10}$。

解　半反应 $Ag^+ + e^- \rightleftharpoons Ag$ 的能斯特方程为

$$\varphi(Ag^+/Ag) = \varphi^{\ominus}(Ag^+/Ag) + 0.05916\lg c(Ag^+)$$

加入 NaCl 后将建立如下平衡

$$Ag^+ + Cl^- = AgCl，且\ [Ag^+][Cl^-] = K_{sp} = 1.77\times10^{-10}$$

所以

$$c(Ag^+) \approx [Ag^+] = K_{sp}/[Cl^-] = 1.77\times10^{-10}\ mol\cdot L^{-1}$$

$$\begin{aligned}\varphi(Ag^+/Ag) &= 0.7996 + 0.05916\lg\frac{K_{sp}(AgCl)}{c(Cl^-)}\\ &= 0.7996 + 0.05916\lg\frac{1.77\times10^{-10}}{1}\\ &= 0.223\ (V)\end{aligned}$$

由于 Ag^+ 生成 AgCl 沉淀，Ag^+ 的浓度大幅度降低，造成了 $\varphi(Ag^+/Ag)$ 数值降低较大，此时 Ag^+ 的氧化能力降低。

在 Ag^+ 溶液中加入 Cl^-，Ag^+ 转化为 AgCl 沉淀，实际上已经组成了一个新电极，电极反应为

$$AgCl(s) + e^- \rightleftharpoons Ag(s) + Cl^-$$

电极电位的能斯特方程为

$$\varphi(AgCl/Ag) = \varphi^{\ominus}(AgCl/Ag) + 0.05916\lg\frac{1}{c(Cl^-)}$$

由于平衡溶液中的 Cl^- 浓度为 1 mol · L^{-1}，这时

$$\varphi(AgCl/Ag) = \varphi^{\ominus}(AgCl/Ag) = 0.223\ (V)$$

还可以推导出

$$\varphi(\text{AgCl/Ag}) = \varphi^{\ominus}(\text{Ag}^+/\text{Ag}) + 0.059\,16\lg\frac{K_{sp}(\text{AgCl})}{c(\text{Cl}^-)}$$

此时，Ag^+/Ag 电极已经成为 AgCl/Ag 电极，Cl^- 浓度为 1 mol · L^{-1}，所以，

$$\varphi^{\ominus}(\text{AgCl/Ag}) = \varphi^{\ominus}(\text{Ag}^+/\text{Ag}) + 0.059\,16\lg K_{sp}(\text{AgCl})$$

即 AgCl/Ag 电对的标准电极电位可以通过 Ag^+/Ag 电对的标准电极电位和 AgCl 的溶度积常数 K_{sp} 计算出来。其他金属-难溶盐电极与对应的金属电极的标准电极电位之间的定量关系也是如此。

3. 生成弱酸（或弱碱）对电极电位的影响 在氧化还原电对中，若加入某种试剂，使氧化型或还原型物质生成弱酸（或弱碱），降低了氧化型或还原型物质的浓度，会引起电极电位的改变。

例 9-10 已知 $\varphi^{\ominus}(Fe^{2+}/Fe) = -0.447$ V，将它与氢电极组成原电池：

$$(-)\ \text{Fe(s)}\ |\ \text{Fe}^{2+}(1\ \text{mol}\cdot\text{L}^{-1})\ \|\ \text{H}^+(1\ \text{mol}\cdot\text{L}^{-1})\ |\ \text{H}_2(100\ \text{kPa})\ |\ \text{Pt(s)}\ (+)$$

问：（1）在标准状态下的电池电动势是多少？

（2）若在上述氢电极的溶液中加入 NaAc，并使平衡后溶液中 HAc 及 Ac^- 浓度均为标准浓度 1 mol · L^{-1}，H_2 为标准压力 100 kPa，电池电动势是多少？（已知 HAc 的 $K_a = 1.75\times10^{-5}$）

解 （1）正极反应：$2H^+ + 2e^- \longrightarrow H_2(g)$ $\qquad \varphi^{\ominus}(H^+/H_2) = 0.00000\ (V)$

负极反应：$Fe(s) \longrightarrow Fe^{2+} + 2e^-$ $\qquad \varphi^{\ominus}(Fe^{2+}/Fe) = -0.447\ (V)$

电池反应为 $\qquad 2H^+ + Fe \rightleftharpoons H_2 + Fe^{2+}$

$$E^{\ominus} = \varphi_+^{\ominus} - \varphi_-^{\ominus} = \varphi^{\ominus}(\text{H}^+/\text{H}_2) - \varphi^{\ominus}(\text{Fe}^{2+}/\text{Fe}) = 0 - (-0.447) = 0.447\ (\text{V})$$

该反应在标准状态下电池电动势为 0.447 V。

（2）加入 NaAc 后，氢电极溶液中存在下列平衡

$$\text{H}^+ + \text{Ac}^- \rightleftharpoons \text{HAc}$$

$$[\text{H}^+] = \frac{K_a \times [\text{HAc}]}{[\text{Ac}^-]}$$

达到平衡时，且溶液中 [HAc] 及 $[Ac^-]$ 均为标准浓度 1 mol · L^{-1}，则

$$[\text{H}^+] = 1.75\times10^{-5}\ \text{mol}\cdot\text{L}^{-1}$$

$$\varphi(\text{H}^+/\text{H}_2) = \varphi^{\ominus}(\text{H}^+/\text{H}_2) + \frac{0.059\,16}{2}\lg\frac{c^2(\text{H}^+)}{p(\text{H}_2)/p^{\ominus}}$$

$$= 0.000\,00 + \frac{0.059\,16}{2}\lg\frac{(1.75\times10^{-5})^2}{100/100} = -0.281\ (\text{V})$$

NaAc 加入后，H^+ 的浓度降低，导致氢电极电位降至 −0.281 V，电池电动势为

$$E = \varphi_+ - \varphi_- = \varphi(\text{H}^+/\text{H}_2) - \varphi^{\ominus}(\text{Fe}^{2+}/\text{Fe}) = -0.281 - (-0.447) = 0.166\ (\text{V})$$

另外，也可以直接用电池电动势的能斯特方程进行求算。

$$E = E^{\ominus} - \frac{0.059\,16}{2}\lg\frac{c(\text{Fe}^{2+})\{p(\text{H}_2)/p^{\ominus}\}}{c^2(\text{H}^+)}$$

$$= [\varphi^{\ominus}(\text{H}^+/\text{H}_2) - \varphi^{\ominus}(\text{Fe}^{2+}/\text{Fe})] - \frac{0.059\,16}{2}\lg\frac{c(\text{Fe}^{2+})\{p(\text{H}_2)/p^{\ominus}\}}{c^2(\text{H}^+)}$$

$$= 0.166\ (\text{V})$$

第四节　电极电位及电池电动势的应用

一、判断氧化还原反应的方向

对于任意一个氧化还原反应，自发进行的方向是强氧化剂与强还原剂反应，生成弱还原剂和弱氧化剂。原电池中两个电极相比较而言，电极电位高的电极为正极，电极电位低的电极为负极。原电池的电动势 E 等于正极电极电位与负极电极电位的差值，因此，可用以下判据判断氧化还原反应自发进行的方向。

若 $E > 0$（或 $\Delta_r G_m < 0$），反应正向自发进行

若 $E < 0$（或 $\Delta_r G_m > 0$），反应逆向自发进行。

若 $E = 0$（或 $\Delta_r G_m = 0$），反应达到平衡状态。

对于等温、等压、不做非体积功的氧化还原反应，其自发方向既可以利用吉布斯自由能 $\Delta_r G_m$ 作为判据，也可以利用电池电动势 E 作为判据，判断的结果是一致的。

如果氧化还原反应处于标准状态下，可依以上规则，用 $E^\ominus$ 值直接判断反应的自发方向；如果在非标准状态下，则须先用能斯特方程计算出电池电动势 E，然后才能根据 E 的正负判断反应的方向。

例 9-11　判断以下反应在标准状态下是否自发进行。

$$Cr_2O_7^{2-} + 6Fe^{2+} + 14H^+ \rightleftharpoons 2Cr^{3+} + 6Fe^{3+} + 7H_2O$$

解　首先将氧化还原反应拆成两个半反应：

正极反应：$Cr_2O_7^{2-} + 14H^+ + 6e^- \longrightarrow 2Cr^{3+} + 7H_2O$　　　$\varphi^\ominus = 1.36\ V$

负极反应：$Fe^{2+} \longrightarrow Fe^{3+} + e^-$　　　$\varphi^\ominus = 0.771\ V$

则
$$E^\ominus = \varphi^\ominus(Cr_2O_7^{2-}/Cr^{3+}) - \varphi^\ominus(Fe^{3+}/Fe^{2+}) = 1.36 - 0.771 = 0.589\ (V)$$

因为 $E^\ominus > 0$，所以在标准状态下反应自发正向进行。

例 9-12　判断反应 $H_3AsO_4 + 2I^- + 2H^+ \rightleftharpoons HAsO_2 + I_2 + 2H_2O$

（1）在标准状态下反应自发进行的方向；

（2）pH = 8.0，其他条件仍为标准状态时，反应自发进行的方向。

解　（1）在标准状态下，

正极反应：　$H_3AsO_4 + 2H^+ + 2e^- \longrightarrow HAsO_2 + 2H_2O$

负极反应：　$2I^- \longrightarrow I_2 + 2e^-$

查表得 $\varphi^\ominus(H_3AsO_4/HAsO_2) = 0.560\ V$，$\varphi^\ominus(I_2/I^-) = 0.5355\ V$，$E^\ominus = \varphi^\ominus(H_3AsO_4/H_3AsO_3) - \varphi^\ominus(I_2/I^-) = 0.560 - 0.5355 = 0.0245\ (V)$

因为 $E^\ominus > 0$，所以在标准状态下反应自发正向进行。

（2）pH=8.0，其他条件仍为标准状态

$$H_3AsO_4 + 2H^+ + 2e^- \longrightarrow HAsO_2 + 2H_2O$$

$$\varphi(H_3AsO_4/HAsO_2) = \varphi^\ominus(H_3AsO_4/HAsO_2) + \frac{0.05916}{2}\lg\frac{c(H_3AsO_4)c^2(H^+)}{c(HAsO_2)}$$

$$= \varphi^\ominus(H_3AsO_4/HAsO_2) + \frac{0.05916}{2}\lg c^2(H^+)$$

$$= 0.560 + \frac{0.05916\times(-16)}{2} = 0.087\ (V)$$

因为 I_2/I^- 电极反应中没有 H^+ 参与，可以认为 I_2/I^- 电极电位不受 H^+ 浓度改变的影响，所以 I_2/I^-

电极仍然使用标准电极电位，则

$$E = \varphi(H_3AsO_4/HAsO_2) - \varphi^{\ominus}(I_2/I^-) = 0.087 - 0.5355 = -0.4485 < 0$$

因为 $E < 0$，所以在 pH = 8.0 时，反应自发逆向进行。

氧化型或还原型物质浓度的变化都会导致电极电位的改变，甚至改变氧化还原反应的方向。所以，非标准状态下对于两个电极电位比较接近的电对，仅用标准电极电位来判断反应方向是不够的，应该考虑物质浓度改变对反应方向的影响。

由能斯特方程可知，浓度对电极电位的影响是有限的，只有标准电极电位相近的两个电对，才有可能通过改变物质浓度来改变反应方向；当两个电对的电极电位相差较大时，不可能通过改变物质浓度来改变反应方向。

无论是利用吉布斯自由能 $\Delta_r G_m$ 作为判据，还是利用电池电动势 E 作为判据，判断反应能否自发进行，都是只能判断氧化还原反应能否发生的可能性，是从热力学角度进行的判断，但反应实际上能不能发生，还要看反应的速率问题，即反应的动力学情况。

二、计算化学反应的平衡常数

（一）氧化还原反应的平衡常数

化学反应进行的最大限度可以通过平衡常数表示，氧化还原反应的平衡常数可以根据原电池的标准电池电动势求算。当氧化还原反应达平衡时，正极和负极的电极电位相等，电池电动势为零，即电池不再产生电流。

对于任意一个氧化还原方程

$$a\,Ox_1 + b\,Red_2 \xlongequal{\quad} c\,Red_1 + d\,Ox_2$$

能斯特方程为

$$E = E^{\ominus} - \frac{RT}{nF}\ln\frac{[Red_1]^c[Ox_2]^d}{[Ox_1]^a[Red_2]^b}$$

$$= E^{\ominus} - \frac{RT}{nF}\ln Q$$

反应达平衡时 E=0，$Q = K^{\ominus}$

$$0 = E^{\ominus} - \frac{RT}{nF}\ln K^{\ominus}$$

整理得

$$\frac{nFE^{\ominus}}{RT} = \ln K^{\ominus} = 2.303\lg K^{\ominus}$$

$$\lg K^{\ominus} = \frac{nFE^{\ominus}}{2.303RT} = \frac{nF(\varphi_+^{\ominus} - \varphi_-^{\ominus})}{2.303RT} \tag{9-9}$$

n 为氧化还原反应即电池反应中转移的电子数；$K^{\ominus}$ 为氧化还原反应的标准平衡常数，又称热力学平衡常数。当温度为 298.15 K 时，将摩尔气体常量 R（8.314 J · K^{-1} · mol^{-1}）、法拉第常量 F（96485 C · mol^{-1}）代入式（9-9），得

$$\lg K^{\ominus} = \frac{nE^{\ominus}}{0.05916} = \frac{n(\varphi_+^{\ominus} - \varphi_-^{\ominus})}{0.05916} \tag{9-10}$$

标准平衡常数 $K^{\ominus}$ 与实验平衡常数 K 数值相同，区别在于标准平衡常数 $K^{\ominus}$ 没有单位，而实验平衡常数 K 可能有单位。

根据式（9-10）可得出氧化还原反应的平衡常数有如下规律：

（1）氧化还原反应的平衡常数与氧化剂和还原剂的本性有关，即与电池的标准电动势有关，而与反应体系中物质浓度（或分压）无关。

（2）$\lg K^\ominus$ 与 n 成正比，氧化还原反应的平衡常数 $K^\ominus$ 与电子转移数有关，即与具体的反应方程式有关。

（3）氧化还原反应的平衡常数与温度有关，当温度不在 298.15 K 时使用式（9-9）计算平衡常数。

（4）一般认为，当标准平衡常数 $K^\ominus > 10^6$ 时已足够大，反应进行得比较完全，此时可以计算得到：当 $n = 1$ 时，$E^\ominus > 0.4$ V；当 $n = 2$ 时，$E^\ominus > 0.2$ V。n 越大，$E^\ominus$ 越小。所以，一般认为当两个电对的标准电极电位之差即 $E^\ominus > 0.5$ V 时，$K^\ominus$ 已足够大，可从热力学角度认为氧化还原反应进行比较完全。

例 9-13　计算反应 $Ag^+ + Fe^{2+} = Ag + Fe^{3+}$ 在 298.15 K 时的 $K^\ominus$。

解　将以上氧化还原反应设计成原电池

正极反应：$Ag^+ + e^- \longrightarrow Ag$　　$\varphi^\ominus(Ag^+/Ag) = 0.7996\ (V)$

负极反应：$Fe^{2+} \longrightarrow Fe^{3+} + e^-$　　$\varphi^\ominus(Fe^{3+}/Fe^{2+}) = 0.771\ (V)$

$$\lg K^\ominus = \frac{n(\varphi_+^\ominus - \varphi_-^\ominus)}{0.05916} = \frac{1\times(0.7996-0.771)}{0.05916} = 0.483$$

$$K^\ominus = 3.04$$

反应的平衡常数较小，是由 Ag^+/Ag 与 Fe^{3+}/Fe^{2+} 两个电对的标准电极电位相差较小所致。

例 9-14　求 298.15 K 时，$Zn + Cu^{2+} = Cu + Zn^{2+}$ 反应的平衡常数。

解　将以上氧化还原反应设计成原电池

正极反应：$Cu^{2+} + 2e^- \longrightarrow Cu$　　$\varphi^\ominus(Cu^{2+}/Cu) = 0.3419\ (V)$

负极反应：$Zn \longrightarrow Zn^{2+} + 2e^-$　　$\varphi^\ominus(Zn^{2+}/Zn) = -0.7618\ (V)$

由电池反应可知 $n = 2$，则

$$\lg K^\ominus = \frac{n(\varphi_+^\ominus - \varphi_-^\ominus)}{0.05916} = \frac{2\times[0.3419-(-0.7618)]}{0.05916} = 37.31$$

$$K^\ominus = 2.04\times10^{37}$$

反应的平衡常数很大，是由 Cu^{2+}/Cu 与 Zn^{2+}/Zn 两个电对的标准电极电位相差较大所致。

有的氧化还原反应平衡常数很大，但是反应速率很低，这种反应实际上几乎不发生。

例 9-15　计算反应：

$$O_2 + 4Fe^{2+} + 4H^+ = 4Fe^{3+} + 2H_2O$$

在 298.15 K 时的 $K^\ominus$。

解

正极反应：$O_2 + 4H^+ + 4e^- \longrightarrow 2H_2O$　　$\varphi^\ominus(O_2/H_2O) = 1.229\ (V)$

负极反应：$Fe^{2+} \longrightarrow Fe^{3+} + e^-$　　$\varphi^\ominus(Fe^{3+}/Fe^{2+}) = 0.771\ (V)$

$$\lg K^\ominus = \frac{n(\varphi_+^\ominus - \varphi_-^\ominus)}{0.05916} = \frac{4\times(1.229-0.771)}{0.05916} = 30.97$$

$$K^\ominus = 9.33\times10^{30}$$

平衡常数很大，反应正向进行的趋势很大，按此推断，Fe^{2+} 在空气中不应该存在，但实际上 Fe^{2+} 有一定的稳定性，说明该反应的速率较慢。

影响氧化还原反应速率的因素很多，除了氧化剂和还原剂本身的性质外，还与反应物的浓度、温度、催化剂等因素有关。因此可采用增加反应物浓度、加热、催化剂、诱导反应等措施来加快反应速率。

（二）其他反应的平衡常数

其他反应的平衡常数也可以通过适当的方式设计成原电池，利用电池电动势或电极电位计算出来，如难溶电解质的溶度积常数 K_{sp}、弱酸（或弱碱）的解离平衡常数 K_a（或 K_b）、水的离子积常数 K_w、配合物的稳定常数 K_s 等。

1. 计算难溶电解质的溶度积常数 K_{sp}

例 9-16 已知

$$Ag^+ + e^- \rightleftharpoons Ag \qquad \varphi^\ominus = 0.7996\ (V)$$

$$AgCl + e^- \rightleftharpoons Ag + Cl^- \qquad \varphi^\ominus = 0.22233\ (V)$$

求 AgCl 在 298.15 K 时的 K_{sp}。

解 根据标准电极电位的高低，将以上两个电极组成原电池，可确定

正极反应： $Ag^+ + e^- \longrightarrow Ag$

负极反应： $Ag + Cl^- \longrightarrow AgCl + e^-$

电池反应： $Ag^+ + Cl^- = AgCl$

且 n=1，显然该电池的总反应为 AgCl 在水溶液中溶解平衡的逆过程，电池反应的平衡常数即为 AgCl 的 K_{sp} 的倒数。在 298.15 K 时

$$\lg K^\ominus = \frac{n(\varphi_+^\ominus - \varphi_-^\ominus)}{0.059\,16} = \frac{1\times(0.7996 - 0.222\,33)}{0.059\,16} = 9.7578$$

$$\lg K^\ominus = \lg\frac{1}{K_{sp}} = 9.7578$$

$$K_{sp} = 1.7\times10^{-10}$$

例 9-17 已知 298.15 K 下，电极反应 $Hg_2Cl_2 + 2e^- \rightleftharpoons 2Hg + 2Cl^-$ 的 $\varphi^\ominus$= 0.26808 (V)，求难溶盐 Hg_2Cl_2 的 K_{sp} 值。已知 $\varphi^\ominus(Hg_2^{2+}/Hg) = 0.7973$ (V)。

解 电极反应 $Hg_2^{2+} + 2e^- \rightleftharpoons 2Hg(s)$ 的能斯特方程为

$$\varphi(Hg_2^{2+}/Hg) = \varphi^\ominus(Hg_2^{2+}/Hg) + \frac{0.059\,16}{2}\lg c(Hg_2^{2+})$$

加入 Cl^- 时，电极反应转变为 $Hg_2Cl_2(s) + 2e^- \rightleftharpoons 2Hg(s) + 2Cl^-$，能斯特方程为

$$\varphi(Hg_2Cl_2/Hg) = \varphi^\ominus(Hg_2^{2+}/Hg) + \frac{0.059\,16}{2}\lg\frac{K_{sp}(Hg_2Cl_2)}{c^2(Cl^-)}$$

当 Cl^- 浓度为 $1mol\cdot L^{-1}$ 时，电极处于标准状态，则

$$\varphi^\ominus(Hg_2Cl_2/Hg) = \varphi^\ominus(Hg_2^{2+}/Hg) + \frac{0.059\,16}{2}\lg K_{sp}(Hg_2Cl_2)$$

$$0.268\,08 = 0.7973 + \frac{0.059\,16}{2}\lg K_{sp}(Hg_2Cl_2)$$

$$K_{sp}(Hg_2Cl_2) = 1.3\times10^{-18}$$

计算难溶电解质的溶度积常数 K_{sp}，一般是将该难溶电解质设置成金属-金属难溶盐-阴离子电极，再选择该难溶电解质的阳离子与其对应的原子组成另一电极，两个电极组成原电池，测得电池电动势或金属-金属难溶盐-阴离子电极的电极电位，即可计算得到难溶电解质的溶度积常数 K_{sp}。

2. 计算水的离子积常数 K_w　一个电极反应中只要有 H^+ 或 OH^-，根据能斯特方程，利用标准电极电位，就可以计算出 K_w 值。最简单的电极是 H_2 电极或 O_2 电极。

例 9-18　已知

$$2H^+ + 2e^- \rightleftharpoons H_2 \qquad \varphi^\ominus = 0.0000\ (V)$$
$$H_2 + 2OH^- \rightleftharpoons 2H_2O + 2e^- \qquad \varphi^\ominus = -0.8277\ (V)$$

求 298.15 K 时水的离子积常数 K_w。

解　根据标准电极电位的高低，将以上两个电极组成原电池。

正极反应：　$2H^+ + 2e^- \longrightarrow H_2$

负极反应：　$H_2 + 2OH^- \longrightarrow 2H_2O + 2e^-$

电池反应为：　$H^+ + OH^- = H_2O$

电池反应过程为水的解离平衡的逆过程，电池反应平衡常数为水的离子积常数 K_w 的倒数。

$$\lg K^\ominus = \frac{n(\varphi_+^\ominus - \varphi_-^\ominus)}{0.059\,16} = \frac{1\times(0.000+0.8277)}{0.059\,16} = 13.99$$

$$\lg K^\ominus = \lg\frac{1}{K_w} = 13.99$$

$$K_w = 1.0\times10^{-14}$$

3. 计算弱酸（弱碱）的解离常数 K_a（K_b）　向氢电极的溶液中加入弱碱 A^-，会生成弱酸 HA，同时维持弱碱 A^- 有剩余，构成 HA-A^- 缓冲溶液，再与另一电极组成原电池，测定电池电动势或氢电极的电极电位即可计算出 K_a（K_b）。

例 9-19　25℃时，以 Pt | H_2(100 kPa) | H^+(x mol · L^{-1}) 为负极，与另一正极组成原电池。向负极溶液中加入弱碱 A^-，构成 A^-（0.200 mol · L^{-1}）及其共轭酸 HA（0.100 mol · L^{-1}）组成的缓冲溶液。若测得负极的电极电位为 −0.3400 V，求缓冲溶液的 pH，并计算弱酸 HA 的解离常数 K_a。

解　电极反应为　$H_2(g) \longrightarrow 2H^+ + 2e^-$

$$\varphi(H^+/H_2) = \varphi^\ominus(H^+/H_2) + \frac{0.059\,16}{2}\lg\frac{c^2(H^+)}{p(H_2)/p^\ominus}$$

$$-0.3400 = 0 + 0.059\,16\lg c(H^+)$$

$$\lg c(H^+) = \frac{-0.3400}{0.059\,16} = -5.75$$

$$pH = 5.75$$

$$\varphi_- = 0 + \frac{0.05916}{2}\lg\frac{\left(K_a[HA]/[A^-]\right)^2}{100/100}$$

$$-0.3400 = \frac{0.05916}{2}\lg\frac{\left(K_a\times0.100/0.200\right)^2}{100/100}$$

$$K_a = 3.6\times10^{-6}$$

此例中用缓冲溶液的 Henderson-Hasselbalch 方程也能计算出 HA 的 K_a 值。

$$pH = pK_a + \lg\frac{c(A^-)}{c(HA)}, \qquad 5.75 = pK_a + \lg\frac{0.200}{0.100}$$

$$K_a = 3.6\times10^{-6}$$

4. 计算配合物的稳定常数 K_s

例 9-20 已知

$$Ag^+ + e^- \rightleftharpoons Ag \qquad \varphi^\ominus(Ag^+/Ag) = 0.7996\ (V)$$

$$Ag + 2NH_3 \rightleftharpoons [Ag(NH_3)_2]^+ + e^- \qquad \varphi^\ominus([Ag(NH_3)_2]^+/Ag) = 0.373\ (V)$$

计算 $[Ag(NH_3)_2]^+$ 的稳定常数 K_s。

解 将这两个反应组成原电池：

正极反应： $Ag^+ + e^- \longrightarrow Ag$

负极反应： $Ag + 2NH_3 \longrightarrow [Ag(NH_3)_2]^+ + e^-$

电池反应为： $Ag^+ + 2NH_3 = [Ag(NH_3)_2]^+$

电池反应的平衡常数即为 $[Ag(NH_3)_2]^+$ 的稳定常数，

$$\lg K^\ominus = \lg K_s = \frac{n(\varphi_+^\ominus - \varphi_-^\ominus)}{0.05916} = \frac{1\times(0.7996-0.373)}{0.05916} = 7.21$$

$$K_s = 1.6\times10^7$$

上述几个例题，电池反应式中元素原子的氧化值虽然没有变化，但在电极反应中存在电子得失，而且总反应中也存在电子转移，因此可以用氧化还原反应的标准电池电动势或电极电位计算平衡常数。以电池反应 $Ag^+ + Cl^- \longrightarrow AgCl(s)$ 为例，正极反应为 $Ag^+ + e^- \longrightarrow Ag(s)$，负极反应为 $Ag(s) + Cl^- \longrightarrow AgCl(s) + e^-$，在两个半反应中都出现了 Ag，在负极反应中它是电子供体，在正极反应中它是电子受体，在构成电池反应时抵消了。

第五节 电位分析法测定溶液的 pH

一、指示电极和参比电极

由电极电位的能斯特方程可知，电极电位与溶液中离子浓度（活度）存在定量关系，通过电极电位或电池电动势的测定，可以对物质进行定量分析，这就是电位分析法。电位分析法需要由两个电极组成电池，其中一个电极称为指示电极，另一个电极称为参比电极。

（一）指示电极

指示待测溶液中待测物质的浓度（或活度）变化的电极，其电极电位值与待测物质的浓度（或活度）有关，这类电极称为指示电极（indicating electrode）。通过测定指示电极的电极电位即可计算出待测物质的浓度（或活度）。

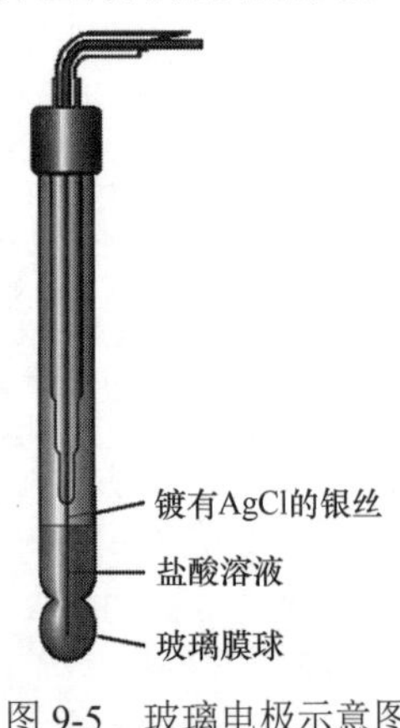

图 9-5 玻璃电极示意图

测定不同物质的浓度，需要不同的指示电极。测定溶液的 pH 时，使用最广泛的 pH 指示电极是玻璃电极。

玻璃电极（glass electrode）的结构如图 9-5 所示。在玻璃管的下端有半球形玻璃薄膜（约为 0.1 mm），膜内装有盐酸溶液，并用氯化银-银电极作内参比电极。玻璃膜的电阻很大，一般为 10 ～ 500 MΩ，测定时只允许有微小的电流通过，因此引出的导线需用金属网套管屏蔽，防止由静电干扰和漏电而引起实验误差。

将玻璃电极插入待测溶液中，当玻璃膜内外两侧的氢离子浓度不相等时，会产生电位差，这种电位差称为膜电位。由于膜内盐酸的浓度固定，膜电位的数值就取决于膜外待测溶液的氢离子浓度（或活度，即 pH），这就是玻璃电极可用作 pH 指示电极的基本原理。

玻璃电极的电极电位与待测溶液的氢离子浓度（或活度）也符合能斯特方程

$$\varphi_{玻} = K_{玻} + \frac{RT}{F}\ln a(\mathrm{H}^+) = K_{玻} - \frac{2.303RT}{F}\mathrm{pH} \tag{9-11}$$

式中，$K_{玻}$称为玻璃电极常数，其数值大小取决于玻璃电极自身性能。不同的玻璃电极在生产过程中其表面存在一定的差异、使用时间长短等因素都影响 $K_{玻}$，即使是同一支玻璃电极在使用过程中 $K_{玻}$也会缓慢发生变化。因此，$K_{玻}$理论上为一常数，但实际上是一个未知数。

（二）参比电极

参比电极（reference electrode）在测量电极电位时用来提供电位标准的电极，在一定条件下，其电极电位是恒定值。参比电极的作用是与指示电极组成原电池，测定电池电动势，进而计算指示电极的电极电位，由此求得待测物质的浓度（或活度）。

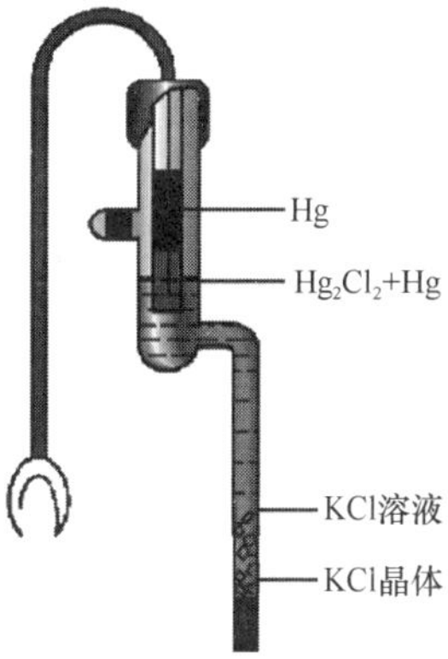

甘汞电极（calomel electrode）的结构如图 9-6 所示，属于金属-金属难溶盐-阴离子电极。电极由两个玻璃套管组成，内管上部为汞，连接电极引线，中部为汞和氯化亚汞的糊状物，底部用棉球塞紧，外管盛有氯化钾溶液，下部支管端口塞有多孔素烧瓷。在测定中，盛有 KCl 溶液的外管还可起到盐桥的作用。

图 9-6　甘汞电极示意图

电极组成式　　$\mathrm{Pt(s)\,|\,Hg_2Cl_2(s)\,|\,Hg(l)\,|\,Cl^-}(c)$

电极反应　　$\mathrm{Hg_2Cl_2(s) + 2e^- \rightleftharpoons 2Hg(l) + 2Cl^-}$

298.15 K 时，甘汞电极的电极电位为

$$\varphi(\mathrm{Hg_2Cl_2/Hg}) = \varphi^{\ominus}(\mathrm{Hg_2Cl_2/Hg}) + \frac{0.059\,16}{2}\lg\frac{1}{c^2(\mathrm{Cl^-})}$$

$$\varphi(\mathrm{Hg_2Cl_2/Hg}) = 0.268\,08 - 0.059\,16\lg c(\mathrm{Cl^-})$$

甘汞电极的电极电位取决于 Cl^- 的浓度，298.15 K 时，当 KCl 溶液分别为饱和溶液（Cl^- 浓度是恒定值）、1 $mol \cdot L^{-1}$ 和 0.1 $mol \cdot L^{-1}$ 时，甘汞电极的电极电位分别为 0.2412 V、0.2681 V 和 0.3272 V。

饱和甘汞电极（saturated calomel electrode，SCE）容易制备，使用方便，而且 KCl 溶液使用时可以起盐桥的作用，所以最常使用的参比电极为饱和甘汞电极。甘汞电极在给定温度下的电极电位值比较稳定，但其温度系数较大，即电极电位随温度变化较大。对于饱和甘汞电极，可以用式（9-12）校正温度对电极电位的影响，t 为测定时的温度（℃）：

$$\varphi = 0.2412 - 7.6\times10^{-4}(t-25) \tag{9-12}$$

氯化银电极（silver chloride electrode）属于第二类电极（金属-金属难溶盐-阴离子电极），电极结构比较简单。在盛有 KCl 溶液的玻璃管中插入一根镀有 AgCl 的银丝，玻璃管的下端用石棉丝封住，上端用导线引出。

电极组成式　　$\mathrm{Ag(s)\,|\,AgCl(s)\,|\,Cl^-}\ (c\ \mathrm{mol\cdot L^{-1}})$

电极反应　　$\mathrm{AgCl(s) + e^- \rightleftharpoons Ag(s) + Cl^-}$

298.15 K 时，电极电位表达式

$$\varphi(\mathrm{AgCl/Ag}) = \varphi^{\ominus}(\mathrm{AgCl/Ag}) + 0.059\,16\lg\frac{1}{c(\mathrm{Cl^-})}$$

$$\varphi(\mathrm{AgCl/Ag}) = 0.222\,33 - 0.059\,16\lg c(\mathrm{Cl^-})$$

298.15 K 时，当 KCl 溶液分别为饱和溶液、1 $mol \cdot L^{-1}$ 和 0.1 $mol \cdot L^{-1}$ 时，电极电位分别为 0.1971 V、0.2223 V 和 0.288 V。此电极对温度变化不敏感，甚至可以在 80℃以上使用。

（三）复合电极

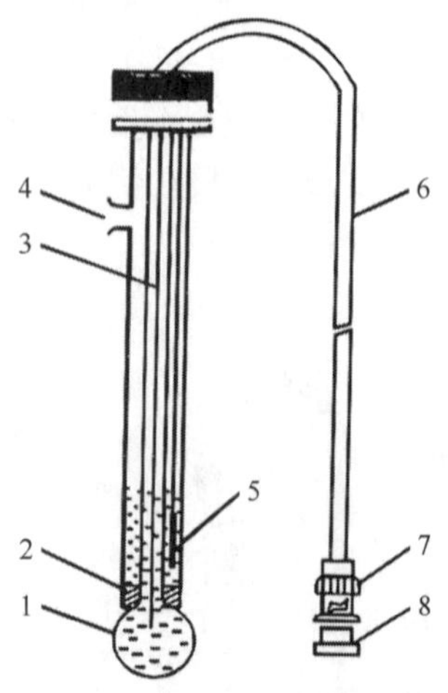

图 9-7　复合电极示意图

1. H^+ 敏感玻璃膜；2. 通向外部溶液的多孔隔板；3. KCl 和 AgCl 饱和溶液；4. 加液口；5. 敷有 AgCl 的银丝；6. 导线；7. 固定螺母；8. 与 pH 计的连接口

将参比电极与指示电极组装在一起就构成复合电极。测定溶液的 pH 时，使用的复合电极是由玻璃电极与饱和甘汞电极或者玻璃电极与氯化银电极组成。复合电极示意图如图 9-7 所示。其结构为：电极外套将玻璃电极和参比电极包裹并固定在一起，敏感的玻璃泡位于外套的保护栅内，参比电极的补充液由外套上端小孔加入。复合电极的优点为使用方便，测定结果比较稳定。

二、电位分析法测定溶液的 pH

测定溶液的 pH 时，通常用玻璃电极作 pH 指示电极，饱和甘汞电极作参比电极，组成原电池。

(–) 玻璃电极 | 待测 pH 溶液 || SCE (+)

玻璃电极的电极电位为

$$\varphi_{玻} = K_{玻} - \frac{2.303RT}{F}\text{pH}$$

同一玻璃电极 $K_{玻}$为一固定值，不同玻璃电极 $K_{玻}$数值不同。

电池电动势为

$$E = \varphi_{\text{SCE}} - \varphi_{玻} = \varphi_{\text{SCE}} - (K_{玻} - \frac{2.303RT}{F}\text{pH})$$

在一定温度下，φ_{SCE} 为常数，令 $K=\varphi_{\text{SCE}} - K_{玻}$，则

$$E = K + \frac{2.303RT}{F}\text{pH} \tag{9-13}$$

由于不同玻璃电极 $K_{玻}$数值不同，实际上 $K_{玻}$是一未知常数，K 也就是一未知常数，即在式（9-13）中有两个未知数 K 和 pH。为了解决这一问题，需要用同一玻璃电极与饱和甘汞电极组成两次原电池。第一次用已知 pH（用 pH_S 表示）的标准缓冲溶液组成原电池，测得电池电动势 E_S；第二次用待测 pH（用 pH_X 表示）的溶液组成原电池，测得电池电动势 E_X，则

$$E_\text{S} = K + \frac{2.303RT}{F}\text{pH}_\text{S} \tag{9-14a}$$

$$E_\text{X} = K + \frac{2.303RT}{F}\text{pH}_\text{X} \tag{9-14b}$$

将式（9-14a）和式（9-14b）联立，消去 K，即可得到待测溶液的 pH_X：

$$\text{pH}_\text{X} = \text{pH}_\text{S} + \frac{(E_\text{X} - E_\text{S})F}{2.303RT} \tag{9-15}$$

式（9-15）表明了 pH 计（又称酸度计）测定待测溶液 pH 的原理。在实际测量过程中，并不需要先分别测定 E_S 和 E_X 再通过式（9-15）计算待测溶液的 pH_X。而是先将饱和甘汞电极和玻璃电极插入有已知 pH 的标准缓冲溶液中组成原电池，测定此电池的电动势并转换成 pH，通过调整仪器的电阻参数使仪器的测量值与标准缓冲溶液的 pH 一致，这一过程称为定位，再用待测溶液代替标准缓冲溶液在 pH 计上直接测量，pH 计显示的数值即为待测溶液的 pH。

第六节 生物传感器

一、生物传感器的组成

传感器（sensor）是指能感受特定的被测物质，并按照一定的规律转换成可输出的电信号、光信号或其他信号的器件或装置。传感器一般由感应元件、转换元件、信号处理单元及相应附件组成。生物传感器（biosensor）是使用生物材料作为感应元件的传感器。生物传感器的感应元件有酶、酶组分、生物体、组织、细胞、抗体、核酸、有机物分子等，其主要功能是对被测物质进行选择性作用，即识别被测物质。传感器的主要特征是集分离、鉴定为一体，可以实现集成化、自动化、器件化、微型化并实现在线或在体分析。传感技术是现代信息技术的重要组成部分。

二、生物传感器的工作原理

将具有分子识别功能的生物物质通过特殊加工技术涂敷固定在固态载体上，形成功能膜，当其与被测物质接触时，膜内的感应物质首先与被测物质选择性地吸附，发生相互作用形成复合物，从而表现为化学变化、热变化、光变化或直接产生电信号方式等；化学变化、热变化和光变化由信号转换元件转化为易于输出的、与待测物质浓度成比例的电信号，这个信号能够进一步被放大、处理或储存，然后利用电子仪器进行测量、记录，从而达到分析检测的目的。

由于使用生物材料作为传感器的感应元件，电化学生物传感器具有高度选择性，是快速、直接获取复杂体系组成信息的理想分析工具，并已在生物技术、环境监测、食品工业、临床检测、医药工业、生物医学等领域获得实际应用。

三、生物传感器的应用

（一）在生命科学领域的应用

1. 微生物检测 将微生物（主要是细菌和酵母菌）作为敏感材料固定在电极表面构成微生物电极传感器。它是利用微生物体内的酶系来识别分子或是利用微生物体内的生化反应来检测相关物质。代表性的电极如在食品发酵过程中测定葡萄糖的佛鲁奥森假单胞菌电极，以及测定抗生素头孢菌素的 *Citrobacter freudii* 菌电极等商品电极。

2. DNA 检测 DNA 电化学传感器是近几十年迅速发展起来的一种全新的生物传感器。其用途是检测基因及一些能与 DNA 发生特殊相互作用的物质。它是利用单链 DNA 或基因探针作为感应元件固定在电极表面，加上识别杂交信息的杂交指示剂共同构成的检测特定基因的装置。其工作原理是利用固定在电极表面的特定序列的单链 DNA 与溶液中的同源序列的特异识别作用（分子杂交）形成双链 DNA，同时借助能够识别单链和双链 DNA 杂交指示剂的响应信号的改变来达到检测基因的目的。这类传感器除用于基因检测外，还可用于 DNA 与外源分子间的相互作用研究，如抗癌药物筛选、抗癌药物作用机制研究等。

（二）环境监测领域的应用

1. 砷化物检测 砷污染主要来源于采矿、冶金、化工、农药生产、制革、化学制药等工业废水。单质砷的毒性很低，但砷的化合物均有剧毒，砷化物容易在人体内积累，造成急性或慢性中毒。在历史上，由于人们的环保意识不强，含砷工业废水曾造成土壤和地下水的广泛污染。为有效地清除这种污染并确保饮用水的安全，对污染环境中砷的检测是至关重要的。Roberto 等从海水母中提取了一种绿色荧光蛋白质，通过基因转录研制出一种细菌荧光素酶生物传感器，利用该生物传感器可检测亚微克量的亚砷酸盐和砷酸盐，对砷污染地区能进行在线、长期的环境监测，效果显著，且费用较低。

2. 杀虫剂除草剂残留物检测 利用生物传感器可直接、快速又方便地检测出各类杀虫剂（如有机磷和氨基甲酸酯类）和除草剂的残留物。生物基质不但可以测定残留物的浓度，还可以测定其毒性，这是传统的分析检测技术所达不到的。用于检测杀虫剂的最常见的酶是乙酰胆碱酶，它能催化乙酰胆碱水解成胆碱和乙酸。有机磷是杀虫剂中的一大分支，包括对硫磷、马拉硫磷、甲氟磷酸异丙酯等，它们能与酶结合成非常稳定的共价物磷酸基酶从而阻碍酶的活性。将乙酰胆碱酶制成的生物传感器放入含有杀虫剂的试样中就可以测量出酶活性的抑制程度。当酶不受抑制时，会输出最大的稳定信号，而当溶液中含有抑制剂时，信号强度就会降低，降低的量与抑制剂的浓度成比例，进而计算被测物质的含量。通过检测细胞中光合成电子在传输系统中产生信号的强度，利用聚球蓝细菌细胞作为生物基质的生物传感器可以检测水体中的除草剂，当水体中有污染物存在时，会对传输系统信号强度产生影响。该方法简单方便，可迅速提供污染信息，适于在线监测。

利用不同的生物感应材料，可以制备出不同的生物传感器。例如采用生化需氧量（BOD）生物传感器可检测出 BOD 的含量；利用硝化细菌作基质和氧电极组成的生物传感器检测废水中的氨氮含量；采用埃希菌属作为基质，用琼脂固定并与传导器组成生物传感器，对工厂附近的污染大气进行连续监测，能检测出空气中苯、甲苯等有毒物质的浓度变化。此外，检测 NO_2 的生物传感器和检测 SO_2 的生物传感器也均有研究报道。环境监测是环境保护的基础，发展环境监测新技术十分重要。将生物传感器应用于环境监测，提高检测灵敏度，缩短分析时间，降低成本，利于在线及应急监测且较易实现自动化，是现代环境监测技术一个新的发展领域。

思考与练习

1. 计算下列元素的氧化值。

（1）计算 N 元素的氧化值：HNO_3、HNO_2、NO_2、NO、N_2、NH_3、NH_4^+、N_2O_5。

（2）计算 C 元素的氧化值：H_2CO_3、HCO_3^-、CO_3^{2-}、CO_2、CO、CH_2Cl_2、CH_4。

（3）计算 S 元素的氧化值：H_2SO_4、SO_4^{2-}、H_2SO_3、$Na_2S_2O_3$、$Na_2S_4O_6$、Na_2SO_3、SO_3、SO_2、S。

2. 根据标准电极电位

（1）标准状态下，按由强到弱顺序排列下列氧化剂：

$$Cr_2O_7^{2-}、MnO_4^-、Cu^{2+}、Fe^{3+}、I_2、Cl_2$$

（2）标准状态下，按由强到弱顺序排列下列还原剂：

$$I^-、Cl^-、Fe^{2+}、Sn^{2+}、H_2、Li$$

3. 生物体液近中性，但热力学标准状态规定 H^+ 浓度为 1 mol · L^{-1}（严格地说，a=1 mol · L^{-1}），这对于生物化学反应不合适。因此生物化学标准状态是将 H^+ 浓度规定为 10^{-7} mol · L^{-1}，亦即 pH 为 7，其他物质的规定不变。请根据标准电极电位 $\varphi^\ominus$，求出下列电极反应的生物化学标准状态的电极电位 $\varphi^{\ominus\prime}$。

（1）$2H^+ + 2e^- \rightleftharpoons H_2(g)$

（2）$2O_2(g) + 4H^+ + 4e^- \rightleftharpoons 2H_2O$

4. 298.15 K 时，计算下列电极的电极电位。

（1）$2IO_3^-(0.01\ mol \cdot L^{-1}) + 12H^+(0.001\ mol \cdot L^{-1}) + 10e^- = I_2(s) + 6H_2O$

（2）$Fe(OH)_2(s) + 2e^- = Fe(s) + 2OH^-(1.0\ mol \cdot L^{-1})$

5. 在标准状态下，判断下列反应自发进行的方向，计算平衡常数，并将其组成原电池，写出电极反应、电池反应及电池组成式。

$$MnO_2 + 3Ce^{4+} + 2H_2O \Longrightarrow MnO_4^- + 3Ce^{3+} + 4H^+$$

6. MnO_4^{2-} 的歧化反应（$3MnO_4^{2-} + 2H_2O \Longrightarrow 2MnO_4^- + MnO_2 + 4OH^-$）能否自发进行？写出电极反应及电池符号。已知电对的标准电极电位为 $\varphi^{\ominus}(MnO_4^-/MnO_4^{2-}) = 0.558$ V，$\varphi^{\ominus}(MnO_4^{2-}/MnO_2) = 2.26$ V。

7. 实验室制备氯气的方法之一是用 MnO_2 与 12 mol · L^{-1} 浓 HCl 反应，而不是与 1 mol · L^{-1} 稀 HCl 反应？请说明理由。

8. 若电池组成为 (–) A | A^{2+} || B^{2+} | B (+)，当 $c(A^{2+}) = c(B^{2+})$ 时测得电动势为 0.368 V，若 $c(A^{2+}) = 1.0$ mol · L^{-1}，$c(B^{2+}) = 1.0\times10^{-4}$ mol · L^{-1}，求此时电池的电动势。

9. 实验测得下列电池在 298.15 K 时，电池电动势为 0.420 V，求胃液的 pH。

$$(-)Pt(s) \mid H_2(100\ kPa) \mid 胃液 \mid SCE(+)$$

10. 已知电池组成为

$$Zn(s) \mid Zn^{2+}(1.0\times10^{-4}\ mol\cdot L^{-1}) \parallel Zn^{2+}(1.0\times10^{-1}\ mol\cdot L^{-1}) \mid Zn(s)$$

求 298.15 K 时该电池的电动势，并指出正、负极。

11. 已知下列电池

$$(-)Fe \mid Fe^{3+}(1.00\ mol\cdot L^{-1}) \parallel Cl^-(x\ mol\cdot L^{-1}) \mid Cl_2(100\ kPa) \mid Pt\ (+)$$

的电动势为 1.366 V，试求 Cl^- 浓度。

12. 今有一种含有 Cl^-、Br^-、I^- 三种离子的混合溶液，欲使 I^- 氧化为 I_2，而又不使 Br^-、Cl^- 氧化。在常用的氧化剂 $Fe_2(SO_4)_3$ 和 $KMnO_4$ 中，选择哪一种能符合上述要求。

13. 今有一标准状态下的电池（298.15 K）：(–) Cu | Cu^{2+} || Ag^+ | Ag(+)。

（1）若在正极溶液中加入 Cl^- 使 Ag^+ 形成 AgCl 沉淀，并使 $[Cl^-] = 1$ mol · L^{-1}，同时维持负极不变。此时，电池电动势等于多少？电池反应的方向如何？

（2）若在负极溶液中加入 S^{2-} 使 Cu^{2+} 形成 CuS 沉淀，并使 $[S^{2-}] = 1$ mol · L^{-1}，同时维持正极不变。此时，电池电动势等于多少？电池反应的方向又如何？

14. 298.15 K 时，以 Pt | H_2(100 kPa) | H^+(x mol · L^{-1}) 为负极，和另一正极组成原电池，负极溶液是由某弱酸 HA（0.100 mol · L^{-1}）及其共轭碱 A^-（1.00 mol · L^{-1}）组成的缓冲溶液。若测得负极的电极电位等于 –0.400 V，试求出该缓冲溶液的 pH，并计算弱酸 HA 的解离常数 K_a。

15. 已知 298.15 K 时，电极反应 $PbCl_2 + 2e^- \Longrightarrow Pb + 2Cl^-$，其 $\varphi^{\ominus} = -0.2675$ V，求难溶盐 $PbCl_2$ 的 K_{sp}。

（甄　攀）

知识拓展

习题详解

PPT

第十章　原子结构和元素周期律

原子结构知识是认识物质结构和性质的基础。现代量子理论揭示了原子核外电子的运动规律，是研究原子、分子以及生物高分子结构和性质的重要工具。生命科学的发展已经深入到分子、原子甚至电子水平，学习原子结构知识是现代生物医学研究必不可少的环节。因此，本章将利用量子理论的观点着重讨论原子核外电子的运动规律，为认识分子结构提供基础。

第一节　原子的组成及微观粒子的运动特性

一、原子的组成

自从 19 世纪初道尔顿（Dalton）建立原子学说，人们一直以为原子是不可分割的最小微粒。直到发现了电子、X 射线和放射性现象，原子不能再分割的观念才被舍弃。科学家们开始探索原子的组成和结构。

1897 年，约瑟夫 · 约翰 · 汤姆逊（J. J. Thomson）根据放电管中的阴极射线在电磁场和磁场作用下的轨迹，确定阴极射线中的粒子带负电，并测出其荷质比，这是历史上第一次发现电子。12 年后美国物理学家罗伯特 · 安德鲁 · 密立根（R. A. Millikan）用油滴实验测出了电子的电荷。

1911 年，英国物理学家卢瑟福（E. Rutherford）根据 α 粒子散射实验提出原子的有核模型（nuclear model）。当用一束带正电的 α 粒子流轰击金箔时，绝大多数 α 粒子几乎毫无阻碍地穿过，只有极少数的 α 粒子（约八千分之一）发生大角度散射，甚至反射，说明绝大部分原子质量集中在核上。原子的直径约 100 pm，而核的体积非常小，直径约 10^{-3} pm，核外空间为电子所占有。

1918 年，卢瑟福做了用 α 粒子轰击氮原子核的实验，发现了穿透力比 α 粒子更强的粒子。他把这种粒子引入到电、磁场中，根据它在电场和磁场中的偏转，测出了它的质量和电量，确定它就是氢原子核，又称质子。后来，人们用同样的方法使氟、钠、铝等原子核发生了类似的转变，并且都产生了质子。由于各种原子核中都能轰击出质子，可见质子是原子核的组成部分。

中子的概念由卢瑟福提出，中子的存在是 1932 年被查德威克（J. Chadwick）用 α 粒子轰击铍原子的实验证实。1930 年，德国科学家玻特（W. Bothe）和其学生贝克（H. Becker）用 α 粒子轰击铍原子时，发现射出的不是卢瑟福观察到的穿透力不强的质子，而是一种能穿透几英寸铅板的辐射——铍辐射。1931 年，约里奥 · 居里（F. & I. Joliot Curie）夫妇用强 α 粒子源进行实验时，发现铍辐射能从石蜡中打出质子。当查德威克看到约里奥 · 居里夫妇的研究报告后，立即把铍辐射与他的老师卢瑟福提到的中性粒子结合起来，用实验证明了铍辐射就是有质量的中性粒子，并定名为中子。

原子由原子核和核外电子组成，原子核由质子和中子组成。在化学反应中，原子核不发生变化，只是核外电子运动状态发生改变，所以我们主要研究核外电子的运动状态。

二、微观粒子的运动特性

氢原子是自然界中最简单的原子，现代量子理论首先研究了氢原子结构，并在此基础上认识复杂原子体系的结构。

（一）氢原子的玻尔模型

白光散射时，可以观察到可见光区的连续光谱，但是原子受激发后得到的发射光谱却是不连续的线状光谱（line spectrum）。例如，氢原子的发射光谱在可见光区有四条谱线（图 10-1）。根据卢瑟福的原子有核模型，围绕原子核高速旋转的电子会连续辐射电磁波，得到连续光谱，同时因电磁辐射而损失能量的电子会在 10^{-10} s 内堕入原子核。显然卢瑟福的原子有核模型无法解释原子的线状光谱和原子的稳定性。

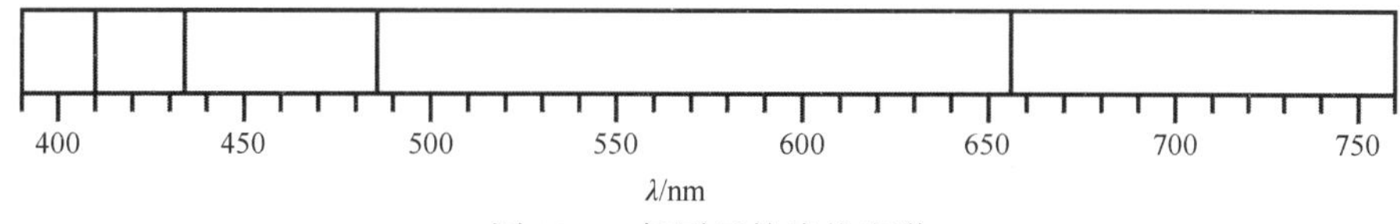

图 10-1　氢原子的线状光谱

1885 年瑞士的巴耳末（J. Balmer）发现可见光区这些谱线波长的规律的经验公式。后来瑞典的物理学家里德伯（J. Rydberg）在巴耳末公式的基础上，提出了更具普遍性的氢原子光谱的经验公式—里德伯方程（公式 10-1）。里德伯方程不仅揭示了氢原子光谱可见光谱线的规律，同时氢原子光谱的红外光谱和紫外光谱的谱线也符合里德伯方程。

$$\frac{1}{\lambda}=R_{\mathrm{H}}\left(\frac{1}{n_1^2}-\frac{1}{n_2^2}\right) \tag{10-1}$$

式中，λ 是波长；R_{H} 被称为里德伯常量，其数值为 $1.097\times10^{7}\ \mathrm{m}^{-1}$；$n$ 为正整数，且 n_2 大于 n_1。

1913 年，丹麦科学家玻尔（N. Bohr）将普朗克（M. Planck）关于热辐射的量子理论、爱因斯坦（A. Einstein）的“光子说”和卢瑟福的原子有核模型应用于描述原子中电子的运动状态，提出了氢原子结构的基本假设。

（1）原子中的电子沿着某些特定轨道绕原子核运动，电子在这些轨道上运动时，既不吸收能量，也不辐射能量。在这些轨道上运动的电子所处的状态称为原子的定态（stationary state）。这些轨道的半径（r）与其对应的能量（E）分别是

$$r=a_0\cdot n^2 \tag{10-2}$$

$$E=-2.18\times10^{-18}\times\frac{Z^2}{n^2} \tag{10-3}$$

式中，a_0=52.9 pm，称为玻尔半径；E 是轨道的能量，单位为焦耳（J）；n 只能取 1,2,3,⋯，称为量子数。每个定态都对应一个能级（energy level）。当 n=1 时体系能量最低，称为原子的基态（ground state），其他能量较高的状态都称为原子的激发态（excited state）。

（2）当电子的能量由一个能级改变到另一个能级，称为跃迁（transition）。电子跃迁所吸收或辐射光子的能量等于电子跃迁后的能级（E_2）与跃迁前的能级（E_1）的能量差：

$$h\nu=E_2-E_1 \tag{10-4}$$

式中，ν 是光子的频率；h 是普朗克常量。当 $E_2>E_1$ 时产生吸收光谱，当 $E_2<E_1$ 时产生发射光谱。

玻尔理论成功地解释了氢原子的线状光谱，但玻尔理论未能冲破经典物理学的束缚，认为电子在具有固定半径的轨道上运动，因此不能解释多电子原子光谱和氢原子光谱的精细结构，所以必须用现代量子力学方法揭示电子等微观粒子的运动特征。

（二）电子的波粒二象性

光具有波粒二象性（wave-particle dualism），即既有波动性又有粒子性。光作为电磁波，有波长 λ 或频率 ν；光子作为粒子，能量 $E=h\nu$。

1923 年，在光具有波粒二象性的启发下，法国物理学家德布罗意（L. de Broglie）提出电子、原子等微观粒子也具有波粒二象性的假设，并运用爱因斯坦方程式 $E = mc^2$ 及 $E = h\nu$ 导出微观粒子具有波动性的德布罗意关系式

$$\lambda = \frac{h}{p} = \frac{h}{mv} \tag{10-5}$$

式中，p 为粒子的动量；m 为粒子的质量；v 为速度；λ 为粒子波的波长。微观粒子的波动性和粒子性通过普朗克常量联系起来。

1927 年，美国物理学家戴维森（C. Davisson）和革末（L. Germer）用电子衍射实验证实了德布罗意的假设。当电子束穿过晶体薄层（或晶体粉末）时，得到与 X 射线衍射类似的图像，见图 10-2。同年英国汤姆孙（G. Thomson）用金箔作光栅也得到电子衍射图。

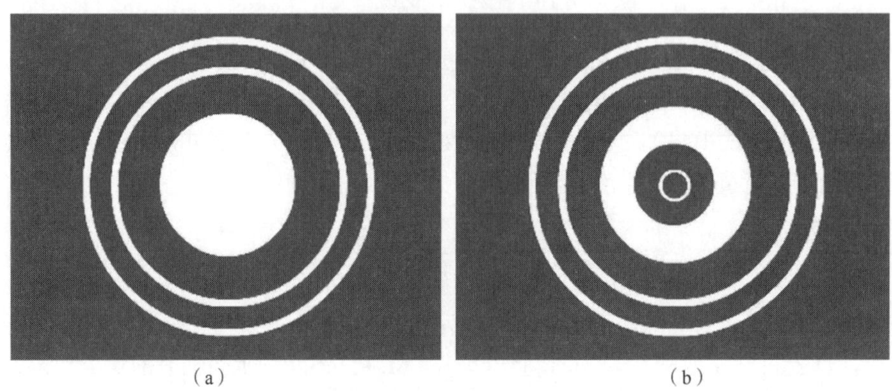

（a）　　　　（b）

图 10-2　衍射实验图像

（a）电子衍射图；（b）X 射线射图

电子衍射实验证实了电子的波动性，电子的波动性不同于机械波和电磁波。电子波是统计性的。以电子衍射为例，让一束强的电子流穿过晶体投射到照相底片上，可以得到电子衍射图像。如果电子流很微弱，几乎让电子一个一个射出，只要时间足够长，也可以形成同样的衍射图像。衍射图像上，在亮斑强度大的地方，电子出现的概率大；反之，在电子出现概率小的地方，亮斑强度弱。所以，电子波是概率波（probability wave）。

（三）不确定原理

1927 年，德国科学家海森伯（W. Heisenberg）指出，无法同时确定微观粒子的位置和动量，即位置测得越准确，动量（或速度）就测得越不准确，反之亦然。这就是著名的不确定原理（uncertainty principle）：

$$\Delta x \cdot \Delta p \geqslant \frac{h}{4\pi} \tag{10-6}$$

式中，Δx 为粒子的位置误差；Δp 为粒子的动量误差。由于普朗克常量 h 是一个极小的量，所以 Δx 越小，Δp_x 越大，反之亦然。

不确定原理是微观粒子波动性的必然结果。微观粒子的运动不存在确定的运动轨迹，不遵守经典力学规律。但是，微观粒子的运动规律可以用量子力学来描述。

第二节　核外电子运动状态的描述

一、波函数与量子数

（一）氢原子的波函数

1926 年，奥地利物理学家薛定谔（E. Schrödinger）推导出在力场作用下微观粒子运动的波动方程，称为薛定谔方程（Schrödinger equation）。

$$\frac{\partial^2\psi}{\partial x^2}+\frac{\partial^2\psi}{\partial y^2}+\frac{\partial^2\psi}{\partial z^2}+\frac{8\pi^2 m}{h^2}(E-V)\psi=0 \tag{10-7}$$

式中，x、y、z 是电子在空间的坐标；m 是电子的质量；E 是电子的总能量；V 是电子的势能；h 是普朗克常量；$E–V$ 是电子的动能；ψ 是描述微观粒子运动状态的函数式 $\psi(x, y, z)$，称为波函数（wave function）。波函数本身的物理意义并不明确，但波函数绝对值的平方有明确的物理意义。$|\psi|^2$ 表示在原子核外空间某点处电子出现的概率密度（probability density），即在该点处单位体积中电子出现的概率。表示电子概率密度的几何图形俗称电子云。

薛定谔方程有许多解，每个合理解 $\psi(x, y, z)$ 都表示核外电子运动的一种状态，与 $\psi(x, y, z)$ 对应的能量 E 就是电子处于该状态时的能量。描述原子中单个电子运动状态的波函数 $\psi(x, y, z)$ 又称原子轨道(atomic orbital)。原子轨道只是波函数的代名词,没有经典力学中轨道的含义。严格地说，原子轨道在空间是无限扩展的，但一般把电子出现概率在 99% 的空间区域的界面作为原子轨道的大小。

（二）量子数

氢原子核外只有一个电子，这个电子的势能只取决于原子核对它的吸引，它的薛定谔方程可以精确解得波函数。能够精确求解的还有类氢离子，如 He^+、Li^{2+} 等。

要解出合理的波函数，一些参数必须满足整数条件，即量子化，这些参数用 n、l、m 表示，称为量子数（quantum number）。n、l 和 m 这三个量子数的取值一定时，就确定了一个波函数 $\psi_{n,l,m}(x, y, z)$。因此，运用一组量子数的组合就可以方便地了解原子轨道特征。

1. 主量子数（principal quantum number） 主量子数用符号 n 表示，是决定电子能量的主要因素，可以取任意正整数值，即 1,2,3,…。电子能量的高低主要取决于主量子数，n 越小，能量越低。$n = 1$ 时能量最低。氢原子核外只有一个电子，能量只由主量子数决定。由于存在电子间的静电排斥，多电子原子中电子的能量在一定程度上还取决于量子数 l。

主量子数还决定电子离核的平均距离，或者说决定原子轨道的大小，所以主量子数也称电子层。n 越大，电子离核平均距离越远，原子轨道也越大。具有相同主量子数的轨道属于同一电子层。当 $n = 1,2,3,4,\cdots$ 时，分别称为第一、二、三、四、…电子层，对应的光谱符号是 K,L,M,N,…。

2. 角动量量子数（angular momentum quantum number） 角动量量子数（简称角量子数）用符号 l 表示。它决定原子轨道的形状。l 取值受主量子数限制，只能取小于 n 的正整数和零，即 0、1、2、3、…、$(n-1)$，可取 n 个值，对应 n 种不同形状的原子轨道。

按照光谱学习惯，当 $l = 0$ 时，用符号 s 表示，称为 s 轨道，其轨道或电子云呈球形分布；当 $l = 1$ 时，用符号 p 表示，称为 p 轨道，其轨道或电子云呈哑铃形分布；当 $l = 2$ 时，用符号 d 表示，称为 d 轨道，其轨道或电子云呈花瓣形分布；当 $l = 3$ 时，用符号 f 表示，称为 f 轨道。

在多电子原子中，角量子数还决定电子能量高低。当 n 给定，即在同一电子层中，l 越大，原子轨道能量越高。l 又称电子亚层。量子数（n，l）组合与能级相对应。如 $n = 2$，$l = 1$ 代表 2p 电子亚层或能级。

3. 磁量子数（magnetic quantum number） 磁量子数用 m 表示。它决定原子轨道的空间取向。m 取值受角量子数限制，可以取 $-l$ 到 $+l$ 之间的整数，即 0、±1、±2，…，±l，共 $2l + 1$ 个值。所以 l 亚层有 $2l + 1$ 个不同空间伸展方向的原子轨道。例如，$l=1$ 时，磁量子数可以有三个取值，即 $m = 0$、±1，p 轨道有三种空间取向，或这个亚层有 3 个 p 轨道。磁量子数与电子能量无关，这 3 个 p 轨道的能级相等。能量相等的原子轨道，称为简并轨道或等价轨道。

4. 自旋量子数（spin quantum number） 自旋量子数用符号 m_s 表示，只能取 $+\frac{1}{2}$ 和 $-\frac{1}{2}$ 两个值，分别表示电子自旋的两种相反方向，也可以用符号↑和↓表示。两个电子的自旋方向相同称为平行自旋，两个电子的自旋方向相反称为反平行自旋。

一个原子轨道由 n、l 和 m 三个量子数决定，但电子的运动状态由 n、l、m、m_s 四个量子数确定。

例 10-1 （1）$n = 3$ 的原子轨道可有哪些角量子数和磁量子数？该电子层有多少原子轨道？（2）Na 原子的最外层电子处于 3s 亚层，试用 n、l、m、m_s 量子数来描述它的运动状态。

解 （1）当 $n = 3$ 时，$l = 0$，1，2。

当 $l = 0$ 时，$m = 0$；当 $l = 1$ 时，$m = -1$，0，+1；当 $l = 2$ 时，$m = -2$，-1，0，+1，+2。所以共有 9 个原子轨道。

（2）3s 亚层的 $n = 3$、$l = 0$、$m = 0$，所以电子的运动状态可表示为 3，0，0，$+\frac{1}{2}$（或 $-\frac{1}{2}$）。

二、波函数的角度分布图和径向分布图

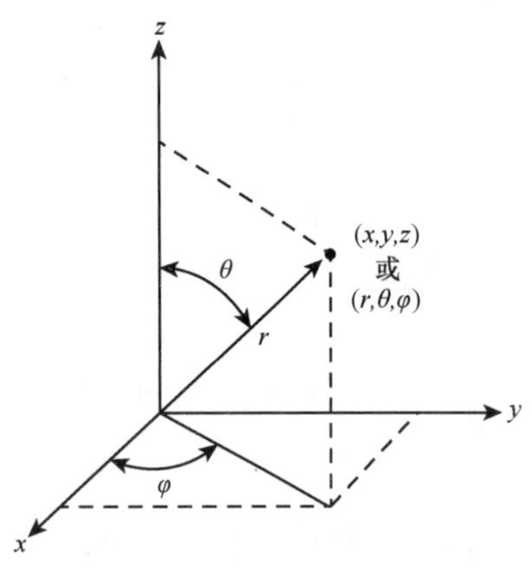

图 10-3 直角坐标与球极坐标的转换

求解波函数必须在球极坐标中进行。球极坐标与直角坐标的关系如图 10-3 所示。

球极坐标与直角坐标的关系是：

$x = r\sin\theta \cdot \cos\varphi$

$y = r\sin\theta \cdot \sin\varphi$

$z = r\cos\theta$

$r = (x^2 + y^2 + z^2)^{\frac{1}{2}}$

利用上述关系把原子轨道波函数 $\psi_{n,l,m}(x, y, z)$ 表示成 $\psi_{n,l,m}(r, \theta, \varphi)$。

波函数 $\psi_{n,l,m}(r, \theta, \varphi)$ 有 r、θ、φ 三个自变量，直接描绘它的图像很困难。但是，我们可以对 $\psi_{n,l,m}(r, \theta, \varphi)$ 进行变量分离，写成函数 $R_{n,l}(r)$ 和 $Y_{l,m}(\theta, \varphi)$ 的积：

$$\psi_{n,l,m}(r, \theta, \varphi) = R_{n,l}(r) \cdot Y_{l,m}(\theta, \varphi) \tag{10-8}$$

式中，$R_{n,l}(r)$ 称为波函数的径向部分或径向波函数，它是电子与核的距离 r 的函数，与 n 和 l 两个量子数有关。$Y_{l,m}(\theta,\varphi)$ 称为波函数的角度部分或角度波函数，它是方位角 θ 和 φ 的函数，与 l 和 m 两个量子数有关，表示电子在核外空间的取向。利用径向波函数和角度波函数作图，可以从两个侧面描述电子的运动状态。表 10-1 列出了氢原子 K 层和 L 层原子轨道的径向波函数和角度波函数。

表 10-1　氢原子的一些波函数

轨道	$R_{n,l}(r)$	$Y_{l,m}(\theta,\varphi)$	能量 /J
1s	A_1e^{-Br}	$\sqrt{\frac{1}{4\pi}}$	-2.18×10^{-18}
2s	$A_2(2-Br)e^{-Br/2}$	$\sqrt{\frac{1}{4\pi}}$	$-2.18\times10^{-18}/2^2$
$2p_z$		$\sqrt{\frac{3}{4\pi}}\cos\theta$	
$2p_x$	$A_3re^{-Br/2}$	$\sqrt{\frac{3}{4\pi}}\sin\theta\cos\varphi$	$-2.18\times10^{-18}/2^2$
$2p_y$		$\sqrt{\frac{3}{4\pi}}\sin\theta\sin\varphi$	

注：A_1、A_2、A_3、B 均为常数。

（一）原子轨道的角度分布图

1. s 轨道的角度分布图　s 轨道的角度波函数是一个常数。原子核位于原点，离核距离相同的点上函数值相等，见图 10-4（a），这些点在空间形成一个球面，球面所在的球体就是 s 轨道的图形，如图 10-4（b）所示。概率密度 $|\psi_{n,l,m}(r,\theta,\varphi)|^2$ 的角度部分 $Y^2_{l,m}(\theta,\varphi)$ 的图形也是一个球形，如图 10-4（c）所示。

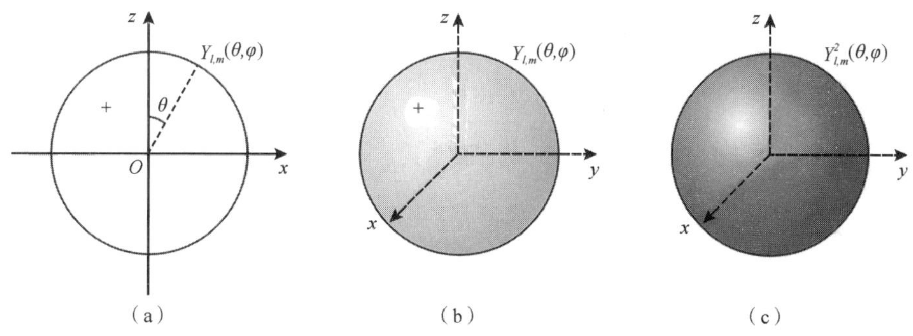

图 10-4　s 轨道和电子云的角度分布图

2. p 轨道角度分布图　p 轨道角度波函数的值随方位角 θ 和 φ 的改变而改变。p 轨道的角量子数 $l=1$，磁量子数 m 可取 0、+1、−1 三个值，p 轨道有三个空间伸展方向。p_z 轨道在 z 轴方向伸展，p_x 和 p_y 轨道，其图形和 p_z 相同，但分别在 x 轴和 y 轴方向伸展。图 10-5（a）是三个 p 轨道的角度分布图，图 10-5（b）是它们电子云的角度分布图。电子云图形比相应的角度波函数图形瘦，而且两个波瓣没有代数符号的区别。

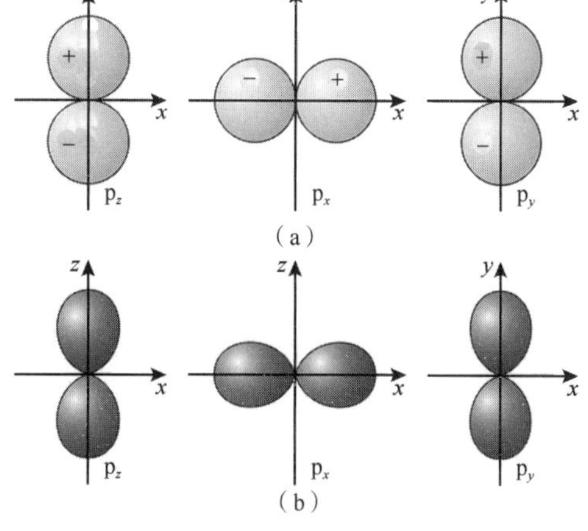

图 10-5　p 轨道和电子云的角度分布图

3. d 轨道的角度分布图　d 轨道的角度分布图如图 10-6（a）。这些图形一般各有两个节面，波瓣呈橄榄形。d_{z^2} 轨道负波瓣呈环状，但和其他 d 轨道是等价的。d_{xy}、d_{xz} 和 d_{yz} 轨道的波瓣在坐标轴夹角 45° 处伸展，$d_{x^2-y^2}$ 和 d_{z^2} 轨道在坐标轴上伸展。共轴线的波瓣代数符号相同。电子云图形比相应的角度波函数图形瘦，且没有代数符号的区别，见图 10-6（b）。

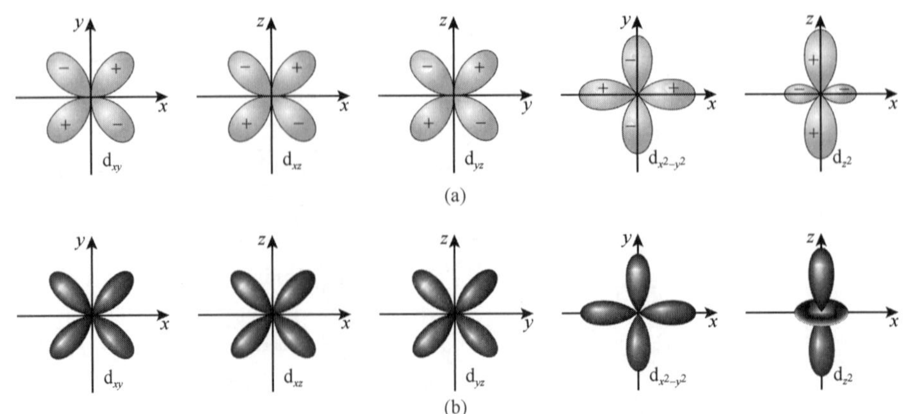

图 10-6 d 轨道和电子云的角度分布图

（二）原子轨道的径向分布图

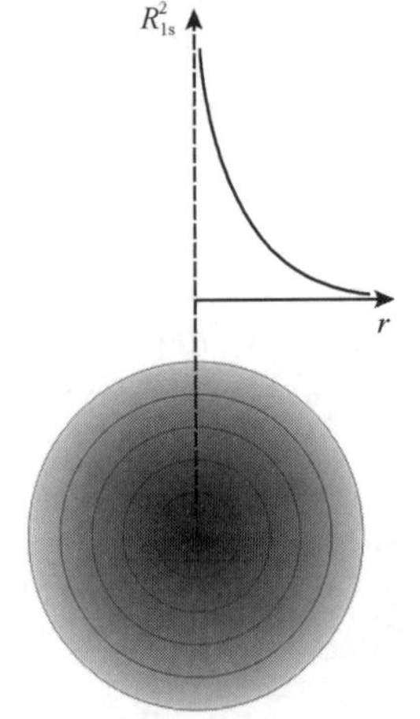

图 10-7 氢原子 R^2_{1s} 的径向分布

原子轨道的径向分布可以用径向波函数作图，或以电子云的径向部分即 $R^2_{n,l}(r)$ 作图，还能以径向分布函数作图。后两种图能简洁表现电子离核的远近。

取 1s 轨道的径向波函数 $R_{1s}(r)=A_1e^{-Br}$，以 $R^2_{1s}(r)$ 对 r 作图，如图 10-7 所示。将 $R^2_{1s}(r)$ 曲线与电子云图对比，可见电子云的径向分布曲线表达了径向部分概率密度的大小。离核越近，1s 电子出现的概率密度越大。

图 10-7 还反映出在原子核处概率密度将达最大值，似乎电子最可能出现在原子核上。注意概率密度和概率不同，概率密度是单位体积内的概率，因此，概率 = 概率密度×体积。距核 r 处的概率应为概率密度乘以该处的体积，这个体积表示 r 为半径的球面与该处球面微厚度 dr 的积：$4\pi r^2\,dr$。所以

$$\text{概率}=R^2_{n,l}(r)\,4\pi r^2\,dr=D(r)\,dr$$

式中，定义了径向分布函数 $D(r)$：

$$D(r)=R^2_{n,l}(r)\,4\pi r^2 \tag{10-9}$$

它表示电子在一个以原子核为球心、r 为半径、厚度为 dr 的球形薄壳夹层内（图 10-8）出现的概率，反映了电子出现的概率与距离 r 的关系。

图 10-9 绘制了氢原子 K 层、L 层和 M 层原子轨道的径向分布函数图。从径向分布函数图可以看出：

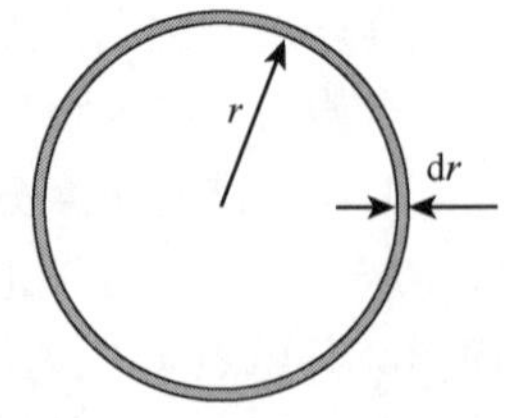

图 10-8 球形薄壳夹层

（1）在基态氢原子中，电子出现概率的极大值在 $r=a_0$（$a_0=52.9$ pm）处，与玻尔理论的计算吻合，a_0 称为玻尔半径。它与概率密度极大值处（原子核附近，见图 10-9）不一致，原子核附近概率密度虽大，但 r 极小，故薄球壳夹层体积几乎为零，因此概率也几乎为零。随着 r 增大，体积越来越大，但概率密度却越来越小，这两个相反因素决定 1s 径向分布函数图在 a_0 出现一个峰。从量子力学观点看，玻尔半径是氢原子 1s 电子出现概率最大的球壳离核的距离。

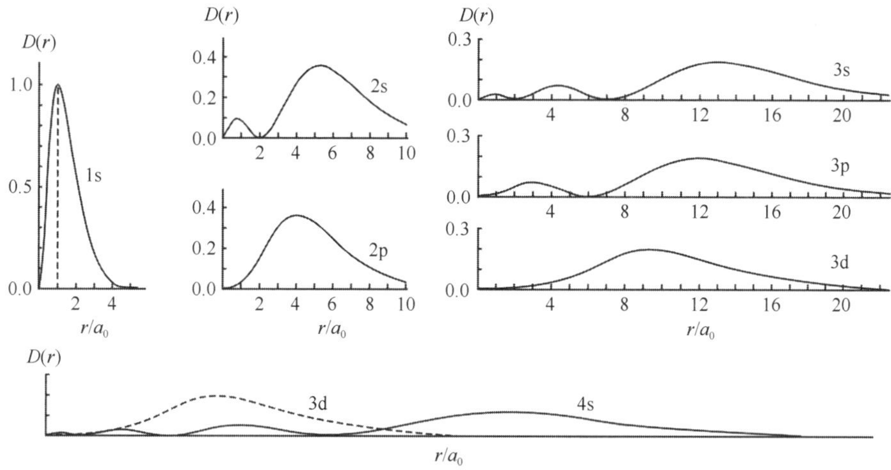

图 10-9　氢原子各轨道的径向分布函数图

(2) 径向分布函数有 $(n-l)$ 个峰。每一个峰表示电子出现在距核 r 处的概率的一个极大值，主峰表示在该 r 处电子出现的概率最大。对于相同的 l，n 越大，主峰距离原子核越远，平均概率离核也越远，原子半径也越大。n 一定时，l 越小，径向分布函数峰越多，电子在原子核附近出现的可能性越大。例如，3s 比 3p 多一个离核较近的峰，3p 又比 3d 多一个离核较近的峰。在多电子原子中，两个原子轨道的 n 和 l 都不相同时，情况复杂一些，例如，4s 的第一个峰甚至钻到比 3d 的主峰离核更近的距离之内。外层电子也可以在内层出现，这也反映了电子的波动性。

第三节　多电子原子的能级及电子组态

在氢原子中，核外只有一个电子，描述这个电子的运动状态的波函数可以通过精确求解相应的薛定谔方程得到。多电子原子中每个电子除了受到原子核吸引外，还要受到其他电子的排斥，相应的薛定谔方程只能获得近似解。这种差异是由于氢原子轨道的能量只与主量子数有关，多电子原子轨道的能量与主量子数和角量子数都有关。但是，上述有关氢原子结构的大部分结论都适用于多电子原子结构的研究。

一、多电子原子的能级

设想原子中某电子 i 受其他电子的排斥，相当于其他电子屏蔽住原子核，抵消了部分核电荷对电子 i 的吸引力，称为对电子 i 的屏蔽效应(screening effect)。一般用屏蔽常数(screening constant) σ 表示其他电子所抵消掉的部分核电荷，这样，能吸引电子 i 的核电荷是有效核电荷，以 Z' 表示，它是核电荷 Z 和屏蔽常数 σ 的差

$$Z' = Z - \sigma \tag{10-10}$$

以 Z' 代替 Z，就能应用式(10-11)近似计算电子 i 的能量

$$E = -\frac{Z'^2}{n^2} \times R_H \tag{10-11}$$

式(10-10)中氢原子的核电荷 $Z = 1$。

多电子原子中电子的能量与 n、Z、σ 有关。n 越小，能量越低；Z 越大，能量越低。反过来，σ 越大，受到的屏蔽作用越强，能量越高。影响 σ 的因素如下：

(1) 外层电子对内层电子的屏蔽作用可以不考虑，$\sigma = 0$。

（2）内层电子对外层电子有屏蔽作用。次外层（n–1 层）电子对外层（n 层）电子屏蔽作用较强，$\sigma = 0.85$；更内层的电子几乎完全屏蔽了原子核对外层电子的吸引，$\sigma = 1.00$。

（3）同层电子之间也有屏蔽作用，但比内层电子的屏蔽作用弱，$\sigma = 0.35$；1s 电子之间，$\sigma = 0.30$。

一般来说，内层电子对外层电子有屏蔽作用，而外层电子对内层电子没有屏蔽作用。同层电子之间存在一定的屏蔽作用，主要表现在 l 较小的电子对 l 较大的电子的屏蔽作用。多电子原子的能级与 n 和 l 的关系有如下规律性：

（1）当 l 相同，n 不同时，n 越大，电子层数越多，外层电子受到的屏蔽作用越强，轨道能级越高。如 $E_{1s} < E_{2s} < E_{3s} < \cdots$，$E_{2p} < E_{3p} < E_{4p} < \cdots$；

（2）当 n 相同，l 不同时，l 越小的电子受其他电子的屏蔽作用小，能量较低，这是钻穿效应影响的结果。

由径向分布函数图（图 10-9）可知，n 相同，l 不同时，l 越小，$D(r)$ 的峰越多，部分电子穿过内层电子而离原子核更近，从而回避了其他电子对它的屏蔽作用，这种现象称为钻穿效应（penetration effect）。显然，电子的钻穿能力越强，离原子核越近，受到其他电子的屏蔽作用越弱，能量越低。如 $E_{ns} < E_{np} < E_{nd} < E_{nf} < \cdots$。

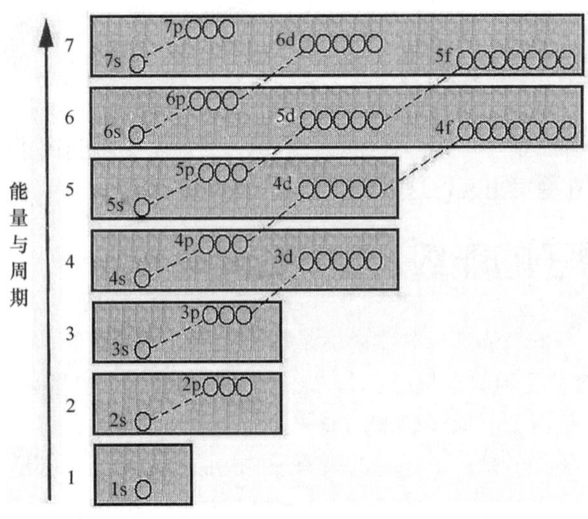

图 10-10　原子轨道近似能级图

在多电子原子中，由于电子的波动性，每个电子都有屏蔽其他电子的作用，同时又有被其他电子所屏蔽和回避其他电子屏蔽的作用，钻穿效应使得电子在回避其他电子屏蔽的同时，也造成了对其他电子的屏蔽。

（3）n 和 l 都不同时，一般 n 越大，轨道能级越高。但有时会出现反常现象，例如 3d 和 4s，$E_{4s} < E_{3d}$，称为能级交错。这种现象可以用 4s 电子的钻穿能力强来解释。

美国著名结构化学家鲍林根据大量光谱数据及理论计算结果，提出基态多电子原子的原子轨道近似能级顺序，如图 10-10 所示。

我国化学家徐光宪教授，根据光谱实验数据，提出一种估算原子轨道能级的方法，即用（$n + 0.7l$）计算，值越大，原子轨道能级越高。并把 $n + 0.7l$ 值的第一位数字相同的各能级组合为一组，称为某能级组（表 10-2）。徐光宪计算的能级与鲍林近似能级顺序相吻合。

表 10-2　用徐光宪公式计算的能级组

能级	1s	2s	2p	3s	3p	4s	3d	4p	5s	4d	5p	6s	4f	5d	6p
$n + 0.7l$	1.0	2.0	2.7	3.0	3.7	4.0	4.4	4.7	5.0	5.4	5.7	6.0	6.1	6.4	6.7
能级组	1	2		3		4			5			6			

二、多电子原子的电子组态

原子核外的电子排布又称电子组态（electronic configuration）。基态原子的电子排布遵守下面三条规律。

（一）泡利不相容原理

1925 年，奥地利物理学家泡利（W. Pauli）提出，在同一原子中不可能有四个量子数完全相同的 2 个电子，亦即在同一原子中没有运动状态完全相同的电子，这就是泡利不相容原理。如果两个电子的 n、l、m 三个量子数相同，那么自旋量子数 m_s 必然相反。例如，Mg 原子 3s 轨道上的两个电子，用（n，l，m，m_s）一组量子数来描述其运动状态，一个是（3，0，0，$+\frac{1}{2}$），另一个是（3，0，0，$-\frac{1}{2}$）。因此，在一个原子轨道中最多只能容纳两个自旋方向相反的电子。一个电子层有 n^2 个原子轨道，最多可以容纳的电子数为 $2n^2$。

（二）能量最低原理

核外电子排布时，总是先占据能量最低的轨道，当低能量原子轨道占满后，才排入高能量的原子轨道，以使整个原子能量最低，这就是能量最低原理。轨道能量的高低依据近似能级图所示的能级顺序。

例如，氢原子和氦原子的电子组态分别是 $1s^1$ 和 $1s^2$，1s 的右上角标 1 和 2 表示在 1s 轨道上有 1 个或 2 个电子。锂原子核外有 3 个电子，首先两个电子占满 1s 轨道，第三个电子填充在 2s 轨道上，其电子组态为 $1s^22s^1$。20 号 Ca 的电子组态是 $1s^22s^22p^63s^23p^64s^2$，在 K、L、M 电子层填充了 18 个电子以后，根据近似能级顺序，$E_{4s} < E_{3d}$，最后的两个电子不是填充到 3d 轨道中，而是占据 4s 轨道。

（三）洪德规则

洪德规则指出：电子在能量相同的原子轨道（即简并轨道）上排布时，总是尽可能以自旋相同的方向分占不同轨道，因为这样的排布方式总能量最低，这就是洪德规则。例如，氮原子的电子组态是 $1s^22s^22p^3$，三个 2p 电子的运动状态是

$$2,\ 1,\ 0,\ +\frac{1}{2};\ 2,\ 1,\ 1,\ +\frac{1}{2};\ 2,\ 1,\ -1,\ +\frac{1}{2}，\text{或者 } m_s \text{ 都是 } -\frac{1}{2}$$

或者用原子轨道方框图表示

	1s	2s	2p		
$_7$N	↑↓	↑↓	↑	↑	↑

或者单电子自旋方向都用向下箭头符号表示，而不是

1s	2s	2p		
↑↓	↑↓	↑↓	↑	

同理，碳原子的电子运动状态可表示为

	1s	2s	2p		
$_6$C	↑↓	↑↓	↑	↑	

或者单电子的自旋方向都用向下箭头符号表示，而不是

1s	2s	2p		
↑↓	↑↓	↑↓		

光谱实验结果表明，简并轨道全充满（如 p^6、d^{10}、f^{14}），半充满（如 p^3、d^5、f^7）或全空（如 p^0、d^0、f^0）是能量较低的稳定状态，这是洪德规则的补充规定。例如，$_{29}$Cu 原子基态的电子排布式为 $1s^22s^22p^63s^23p^63d^{10}4s^1$，而不是 $1s^22s^22p^63s^23p^63d^94s^2$。

在书写 20 号元素以后基态原子的电子组态时应注意：虽然电子填充按近似能级顺序进行，但电子组态必须按电子层顺序依次书写。例如，填充电子时 4s 比 3d 能量低，但填满电子后，4s 的能量则高于 3d，所以形成离子时，先失去 4s 电子，3d 仍然是内层轨道。

为简化电子组态的书写，把内层已填充满至稀有气体电子层构型的部分，用稀有气体的元素符号加方括号表示，称为原子芯（atomic core）。例如，原子芯 [Ar] 表示 $1s^22s^22p^63s^23p^6$，基态铁原子的电子组态写作 $[Ar]3d^64s^2$，而基态银原子的电子组态写作 $[Kr]4d^{10}5s^1$，原子芯 [Kr] 表示 $1s^22s^22p^63s^23p^63d^{10}4s^24p^6$。

原子芯写法具有简便的优点，指明了化学反应中原子芯部分的电子结构不发生变化，结构发生改变的是价电子（valence electron）。价电子所处的电子层称为价电子层或价层（valence shell）。例如，Fe 原子的价层电子组态是 $3d^64s^2$，Ag 原子的价层电子组态是 $4d^{10}5s^1$。

书写离子的电子组态时，可以在原子电子组态的基础上加上（负电荷数）或失去（正电荷数）的电子。例如 Fe^{2+} ：$[Ar]3d^6$，Cl^- ：$[Ne]3s^23p^6$。

例 10-2 写出 $_{24}Cr$ 的基态原子电子组态。

解 根据能量最低原理，将铬的 24 个电子从能量最低的 1s 轨道排起，1s 轨道只能排 2 个电子，第 3、4 个电子填入 2s 轨道，2p 能级有三个简并轨道，填 6 个电子，再填入 3s、3p，3p 填满后共填入 18 个电子。因为 4s 能量比 3d 低，所以应先填入 4s 轨道两个电子，剩下的电子填入 3d，成为 $1s^22s^22p^63s^23p^64s^23d^4$，但按照洪德规则，半充满状态是能量较低的稳定状态，因此应填充为 $4s^13d^5$。基态铬原子的电子组态是 $1s^22s^22p^63s^23p^63d^54s^1$。

第四节　元素周期表与元素性质的周期性

元素的性质随着核电荷递增而呈现周期性变化，这个规律称为元素周期律（periodic law of elements）。元素周期律是原子内部结构周期性变化的反映，元素性质的周期性取决于原子电子组态的周期性，元素周期表是元素性质周期性的表现形式。

一、原子的电子组态与元素周期表

（一）能级组和周期

按能级的高低，把原子轨道划分为若干个能级组。不同能级组的原子轨道之间能量差别大，同一能级组内各能级之间能量差别小。如图 10-10 所示，每个方框代表一个能级组，每个圆圈代表一个原子轨道。1s 能级属于第 1 能级组。从 ns 到 np 能级构成第 n 能级组，$(n-1)$d 或 $(n-2)$f 也属于第 n 能级组。这与近似能级顺序一致。徐光宪的（$n+0.7l$）计算法同样能预测能级组，$n+0.7l$ 的整数值即能级组数（表 10-2）。

每一个能级组对应元素周期表的一个周期（period）。第 1 能级组只有 1s 能级，形成第一周期。其后，第 n 能级组从 ns 能级开始到 np 能级结束，形成第 n 周期。周期中元素原子的外层电子组态从 ns^1 开始到 np^6 结束，元素的数目与能级组最多能容纳的电子数目一致。例如第四周期元素，原子的外层电子结构始于 $4s^1$ 而止于 $4s^24p^6$，但第 4 能级组还有 3d 能级可以容纳 10 个电子，所以第四周期有 18 个元素。各周期元素的数目按 2、8、8、18、18、32、32 的顺序增加，第一周期是超短周期，第二和第三周期是短周期，第四、五、六、七周期是长周期。

（二）价层电子组态与族

在周期表中，把基态原子价层电子组态相似的元素归为一列，称为族，共 16 族，其中主族和副族各 8 个。主族和副族元素性质上的差异与价层电子组态密切相关。

1. 主族　即ⅠA～ⅧA 族，其中ⅧA 族又称 0 族。主族元素内层轨道是全充满的，最外层电子组态是 ns^1 到 ns^2np^6，最外电子层同时又是价层。最外层电子的总数等于族数。H 和 He 特殊一些，H 属于ⅠA 族，He 属于 0 族，它们只有一个电子层，电子组态是 $1s^1$ 到 $1s^2$。

2. 副族 包括ⅠB～ⅧB族。副族元素的电子结构特征一般是次外层 $(n-1)$d 或外数第三层 $(n-2)$f 轨道依次被电子填充，$(n-2)$f、$(n-1)$d 和 ns 电子都是副族元素的价层电子。第一、二、三周期没有副族元素。第四、五周期，元素的 3d 或 4d 轨道被电子填充，各有 10 个副族元素；继ⅠA、ⅡA族之后出现的副族是ⅢB～ⅦB族，族数等于 $(n-1)$d 及 ns 电子数的总和；ⅧB族有三列元素，它们 $(n-1)$d 及 ns 电子数的和达到 8～10。最后出现的ⅠB、ⅡB族元素，它们已经完成了 $(n-1)d^{10}$ 电子结构；ns 电子数是 1 和 2，等于族数。第六、七周期，ⅢB族是镧系和锕系元素，它们各有 15 种元素，其电子结构是 $(n-2)$f 轨道被填充并最终填满，其 $(n-1)$d 轨道电子数为 1 或 0。ⅣB族到ⅡB族元素的 $(n-2)$f 轨道全充满，$(n-1)$d 和 ns 轨道的电子结构与第四、五周期相应的副族元素类似。

（三）元素分区

根据原子价层电子组态的特征，可将周期表中的元素分为 5 个区，如图 10-11 所示。

1. s 区元素 原子价层电子组态是 ns^1 和 ns^2，包括ⅠA和ⅡA族元素。除氢元素之外，它们都是活泼金属，在化学反应中容易失去电子形成 +1 或 +2 价离子。第一周期的 H 在 s 区，它不是金属元素，在大多数化合物中它的氧化值是 +1，在金属氢化物中氧化值是 –1。

2. p 区元素 原子价层电子组态是 $ns^2np^{1\sim6}$，包括ⅢA～ⅧA族元素，它们大部分是非金属元素。ⅧA族是稀有气体。p 区元素多有可变的氧化值。第一周期的 He 在 p 区，它的电子组态是 $1s^2$，属稀有气体。

3. d 区元素 原子价层电子组态一般为 $(n-1)d^{1\sim8}ns^2$，但有例外，如铂是 $5d^96s^1$、钯是 $4d^{10}5s^0$。包括ⅢB～ⅧB族元素，它们都是金属，每种元素都有多种氧化值。

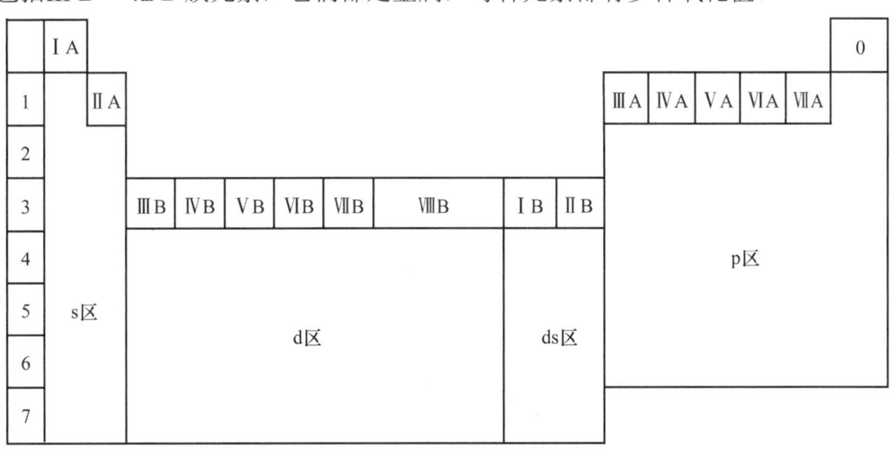

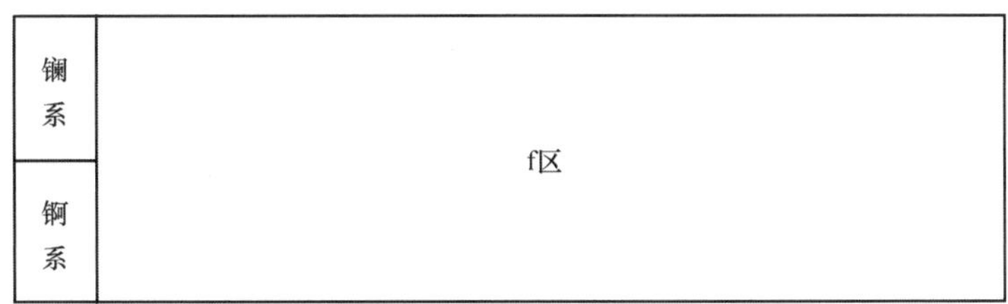

图 10-11 周期表中元素的分区

4. ds 区元素 原子价层电子组态为 $(n-1)d^{10}ns^{1\sim2}$，包括ⅠB和ⅡB族元素。不同于 d 区元素，它们次外层 $(n-1)$d 轨道是充满的。它们都是金属，一般有可变氧化值。

5. f 区元素 原子价层电子组态一般为 $(n-2)f^{0\sim14}(n-1)d^{0\sim1}ns^2$，包括镧系和锕系元素。它们的最外层电子数目、次外层电子数目大多相同，只有 $(n-2)$f 亚层电子数目不同，所以每个系内各元素化学性质极为相似。它们都是金属，也有可变氧化值。

（四）过渡元素概念

过渡元素（transition element）原指Ⅷ B 族元素，后来把全部副族元素都称为过渡元素，其中，镧系和锕系元素称为内过渡元素（inner transition element）。过渡元素包括 d 区、ds 区和 f 区的元素。

除钯以外，过渡元素原子的最外层电子数只有 1 ～ 2 个电子，因此它们都是金属元素。由于过渡元素原子的 $(n-1)$d 轨道未充满或刚充满，或 f 轨道也未充满，所以在化合物中常表现有多种氧化值。

例 10-3 已知某元素的原子序数为 25，试写出该元素原子的电子组态，并指出该元素在周期表中所属周期、族和区。

解 该元素的原子有 25 个电子。根据电子填充顺序，它的电子组态为 $1s^22s^22p^63s^23p^63d^54s^2$ 或写成 $[Ar]3d^54s^2$。其中最外层电子的主量子数 $n=4$，所以它属第四周期。最外层电子和次外层 d 电子总数为 7，所以它属Ⅶ B 族，是 d 区元素。

二、元素性质的周期性变化规律

由于原子的电子组态呈周期性变化，所以与电子组态相关的元素的基本性质，如原子的有效核电荷、原子半径、电负性、电离能等，也呈现明显的周期性变化。

（一）有效核电荷

由于原子中内层电子的屏蔽作用，吸引最外层电子的核电荷是有效核电荷。虽然核电荷随原子序数的增加而逐一增加，但有效核电荷的增加却显现周期性。

每增加一个周期，就增加一个电子层；对最外层电子而言，也就增加了一层屏蔽作用大的内层电子，所以有效核电荷增加缓慢，如图 10-12 所示。例如，Li 原子中 2 个 1s 电子的总屏蔽常数为 1.7，所以 2s 电子受到的有效核电荷为 3 – 1.7 = 1.3。虽然 Li 比 H 多出 2 个核电荷，但对外层电子的有效核电荷仅增加 0.3。

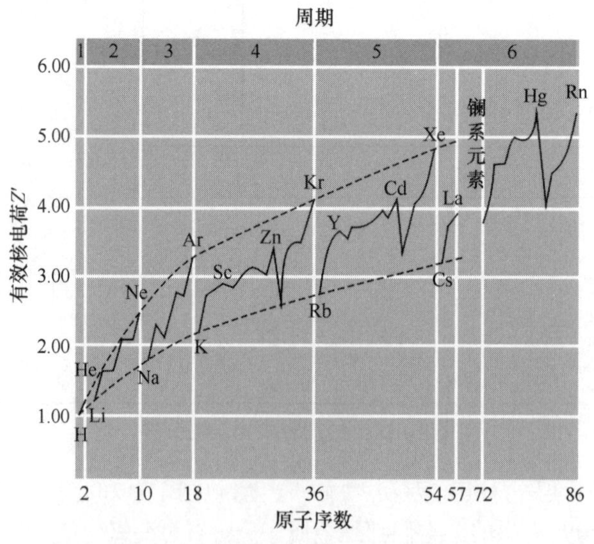

图 10-12 有效核电荷的周期性变化

同一周期中，随着核电荷增加，核外电子也逐一增加，但增加的几乎都是同层电子，屏蔽常数较小，因而外层电子受到的有效核电荷增加较迅速。短周期中增加较快，长周期中增加较慢，而 f 区元素几乎不增加。

（二）原子半径

一般所说的原子半径（atomic radius）有三种：以共价单键结合的两个相同原子核间距离的一半称为共价半径（covalent radius）；单质分子晶体中相邻分子间两个非键合原子核间距离的一半称为范德瓦耳斯半径（van der Waals radius）；金属单质的晶体中相邻两个原子核间距离的一半称为金属半径（metallic radius），见图 10-13。

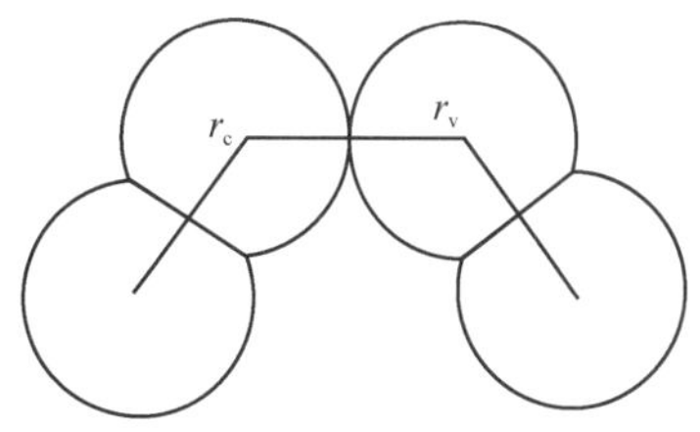

图 10-13　共价半径（r_c）和范德瓦耳斯半径（r_v）示意图

表 10-3 列出了各种原子的原子半径，表中除稀有气体为范德瓦耳斯半径外，其余均为共价半径。

表 10-3　元素原子的共价半径　　（单位：pm）

H																	He
30																	58
Li	Be											B	C	N	O	F	Ne
123	89											81	77	74	74	72	112
Na	Mg											Al	Si	P	S	Cl	Ar
157	136											125	117	110	104	99	154
K	Ca	Sc	Ti	V	Cr	Mn	Fe	Co	Ni	Cu	Zn	Ga	Ge	As	Se	Br	Kr
203	174	144	132	122	119	118	117	116	115	118	121	125	124	121	117	114	169
Rb	Sr	Y	Zr	Nb	Mo	Tc	Ru	Rh	Pd	Ag	Cd	In	Sn	Sb	Te	I	Xe
216	191	162	145	134	130	127	125	125	128	134	138	142	142	139	137	133	196
Cs	Ba		Hf	Ta	W	Re	Os	Ir	Pt	Au	Hg	Tl	Pb	Bi	Po	At	Rn
236	108		144	134	130	128	126	127	130	134	139	144	150	151	146	145	220

从表中看出，原子半径随原子序数的增加呈现周期性变化，这与原子有效核电荷的周期性变化相关。因为有效核电荷越大，对外层电子的吸引力越强，原子半径就越小。各周期的主族元素从左到右，电子层数不变，有效核电荷增加明显，原子半径逐渐减少的趋势也较明显。长周期中，过渡元素的原子半径先缓慢缩小，然后略有增大。内过渡元素，由于其有效核电荷变化不大，原子半径几乎不变。表 10-3 中稀有气体原子半径突然增大，因为它是范德瓦耳斯半径。

同一主族从上到下，由于电子层数增加，屏蔽效应明显加大，所以原子半径递增。

（三）元素的电负性

1932 年，鲍林引入了电负性（electronegativity）概念。元素的电负性是指元素的原子在分子中吸引成键电子的能力。电负性越大，原子在分子中吸引电子的能力越强，反之就越弱。鲍林指定最活泼的非金属氟的电负性为 4.0，根据热化学数据和分子的键能计算出其他元素电负性的相对数值，见表 10-4。

元素的电负性也呈现周期性变化。同一周期中，从左到右电负性递增；同一主族中，从上到下电负性递减。副族元素的电负性没有明显变化规律。

表 10-4 鲍林的元素电负性

H																	He
2.20																	0.58
Li	Be											B	C	N	O	F	Ne
1.00	1.50											2.00	2.60	3.05	3.50	4.00	1.12
Na	Mg											Al	Si	P	S	Cl	Ar
0.90	1.20											1.50	1.90	1.90	2.60	3.15	1.54
K	Ca	Sc	Ti	V	Cr	Mn	Fe	Co	Ni	Cu	Zn	Ga	Ge	As	Se	Br	Kr
0.80	1.00	1.30	1.50	1.60	1.60	1.50	1.80	1.80	1.80	1.90	1.60	1.60	1.90	2.00	2.45	2.85	1.69
Rb	Sr	Y	Zr	Nb	Mo	Tc	Ru	Rh	Pd	Ag	Cd	In	Sn	Sb	Te	I	Xe
0.80	1.00	1.30	1.60	1.60	1.80	1.90	2.20	2.20	2.20	1.90	1.70	1.70	1.80	2.05	2.30	2.65	1.96
Cs	Ba		Hf	Ta	W	Re	Os	Ir	Pt	Au	Hg	Tl	Pb	Bi	Po	At	Rn
0.70	0.90		1.30	1.30	1.70	1.90	2.20	2.20	2.20	2.40	1.90	1.80	1.80	1.90	2.00	2.20	2.20

元素电负性的大小可用来衡量元素金属性和非金属性的强弱。一般来说，金属元素的电负性在 2.0 以下，非金属的电负性在 2.0 以上，但这不是一个严格的界限。氟电负性最大，位于周期表的右上方，是非金属性最强的元素。

利用元素电负性的差值可以判断分子的极性和键型。如果两原子的电负性差值为 0 时，说明该分子为同核双原子分子，两原子形成的是非极性共价键，如 H_2、Cl_2 等；如果两原子的电负性差值小于 1.7 时，说明该分子为异核双原子分子，相应的化学键属于极性共价键，如 HCl、HBr 等；如果两原子的电负性差值大于 1.7 时，形成离子型化合物（离子晶体），化学键为离子键，如 NaCl、KCl 等。

第五节 元素与自然界和人

一、组成自然界的元素

至今已经登录和命名了 118 种元素，其中 94 种存在于自然界，95 号～ 118 号元素为人工元素。元素在自然界中的分布并不均匀。例如，非洲多金矿，澳大利亚多铁矿，中国则富产钨、锌、汞、锡、铅和锑。从整个宇宙来看，含量最丰富的元素是氢和氦，太阳几乎全由氢和氦组成。地壳（包括大气）中含量最丰富的元素是氧，几乎占了地壳质量的一半，它广泛分布于大气、江海、河流、土壤、岩石中。至于生物体内，氧更是不可缺少的元素。硅是地壳中含量仅次于氧的元素，它大量存在于土壤和岩石中。地壳中含量居前四位的元素有氧、硅、铝和铁，质量分数分别是 48.60%、26.30%、7.73% 和 4.75%。生物细胞中居前四位的元素是氧、碳、氢和氮，质量分数分别是 65%、18%、10% 和 3%。海水中的化学元素如氯、钠、钾、钙和氧的相对含量分别是 55.0%、30.6%、1.1%、1.2% 和 5.6%。血液中的化学元素如氯、钠、钾、钙和氧的相对含量分别是 49.3%、30.0%、1.8%、0.8%、9.9%。上述数据说明人体来自大自然，生命诞生于原始海洋中，人体中不但不存在大自然所没有的元素，而且与其诞生的环境元素成分如此接近。

人体中元素含量最多的是氧，其次依次为碳、氢、氮。太阳中最丰富的元素是氢，其次是氦。地核中主要含有的元素是铁，其次是镍。

二、人与元素

目前，在生命体内已检出 81 种元素，总称为生命元素（bioelement）。它们在体内的分布和含量有较大差异，各自发挥不同的生理功能。在正常人体中，必需元素的含量基本恒定，按元素在人体内含量多少划分，占人体质量 0.05% 以上的称为常量元素（macroelement），有 11 种。含量低于 0.05% 为微量或痕量元素（trace element）。按元素对人体正常生命的作用可将元素分为必需元素（essential element）和非必需元素（non-essential element）。必需元素包括常量元素和微量元素，见表 10-5。

表 10-5　人体所含元素的总量及组成

常量元素	体内总量 /g	质量组成 /%	必需微量元素	体内总量 /g	质量组成 /%
O 氧	43000	61	Fe 铁	4.2	0.006
C 碳	16000	23	F 氟	2.6	0.0037
H 氢	7000	10	Zn 锌	2.3	0.0033
N 氮	1800	2.6	Br 溴	0.20	0.00029
Ca 钙	1000	1.4	Cu 铜	0.072	0.00010
P 磷	780	1.1	Sn 锡	＜ 0.017	0.00002
S 硫	140	0.20	Se 硒	0.015	0.00002
K 钾	140	0.20	Mn 锰	0.012	0.00002
Na 钠	100	0.14	I 碘	0.013	0.00002
Cl 氯	95	0.12	Ni 镍	0.010	0.00001
Mg 镁	19	0.027	Mo 钼	＜ 0.0093	0.00001
			Cr 铬	＜ 0.0018	0.000003
			Co 钴	0.0015	0.000002
			U 铀	0.00005	0.000001

三、必需元素的生物功能

生命元素在体内以不同形式存在，金属元素大多以与各种生物配体（大环化合物、氨基酸、蛋白质、肽、核酸、维生素等）形成金属配合物的形式存在。生命元素的生物功能涉及生命活动各个方面。常见微量金属元素的生物功能如下。

1. 铁　铁是人体内含量最丰富的微量元素，几乎体内所有组织都含有铁。在体内大部分以同蛋白质结合或形成配合物的形式存在。铁是血红蛋白和肌红蛋白的组成部分，在体内参与氧的运输和储存。它也是细胞色素的组成成分，参与氧的利用。铁在血红蛋白、肌红蛋白和细胞色素中都以 Fe(Ⅱ) 与原卟啉形成配合物。铁还是很多酶的活性中心。膳食中若铁含量长期不足、机体吸收利用不良或失铁过多，可引起缺铁性贫血。

2. 锌　锌分布在人体各个组织，视觉神经中含量最高，其次是精液。现在发现生物体内的含锌酶超过 200 种，主要有碳酸酐酶、碱性磷酸酶、RNA 和 DNA 聚合酶等。锌也是体内主要激素胰岛素的组成成分。因此，锌在组织呼吸、机体代谢、蛋白质合成以及 DNA 复制和转录中起着重要作用。缺锌将使许多酶活性下降，引起代谢紊乱，发育和生长受阻，影响生殖和视力。

3. 铜　正常成人体内含铜 0.1 g 左右。体内的铜除了少量以 Cu^{2+}、Cu^{+} 游离态在胃中存在，大部分以结合状态的金属蛋白质和金属酶的形式存在于肌肉、骨骼、肝脏和血液中。铜主要参与造血过程，影响铁的运输和代谢。血液中的铜大部分与 α 球蛋白结合在一起，以铜蓝蛋白形式存在。铜蓝蛋白的主要生物功能是具有铁氧化酶的作用，能动员体内的铁在有氧条件下将 Fe^{2+} 氧化为 Fe^{3+}，参与铁的运输和代谢，促进铁进入骨髓，加速血红蛋白合成。

4. 钴 钴在人体内的含量仅 1.1 ～ 1.5 mg，主要以维生素 B_{12}（钴胺素）的形式存在，并通过维生素 B_{12} 发挥其生物功能。维生素 B_{12} 又称辅酶 B_{12}，它参与核酸及与造血有关物质的代谢，能促进红细胞的生长发育和成熟。钴缺乏可引起巨幼红细胞贫血。

5. 锰 锰在体内的含量为 12 ～ 20 mg，分布于一切组织中。体内的锰主要是以金属酶的形式存在。锰作为辅因子参与多个酶系统，能激活多种酶，参与蛋白质和能量代谢，还参与遗传信息的传递。缺锰地区癌症发病率增加。

6. 碘 碘是甲状腺素的成分，它是一种重要激素。缺碘会出现甲状腺肿和克汀病（呆小病），造成智力低下。

7. 硒 硒与健康关系密切，缺硒会引起克山病、大骨节病、白内障，动物得白肌病。而硒过量则有毒，人患脱甲脱发病，动物得碱土病。硒在体内的活性形式有含硒酶和含硒蛋白。谷胱甘肽过氧化物酶（GSH_{px}）是含硒酶的一种，一个分子含有 4 个硒原子，是体内的一种预防性的抗氧化剂，主要作用是阻断自由基的生成，其特异底物是还原型谷胱甘肽，它将脂质氢过氧化物或过氧化氢还原为无害的醇类和水，从而保护生物膜。这也是硒抗氧化抗衰老的机制。

四、环境污染与元素

工业发展给环境带来的污染问题日益受到人们重视，污染环境的元素包括铅、汞、镉、砷、铊、有机磷等。

1. 铅 铅及其化合物对人体均有较大毒性，成人血铅浓度超过 0.8 $mg \cdot L^{-1}$ 时，临床上就会出现明显中毒症状。铅及其化合物主要危害造血系统、心血管系统、神经系统、肾脏，对儿童智能产生不可逆的影响。铅是危害儿童健康的头号环境因素，其主要来源于使用含四乙基铅防爆剂汽油的汽车尾气，我国许多城市已禁止使用含铅汽油。另外，染料、油漆、陶瓷器皿、杀虫剂、橡胶、冶炼等工业生产过程中的三废也常常造成铅中毒。

2. 汞 汞及其大部分化合物都有毒，汞蒸气易于扩散，并且是脂溶性的，易被人体吸收，导致蛋白凝固。有机汞的毒性大于无机汞，主要危害中枢神经系统和肾脏。汞中毒极难治愈。震惊世界的日本熊本县水俣镇于 1956 年发生的水俣病，就是甲基汞中毒，致使上千人患病，二百余人死亡。污染源是一家氮肥工厂，工厂废水中的有机汞造成鱼中毒，通过食物链造成人中毒。

3. 镉 镉的毒性极强，在自然界以乙酸盐和硝酸盐的形式存在，是世界最优先研究的污染物。镉可以造成急性中毒导致死亡，也可以在人体内积蓄造成慢性中毒，典型的症状是骨痛病。第二次世界大战后，日本富山县神通川流域发生的骨痛病是由镉造成的。患者 258 人，死亡 128 例，发病年龄 30 ～ 70 岁，几乎全是女性，以 47 ～ 54 岁绝经前后发病最多。污染源是上游一家锌冶炼厂，它的含镉废水污染了稻田，居民吃了“镉米”，造成慢性中毒。

4. 砷 少量砷是强壮剂，是人体必需微量元素之一。过量的砷对人体十分有害。砷的三价化合物毒性很大，砷的五价化合物毒性较小。有机砷化合物毒性一般小于无机砷。工业污染多是三价砷，可在体内积蓄造成慢性中毒，主要危害神经系统，抑制酶活性，影响新陈代谢，致使细胞死亡。

5. 铊 铊及其铊化合物均有毒。铊中毒的原因有医源性、食物性、职业性和环境性。急性中毒主要表现在胃肠道和神经系统症状，头发、阴毛脱落是铊中毒的典型表现。有效排毒剂为普鲁士蓝。

6. 有机磷　农业杀虫剂多为磷酸酯类和硫代磷酸酯类。毒性高的有内吸磷、对硫磷、甲拌磷、甲胺磷，毒性中等的有敌敌畏、乐果、敌百虫等。中毒机制是有机磷与胆碱酯酶结合，引起胆碱能神经传导功能障碍。急性中毒治疗应及早使用阿托品类药和胆碱酯酶复能剂。

思考与练习

1. 名词解释。

（1）不确定原理；（2）屏蔽效应；（3）钻穿效应；（4）简并轨道；（5）电负性

2. 量子力学中用什么来描述微观粒子的运动状态？并用其值的平方表示什么？

3. 决定多电子原子中等价轨道数目的是哪个量子数？原子轨道能量是由什么量子数决定的？

4. 下列原子在基态时各有多少个未成对电子？

（1）$_{25}Mn$；（2）$_{23}V$；（3）$_{26}Fe$；（4）$_{30}Zn$

5. 若将基态原子的电子排布式写成下列形式，各违背了什么原理？试加以改正。

（1）$_7N$　$1s^22s^22p_x^22p_y^1$；（2）$_{11}Na$　$1s^22s^22p^7$；（3）$_4Be$　$1s^22p^2$

6. 已知某元素有 4 个价电子，它们的 4 个量子数（n、l、m、s）分别是：（4，0，0，+1/2），（4，0，0，−1/2），（3，2，0，+1/2），（3，2，1，+1/2），则元素原子的价层电子组态是什么？是什么元素？

7. 分别用 4 个量子数表示 P 原子的 5 个价电子的运动状态：$3s^23p^3$。

8. 下列各组量子数，哪些是错误的，为什么？怎样改正？

A. 若 $n=2$　$l=1$　$m=0$　　B. 若 $n=3$　$l=2$　$m=-1$

C. 若 $n=3$　$l=0$　$m=+1$　　D. 若 $n=2$　$l=3$　$m=+2$

9. 外层电子构型满足下列条件之一是哪一类或哪一种元素？

（1）具有 2 个 p 电子；

（2）有 2 个 $n=4$ 和 $l=0$ 的电子，6 个 $n=3$ 和 $l=2$ 的电子；

（3）3d 全充满，4s 只有 1 个电子的元素。

10. 某元素原子序数为 33，试问：

（1）此元素原子的电子总数是多少？有多少个未成对电子？

（2）它有多少个电子层？多少个能级？最高能级组中的电子数是多少？

（3）它的价电子数是多少？它属于第几周期？第几族？是金属还是非金属？最高化合价是几？

11. 根据下列元素在周期表中的位置，给出元素名称、原子序数、元素符号及价电子构型。

（1）第四周期，ⅤB 族；（2）第五周期，ⅠB 族；

（3）第六周期，ⅡA 族；（4）第四周期，ⅦA 族。

12. 简述主族元素原子半径在元素周期表中的变化规律。

（李华侃）

知识拓展

习题详解

PPT

第十一章　共价键与分子间力

大千世界形形色色的物质中，许多是由原子通过化学键连接而成的，相邻两原子（或离子）间强烈的相互作用力就是化学键（chemical bond），包括离子键、共价键和金属键；其中，绝大多数是原子通过共价键结合形成的分子化合物。分子结构即分子中原子的排列决定了物质的物理和化学性质，以及生物和生理活性等。例如，SF_4 与水反应非常迅速、强烈，而 SF_6 恰相反；CO_2 和 NO_2 分子看起来似乎差别不大，但其化学性质却有天壤之别；顺铂可作为抗肿瘤药物，而反铂却没有抗肿瘤活性，这类性质的差异是其分子结构不同造成的，因此要解释化合物性质的不同，必须先要了解分子结构。分子与分子之间还存在着较弱的相互作用力，称为分子间力（intermolecular force），主要包括范德瓦耳斯力（van der Waals force）和氢键（hydrogen bond），是影响物质性质的重要因素。本章主要介绍共价键理论，并简单介绍预测分子形状的方法以及分子间力。

第一节　现代价键理论

1916 ～ 1920 年，物理化学家路易斯和朗缪尔（I. Langmuir）奠定了现代化学键理论的基础，他们提出原子间可以通过得失电子(电子从一个原子转移至另一个原子)或共用电子对形成化学键。路易斯认为，分子中的电子是成对存在的，形成共价键的相邻原子通过共用电子对，以达到稀有气体原子的价层电子组态即稳定的 8 个价电子结构，称之为“八隅律”（octet rule）。基于此，路易斯还提出了一种简单有用的描述分子中价电子排布的方法，称为路易斯结构，即用相应的元素符号表示成键的原子，用排列在元素符号周围的小黑点（·或×）代表价电子。

图 11-1 是 H_2O、O_2 和 N_2 分子的路易斯结构式，用一对黑点（电子）表示形成的 O—H 共价键，也可以用一条短线代表一对电子即一根单键，未参与成键的一对电子称为孤对电子。O_2 分子中 O 原子与 O 原子通过共用两对电子形成双键，N_2 分子中 N 原子与 N 原子通过共用三对电子形成三键。

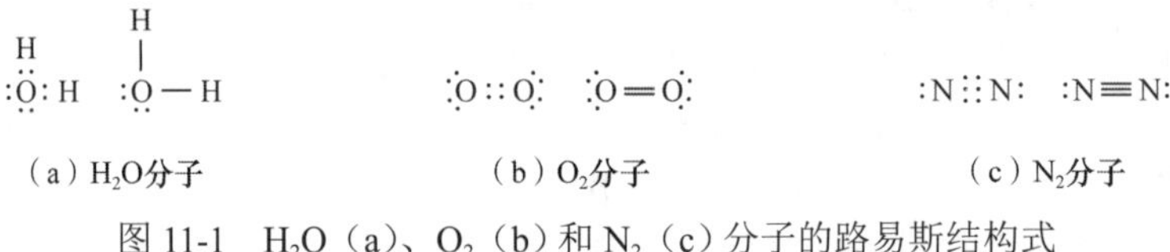

图 11-1　H_2O（a）、O_2（b）和 N_2（c）分子的路易斯结构式

路易斯结构式表示了分子中原子的连接方式、孤对电子数等，这些都是推测分子形状的依据。路易斯共价键理论首次成功解释了原子间共价键的形成，初步指出了共价键和离子键的区别，但其无法说明如下问题：共价键形成的本质是怎样的，即为什么带负电荷的两个电子不是互相排斥而是互相配对形成共价键；为什么某些共价分子中成键的中心原子价电子总数少于 8 个（如 BF_3 分子中的 B 原子）或多于 8 个（如 PCl_5 分子中的 P 原子），但这些分子也可以稳定存在；为什么共价键具有方向性；为什么 O_2 分子有顺磁性，等等。

为了揭示共价键的本质，即原子为什么可以结合以及怎样结合成分子的，科学家们将量子力学理论应用于分子中，发展了现代共价键理论。1927 年德国化学家海特勒（W. Heitler）和伦敦（F. London）用量子力学理论处理 H_2 分子结构，阐释了共价键的本质，之后鲍林（L. Pauling）等在此基础上发展建立了价键理论（valence bond theory），即 VB 法；1932 年德国化学家洪德（F. Hund）和美国化学家马利肯（R. S. Mulliken）又发展了分子轨道理论（molecular orbital theory），即 MO 法。本节先介绍价键理论及其发展，并以最简单的共价分子 H_2 分子为例阐述共价键的形成。

一、氢分子的形成

应用量子力学理论处理氢分子系统，得到系统的能量 E 随着氢原子核间距离 r 变化的曲线，如图 11-2 所示，结果表明两个氢原子 1s 轨道有效重叠导致了氢分子的形成；只有两个氢原子的单电子自旋方向相反时，两个 1s 轨道才能有效重叠，形成共价键。形成氢分子的过程中，如果两个相互靠近的氢原子 1s 轨道上的单电子自旋方向相反，波函数符号相同，这样的轨道相互重叠则原子核间电子云密度增大，电子云密集区与两个氢原子核的相互吸引作用增强，使得整个系统能量随之降低。当两氢原子核间距 r 理论上达到 87 pm（实验值 74 pm）时，系统能量降为最低值 –388 kJ · mol^{-1}（实验值 –436 kJ · mol^{-1}），氢原子间密集的电子云与两个原子核间相互吸引形成稳定的共价键，这种稳定的状态称为氢分子的基态（ground state），如图 11-3 所示。如果两个氢原子继续相互靠近，原子间排斥作用增大，导致系统能量升高，分子不再稳定。如果相互靠近的两个氢原子的单电子自旋方向相同，波函数符号相反，轨道相互重叠的结果是原子核间电子云稀疏，密度小至几乎为零，原子间排斥作用力增大，系统能量较单个氢原子高，两个氢原子不能形成共价键，处于不稳定状态，称为氢分子的排斥态，如图 11-3 所示。

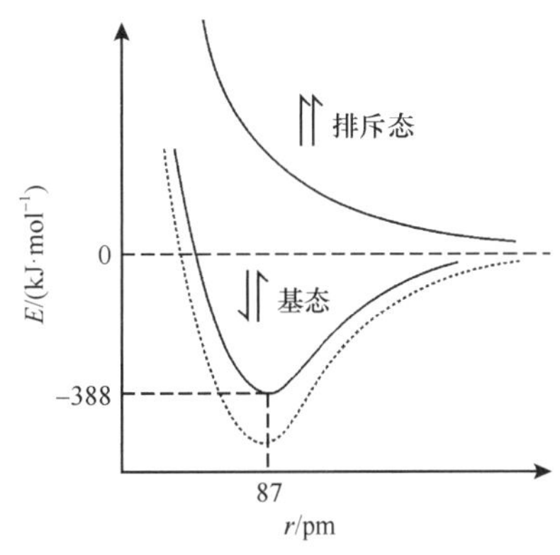

图 11-2 形成氢分子时系统能量变化曲线

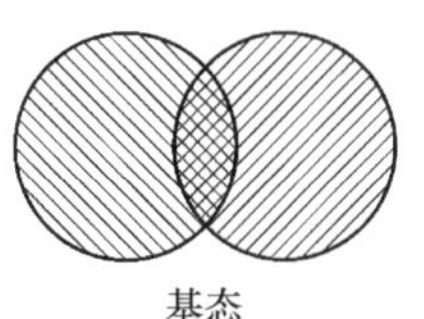

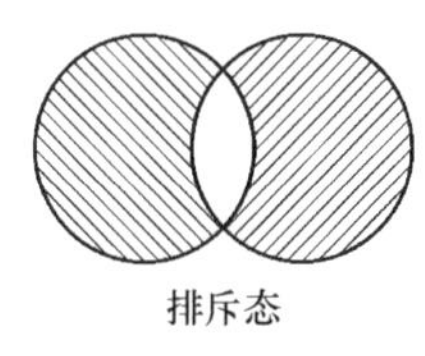

图 11-3 氢分子的基态和排斥态

从上述量子力学理论解释氢分子的形成，可以初步阐释共价键的本质。共价键是由成键两原子中有自旋相反的单电子的原子轨道发生重叠，原子核间电子云密度增大，与带正电荷的两原子核相互吸引而形成的，因此，共价键的本质是电性的。将这一研究氢分子形成的量子力学处理结果推广运用到其他分子，则发展形成了现代共价键理论中的价键理论，其要点归纳如下。

二、价键理论的要点

1. 单电子配对成键 两个原子相互靠近时，只有单电子自旋方向相反时，两原子轨道才会发生有效重叠，单电子可以相互配对，两原子核间电子云密集，吸引两原子核，系统能量随之降低，形成稳定的共价键。

2. 共价键的饱和性 当原子中的单电子配对形成共价键后，就不能再与其他的单电子配对，每个原子中单电子的数目决定了该原子所能形成的共价键的数目，故共价键具有饱和性。例如，H 原子价层电子组态为 $1s^1$，形成 H_2 分子时，一个 H 原子 1s 电子与另一个 H 原子的 1s 电子配对形成 H—H 单键后，就不能再与第三个 H 原子的单电子配对；O 原子价层电子组态为 $2s^22p^4$，有两个 2p 单电子，可分别与两个 H 原子 1s 电子配对形成两个 O—H 单键，成为 H_2O 分子；N 原子价层电子组态为 $2s^22p^3$，有三个 2p 单电子，形成 N_2 分子时，一个 N 原子的三个 2p 单电子分别与另一个 N 原子的三个 2p 单电子配对形成 N ≡ N 三键。

3. 原子轨道最大重叠原理 共价键的形成将尽可能沿着原子轨道最大程度重叠的方向进行。成键时两原子轨道重叠程度越大，原子核间电子云越密集，与核的吸引作用就越强，形成的共价键也就越牢固。对于有一定空间取向的 p、d 等原子轨道，成键时只有沿着一定的方向相互接近才能达到最大程度的重叠，形成稳定的共价键，因此共价键具有方向性。例如，HCl 分子形成时，氢原子的 1s 轨道只有沿着 x 轴方向靠近氯原子的 $3p_x$ 轨道，才能发生最大程度的重叠，形成稳定的共价键［图 11-4（a）］；若沿着如图 11-4（b）和（c）所示的其他方向进行重叠，两原子轨道不发生重叠或重叠很少，原子核间电子云密度小，与核吸引作用也就越弱，不能形成稳定的共价键。

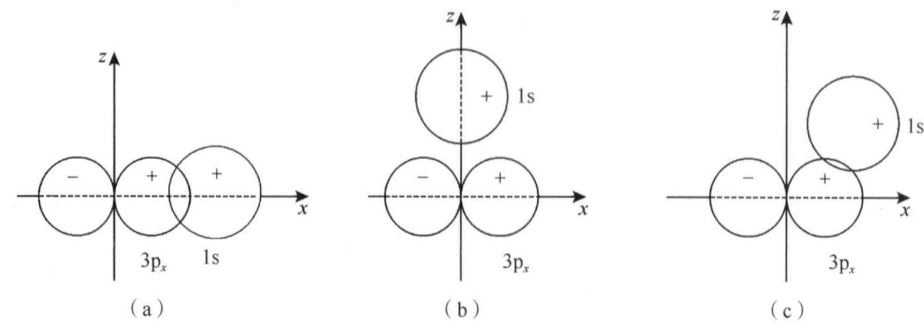

图 11-4　形成 H—Cl 键的原子轨道重叠示意图

三、共价键的类型

（一）σ键和π键

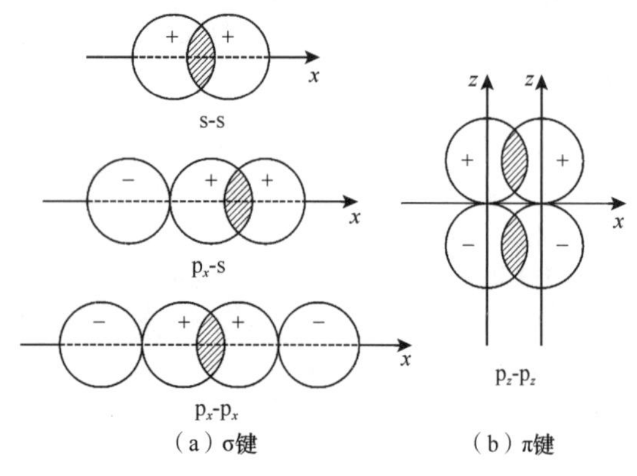

图 11-5　σ键和π键示意图

两原子形成共价键时遵循轨道最大重叠原理，成键原子轨道之间有不同的重叠方式，据此共价键可分为两种类型：σ键和π键。设 x 轴为键轴，若单电子在 s 轨道或 p 轨道上，成键时原子首先通过 s 轨道和 s 轨道、s 轨道和 p_x 轨道、p_x 轨道和 p_x 轨道沿着键轴方向以“头碰头”方式进行重叠，以达到轨道间最大程度的重叠，重叠部分沿键轴呈轴对称分布，绕键轴旋转 180°，原子轨道的图形和符号都不改变，这种重叠方式形成的共价键称为σ键，如图 11-5（a）所示。例如，H_2 分子中是 1s-1s 轨道重叠形成 H—H σ键，HF 分子中是 1s-$2p_x$ 轨道重叠形成 H—F σ键，F_2 分子中是 $2p_x$-$2p_x$ 轨道重叠形成 F—F σ键。σ键可绕键轴旋转，重叠程度大，形成的键牢固，可单独存在于以共价键结合的两原子之间。

在此基础上，与 p_x 轨道垂直的、两个相互平行的 p_y 与 p_y（或 p_z 与 p_z）轨道的重叠，只能以“肩并肩”的方式进行，轨道重叠的部分垂直于键轴，对 xz 平面或 xy 平面呈镜面反对称分布，绕键轴旋转 180°，原子轨道符号相反，这种重叠方式形成的共价键称为π键，如图 11-5（b）所示。例如，N 原子的价层电子组态为 $2s^2 2p_x^1 2p_y^1 2p_z^1$，3 个单电子分别在 3 个相互垂直的 p 轨道上。如图 11-6 所示，形成 N_2 分子时，每个 N 原子以 1 个 $2p_x$ 轨道沿 x 轴（键轴）方向以“头碰头”方式重叠形成 1 个σ

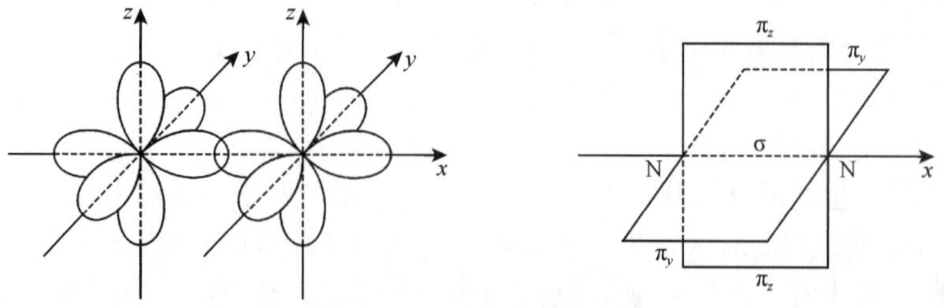

图 11-6　N_2 分子成键示意图

键（$2p_x$-$2p_x$），余下 2 个 $2p_y$ 和 2 个 $2p_z$ 轨道，分别以“肩并肩”方式进行平行重叠，形成 2 个 π 键（$2p_y$-$2p_y$、$2p_z$-$2p_z$）。因此，N_2 分子结构式可表示为 N ≡ N，其中有 1 个 σ 键和 2 个 π 键。π 键轨道重叠程度比 σ 键小，所以 π 键不牢固、易断开发生化学反应，不能单独存在，在分子中只能以双键或三键的方式与 σ 键共存。原子轨道重叠成键时，σ 键的重叠程度大于 π 键，其稳定性也高于 π 键，因此，两原子形成共价键时优先形成 σ 键。

（二）正常共价键和配位共价键

根据成键原子所共用电子对的形成方式不同，共价键可分为正常共价键和配位共价键。上述 H_2、N_2 等分子中的共价键是由成键两原子各提供 1 个电子配对形成的，称之为正常共价键（normal covalent bond）。如果共价键是由成键两原子中的一个原子单独提供一对电子进入另一个原子的空轨道共用而形成的，这种就称之为配位共价键（coordinate covalent bond），简称配位键（coordination bond）。配位键通常用“→”表示，以区别于正常共价键，箭头方向从提供电子对的原子指向接受电子对的原子。例如，H_3O^+ 中，O 原子的 2 个 2p 单电子分别与 2 个 H 的 1s 电子配对形成两个 σ 键，再单独提供一对孤对电子进入 H^+ 的 1s 空轨道共用，形成 1 个配位键；在 CO 分子中，O 原子的 2 个 2p 单电子分别与 C 原子的 2p 单电子配对形成 1 个 σ 键和 1 个 π 键，O 原子还提供一对 2p 孤对电子进入 C 原子的 1 个 2p 空轨道共用，形成 1 个配位键。它们的结构式可分别表示为

$$\left[\begin{array}{ccc} & H & \\ & \uparrow & \\ & O & \\ \diagup & & \diagdown \\ H & & H \end{array}\right]^+ \qquad C \Leftarrow\!\!\!= O$$

因此，形成配位键的两个必要条件是：①其中一个成键原子的价电子层必须有孤对电子；②另一个成键原子的价电子层必须有空轨道。

配位键和正常共价键的形成方式虽不同，但形成以后就没有区别了。我们将在第十二章配位化合物中进一步介绍配位键的相关理论。

四、共价键参数

共价键的键参数（bond parameter）是指能表征化学键性质的物理量，主要包括键能、键长、键角及键的极性。

（一）键能

键能（bond energy）是衡量共价键强度大小的物理量，即断裂共价键所需的能量，用 E 表示，键能越大的共价键越牢固，分子越稳定。

在 100 kPa 和 298.15 K 下，将 1 mol 理想气态分子 AB 解离为气态 A 原子、B 原子所需要的能量，称为 AB 的解离能（dissociation energy，D），单位为 $kJ \cdot mol^{-1}$。

双原子分子的键能就等于解离能。例如，对于 H_2 分子

$$H_2(g) \longrightarrow 2H(g) \qquad E(\text{H—H}) = D(\text{H—H}) = 436\ kJ \cdot mol^{-1}$$

多原子分子通常含有几个相同的共价键，其键能和解离能是不同的。例如，H_2O 分子中有两个 O—H 键，实验结果表明其中一个的解离能为 502 $kJ \cdot mol^{-1}$，另一个的解离能为 423.7 $kJ \cdot mol^{-1}$，而 O—H 键的键能则是两个 O—H 键解离能的平均值

$$E(\text{O—H}) = (502 + 423.7) / 2 = 463\ (kJ \cdot mol^{-1})$$

同种共价键在不同的分子中的键能是不一样的，但差别不明显，因此可以用不同分子中该共价键键能的平均值即平均键能作为该键的键能。表 11-1 列出了一些双原子分子的键能和某些键的平均键能。

表 11-1 一些双原子分子的键能及某些单键、双键、三键的平均键能 *E* 和键长 *L*

双原子分子	键能 /(kJ · mol⁻¹)	共价键	平均键能 /(kJ · mol⁻¹)	键长 /pm
H_2	436	C—H	413	109
Cl_2	247	C—Cl	335	177
O_2	493	C—C	346	154
N_2	946	C═C	610	134
HCl	431	C≡C	835	120

（二）键长

键长（bond length）是指分子中两成键原子的核间平衡距离，用 *L* 表示；用光谱学方法及 X 射线衍射技术测定结果表明，同一种键在不同分子中的键长差别很小，可用其平均值即平均键长作为该键的键长。例如，C═C 双键的键长在乙烯中为 134 pm，在 *Z*-2-丁烯中为 134.6 pm，在 1,3-丁二烯中 C(1)═C(2) 为 133.7 pm，因此 C═C 双键的键长可认定为 134 pm。

相同的两原子形成的键，单键键长 ＞ 双键键长 ＞ 三键键长（参见表 11-1）。两原子形成的同型共价键的键长越短，键就越牢固。

（三）键角

键角（bond angle）是指分子中同一原子形成的两个共价键之间的夹角，是反映分子空间构型的一个重要参数，可以通过光谱学方法及 X 射线衍射技术实验测得。例如，H_2S 分子中的键角为 93.3°，表明 H_2S 分子为 V 形结构；CO_2 分子中的键角为 180°，表明 CO_2 分子为直线形结构。通常，根据分子中的键角和键长即可确定分子的空间构型。

（四）键的极性

成键原子的电负性不同是产生键的极性的原因。当成键原子的电负性相同时，两原子核对共用电子对的吸引能力相同，核间的电子云密集区域出现在两核的中间位置，两个原子核所形成的正电荷中心和成键电子对的负电荷中心恰好重合，这样形成的键称为非极性共价键（nonpolar covalent bond）。例如，Cl_2、F_2 等同核双原子分子中的共价键就是非极性共价键。当成键原子的电负性不同时，电负性较大的原子吸引成键电子能力更强，共用电子对发生偏移，核间的电子云密集区域偏向电负性较大的原子，使之带部分负电荷，而电负性较小的原子则带上部分正电荷，键的正、负电荷中心不重合，这种共价键称为极性共价键（polar covalent bond）。例如，HBr 分子中的 H—Br 键就是极性共价键。通常，成键原子的电负性差值大小反映键的极性大小，差值越大，键的极性就越大。当成键原子的电负性差值较大（＞ 1.7）时，可以认为成键电子对完全转移到电负性大的原子上，成键原子分别转变为正、负离子，形成离子键。因此，从键的极性角度考虑可以认为离子键是最强的极性键，极性共价键处于由离子键过渡到非极性共价键的中间状态（表 11-2）。

表 11-2 键型与成键原子电负性差值的关系

物质	NaCl	HF	HCl	HBr	HI	Br_2
电负性差值	2.23	1.80	0.98	0.78	0.48	0
键型	离子键	←	极性共价键		→	非极性共价键

五、杂化轨道理论

价键理论成功阐释了共价键的形成和本质，以及共价键的饱和性和方向性，但其无法清楚解释分子的空间构型，例如，为什么 H_2O 分子是 V 形的，CH_4 分子为正四面体构型。为此，1931 年鲍林等在价键理论的基础上提出了杂化轨道理论（hybrid orbital theory），用于解释分子的空间构型，完善和发展了现代价键理论。

（一）杂化轨道理论的要点

（1）在成键过程中，由于彼此接近的原子间的相互影响，同一原子中几个能量相近的不同类型的价层原子轨道可以进行重新组合，即波函数进行线性组合，重新分配能量和确定空间方向，组成新的能量和形状相同或相似的原子轨道，这种轨道重新组合的过程称为杂化（hybridization），杂化后形成的新轨道称为杂化轨道（hybrid orbital）。杂化前后原子轨道的数目不变，即杂化轨道的数目等于参与杂化的原子轨道的总数。

（2）线性组合后的波函数发生改变，因此杂化轨道的角度波函数在某个方向的形状（分布图）比杂化前大得多，更有利于原子轨道间发生最大程度的重叠，这样杂化轨道的成键能力就强于杂化前的原子轨道。

（3）杂化后，各个杂化轨道之间尽可能以最大夹角在空间分布，使彼此间的排斥能最小，可以形成更稳定的共价键。不同类型的杂化轨道之间的夹角不同，空间取向各异，以这样的轨道重叠成键后形成的分子就会具有不同的空间构型。

需要注意的是，原子轨道的杂化只发生在成键的过程中，是在成键原子的影响下，中心原子中能量相近的价层原子轨道才能发生有效杂化，形成杂化轨道再重叠成键；而且中心原子的基态价层电子激发、轨道杂化及轨道重叠是同时进行的。

（二）轨道杂化类型和分子的空间构型及实例

根据参与杂化的原子轨道的种类不同，轨道的杂化常见的主要有 sp 型和 spd 型两种类型。spd 型杂化比较复杂，是指能量相近的 $(n-1)$d、ns、np 轨道或 ns、np、nd 轨道组合成新的 dsp 型或 spd 型杂化轨道的过程，通常存在于过渡元素形成的化合物中，将在第十二章配位化合物中介绍。sp 型杂化是指能量相近的 ns 轨道和 np 轨道之间的杂化，依据参与杂化的 s 轨道、p 轨道数目的不同，又可分为 sp、sp^2、sp^3 三种类型。

1. sp 杂化　sp 杂化是由 1 个 ns 轨道和 1 个 np 轨道组合成 2 个 sp 杂化轨道的过程。形成的每个 sp 杂化轨道均含有 1/2 的 s 轨道成分和 1/2 的 p 轨道成分。2 个 sp 杂化轨道之间以 180° 的夹角分布，形成直线形空间构型，轨道形状大的一端方向相反，以使彼此间的排斥能最小。因此，2 个 sp 杂化轨道与其他原子轨道以“头碰头”方式最大程度重叠成键后就形成直线构型的分子。sp 杂化过程及 sp 杂化轨道的形状如图 11-7 所示。

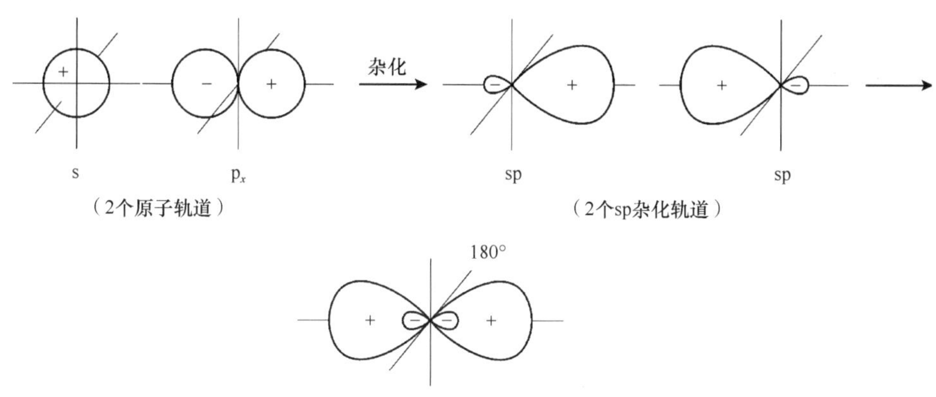

图 11-7　sp 杂化过程及 sp 杂化轨道示意图

2. sp^2 杂化 sp^2 杂化是由 1 个 *n*s 轨道和 2 个 *n*p 轨道组合成 3 个 sp^2 杂化轨道的过程。形成的每个 sp^2 杂化轨道均含有 1/3 的 s 轨道成分和 2/3 的 p 轨道成分。3 个 sp^2 杂化轨道呈正三角形分布，彼此之间夹角为 120°，以使轨道间的排斥能最小，如图 11-9（a）所示。这样的 3 个 sp^2 杂化轨道分别与其他 3 个相同原子的轨道最大程度重叠成键后，就形成正三角形的分子。

3. sp^3 杂化 sp^3 杂化是由 1 个 *n*s 轨道和 3 个 *n*p 轨道组合成 4 个 sp^3 杂化轨道的过程。形成的每个 sp^3 杂化轨道均含有 1/4 的 s 轨道成分和 3/4 的 p 轨道成分。4 个 sp^3 杂化轨道彼此间的夹角为 109°28′，呈正四面体分布，轨道形状大的一端分别指向正四面体顶点，以使轨道间的排斥能最小，如图 11-10（a）所示。当 4 个 sp^3 杂化轨道分别与其他 4 个相同原子的轨道重叠成键后，就形成正四面体构型的分子。

例 11-1 试解释 $BeCl_2$ 分子空间构型为直线形，含有 2 个完全等同的 Be—Cl 键，键角为 180°。

解 Be 原子的价层电子组态为 $2s^2$。在形成 $BeCl_2$ 分子的过程中，受接近的 Cl 原子的影响，Be 原子的 1 个 2s 电子激发到 2p 空轨道形成 $2s^12p^1$ 电子组态，含有单电子的 2s 轨道和 2p 轨道进行 sp 杂化，形成了两个能量相同的、夹角为 180° 直线形分布的 sp 杂化轨道，各有一个单电子，再分别与 2 个 Cl 原子中含有单电子的 3p 轨道最大程度重叠，就形成了 2 个完全等同的 $\sigma_{sp\text{-}p}$ 键，因此 $BeCl_2$ 分子的空间构型为直线形(图 11-8)，其形成过程可表示为

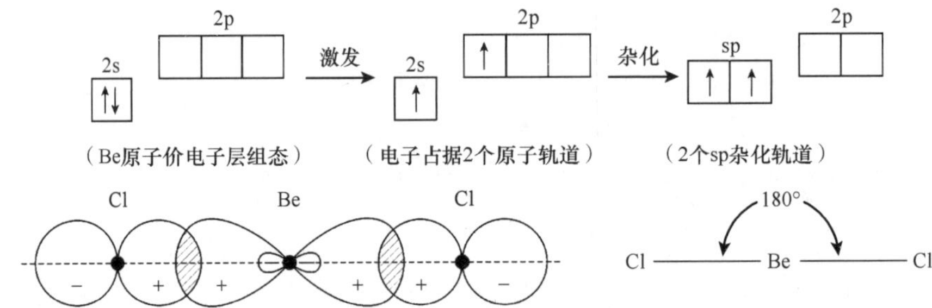

图 11-8 $BeCl_2$ 分子的形成及空间构型

例 11-2 试解释 BF_3 分子的空间构型为正三角形，有 3 个完全等同的 B—F 键，键角为 120°。

解 中心原子 B 的价层电子组态为 $2s^22p^1$，在形成 BF_3 分子的过程中，B 原子的 2s 轨道上的 1 个电子激发到 2p 空轨道形成 $2s^12p^2$ 电子组态，含有单电子的 1 个 2s 轨道和 2 个 2p 轨道进行 sp^2 杂化，形成 3 个完全等同的夹角均为 120° 的 sp^2 杂化轨道，各有一个单电子，分别与 1 个 F 原子中含有单电子的 2p 轨道重叠，就可以形成 3 个完全等同的 $\sigma_{sp^2\text{-}p}$ 键。因此 BF_3 分子的空间构型是正三角形[图 11-9（b）]，其形成过程可表示为

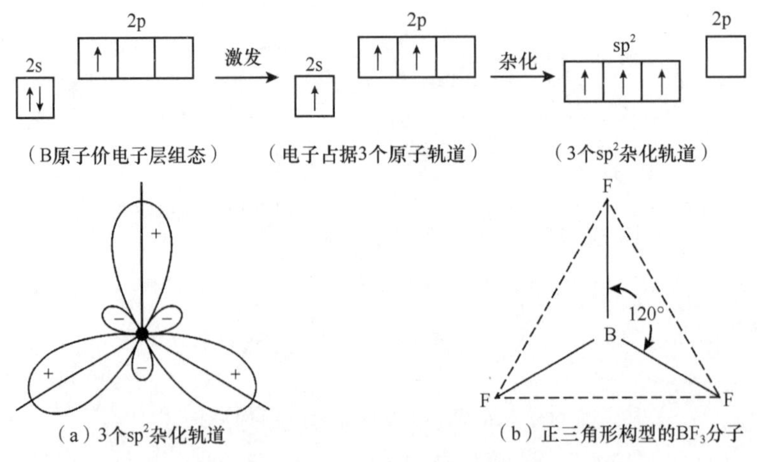

图 11-9 sp^2 杂化轨道的空间分布及 BF_3 分子空间构型

例 11-3 试解释 CH_4 分子为正四面体构型。

解 中心原子 C 的价层电子组态为 $2s^22p^2$。在形成 CH_4 的过程中，C 原子的 2s 轨道上的 1 个电子激发到 2p 空轨道形成 $2s^12p^3$ 电子组态，含有单电子的 1 个 2s 轨道和 3 个 2p 轨道进行杂化，形成彼此之间夹角为 109°28′ 的 4 个完全等同的 sp^3 杂化轨道，4 个含有单电子的杂化轨道分别与 4 个 H 原子的 1s 轨道重叠，则形成了 4 个完全等同的σ_{sp^3-s} C—H 键。所以 CH_4 分子的空间构型为正四面体，如图 11-10（b）所示。

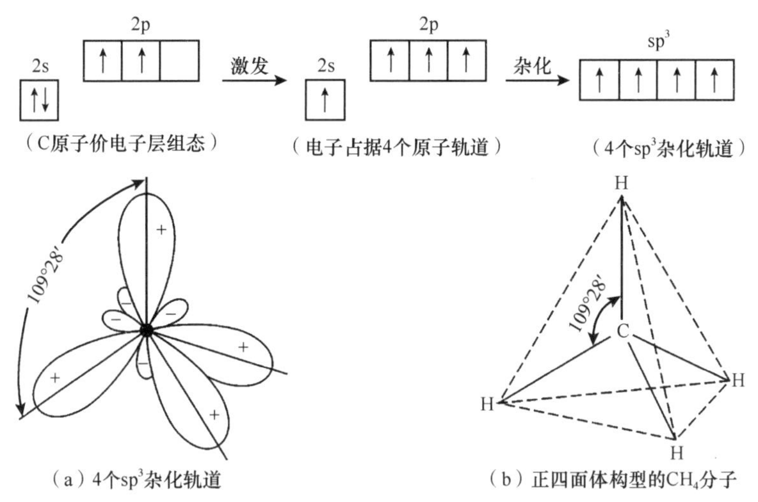

图 11-10 sp^3 杂化轨道的空间分布及 CH_4 分子空间构型

表 11-3 总结了上述 sp 型 3 种杂化的基本情况。

表 11-3 sp 型的 3 种杂化类型

杂化类型	参与杂化的原子轨道	杂化轨道数	杂化轨道间夹角	分子空间构型	实例
sp	1 个 *n*s，1 个 *n*p	2	180°	直线形	$BeCl_2$，HC≡CH
sp^2	1 个 *n*s，2 个 *n*p	3	120°	平面三角形	BF_3，$H_2C═CH_2$
sp^3	1 个 *n*s，3 个 *n*p	4	109°28′	正四面体	CH_4，CCl_4

4. 等性杂化和不等性杂化 以上例子中的三种 sp 型杂化是等性杂化（equivalent hybridization），即杂化后所形成的几个杂化轨道中所含原来轨道成分的比例相等，能量完全相同。通常，如果参与杂化的原子轨道都含有单电子或都是空轨道，那么它们的杂化是等性的。如果杂化后所形成的杂化轨道中有的已含有孤对电子，杂化轨道的组成成分和能量是不完全相同的，此类杂化即为不等性杂化（nonequivalent hybridization）。例如，NH_3 分子和 H_2O 分子中的杂化即是不等性的。

例 11-4 试解释：NH_3 为三角锥形分子，有 3 个 N—H 键，键角为 107°18′；H_2O 分子中有 2 个 O—H 键，键角为 104°45′，分子的空间构型为“V”形。

解 NH_3 分子的中心原子 N 的价层电子组态为 $2s^22p_x^12p_y^12p_z^1$。在 NH_3 分子的形成过程中，中心原子 N 的 1 个 2s 轨道与 3 个 2p 轨道进行 sp^3 杂化，形成 4 个 sp^3 杂化轨道，在空间呈四面体分布。其中 1 个 sp^3 杂化轨道被 1 对孤对电子占据，含有 2s 成分较多，能量较低；另外 3 个 sp^3 杂化轨道各有 1 个单电子，含有 2p 成分较多，能量较高，因此 N 原子的 sp^3 杂化是不等性的。当含有单电子的 3 个 sp^3 杂化轨道分别与 3 个 H 原子的 1s 轨道重叠，就形成了 3 个 σ_{sp^3-s} 键。其中 1 个杂化轨道上的孤对电子不参与成键，其电子云分布更靠近 N 原子核，且对成键电子对的排斥作用相对较大，使 N—H 键的夹角被压缩至 107°18′（小于 109°28′）。因此，NH_3 分子的空间构型是三

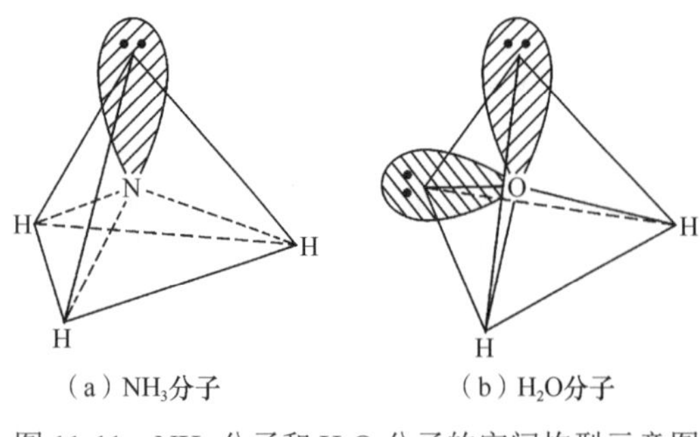

图 11-11　NH_3 分子和 H_2O 分子的空间构型示意图

角锥形，如图 11-11（a）所示。

与之类似，H_2O 分子的中心原子 O 的价层电子组态为 $2s^22p_x^22p_y^12p_z^1$。在形成 H_2O 分子的过程中，中心原子 O 的 1 个 2s 轨道与 3 个 2p 轨道杂化形成 4 个 sp^3 杂化轨道，在空间呈四面体分布。其中 2 个 sp^3 杂化轨道各有 1 对孤对电子，另外 2 个则各有 1 个单电子，4 个轨道的组成成分和能量不同，此为不等性杂化。含有单电子的 2 个 sp^3 杂化轨道分别与 2 个 H 原子的 1s 轨道重叠，可形成 2 个 σ_{sp^3-s} 键，另外 2 个 sp^3 杂化轨道中的 2 对孤对电子不参与成键，对成键电子对排斥作用更大些，使 O—H 键的夹角被压缩至 104°45′（比 NH_3 分子的键角更小）。因此，H_2O 分子空间构型是“V”形，如图 11-11（b）所示。

5. 离域 π 键　π 键可分为定域 π 键和离域 π 键。前面讨论的双原子分子中 π 键定域在成键两原子（双中心）之间，属于定域键（localized bond），离域键（delocalized bond）则属于多中心键，因离域 π 键上的电子是由形成 π 键的多个原子所共有的。许多化合物中都含有离域 π 键，如 O_3、SO_2、SO_3、CO_3^{2-}、NO_3^-、NO_2^-、苯等，常称为大 π 键（Π）。含有 a 个原子和 b 个电子的离域 π 键可用 Π_a^b 表示。

含有离域 π 键的分子中，共平面的原子首先以杂化轨道形成 σ 键，构建分子的基本骨架，然后每个原子再提供 1 个未参与杂化的 p 轨道，它们相互平行，都垂直于分子平面，这样的 p 轨道两两互相重叠就形成了 π 键，此即为离域 π 键。

例 11-5　试分析 SO_2 分子中的 σ 键和 π 键。

解　SO_2 分子的构型为“V”形，如图 11-12 所示。在 SO_2 分子中，中心原子 S 采取不等性 sp^2 杂化，以 2 个 sp^2 杂化轨道与另外 2 个 O 原子的 p 轨道重叠形成 2 个 σ_{sp^2-p} S—O 键，第 3 个 sp^2 杂化轨道由孤对电子占有。此外，中心 S 原子提供 1 个未参与杂化的 p 轨道，上面有 1 对电子，两端的 O 原子则各提供 1 个与其平行的 p 轨道，上面各有 1 个单电子，它们之间肩并肩互相重叠，形成垂直于分子平面的三中心四电子离域 π 键，用 Π_3^4 表示，如图 11-12 所示。

$$\ddot{S}\quad :\ddot{O}\quad \ddot{O}:\quad \Pi_3^4$$

图 11-12　SO_2 分子中的大 π 键

第二节　价层电子对互斥理论

杂化轨道理论能比较好地说明已知分子的空间构型，但很难预测分子采取的杂化类型及其空间构型。1940 年，美国的西奇威克（N. V. Sidgwick）等在总结大量实验事实的基础上相继提出了价层电子对互斥理论（valence-shell electron pair repulsion，VSEPR 法）。虽然 VSEPR 法只是简单、直观、定性地说明问题，但却可以准确而有效地预测许多主族元素间形成的 AB_n 型分子或离子的空间构型。

一、价层电子对互斥理论要点

（1）AB_n 型共价分子或离子的空间构型，主要取决于中心原子 A 的价层电子对（包括成键电子对和不参与成键的孤对电子）的空间分布（构型），而所有价层电子对采取彼此之间尽可能远离、相互排斥作用最小的方式分布在中心原子周围。

（2）价层电子对之间相互排斥作用的大小取决于电子对之间的夹角以及电子对的类型（成键电子对和孤对电子）。一般夹角越小，排斥作用越大；电子对之间排斥力的大小顺序是：孤对电子–孤对电子＞孤对电子–成键电子对＞成键电子对–成键电子对，若中心原子与配原子之间形成了多重键，则电子对间斥力的大小为：三键–单键＞双键–单键＞单键–单键。分子中有孤对电子存在时，由于电子对间的排斥力较大，对成键原子间的键角影响较大，因此分子的空间构型与无孤对电子的基本构型有较大不同。

二、判断共价分子构型的一般规则

应用价层电子对互斥理论预测分子空间构型的一般过程如下：

（1）确定中心原子中价层电子对数 中心原子A价层电子对数的计算方法如下：

价层电子对数 = 价层电子总数 / 2 =（中心原子价层电子数 + 配原子提供的共用电子数 ± 离子电荷数）/ 2

计算式中，①主族元素原子作为中心原子，其价层电子数等于其族数，如ⅦA卤素原子提供7个电子，ⅥA氧族元素的原子提供6个电子，等等；②作为配原子，卤素原子和氢原子提供1个电子，氧族元素的原子不提供电子；③计算离子的价层电子数时，还应加上负离子的电荷数或减去正离子的电荷数；④计算电子对数值时，若出现1个电子无法除以2时，则将其当作1对电子处理。

（2）确定中心原子价层电子对的空间构型 根据计算出的中心原子A的价层电子对数目，确定其价层电子对在中心原子周围的空间排布方式，即价层电子对空间构型，参见表11-4。

（3）确定中心原子价层中孤对电子数　孤对电子数等于中心原子A价层电子对数减去成键电子对数。成键电子对只包括形成σ键的电子对，分子中的双键、三键都按单键处理，成键电子对数在数值上等于配原子B的个数 n。

（4）判断分子的空间构型 根据中心原子的价层电子对构型，以及价层中孤对电子的数目，最终确定分子的空间构型（即分子中各原子在空间的排布）。当孤对电子数为0时，分子的空间构型与中心原子的价层电子对构型是一致的；有孤对电子时，二者不再一致，参见表11-4。

表11-4　AB_n 分子中价层电子对空间构型和分子构型

A的价层电子对数	成键电子对数	孤对电子数	分子类型	价层电子对空间构型	分子构型	实例
2	2	0	AB_2	直线形	直线形	$BeCl_2$、$HgCl_2$、CO_2
3	3	0	AB_3	平面三角形	平面正三角形	BF_3、SO_3、NO_3^-
	2	1	AB_2		“V”形	$SnCl_2$、SO_2、NO_2、NO_2^-
4	4	0	AB_4	四面体	正四面体	CH_4、SiF_4、SO_4^{2-}、PO_4^{3-}
	3	1	AB_3		三角锥形	NH_3、H_3O^+、ClO_3^-
	2	2	AB_2		“V”形	H_2O、H_2S、ICl_2^+

续表

A的价层电子对数	成键电子对数	孤对电子数	分子类型	价层电子对空间构型	分子构型	实例
5	5	0	AB_5	三角双锥	三角双锥	PCl_5、PF_5
	4	1	AB_4		变形四面体	SF_4、$TeCl_4$
	3	2	AB_3		"T"形	ClF_3、BrF_3
	2	3	AB_2		直线形	I_3^-、XeF_2
6	6	0	AB_6	八面体	正八面体	SF_6、AlF_6^{3-}
	5	1	AB_5		四方锥	BrF_5、SbF_5^{2-}
	4	2	AB_4		平面正方形	ICl_4^-、XeF_4

例 11-6 利用 VSEPR 法预测 H_2S 分子和 NO_3^- 离子的空间构型。

解 H_2S 分子的中心原子 S 属于ⅥA 族，有 6 个价电子，2 个配原子 H 原子各提供 1 个电子，因此 S 原子价层电子对数为 (6 + 2)/2 = 4，其价层电子对构型为正四面体，因配原子数为 2，即成键电子对数为 2，则有 2 对孤对电子，所以 H_2S 分子的空间构型为"V"形。

NO_3^- 的中心原子 N 属于ⅤA 族，有 5 个价电子，O 原子作为配原子不提供电子，离子的电荷数为 –1，因此 N 原子价层电子对数为 (5 + 1)/2 = 3，其价层电子对构型为平面正三角形。因配原子数也为 3，则说明无孤对电子，故 NO_3^- 的空间构型为平面正三角形。

图 11-13 SF_4 分子形状示意图

例 11-7 利用 VSEPR 法预测 SF_4 分子、ICl_2^+ 离子的空间构型。

解 SF_4 分子的中心原子 S 属于ⅥA 族，有 6 个价电子，F 原子作为配原子提供 1 个电子，故中心原子 S 的价层电子对数为 (6 + 4)/2 = 5，其价层电子对构型为三角双锥。因配原子数为 4，则说明有 1 对孤对电子，所以 SF_4 分子的空间构型为变形四面体，如图 11-13 所示。

ICl_2^+ 离子的中心原子 I 属于ⅦA 族，有 7 个价电子，Cl 原子作为配原子提供 1 个电子，故中心原子 I 的价层电子对数为 $(7+2-1)/2=4$，其价层电子对构型为正四面体。因配原子数为 2，则有 2 对孤对电子，所以 ICl_2^+ 离子的空间构型为"V"形。

第三节　分子轨道理论简介

现代价键理论成功阐释了共价键的形成和本质，其杂化轨道理论很好地解释了已知分子的空间构型，易于理解，应用广泛，但它无法解释诸如 O_2 分子中有单电子存在、具有顺磁性，H_2^+ 中存在单电子键等问题。为了克服价键理论的局限性，美国化学家马利肯（R. S. Mulliken）和德国化学家洪德提出了分子轨道理论（molecular orbital theory，MO 法）。这种新的共价键理论立足于分子的整体性，认为分子中的电子是离域化的，不再从属于某一个原子，这是一种更为复杂的成键模型，能成功地解释分子的成键，是现代价键理论的重要组成部分。

一、分子轨道理论的要点

1. 原子形成分子后，所有电子在整个分子空间范围内运动，每个电子的运动状态可用一个具有一定能量的分子轨道波函数 ψ（即分子轨道）来描述。不同类型的分子轨道可用符号 σ、π、…表示，填入这些轨道的电子称为 σ 电子和 π 电子，其分别所形成的共价键称为 σ 键、π 键。

2. 分子轨道是形成分子的原子轨道线性组合（linear combination of atomic orbitals，LCAO）而成的，分子轨道的数目与组合前原子轨道的总数相等，但能量不同。线性组合时，若原子轨道波函数同号，则同号重叠、波函数相加，原子核间电子概率密度增加，形成能量低于原来原子轨道的成键分子轨道（bonding molecular orbital），用符号 σ、π、…表示；若原子轨道波函数符号相反，则异号重叠、波函数相减，原子核间电子概率密度降至很小，形成能量高于原来原子轨道的反键分子轨道（antibonding molecular orbital），用符号 σ^*、π^*、…表示；若线性组合而成的分子轨道能量与原来的原子轨道能量相差不明显，这样的分子轨道称为非键轨道（non-bonding orbital）。

3. 原子轨道要有效地组合成分子轨道，必须符合下述三个原则。

（1）对称性匹配原则：只有对称性相同的原子轨道才能组合成分子轨道。

如图 11-14（a）～（c），将参加组合的两个原子轨道绕键轴（设为 x 轴）旋转 180°，各原子轨道角度分布图形状及符号都没有发生改变（对称），或者如图 11-14（d）～（e），参加组合的两个原子轨道以包含键轴的 xz 平面为镜面，各原子轨道角度分布图在镜面上下的形状相同而符号都相反（反对称），则为"对称性匹配"的原子轨道，可有效组合成分子轨道。其中图 11-14（a）和（b）为同号重叠、波函数相加，组合成 σ 成键轨道，图 11-14（c）为异号重叠、波函数相减，组合成 σ^* 反键轨道；图 11-14（d）组合成 π 成键轨道，图 11-14（e）组合成 π^* 反键轨道。图 11-14（f）和（g）

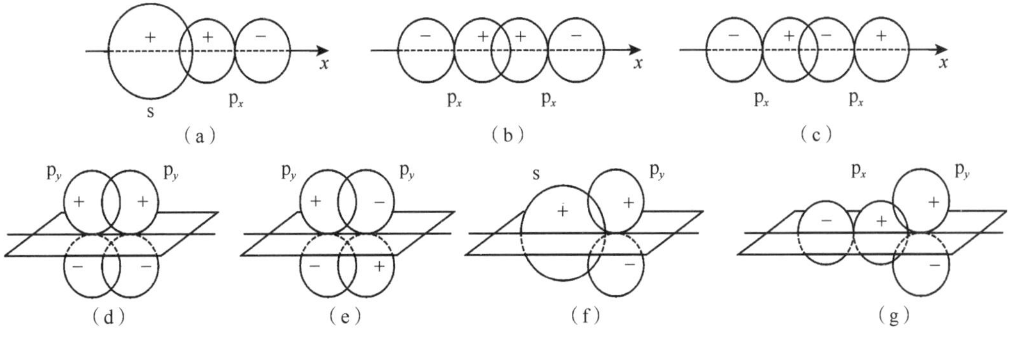

图 11-14　原子轨道对称性匹配示意图

中，参加组合的两个原子轨道对于镜面 xz 平面，一个形状和符号都相同呈对称，而另一个形状相同、符号相反呈反对称，则二者对称性不匹配，不能组合成分子轨道。

对称性匹配的两个原子轨道可以组合成不同类型的分子轨道，如图 11-15 所示。形成的每个分子轨道都有其相应的空间分布形状和能量，依据分子轨道对称性的不同，分为 σ 分子轨道和 π 分子轨道。σ 分子轨道对键轴（x 轴）呈对称性分布，成键轨道两核间没有节面，反键轨道在两核间有节面。通常，s-s、s-p 和 p-p 原子轨道组合可形成 σ 分子轨道，如图 11-15（a）所示，形成相应的成键轨道 $\sigma_{s\text{-}s}$、$\sigma_{s\text{-}p}$、$\sigma_{p\text{-}p}$，以及反键轨道 $\sigma^*_{s\text{-}s}$、$\sigma^*_{s\text{-}p}$、$\sigma^*_{p\text{-}p}$。π 分子轨道在键轴所在平面的上下方呈反对称性分布，有通过键轴的节面。通常，p-p 原子轨道组合可形成 π 分子轨道，如图 11-15（b）所示，形成相应的成键轨道 $\pi_{p\text{-}p}$，以及反键轨道 $\pi^*_{p\text{-}p}$。

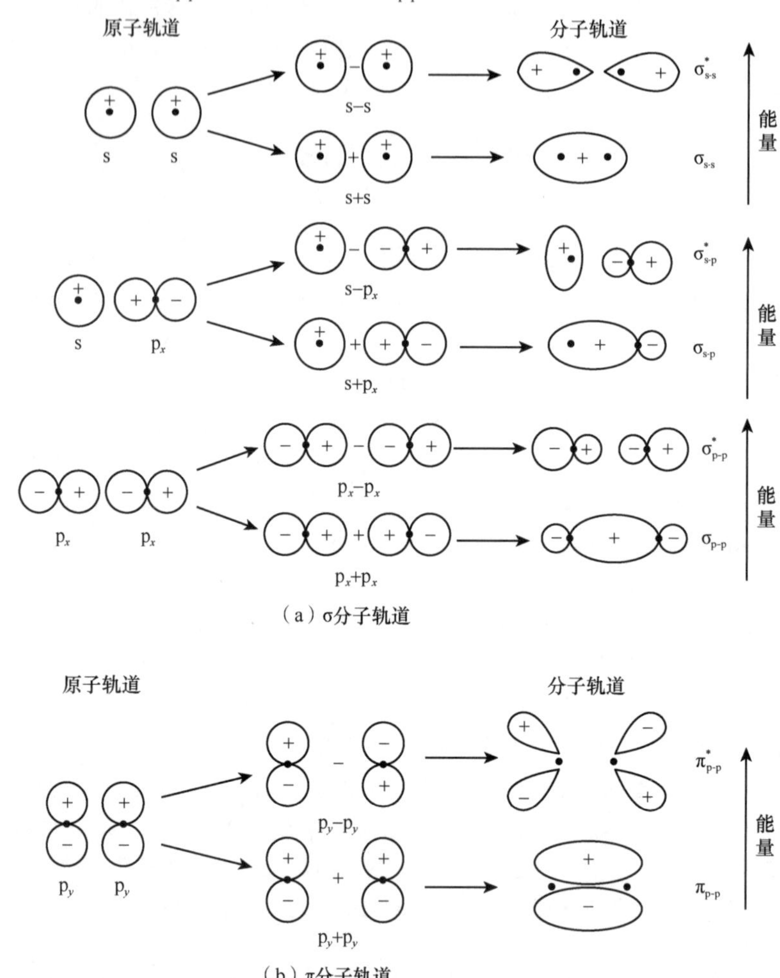

图 11-15　对称性匹配的两原子轨道组合成分子轨道示意图

（2）能量近似原则：在对称性匹配的前提下，只有能量相近的原子轨道才能有效地组合成分子轨道，而且轨道能量差越小越好，这就是能量近似原则。

对于两种不同类型的异核原子轨道而言，在确定它们能否有效组合成分子轨道时，能量近似原则尤为重要。例如，形成 HF 分子时，依据对称性匹配原则，H 原子 1s 轨道可以和 F 原子 1s、2s 或 2p 轨道中的任何一个组合成分子轨道，但从能量的角度看，H 原子 1s 轨道的能量为

$-1312\ kJ \cdot mol^{-1}$，F 原子 1s、2s 和 2p 轨道的能量分别为 $-67181\ kJ \cdot mol^{-1}$、$-3870.8\ kJ \cdot mol^{-1}$ 和 $-1797.4\ kJ \cdot mol^{-1}$，只有 H 原子 1s 轨道和 F 原子 2p 轨道的能量最为接近，根据能量近似原则，这两个轨道才能有效组合成分子轨道，形成以 $\sigma_{s\text{-}p_x}$ 单键结合的 HF 分子。

（3）轨道最大重叠原则：对称性匹配、能量相近的两个原子轨道进行线性组合时，其相互重叠程度越大，组合成的分子轨道的能量就越低，所形成的化学键就越稳定，这称为轨道最大重叠原则。

在上述原则中，对称性匹配原则是首要的，它决定原子轨道有没有可能组合成分子轨道。在满足对称性匹配原则的前提下，能量近似原则和轨道最大重叠原则决定的是原子轨道组合成分子轨道的效率。

4. 如同电子在原子轨道中的排布，电子在分子轨道中的排布也遵循泡利不相容原理、能量最低原理和洪德规则。

5. 在分子轨道理论中，常用键级（bond order）表示键的牢固程度。

键级 = 1/2(成键轨道的电子数 − 反键轨道的电子数)

键级可以是整数，也可以是分数。一般来说，键级大于零就可以形成相对稳定的分子，键级越高，键能越大，键越牢固，形成的分子越稳定；键级为零，成键和反键的能量彼此相消，没有成键作用，原子不能结合成分子。

二、分子轨道理论的应用

原子轨道线性组合形成的每个分子轨道都有相应的能量，其高低取决于参与组合的原子轨道的能量以及原子轨道线性组合的方式，按能级高低顺序将分子中各分子轨道从低到高排列起来，可以得到分子轨道能级图。

（一）同核双原子分子的轨道能级图

以第二周期元素形成的同核双原子分子为例，如图 11-16 所示，所形成的同核双原子分子的分子轨道能级顺序有以下两种：

（1）同核双原子分子 O_2、F_2 分子的分子轨道能级顺序为 $\sigma_{1s} < \sigma_{1s}^* < \sigma_{2s} < \sigma_{2s}^* < \sigma_{2p_x} < \pi_{2p_y} = \pi_{2p_z} < \pi_{2p_y}^* = \pi_{2p_z}^* < \sigma_{2p_x}^*$，如图 11-16（a）所示。

（2）同核双原子分子 Li_2、Be_2、B_2、C_2、N_2 等分子的分子轨道能级顺序为 $\sigma_{1s} < \sigma_{1s}^* < \sigma_{2s} < \sigma_{2s}^* < \pi_{2p_y} = \pi_{2p_z} < \sigma_{2p_x} < \pi_{2p_y}^* = \pi_{2p_z}^* < \sigma_{2p_x}^*$，如图 11-16（b）所示。

其中，π_{2p_y}和π_{2p_z}分子轨道是简并轨道，其空间分布形状和能量都相同；同样，$\pi_{2p_y}^*$和$\pi_{2p_z}^*$分子轨道也是简并轨道。

这两种顺序的不同在于 σ_{2p_x} 分子轨道与π_{2p_y}和π_{2p_z}分子轨道的能量相对高低不一样，原因是第二周期元素原子各自的 2s、2p 轨道能量差异大小不同。第一种，组成分子的 O、F 原子各自的 2s 和 2p 轨道的能量相差较大，超过 $1500\ kJ \cdot mol^{-1}$，在组合成分子轨道时，其 2s 和 2p 轨道的相互作用较弱可以不予考虑，基本上是两原子的 s-s 和 p-p 轨道的线性组合，因此，由这些原子组成的同核双原子分子的分子轨道能级顺序中π_{2p_y}和π_{2p_z}分子轨道的能级高于 σ_{2p_x} 分子轨道。第二种，组成分子的 Li、Be、B、C、N 等原子，各自的 2s 和 2p 轨道的能量相差较小，不到 $1500\ kJ \cdot mol^{-1}$，在组合成分子轨道时，其 2s 和 2p 轨道的相互作用不可忽略，一个原子的 2s 轨道除了能和另一个原子的 2s 轨道重叠组合外，还可与其 2p 轨道重叠组合，结果使得由这些原子组成的同核双原子分子中 σ_{2p_x} 分子轨道的能级超过π_{2p_y}和π_{2p_z}分子轨道。

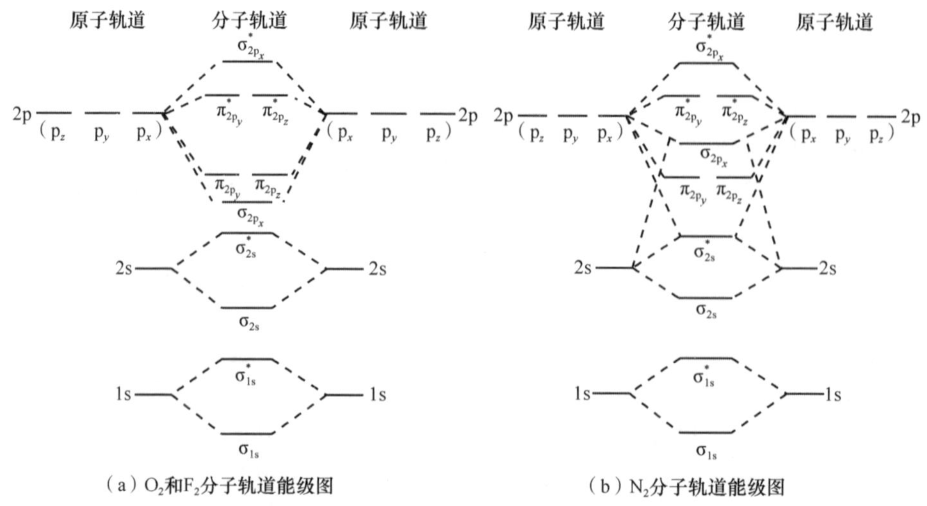

图 11-16　同核双原子分子的分子轨道的两种能级顺序示意图

分子和离子的稳定性和磁性等可以应用 MO 法进行分析。例如，氢分子离子 H_2^+ 是由 1 个 H 原子和 1 个 H 原子核组成的，只有 1 个 1s 电子，故氢分子离子的分子轨道式为 $(\sigma_{1s})^1$，这表明 H 原子和 H^+ 间形成了 1 个单电子 σ 键，其键级为 1/2，因此氢分子离子 H_2^+ 可以存在，但不太稳定。He 原子的电子组态为 $1s^2$，若 He_2 可以存在，则分子中有 4 个电子，其分子轨道式应为 $(\sigma_{1s})^2(\sigma_{1s}^*)^2$，由此可知，成键分子轨道 σ_{1s} 和反键分子轨道 σ_{1s}^* 各有 2 个电子，使成键轨道降低的能量与反键轨道升高的能量相互抵消，无成键作用，其键级为零，这表明 He_2 分子不能存在。

又如，N 原子的电子组态为 $1s^22s^22p^3$，N_2 分子中共有 14 个电子，遵循能量最低原理、泡利不相容原理、洪德规则，按图 11-16（b）所示的分子轨道能级顺序由低到高依次填入分子轨道，得到 N_2 分子的分子轨道式：

$$N_2[(\sigma_{1s})^2(\sigma_{1s}^*)^2(\sigma_{2s})^2(\sigma_{2s}^*)^2(\pi_{2p_y})^2(\pi_{2p_z})^2(\sigma_{2p_x})^2]$$

分子中内层轨道上的电子未参与成键，故 N_2 分子的分子轨道式也可以写成

$$N_2[KK(\sigma_{2s})^2(\sigma_{2s}^*)^2(\pi_{2p_y})^2(\pi_{2p_z})^2(\sigma_{2p_x})^2]$$

式中，每个 K 字表示 K 层原子轨道上的 2 个电子。由分子轨道式可知，$(\sigma_{2s})^2$ 的成键作用与 $(\sigma_{2s}^*)^2$ 的反键作用基本相互抵消，对成键无贡献；三个成键分子轨道 σ_{2p_x}、π_{2p_y}、π_{2p_z}上各有一对成键电子，$(\sigma_{2p_x})^2$、$(\pi_{2p_y})^2$、$(\pi_{2p_z})^2$ 分别形成 1 个 σ 键和 2 个 π 键，因此 N_2 分子中有 1 个 σ 键和 2 个 π 键，其键级为 (8 – 2)/2=3，而且由于电子都填入成键轨道，同时分子中 π 轨道的能量较低，使得整个分子系统的能量大为降低，故形成的 N_2 分子特别稳定。此外，N_2 分子中没有单电子存在，所以是反磁性分子。

而 O_2 分子的顺磁性及化学活泼性与之相差很大，O 原子的电子组态为 $1s^22s^22p^4$，O_2 分子中共有 16 个电子，遵循能量最低原理、泡利不相容原理、洪德规则，按图 11-16（a）所示的分子轨道能级顺序由低到高依次填入相应的分子轨道，得到 O_2 分子的分子轨道式：

$$O_2[(\sigma_{1s})^2(\sigma_{1s}^*)^2(\sigma_{2s})^2(\sigma_{2s}^*)^2(\sigma_{2p_x})^2(\pi_{2p_y})^2(\pi_{2p_z})^2(\pi_{2p_y}^*)^1(\pi_{2p_z}^*)^1]$$

或

$$O_2\,[KK(\sigma_{2s})^2(\sigma_{2s}^*)^2(\sigma_{2p_x})^2(\pi_{2p_y})^2(\pi_{2p_z})^2(\pi_{2p_y}^*)^1(\pi_{2p_z}^*)^1]$$

其中有 14 个电子填入 π_{2p} 及其以下的分子轨道中，剩下 2 个电子分别填入 2 个简并的π_{2p}^*轨道，且自旋平行。O_2 分子中，$(\sigma_{2s})^2$ 的成键作用和 $(\sigma_{2s}^*)^2$ 的反键作用相互抵消，对成键几乎没有贡献；$(\sigma_{2p_x})^2$ 形成 1 个 σ 键；$(\pi_{2p_y})^2$ 的成键作用与 $(\pi_{2p_y}^*)^1$ 的反键作用不能完全抵消，形成 1 个三电子 π 键；$(\pi_{2p_z})^2$ 和 $(\pi_{2p_z}^*)^1$ 形成另 1 个三电子 π 键。故 O_2 分子中有 1 个 σ 键和 2 个三电子 π 键，每个三电子 π 键

中各有 1 个分布在反键轨道上的单电子，所以 O_2 具有顺磁性。

O_2 分子的键级为 (8 – 4)/2=2。O_2 分子的每个三电子 π 键中，成键轨道有 2 个电子，反键轨道有 1 个电子，其键能相当于单电子 π 键的键能，因此三电子 π 键要比双电子 π 键弱得多；O_2 分子的键能只有 $495kJ \cdot mol^{-1}$，低于一般 π 键双键的键能，因而化学性质比较活泼，还可以失去电子变成氧分子离子 O_2^+（键级为 2.5），比 O_2 分子稳定。

由上述 O_2 分子的分子轨道式可知，基态 O_2 分子中，能量最高的 2 个电子分别填充在简并轨道 $\pi^*_{2p_y}$、$\pi^*_{2p_z}$ 上且自旋平行，它们的总自旋角动量量子数 $S = 1/2 + 1/2 = 1$，自旋多重度为 $2S + 1 = 3$，故基态 O_2 分子通常表示为 $^3O_2$，称为三线态氧（triplet oxygen）。当基态 $^3O_2$ 受激发时，原来分占两个简并轨道且自旋平行的两个单电子变化为占据于其中的一个简并轨道 $\pi^*_{2p_y}$ 或 $\pi^*_{2p_z}$，自旋方向相反，总自旋角动量量子数 $S = 1/2 + (-1/2) = 0$，自旋多重度为 $2S + 1=1$，激发态氧分子即形成了单线态氧（singlet oxygen），用 $^1O_2$ 表示。$^3O_2$ 和 $^1O_2$ 分子中简并轨道 $\pi^*_{2p_y}$、$\pi^*_{2p_z}$ 上电子排布为

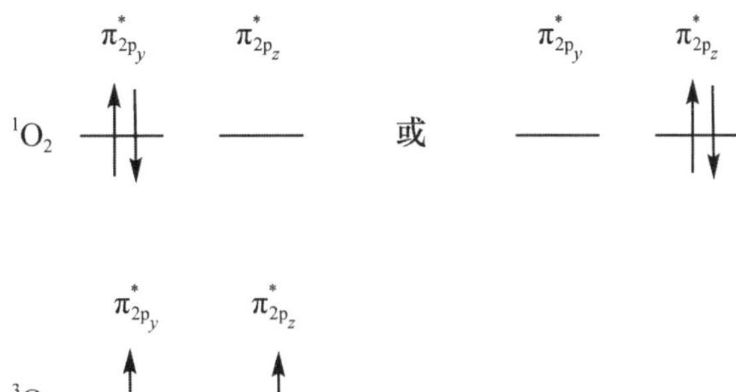

单线态氧的能量高于三线态氧，并且高能量的反键轨道 π^* 缺电子，易发生得到电子的反应，有很强的氧化能力，是一种活性氧，能对生物分子、病毒、细胞等各种生物系统发生作用。

（二）异核双原子分子的轨道能级图

用分子轨道理论处理异核双原子分子时，所用原则和处理方法与同核双原子分子一样。例如，对于第二周期元素形成的异核双原子分子或离子，考虑到影响分子轨道能级高低的主要因素是成键原子的核电荷，因此近似处理，若两个成键原子的原子序数之和大于 N 原子序数的两倍（即 14）时，则此异核双原子分子或离子的分子轨道能级顺序与 O_2 分子的一致，即为图 11-16（a）的能级顺序；若两个成键原子的原子序数之和小于或等于 N 原子序数的两倍时，则此异核双原子分子或离子的分子轨道能级顺序与 N_2 分子的一致，即为图 11-16（b）的能级顺序。

例 11-8　试分析 CO 分子的成键。

解　C 原子的电子组态为 $1s^22s^22p^2$，O 原子的电子组态为 $1s^22s^22p^4$，CO 分子中共有 14 个电子，C 原子与 O 原子的原子序数之和为 14，其分子轨道能级图与 N_2 分子的一致，因此 CO 分子的分子轨道式为

$$CO[KK(\sigma_{2s})^2(\sigma^*_{2s})^2(\pi_{2p_y})^2(\pi_{2p_z})^2(\sigma_{2p_x})^2]$$

其中，$(\sigma_{2s})^2$ 的成键作用和 $(\sigma^*_{2s})^2$ 的反键作用相互抵消，对成键几乎没有贡献；对成键有贡献的是成键轨道上的三对电子，$(\pi_{2p_y})^2$ 和 $(\pi_{2p_z})^2$ 形成了 2 个 π 键，$(\sigma_{2p_x})^2$ 形成了 1 个 σ 键。故 CO 分子中有 1 个 σ 键和 2 个 π 键，O 原子比 C 原子多 2 个 2p 电子，因此 CO 分子的三重键中，有一对电子完全是由 O 原子提供的，$C \overset{\leftarrow}{\equiv} O$。

例 11-9　试比较 NO 分子和 NO^+ 的稳定性。

解　N 原子序数与 O 原子序数之和为 15，故 NO 分子的分子轨道式为

$$NO[KK(\sigma_{2s})^2(\sigma^*_{2s})^2(\sigma_{2p_x})^2(\pi_{2p_y})^2(\pi_{2p_z})^2(\pi^*_{2p_y})^1]$$

其中，$(\sigma_{2s})^2$ 的成键作用和 $(\sigma_{2s}^*)^2$ 的反键作用相互抵消，对成键几乎没有贡献；能成键的是，$(\sigma_{2p_x})^2$ 形成 1 个 σ 键；$(\pi_{2p_z})^2$ 形成 1 个 π 键；$(\pi_{2p_y})^2$ 和 $(\pi_{2p_y}^*)^1$ 形成 1 个三电子 π 键。因此 NO 分子中有 1 个 σ 键和 2 个 π 键，其中一个为三电子 π 键，键级为 (8 – 3)/2 = 2.5。如果 NO 分子失去 1 个电子成为 NO^+，$\pi_{2p_y}^*$轨道将成为空轨道，$(\sigma_{2p_x})^2$ 形成 1 个 σ 键，$(\pi_{2p_z})^2$ 和 $(\pi_{2p_y})^2$ 形成 2 个 π 键，则 NO^+ 中有一个 σ 键和两个 π 键，键级为 (8 – 2)/2 = 3。故 NO^+ 会比 NO 更稳定。

第四节　分子间作用力

分子间作用力是指存在于分子与分子之间或分子内官能团之间的一种作用力，不同于分子内部原子与原子之间强烈的作用力——化学键。分子间作用力是一种弱相互作用力，但它们对物质的性质有重要影响，如决定分子间的距离大小进而决定物质的聚集状态，以及气、液、固三种不同状态的转化，影响物质的溶解度，等等。最常见的两种分子间作用力是范德瓦耳斯力和氢键。分子间作用力的产生与分子的极性和极化密切相关。

一、分子的极性与分子的极化

（一）分子的极性

通常根据分子中正、负电荷中心是否重合，将分子分为极性分子和非极性分子。正、负电荷中心相重合的分子称为非极性分子（nonpolar molecule）；不重合的为极性分子（polar molecule）。

对于双原子分子，分子的极性与键的极性是一致的，由极性共价键构成的分子一定是极性分子，如 HF、HBr 等分子；由非极性共价键构成的分子一定是非极性分子，如 F_2、O_2、N_2 等分子。

对于多原子分子情况会复杂一些，分子的极性不仅与组成分子的键的极性有关，还取决于分子的空间构型。如 CS_2、SiH_4 分子，虽然都是极性键，但其空间构型分别为直线形和正四面体，是对称结构，键的极性相互抵消，分子的正、负电荷中心重合，因此都是非极性分子；而 H_2O 分子和 NH_3 分子的空间构型分别为不对称的“V”形和三角锥形，键的极性不能相互抵消，分子的正负电荷中心不重合，因此它们都是极性分子。

分子极性的大小可用电偶极矩（electric dipole moment）来量度。分子的电偶极矩简称偶极矩（$\vec{\mu}$），等于正、负电荷中心距离（d）和正电荷中心或负电荷中心上的电量（q）的乘积，其单位为 10^{-30}C · m：

$$\vec{\mu} = q \cdot d$$

偶极矩是一个矢量，规定其方向是从正电荷中心指向负电荷中心。一些分子的偶极矩值见表 11-5。偶极矩为零的分子是非极性分子，分子的偶极矩越大则表示此分子的极性越强。

表 11-5　一些分子的偶极矩 $\vec{\mu}$　　（单位：10^{-30}C · m）

分子	$\vec{\mu}$	分子	$\vec{\mu}$	分子	$\vec{\mu}$
H_2	0	CO_2	0	CO	0.40
Cl_2	0	$BeCl_2$	0	H_2O	6.16
HCl	3.70	CS_2	0	SO_2	5.33
HBr	2.63	BF_3	0	NH_3	4.90
CO	0.40	CH_4	0	$CHCl_3$	3.50

（二）分子的极化

不论分子是否有极性，在外电场作用下，分子的正、负电荷中心都将发生变化，使分子产生极性或极性增大。如图 11-17 所示，非极性分子的正、负电荷中心原是重合的（$\vec{\mu}=0$），在外电场作用下发生相对位移，引起分子变形而产生偶极，这种因分子变形产生的偶极称为诱导偶极（induced dipole），其偶极矩称为诱导偶极矩，即图 11-17 中的 $\Delta\vec{\mu}$ 值；极性分子的正、负电荷中心不重合，分子中始终存在正极和负极，这种极性分子本身存在的固有偶极称为永久偶极（permanent dipole），在外电场的作用下，分子的偶极按电场方向取向，并使正、负电荷中心的距离增大，分子的极性增强。这种因外电场的作用，使分子变形产生偶极或增大偶极矩从而增强分子极性的现象称为分子的极化（polarization）。分子的变形性与分子大小有关，一般分子越大，分子的变形性也越大。

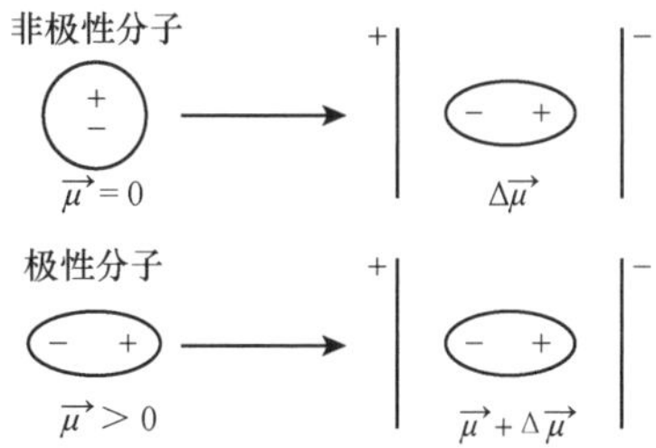

图 11-17　外电场中分子的极化示意图

分子的极化不仅在外电场的作用下产生，分子间相互作用时也可发生，例如，极性分子本身可视作一个微小电场，极性分子对另一个分子也会产生极化作用，这也是产生分子间作用力的重要原因。

二、范德瓦耳斯力

荷兰物理学家范德瓦耳斯（van der Waals）最早发现并提出分子间存在着一种弱相互作用力，因此称分子间作用力为范德瓦耳斯力。这种力是一种静电作用力，对物质的物理性质如沸点、熔点、溶解度、表面张力等有重要影响。依据作用力产生的原因和特点，范德瓦耳斯力可分为取向力、诱导力和色散力三种。

（一）取向力

当两个极性分子彼此接近时，极性分子具有的永久偶极会发生相互作用，同极相斥，异极相吸，使得分子发生相对转动，一个分子的正极吸引另一个分子的负极，力图使分子间按异极相邻的状态排列（图 11-18）。这种分子按一定的方向排列的过程称为取向，由永久偶极的取向而产生的分子间吸引力称为取向力（orientation force）。取向力发生在极性分子与极性分子之间。通常，分子的极性越大，取向力也越大；分子间距离越大，取向力越小；温度升高会导致取向力变弱。

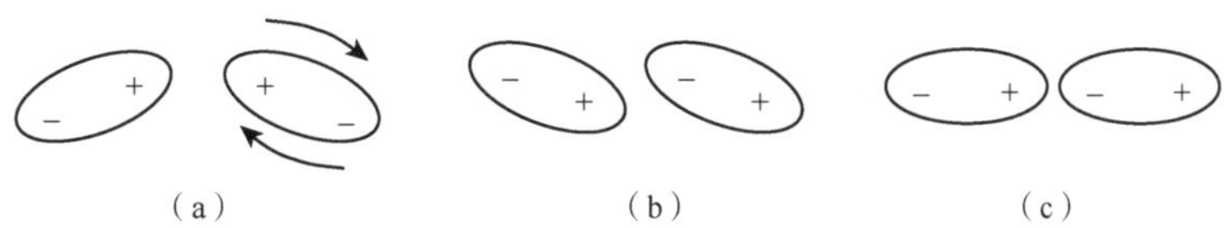

图 11-18　极性分子相互作用示意图

（二）诱导力

当极性分子与非极性分子相互接近时，极性分子的永久偶极可视为一个外电场，可以使非极性分子发生极化而产生诱导偶极，这种由极性分子的永久偶极与非极性分子的诱导偶极之间的相互作用力称为诱导力（induction force），如图 11-19 所示。当两个极性分子相互接近时，在彼此的永久偶极的影响下，相互极化也产生诱导偶极，永久偶极与诱导偶极发生相互吸引作用。因此对极性分子之间的作用来说，诱导力是一种附加

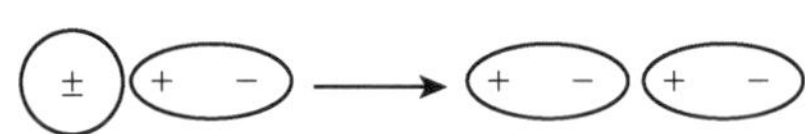
图 11-19　极性分子和非极性分子相互作用示意图

的取向力。诱导力发生在极性分子和非极性分子以及极性分子与极性分子之间。通常，分子的极性越大，诱导力越大；非极性分子的变形性越大，诱导力越大；分子之间的距离越大，则诱导力越小。

（三）色散力

对非极性分子来说，由于分子内部的电子在不断地运动，原子核在不断地振动，使得分子的正、负电荷中心不断发生瞬间相对位移，从而产生瞬间偶极。瞬间偶极也可诱导邻近的分子发生极化，因此非极性分子之间可以靠瞬间偶极相互吸引（图 11-20）产生分子间作用力，由于这种力的理论公式与光的色散公式相似，因此把这种相互作用力称为色散力（dispersion force）。分子的瞬间偶极存在的时间虽然很短，但是能不断地重复发生，又不断地相互诱导和吸引，因此色散力始终是存在的。任何分子都有不断运动的电子和不停振动的原子核，都会不断产生瞬间偶极，因此色散力普遍存在于各种分子之间，如低温下 N_2 也可以液化就是非极性分子间存在色散力的很好例证。色散力发生在任何分子之间，并且，对大多数分子而言，色散力都是范德瓦耳斯力的主要组成部分。色散力取决于分子的极化，通常分子越大（即相对分子质量越大），越容易发生极化，变形性也越大，色散力就越大；分子间距离越大，色散力越小。

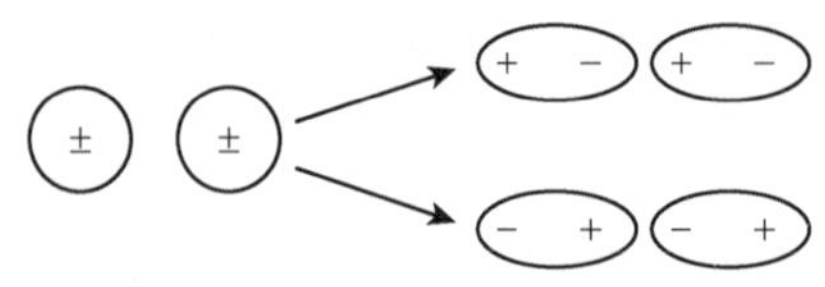

图 11-20 色散力产生示意图

综上所述，非极性分子之间的相互作用只有色散力；极性分子和非极性分子之间的相互作用，既有诱导力也有色散力；极性分子之间的相互作用，取向力、诱导力和色散力都存在。表 11-6 列出了上述三种作用力引起的分子间作用能。

表 11-6 各种范德瓦耳斯力及分子间作用能 （单位：$kJ \cdot mol^{-1}$）

分子	取向力	诱导力	色散力	总作用能
He	0.000	0.000	0.167	0.167
Ar	0.000	0.000	8.49	8.49
CO	0.003	0.008	8.74	8.75
HCl	3.305	1.004	16.82	21.13
HBr	0.686	0.502	21.92	23.11
HI	0.025	0.113	25.86	26.00
NH_3	13.31	1.548	14.94	29.80
H_2O	36.38	1.929	8.996	47.31

范德瓦耳斯力不属于化学键范畴，不具有方向性和饱和性，是一种静电引力，其作用力大小只有几到几十 $kJ \cdot mol^{-1}$，比化学键小 1 ～ 2 个数量级；其作用范围只有几十到几百皮米，作用力随分子间距离增大而迅速减小，是一种近程作用力；对于大多数分子，色散力是主要的，只有极性大的分子，取向力才比较大，诱导力通常都很小。

物质的沸点、熔点、溶解度等物理性质取决于分子间作用力的大小，一般说来，范德瓦耳斯力大的物质，其沸点和熔点都较高。例如，常温下非极性双原子卤素分子中 F_2、Cl_2 是气体，Br_2 是液体，I_2 是固体，原因是从 F_2 到 I_2 的相对分子质量依次增大，分子的变形性依次递增，分子间作用力也依次增大，因此其熔点和沸点随之而逐渐增大。此外，溶质和溶剂之间的范德瓦耳斯力越大，溶质的溶解度就越大。例如，I_2 是非极性分子，和极性 H_2O 分子之间的色散力较弱，和非极性 CCl_4 分子之间有强的色散力，所以 I_2 易溶于 CCl_4 而在水中的溶解度小。也即遵循“相似相溶”原则：极性分子易溶于极性溶剂，而非极性分子易溶于非极性溶剂。

三、氢　　键

同族元素的氢化物的熔点和沸点一般随相对分子质量的增大而升高，然而 H_2O 在氧族元素的氢化物中相对分子质量是最小的，但它的沸点和熔点却是最高的。这表明在 H_2O 分子之间除了存在范德瓦耳斯力外，还存在另一种作用力，也就是氢键。

(一)氢键的形成和特点

氢键一般用 X—H…Y 表示，其中 H…Y 所示的 H 原子与 Y 原子间的静电吸引作用就是氢键（hydrogen bond）。当 H 原子与电负性很大、半径很小的原子 X（如 F、O、N 等）以强极性共价键 X—H 结合成分子时，密集于两个原子核中间区域的电子云强烈地偏向于 X 原子，使 H 原子几乎变成裸露的质子，正电荷密度高，因而这个 H 原子还能与另一个电负性大、半径小并在外层有孤对电子的 Y 原子（如 F、O、N 等）产生吸引作用，形成 X—H…Y 结构。X、Y 可以是同种元素的原子，如 O—H…O、F—H…F，也可以是不同元素的原子，如 N—H…O。

由以上讨论可知，形成氢键必须具备两个条件：一方面，分子中有与电负性大、半径小的原子 X（如 F、O、N 等）形成共价键的 H 原子，具备接受电子的能力；另一方面，分子中有电负性大、半径小，且有孤对电子的原子 Y（如 F、O、N 等），具备提供孤对电子的能力。

氢键的强弱与 X、Y 原子的电负性及半径大小有关。X、Y 原子的电负性越大、半径越小，形成的氢键就越强。Cl 的电负性比 N 的电负性略大，但半径比 N 大，只能形成较弱的氢键。常见氢键的强弱顺序是

$$F—H\cdots F > O—H\cdots O > O—H\cdots N > N—H\cdots N > O—H\cdots Cl$$

氢键是静电吸引作用力，它的键能一般比化学键弱得多，但比范德瓦耳斯力强。氢键具有饱和性和方向性，这也是与范德瓦耳斯力明显不同的地方。氢键的饱和性是指 X—H 只能和 1 个 Y 原子形成 1 个氢键。这是因为 H 原子比 X、Y 原子半径小得多，当形成 X—H…Y 后，第 2 个 Y 原子再靠近 H 原子时，将会受到已形成氢键的 Y 原子电子云的强烈排斥。而氢键的方向性是指以 H 原子为中心的 3 个原子 X—H…Y 尽可能在一条直线上（图 11-21），这样 X 原子与 Y 原子间的距离较远，X—H 中的成键电子对与 Y 提供的孤对电子间斥力较小，形成的氢键稳定。

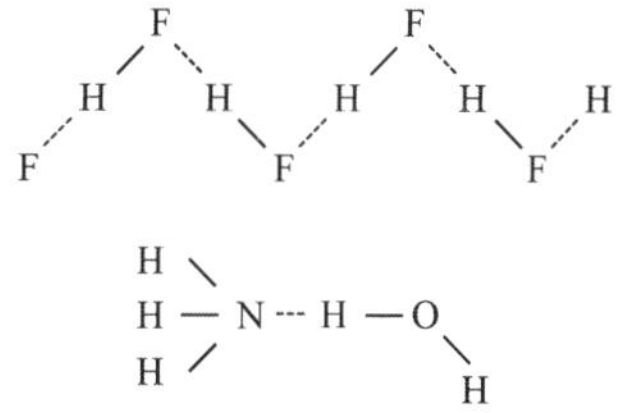

图 11-21　氟化氢、氨水中的分子间氢键

(二)分子间氢键和分子内氢键

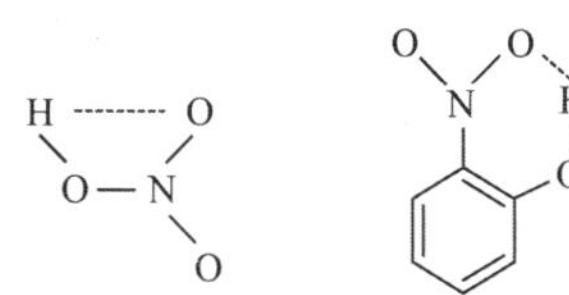

图 11-22　硝酸、邻硝基苯酚中的分子内氢键

氢键不仅在分子间形成，如氟化氢、氨水（图 11-21），也可以在同一分子内形成，如硝酸、邻硝基苯酚（图 11-22）。分子内氢键虽不在一条直线上，但形成了较稳定的环状结构。

(三)氢键的形成对物质性质的影响

氢键存在于许多化合物中，它的形成对物质的性质有一定影响。

1. 氢键影响物质的熔点和沸点　因为破坏氢键需要能量，所以在同类化合物中能形成分子间氢键的物质，其沸点、熔点比不能形成分子间氢键的高。如 ⅤA～ⅦA 族元素的氢化物中，NH_3、H_2O 和 HF 的沸点比同族其他相对原子质量较大元素的氢化物的沸点高，这种反常行为是由于它们各自的分子间形成了氢键（图 11-23）。分子内形成氢键，一般使化合物的沸点和熔点降低。例如，邻硝基苯酚的熔点比对硝基苯酚的低很多，因为邻硝基苯酚形成了分子内氢键，而对硝基苯酚形成的是分子间氢键。

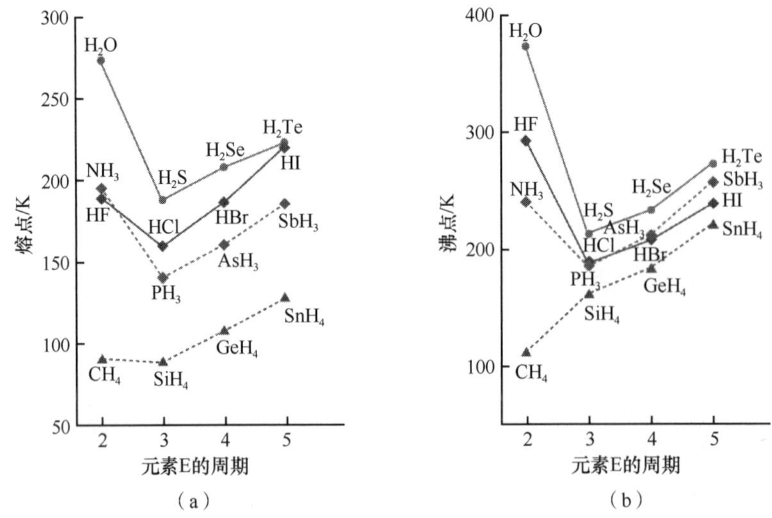

图 11-23 p 区元素氢化物 EH_n 的熔点（a）和沸点（b）的变化

2. 氢键影响物质的溶解度 如果溶质和溶剂之间形成分子间氢键，溶质的溶解度会增大，例如，NH_3 在水中的溶解度很大、乙醇与水能混溶，是因为它们与水分子可以形成分子间氢键；如果溶质分子自身形成分子内氢键，这样的溶质在极性溶剂中溶解度小，而在非极性溶剂中溶解度增大。如邻硝基苯酚分子可形成分子内氢键，对硝基苯酚分子因硝基与羟基相距较远不能形成分子内氢键，但它能与水分子形成分子间氢键，所以邻硝基苯酚在水中的溶解度比对硝基苯酚的小，但在苯中的溶解度比对硝基苯酚大。

生物大分子中氢键有非常重要的作用，其中最典型的一个例子是 DNA 双螺旋结构的形成。DNA（脱氧核糖核酸）分子中，互补碱基对腺嘌呤（A）与胸腺嘧啶（T）之间以 2 个氢键相连，鸟嘌呤（G）与胞嘧啶（C）之间以 3 个氢键相连，DNA 核苷酸链上这些互补碱基对之间的氢键维系了 DNA 双螺旋结构的稳定性及其空间结构和生理功能，如图 11-24 所示。

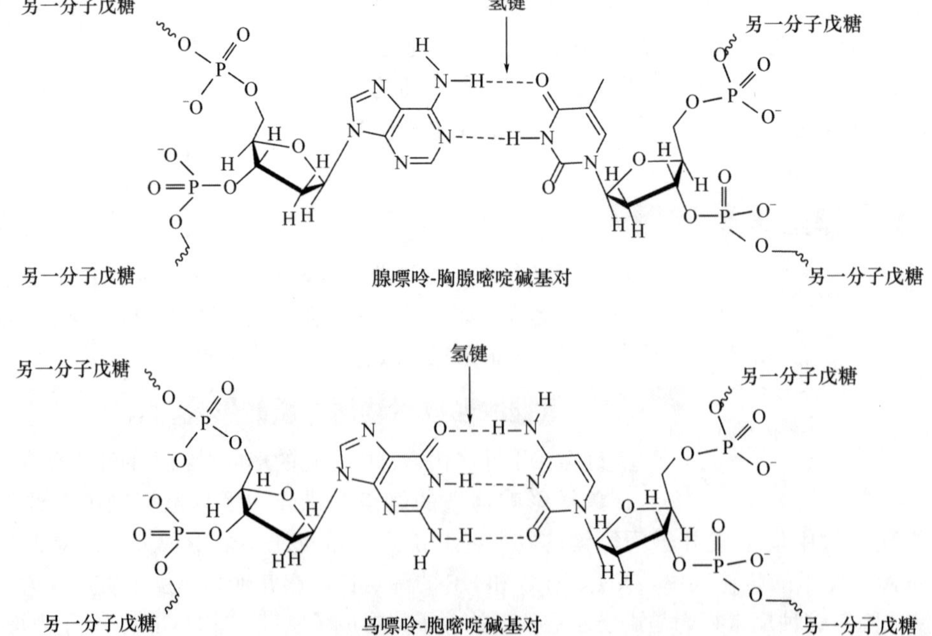

图 11-24 DNA 核苷酸链上互补碱基对形成氢键示意图

思考与练习

1. 解释下列名词。

（1）σ 键和 π 键

（2）极性键和非极性键

（3）极性分子和非极性分子

（4）等性杂化和不等性杂化

2. 试用杂化轨道理论解释：$CH_2{=}CH_2$ 分子中原子是共平面的，键角是 120°；$CH \equiv CH$ 分子是直线形的，键角是 180°。

3. 试以杂化轨道理论解释下列分子的空间构型及中心原子可能采取的杂化类型，并判断分子的极性。

（1）CO_2（直线形）；

（2）PCl_3（三角锥形）；

（3）$SeBr_2$（“V”形）；

（4）$SiCl_4$（正四面体）。

4. 根据价层电子对互斥理论，判断 H_2S、SO_2、SO_3、SO_4^{2-} 分子或离子的空间构型，并用杂化轨道理论说明中心原子可能采取的杂化轨道类型。

5. 下列各变化中，中心原子的杂化类型及空间构型如何变化？

（1）$H_2O \longrightarrow H_3O^+$；

（2）$BF_3 \longrightarrow BF_4^-$；

（3）$NH_3 \longrightarrow NH_4^+$

6. 根据价层电子对互斥理论判断下列分子或离子的几何构型。

OF_2、Cl_2O、ClO_2^-、IO_3^-、NO_2、PH_3

7. 写出 O_2、O_2^-、O_2^+ 分子或离子的分子轨道式，并比较它们的稳定性和磁性。

8. 根据分子轨道理论推断下列分子或离子是否能稳定存在，并说明原因。

（1）H_2^+；（2）He_2；（3）He_2^+；（4）B_2；（5）N_2^+；（6）O_2^{2-}

9. 比较下列各组分子极性的大小，并说明原因。

（1）SiH_4 和 CHI_3

（2）BF_3 和 NF_3

（3）NH_3 和 AsH_3

（4）H_2Se 和 H_2O

（5）HBr 和 HF

（6）CS_2 和 H_2S

10. 将下列分子按键角从大到小顺序依次排列，并说明原因。

H_2O、NH_3、CBr_4、CS_2

11. 按沸点由高到低的顺序依次排列下列各组物质。

（1）CH_2F_2、CH_2Cl_2、CH_2Br_2、CH_2I_2；

（2）HI 、HF、HBr、HCl。

12. 判断下列各组物质的不同化合物分子之间存在的分子间力的类型。

（1）I_2-CCl_4；（2）CH_3F-CS_2；（3）CH_3OH-CH_3COOH；（4）H_2-H_2O

13. 说明下列化合物中哪些存在氢键，若有氢键请指出是分子内氢键还是分子间氢键。

$CH_2{=}CH_2$、$CH_3CH_2CH_2OH$、H_3BO_3、NH_3、OH COOH 、HO— —COOH

14. 试解释下列实验事实。

（1）HF 分子间的氢键强于 H_2O 分子间的氢键；

（2）邻硝基苯酚的熔点低于对硝基苯酚；

（3）邻羟基苯甲酸在水中的溶解度小于对羟基苯甲酸；

（4）常温下，Cl_2 是气体，Br_2 是液体，而 I_2 是固体；

（5）NH_3 和乙醇都能与水混溶；

（6）正丁醇（C_4H_9OH）与二乙醚（$CH_3CH_2OCH_2CH_3$）组成分子式相同，但正丁醇的沸点比二乙醚高。

（冯志君）

知识拓展

习题详解

第十二章　配位化合物

PPT

配位化合物简称配合物（coordination compound），是一类组成复杂、应用广泛的化合物。历史上有记载的、已知确切组成的第一个配合物就是我们熟悉的蓝色染料——普鲁士蓝（Prussian blue），它是在 1704 年由普鲁士人狄斯巴赫（Diesbach）发现的，当时为寻找蓝色染料，狄斯巴赫将兽血与草木灰一起焙烧，并与 $FeCl_3$ 溶液反应而得到，后经研究确定其化学式为 $KFe[Fe(CN)_6]$。随着配合物研究的迅速发展，现在配位化学已经成为连接化学与生物学、医学和其他学科的重要纽带。

过渡金属在人体内大多以配合物形式存在，学习配合物的基本知识，对于了解生命的进程、疾病的发生与治疗具有重要意义。

第一节　配合物的基本概念

一、配合物的组成

向 $CuSO_4$ 溶液中滴加氨水，生成蓝色的氢氧化铜，当氨水过量时，蓝色沉淀溶解，生成绛蓝色的溶液：

$$Cu(OH)_2 + 4NH_3 \cdot H_2O \rightleftharpoons [Cu(NH_3)_4](OH)_2 + 4H_2O$$

在上述溶液中分别加入 $BaCl_2$ 和 NaOH 溶液，可以观察到白色的 $BaSO_4$ 沉淀生成，但却无法观察到浅蓝色的 $Cu(OH)_2$ 絮状沉淀。实验结果说明，溶液中 SO_4^{2-} 为自由离子，而大部分 Cu^{2+} 已被 NH_3 分子束缚，以 $[Cu(NH_3)_4]^{2+}$ 形式存在。这种由阳离子（或原子）与一定数目的阴离子（或中性分子）以配位键结合、形成具有一定组成和空间构型的复杂离子称为配离子。含有配离子的化合物称为配合物。

$[Cu(NH_3)_4]SO_4$ 的结构如图 12-1 所示，由图可以得到配合物的几个基本概念。

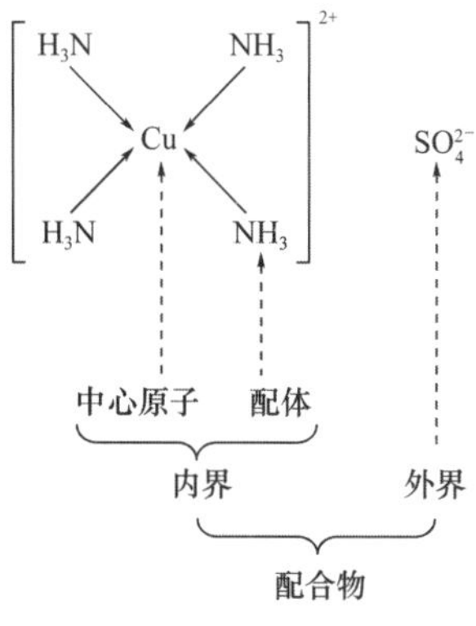

图 12-1　$[Cu(NH_3)_4]SO_4$ 的组成与结构

（一）内界与外界

配合物通常包括内界（inner sphere）和外界（outer sphere）两个部分。内界由中心原子和配体组成，又称配离子，一般写在方括号之内，如 $[Cu(NH_3)_4]^{2+}$。配合物中与配离子带相反电荷的离子称为外界，外界是简单离子，如 SO_4^{2-}。配合物也可以无外界，如 $[Fe(CO)_5]$、$[Ni(CO)_4]$，称为配位分子。

配合物的内界与外界之间以离子键结合，因此在水溶液中完全解离：

$$[Cu(NH_3)_4]SO_4 \rightleftharpoons [Cu(NH_3)_4]^{2+} + SO_4^{2-}$$

而内界的粒子（原子、分子、离子）结合得比较紧密，较难发生解离。

（二）中心原子

在配合物中，接受孤对电子（或不定域电子，如二茂铁）的离子或原子统称为中心原子（central atom）。中心原子一般是金属元素的原子或离子，具有空轨道，是电子对接受体，如 $[Cu(NH_3)_4]^{2+}$ 和 $[Ni(CO)_4]$ 中的 Cu^{2+} 和 Ni。少数高氧化值的非金属元素也可以作为中心原子，如 $[SiF_6]^{2-}$ 中的 Si（Ⅳ）。

（三）配体和配位原子

配合物中，与中心原子以配位键相结合的阴离子或分子称为配体（ligand），特点是能提供孤对电子（或不定域电子），如 $[Cu(NH_3)_4]^{2+}$ 和 $[Ni(CO)_4]$ 中的 NH_3 和 CO。

配体中直接以配位键与中心原子结合的原子称为配位原子（ligating atom），如 $[Cu(NH_3)_4]^{2+}$ 和 $[Ni(CO)_4]$ 中的 N 和 C。常见的配位原子多是电负性较大的非金属元素的原子，如 C、N、P、O、S 等。

根据配体中含有配位原子的多少，配体可分为单齿配体（monodentate ligand）和多齿配体（polydentate ligand）。只含一个配位原子的配体称为单齿配体，如 NH_3、CO、F^-、Cl^-、Br^-、I^- 等。含有两个或两个以上配位原子的配体称为多齿配体，如乙二胺（$H_2N–CH_2–CH_2–NH_2$，简写为 en），其中的两个 N 原子均可配位。乙二胺四乙酸及其二钠盐（简写为 EDTA），其结构如图 12-2 所示，其中的两个 N、四个—OH 中的 O 均可配位。

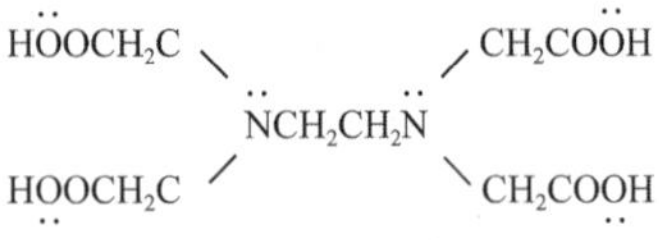

$(HOOCH_2C)_2\ddot{N}CH_2CH_2\ddot{N}(CH_2COOH)_2$

图 12-2　乙二胺四乙酸

与多齿配体不同，有些配体中虽然也含有两个或两个以上的配位原子，但在通常情况下仅有一个配位原子与中心原子配位，故仍属单齿配体，这类配体称为两可配体（ambidentate ligand），如 SCN^- 和 NCS^-。表 12-1 列出了部分常见的配体和配位原子。

表 12-1　常见的配体及配位原子

	配体	化学式	配位原子	缩写
单齿配体	水、羟基、亚硝酸根	H_2O, OH, ONO^-	O	
	氨、硝基、异硫氰酸根	NH_3, NO_2^-, NCS^-	N	
	硫氰酸根	SCN^-	S	
	卤素离子	F^-、Cl^-、Br^-、I^-	F、Cl、Br、I	
多齿配体	草酸根	$C_2O_4^{2-}$	O	ox
	乙二胺	$H_2N–CH_2–CH_2–NH_2$	N	en
	乙二胺四乙酸根	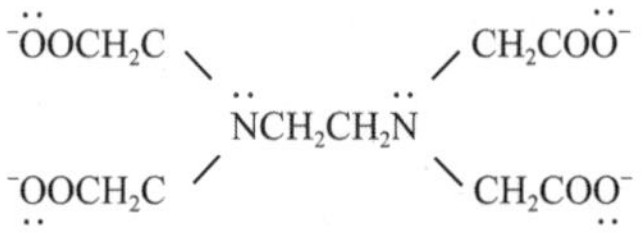 $(^-OOCH_2C)_2\ddot{N}CH_2CH_2\ddot{N}(CH_2COO^-)_2$	N,O	EDTA

（四）配位数

配合物中，直接与中心原子形成配位键的配位原子数目称为该中心原子的配位数（coordination number）。如果配体均为单齿配体，则配位数等于配体的数目。例如，$[Cu(NH_3)_4]^{2+}$ 中的配体 NH_3 是单齿配体，其配位数和配体数相等，均为 4。如果配体中含有多齿配体，则中心原子的配位数大于配体的数目。例如，$[Cu(en)_2]^{2+}$ 中配体 en 是双齿配体，每个配体含有两个配位原子，所以 $[Cu(en)_2]^{2+}$ 中 Cu^{2+} 的配位数是 4，而配体数为 2。常见的配位数为 2、4、6，尤以 4、6 居多。表 12-2 列出了一些中心原子常见的配位数。

表 12-2　一些中心原子常见的配位数

配位数	中心原子	实例
2	Ag^+, Cu^+, Au^+	$[Ag(NH_3)_2]^+, [Cu(CN)_2]^-, [Au(CN)_2]^-$
4	$Cu^{2+}, Zn^{2+}, Be^{2+}$	$[Cu(NH_3)_4]^{2+}, [Zn(CN)_4]^{2-}, [AlCl_4]^-$
	$Hg^{2+}, Al^{3+}, Pt^{2+}$	

续表

配位数	中心原子	实例
6	Cr^{3+}, Fe^{2+}, Fe^{3+}, Co^{2+}, Co^{3+}, Pt^{4+}	$[PtCl_6]^{2-}$,$[Fe(CN)_6]^{3-}$, $[Cr(NCS)_4(NH_3)_2]^-$

配位数的多少与中心原子和配体的电荷及半径有关，若中心原子的电荷高、半径大，则利于形成高配位数，而配体电荷高、半径大，利于低配位数。

二、配合物的命名

配合物的系统命名依据是中国化学会发布的《无机化学命名原则》。

（一）配离子的命名

配离子的命名按照以下原则：

配体数→配体名称→合→中心原子名称→中心原子（氧化数）。例如：

$[Ag(NH_3)_2]^+$　　二氨合银（Ⅰ）离子

$[NiBr_4]^{2-}$　　四溴合镍（Ⅱ）离子

如果配离子中含有多种配体，各配体之间用圆点“·”隔开，不同配体的命名顺序按照如下原则。

（1）无机配体在前，有机配体在后。例如：

$[Co(NH_3)_2(en)_2]^{2+}$　　二氨·二（乙二胺）合钴（Ⅱ）离子

（2）同类配体，离子在前，分子在后。例如：

$[Pt(NH_3)Cl_3]^-$　　三氯·氨合铂（Ⅱ）离子

$[Cr(NCS)_4(NH_3)_2]^-$　　四（异硫氰酸根）·二氨合铬（Ⅲ）离子

（3）同类离子或中性分子配体，按照配位原子元素符号的英文字母顺序排列，

例如：

$[Co(NH_3)_5H_2O]^{3+}$　　五氨·一水合钴（Ⅲ）离子

（4）配位原子相同的同类配体，配体含原子数较少的排在前，例如：

$[Pt(NO_2)(NH_3)(NH_2OH)(Py)]^+$　　硝基·氨·羟胺·吡啶合铂（Ⅱ）离子

（5）若配位原子相同，配体所含原子数目也相同，则比较结构式中与配位原子相连的原子的元素符号，按其字母顺序排列，例如：

$[Pt(NH_2)(NO_2)(NH_3)_2]$　　氨基·硝基·二氨合铂（Ⅱ）

（二）配合物的命名

配合物的命名与一般无机化合物的命名原则相似。若配合物的外界是简单阴离子酸根，命名为某化某；若外界阴离子是含氧酸根，命名为某酸某；若外界是 OH^- 离子，命名为碱。例如：

$[Co(NH_3)_5H_2O]Cl_3$　　三氯化五氨·水合钴（Ⅲ）

$[Co(NH_3)_5Br]SO_4$　　硫酸溴·五氨合钴（Ⅲ）

$[Cu(NH_3)_4]SO_4$　　硫酸四氨合铜（Ⅱ）

$H_2[PtCl_6]$　　六氯合铂（Ⅳ）酸

$[Ni(CO)_4]$　　四羰基合镍（0）

$[PtCl_4(NH_3)_2]$　　四氯·二氨合铂（Ⅳ）

$K[PtCl_3(NH_3)]$　　三氯·氨合铂（Ⅱ）酸钾

除此之外，配合物也有习惯命名法，例如：

cis-$[Pt(NH_3)_2Cl_2]$ 顺铂
$K_4[Fe(CN)_6]$ 黄血盐

三、配合物的异构现象

化学式相同而结构不同的几种化合物，互称为同分异构体（isomer），这种现象称为化合物的异构现象（isomerism）。异构现象在简单的无机化合物中比较少见，但在配合物中却较为普遍，而且有很重要的意义。虽然配合物中存在的异构现象类型较多，但基本可以分为两大类——结构异构和空间异构。

（一）结构异构

结构异构又称构造异构，其主要特点是化学键的连接关系不同。例如 $[Co(NH_3)_5Br]SO_4$ 和 $[Co(NH_3)_5SO_4]Br$ 两者互为结构异构体，前者可以解离出 SO_4^{2-}，使 Ba^{2+} 沉淀；后者可以解离出 Br^-，使 Ag^+ 沉淀。以下两组化合物也互为结构异构：

$[Co(ONO)(NH_3)_5]Cl_2$ 与 $[Co(NO_2)(NH_3)_5]Cl_2$，

$[CrCl(H_2O)_5]Cl_2 \cdot H_2O$ 与 $[Cr(H_2O)_6]Cl_3$

（二）空间异构

空间异构又称立体异构，主要分为几何异构和旋光异构。这里只讨论几何异构。

每一个配合物都有一定的空间构型。如果配合物中只有一种配体，那么配体在中心原子周围就只有一种排列方式。但是，当中心原子周围有不止一种配体时，就可能出现不同的空间排列方式。这种组成相同、空间排列方式不同的配合物称为几何异构体（geometric isomer），这种现象称为几何异构现象。

几何异构体中最常见的是顺反异构体。当同种配体处于相邻的位置时称为顺式异构体，处于对角线的位置时称为反式异构体。例如，平面四方形的配合物 $[Pt(NH_3)_2Cl_2]$，就有顺式和反式两种几何异构体（图 12-3）：

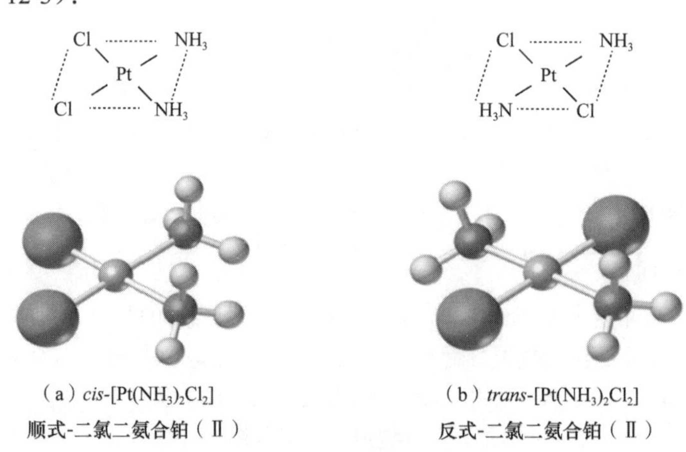

（a）cis-$[Pt(NH_3)_2Cl_2]$ 顺式-二氯二氨合铂（Ⅱ）

（b）$trans$-$[Pt(NH_3)_2Cl_2]$ 反式-二氯二氨合铂（Ⅱ）

图 12-3 两种铂配合物的空间构型

顺式的 $[PtCl_2(NH_3)_2]$ 称为顺铂，是抗癌药物。反式的则不具有抗癌活性。

第二节 配合物的化学键理论

配合物的化学键主要是指中心原子与配体之间的化学键，配合物的化学键理论主要是阐明中心原子与配体之间的结合力和配合物性质。本节主要介绍配合物的价键理论和晶体场理论。

一、配合物的价键理论

1931 年，美国化学家鲍林把杂化轨道理论应用到配合物上，提出了配合物的价键理论。

（一）理论要点

（1）中心原子与配体以配位键结合。配体的配位原子提供孤对电子，而中心原子提供外层空轨道，以接受配位原子提供的孤对电子。

（2）中心原子提供的空轨道在与配位原子成键时必须先进行杂化，形成数目相等、能量相同、具有一定空间伸展方向的杂化轨道。这些杂化轨道分别与配位原子的孤对电子轨道沿着键轴方向重叠成键。

（3）中心原子的价层电子组态、配体的种类和数目共同决定杂化轨道的类型，杂化轨道的类型决定配合物的空间构型、磁性和稳定性。

表 12-3 列出了常见中心原子的杂化轨道类型和配合物的空间构型。

表 12-3 中心原子的杂化轨道类型和配合物的空间构型

配位数	轨道杂化类型	空间构型	实例
2	sp	直线形	$[Ag(NH_3)_2]^+$, $[Au(CN)_2]^-$
3	sp^2	平面三角形	$[CuCl_3]^{2-}$, $[HgI_3]^-$
4	sp^3	四面体形	$[NiCl_4]^{2-}$, $[Zn(NH_3)_4]^{2+}$
4	dsp^2	平面四方形	$[Ni(CN)_4]^{2-}$, $[PtCl_4]^{2-}$
5	dsp^3	90° 120° 三角双锥形	$[CuCl_5]^{3-}$, $[Fe(CO)_5]$
6	sp^3d^2 d^2sp^3	90° 八面体形	$[FeF_6]^{3-}$ $[Fe(CN)_6]^{3-}$

（二）外轨型和内轨型配合物

由表 12-3 可见，$[FeF_6]^{3-}$ 与 $[Fe(CN)_6]^{3-}$，配位数同为 6，空间构型也都是八面体，但中心原子的空轨道杂化类型却并不相同。

在 $[FeF_6]^{3-}$ 中，Fe^{3+} 所提供的空轨道是最外层的 ns、np 和 nd 轨道，采取的杂化方式是 sp^3d^2，这种完全使用最外层空轨道所形成的配合物称为外轨型配合物。

在 $[Fe(CN)_6]^{3-}$ 中，Fe^{3+} 所提供的空轨道是次外层 $(n-1)$d 和最外层的 ns、np 轨道，采取的杂化方式是 d^2sp^3，这种采用部分次外层空轨道所形成的配合物称为内轨型配合物。

影响形成内、外轨型配合物的因素主要包括中心原子的价层电子构型和配体的性质。

对于 $(n-1)d^{1\sim3}$ 型中心原子，该层至少有两个空的 d 轨道可以参加杂化，因此一般生成内轨型配合物。如 $[Ti(H_2O)_6]^{3+}$，Ti^{3+} 采取 d^2sp^3 杂化。

对于 $(n-1)d^{9\sim10}$ 型中心原子，即使 d 轨道中的电子全部配对，所得到的空轨道数也小于 1，中心原子只能用最外层的轨道参与杂化，因此一般生成外轨型配合物。如 $[Zn(H_2O)_6]^{2+}$，Zn^{2+} 采取 sp^3d^2 杂化。

对于 $(n-1)d^{4\sim8}$ 型中心原子，中心原子与配体形成何种类型的配合物，则主要取决于配体的性质。如果配位原子的电负性较大（氧和卤素），不易给出孤对电子，配体对中心原子价层 d 电子的排布影响较小，中心原子只能用最外层 d 轨道参与杂化，生成外轨型配合物。反之，如果配位原子的电负性较小（碳和硫），容易给出孤对电子，配体对中心原子价层 d 电子的排布影响较大，使 d 电子发生重排，即 $(n-1)$d 轨道上的电子挤压成对，空出内层的 d 轨道参与杂化，生成内轨型配合物。当中心原子的正电荷较高时，也多以内轨型配合物为主。

（三）配合物的磁性

如何判断一种配合物是内轨型还是外轨型？通常可以利用配合物中心原子的未成对电子数进行判断。

根据电磁学理论，如果配合物中含有未成对电子，则配合物的磁矩 μ 与未成对电子数 n 之间存在如下近似关系：

$$\mu = \sqrt{n(n+2)}\mu_B$$

式中，μ_B 为玻尔磁子，$\mu_B \approx 9.274\times10^{-24}\ A\cdot m^2$。

形成外轨型配合物时，中心原子的未成对电子数前后未发生变化，未成对电子数较多，所以磁矩较大，属高自旋配合物。形成内轨型配合物时，由于中心原子的价层 d 电子发生重排，未成对电子数减少，所以磁矩较小（甚至为 0），属低自旋配合物。

测出磁矩，推算出中心原子单电子数 n，对于分析配合物的成键情况有重要意义。也可根据 $\mu = \sqrt{n(n+2)}\mu_B$，用未成对电子数目 n 估算磁矩 μ。

离子的磁性在药物的靶向治疗中有重要意义。借助外加磁场，磁性药物靶向系统使具有高载药量、高磁响应的磁性离子–药物复合体聚集在靶部位，提高靶部位药物的浓度，降低药物对正常组织的毒副作用。

（四）价键理论的应用

例 12-1 试用价键理论说明 $[FeF_6]^{3-}$ 和 $[Fe(CN)_6]^{3-}$ 两种配离子的形成过程。

解 $[FeF_6]^{3-}$ 的形成过程如下：Fe^{3+} 的价层电子构型为 $3d^5$，5 个价电子分别占据一个 3d 轨道，Fe^{3+} 以 sp^3d^2 杂化方式接受 F^- 提供的孤对电子形成外轨型配合物。

3d　　sp^3d^2杂化　外轨型

6个F^-提供6对电子

$[Fe(CN)_6]^{3-}$的形成过程如下：由于配位原子C的电负性较小，原自由离子Fe^{3+}的5个价电子被挤压成对，空出2个d轨道，中心原子Fe^{3+}以d^2sp^3杂化方式接受CN^-提供的孤对电子形成内轨型配合物。

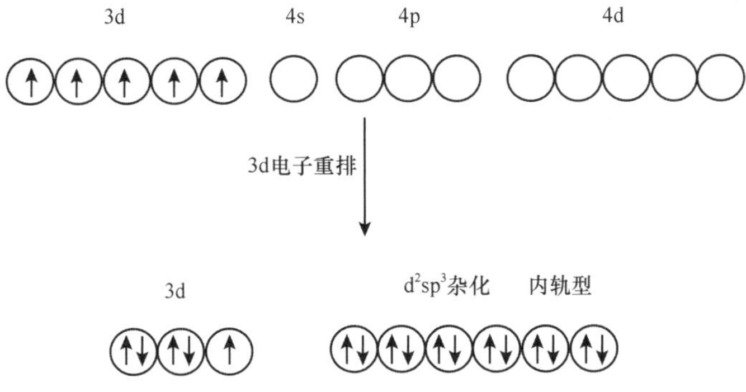

一般地，由于内轨配位键深入到中心原子内层轨道，而（n–1）d轨道的能量比nd的能量低，因此内轨型配离子比较稳定。

例 12-2　实验测得配离子$[Mn(SCN)_6]^{4-}$的$\mu = 6.1\ \mu_B$，推断其空间构型，并指出是内轨型还是外轨型。

解　$\mu = 6.1\ \mu_B$，则$n = 5$，说明Mn^{2+}形成配离子后仍有5个单电子，未发生电子重排，属于外轨型配合物。

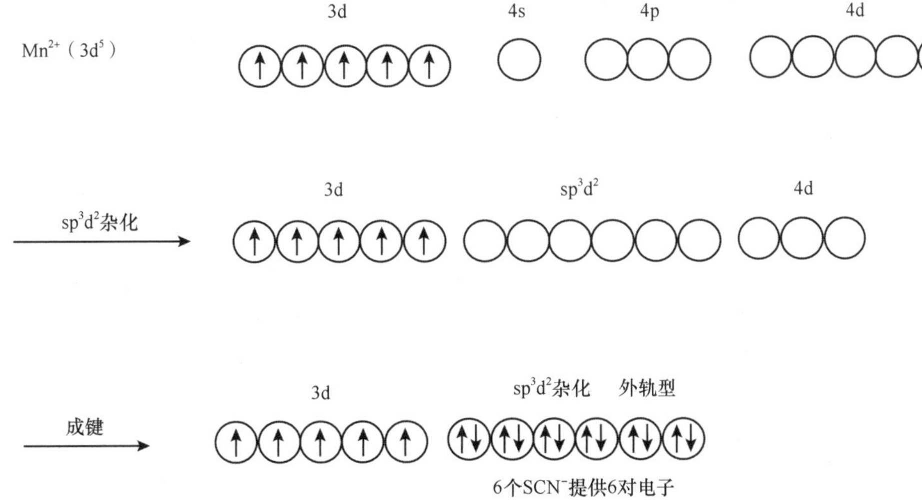

配合物的价键理论着重讨论中心原子与配体之间的作用，化学键概念明确，对配合物的配位数、空间构型、磁性等性质均能给出较好的说明。但是，价键理论没有涉及激发态，不能对配合物的稳定性进行定量说明，也不能满意解释配合物的光谱性质。

二、配合物的晶体场理论

H. Bethe率先于1929年提出了晶体场理论，当时是为了解释金属离子与阴离子形成晶体的磁性。直至1953年，晶体场理论成功地解释了$[Ti(H_2O)_6]^{3+}$的光谱性质，才得以迅速发展。

（一）理论要点

（1）中心原子与配体之间的化学键本质是静电作用，这是配合物稳定的最主要原因。把配体视为点电荷或偶极子，配位原子的负电荷在周围形成静电场，称为晶体场（crystal field）。

（2）中心原子在配体所形成的负电场作用下，5 个简并 d 轨道发生能级分裂，使得 d 轨道能级（相对于球形场）有的升高，有的则降低。

（3）由于 d 轨道能级发生分裂，中心原子 d 轨道上的电子重新排布，系统总能量降低，配合物更稳定。

空间构型不同的配合物，配体形成的晶体场也不同。下面以正八面体构型的配合物为例讨论晶体场理论。

（二）正八面体晶体场中 d 轨道能级的分裂

在八面体构型的配合物中，6 个配体分别占据八面体的 6 个顶点，由此产生的晶体场称为八面体场。

在形成配合物之前，5 个 d 轨道处于能量简并状态，但它们在空间的伸展方向不同。如果把中心原子置于带负电的球形电场中心，均匀的排斥力使 5 个简并 d 轨道能级同等程度地升高，但并不发生能级分裂。当中心原子置于八面体场中时，此时中心原子的 d 轨道将会受到来自不同方向的点电荷（偶极子）的影响，如图 12-4 所示。

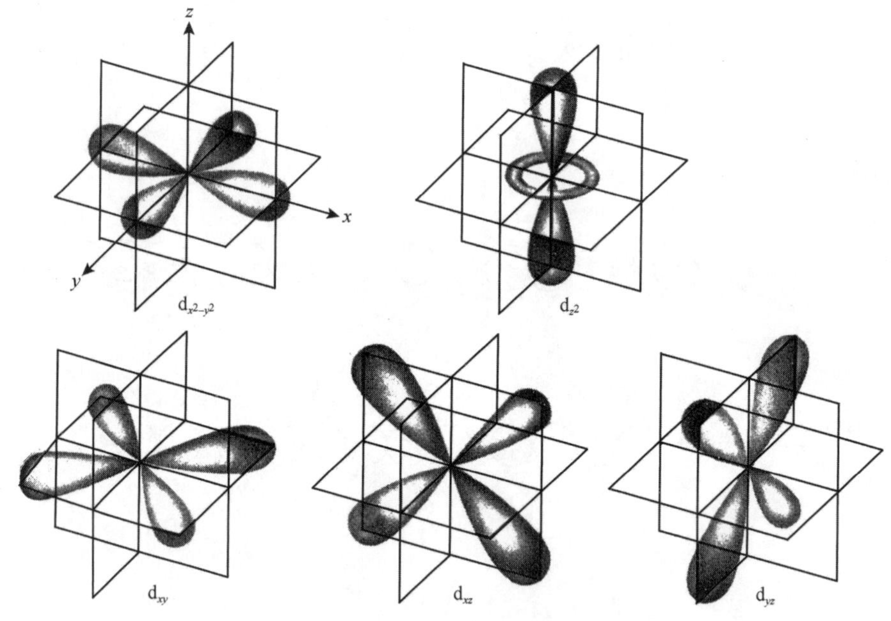

图 12-4　正八面体场中的 d 轨道

d_{z^2} 和 $d_{x^2-y^2}$ 这两个轨道正好与配体点电荷迎头相碰撞，轨道受配体点电荷的静电排斥斥力最大，使这两个轨道的能量较球形场升高；而 d_{xy}、d_{xz} 和 d_{yz} 这 3 个轨道指向八面体相邻两顶角之间，不与配体正面相撞，轨道受配体点电荷的静电排斥斥力较小，因此，这 3 个轨道的能量较球形场降低。即 5 个简并的 d 轨道在八面体场中分裂成能量不相等的两组轨道：二重简并的 d_{z^2} 和 $d_{x^2-y^2}$，称为 d_γ 能级；三重简并的 d_{xy}、d_{xz} 和 d_{yz}，称为 d_ε 能级，如图 12-5 所示。

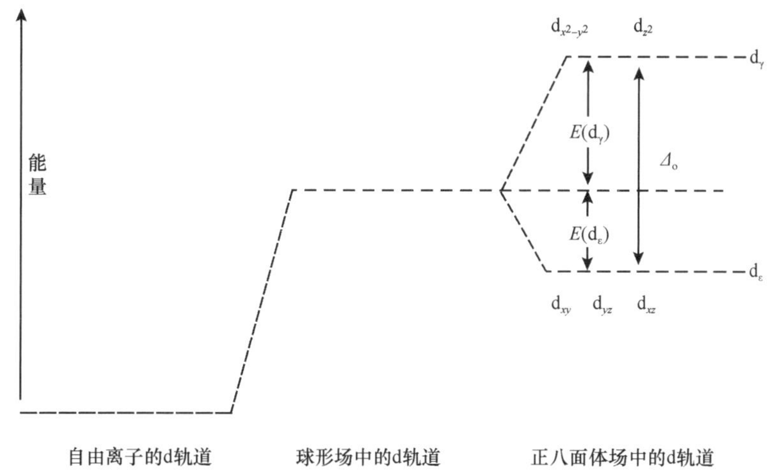

图 12-5　中心原子的轨道在正八面体场中的能级分裂

这两组轨道间的能量差称为八面体晶体场分裂能（crystal field splitting energy），用符号 Δ_o 表示，下标“o”为 octahedron 的首字母，表示“八面体”。即：

$$E(d_\gamma) - E(d_\varepsilon) = \Delta_o \qquad (12\text{-}1)$$

根据晶体场理论，可以计算出分裂后的 d_γ 和 d_ε 轨道的相对能量。根据量子力学中的重心不变原理，分裂后的 d_γ 和 d_ε 的总能量的代数和为零。为计算方便，以球形场中 d 轨道的能量作为计算的零点，即

$$2E(d_\gamma) + 3E(d_\varepsilon) = 0 \qquad (12\text{-}2)$$

联立式（12-1）和式（12-2），解得分裂后这两组 d 轨道相对于球形场的能量分别为

$$E(d_\gamma) = 3\Delta_o/5 = 0.6\Delta_o \qquad (12\text{-}3)$$

$$E(d_\varepsilon) = -2\Delta_o/5 = -0.4\Delta_o \qquad (12\text{-}4)$$

即在八面体场中，d 轨道分裂的结果是：d_γ 能级中每个轨道能量升高 $0.6\Delta_o$，而 d_ε 能级中每个轨道能量下降 $0.4\Delta_o$。

（三）影响晶体场分裂能的因素

影响晶体场分裂能的因素包括配体的性质、中心原子的电荷数以及中心原子在周期表中的位置等。

1. 配体的场强　对于中心原子相同的配合物，分裂能的大小与配体的场强有关，场强越大，分裂能就越大。用同一种金属原子分别与不同的配体生成一系列八面体配合物，用电子光谱法分别测定它们在八面体场中的分裂能 Δ_o，按由小到大的次序排列，得到如下序列：

$$I^- < Br^- < Cl^- < SCN^- < F^- < OH^- \approx ONO^- < C_2O_4^{2-} < H_2O < NCS^- < EDTA < NH_3 < en < NO_2^- \ll CN^- < CO$$

这个序列又称光谱化学序列（spectrochemical series）。显然，卤素负离子作为配位原子是弱场配体，而以 O、N 和 S 作为配位原子的配体是中等强度的配体，以 C 作为配位原子的 CN^- 和 CO 等配体是强场配体。

利用光谱化学序列可以判断配合物的一些磁性质。例如，$Fe^{3+}(d^5)$ 与强场配体 CN^- 生成的配离子 $[Fe(CN)_6]^{3-}$ 应为低自旋，与弱场配体 F^- 生成的配离子 $[FeF_6]^{3-}$ 应为高自旋。

2. 中心原子氧化数　对于配体相同的配合物，分裂能随中心原子的电荷数的升高而增大。这是因为中心原子的正电荷越多，对配体的吸引力越大。例如：

$[Co(H_2O)_6]^{2+}$　　　$\Delta_o = 111.3\ kJ \cdot mol^{-1}$

$[Co(H_2O)_6]^{3+}$　　　$\Delta_o = 222.5\ kJ \cdot mol^{-1}$

3. 中心原子半径 中心原子电荷数及配体相同的配合物，其分裂能随中心原子半径的增大而增大。这是因为半径越大，d 轨道离核越远，受配体电场的排斥作用越强，分裂能越大。

此外，配合物的空间构型也是影响分裂能的因素之一，平面四方形、正八面体和正四面体的分裂能由大到小依次降低。

(四)中心原子的 d 电子排布

配合物中，中心原子的 d 电子排布倾向于使系统的能量降低。对于八面体型配合物，在分裂后的 d 轨道中，d 电子排布应服从能量最低原理、洪德规则和电子成对能对抗轨道分裂能。

(1) 对于具有 $d^1 \sim d^3$ 和 $d^8 \sim d^{10}$ 电子组态的中心原子，根据能量最低原理和洪德规则，电子应填充在能量较低的 d_ε 轨道上，且自旋方向平行。

(2) 对于具有 $d^4 \sim d^7$ 电子组态的中心原子，第 4 个及其以后的电子是填入 d_ε 轨道还是填入 d_γ 轨道，主要取决于晶体场分裂能（Δ_o）和电子成对能（P，electron pairing energy）的相对大小。当轨道中已排布一个电子时，另一个电子进入而与前一个电子成对时，就必须提供能量，克服与原有电子之间的排斥作用，所需能量称为电子成对能 P。P 只取决于中心原子，而 Δ_o 则由中心原子和配体共同决定。如果配体的晶体场较弱，$\Delta_o < P$，电子排斥作用会阻止电子自旋配对，使后来的电子进入能级较高的 d_γ 轨道，生成单电子数较多的高自旋配合物；反之，如果分裂能 Δ_o 足够大，$\Delta_o > P$，后来的电子会进入 d_ε 轨道，生成单电子数较少的低自旋配合物。表 12-4 给出了一些八面体配合物的分裂能、电子成对能和自旋状态。

表 12-4 一些八面体配合物的分裂能、电子成对能和自旋状态

d 电子数	中心离子	配体	$\Delta_o(cm^{-1})$ 与 $P(cm^{-1})$ 的相对大小	自旋状态
3	Cr^{3+}	H_2O	13900 < 23500	高自旋
	Cr^{2+}	H_2O	13900 < 20000	高自旋
4	Mn^{3+}	H_2O	21000 < 23800	高自旋
5	Mn^{2+}	H_2O	7800 < 21700	高自旋
	Fe^{3+}	H_2O	13700 < 26500	高自旋
6	Fe^{2+}	H_2O	10400 < 15000	高自旋
	Fe^{2+}	CN^-	33000 > 15000	低自旋
	Co^{3+}	F^-	13000 < 17800	高自旋
	Co^{3+}	H_2O	18600 > 17800	低自旋
	Co^{3+}	NH_3	23000 > 17800	低自旋
	Co^{3+}	CN^-	34000 > 17800	低自旋
7	Co^{2+}	H_2O	9300 < 19100	高自旋
	Fe^{2+}	en	11000 < 19100	高自旋
	Fe^{2+}	NH_3	10100 < 19100	高自旋

对于四面体配合物，由于其晶体场分裂能比较小，其值一般不会超过电子成对能，所以四面体配合物都是高自旋配合物。

(五)晶体场稳定化能

在晶体场的作用下，d 电子排布在分裂后的 d 轨道中的系统能量，与排布在分裂前 d 轨道

（球形场）中系统能量相比，能量降低，这个能量差称为晶体场稳定化能（crystal field stabilization energy，CFSE）。

显然，系统降低的能量越大，形成的配合物越稳定。通常可以利用晶体场稳定化能的大小比较一些配合物的稳定性。

对于八面体型配合物，晶体场稳定化能的计算公式为

$$\mathrm{CFSE} = xE(\mathrm{d}_\varepsilon) + yE(\mathrm{d}_\gamma) + (m_2 - m_1) \times P \qquad (12\text{-}5)$$

式中，x、y 分别为 d_ε、d_γ 轨道上的电子数；m_1 为分裂前球形场中 d 轨道上的电子对数；m_2 为配合物中 d 轨道上的电子对数；P 为电子成对能。

例 12-3　Fe^{3+} 的电子构型为 d^5，分别计算它的八面体配合物在强场和弱场中的晶体场稳定化能。

解　5 个 d 电子在强、弱八面体场中的排布情况如下：

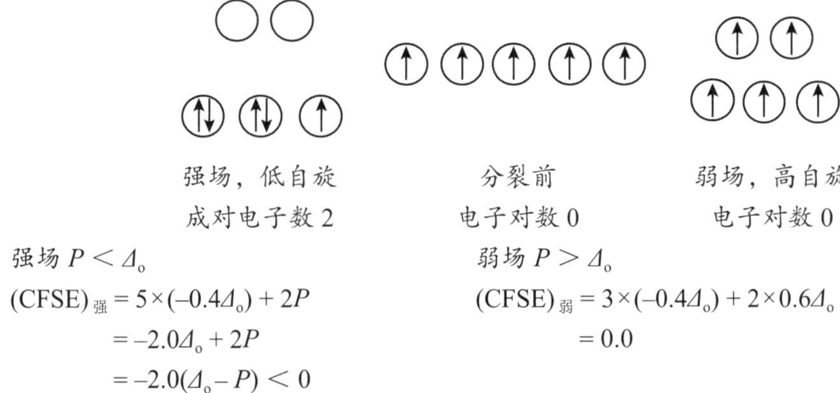

强场 $P < \Delta_o$

$$(\mathrm{CFSE})_{强} = 5\times(-0.4\Delta_o) + 2P = -2.0\Delta_o + 2P = -2.0(\Delta_o - P) < 0$$

弱场 $P > \Delta_o$

$$(\mathrm{CFSE})_{弱} = 3\times(-0.4\Delta_o) + 2\times 0.6\Delta_o = 0.0$$

计算结果表明，在强场配合物中，电子填入能量较低的 d_ε 轨道，由此引起的系统能量降低足以抵消电子成对能引起的能量升高。

晶体场稳定化能既与形成配合物的空间构型有关，也与中心原子的 d 电子排布和配体形成的晶体场的强弱有关。

（六）晶体场理论的应用

晶体场理论能较好地解释配合物的一些性质，如配合物的吸收光谱和颜色、配合物的磁性等。

1. 解释配合物的颜色　含 d^1 ～ d^9 的中心原子的配合物一般是有颜色的，例如 $[Ti(H_2O)_6]^{3+}$ 显紫红色，$[Cu(NH_3)_4]^{2+}$ 显蓝色。晶体场理论认为，这是由于 d_ε 和 d_γ 轨道之间的能量差较小，处于较低能级的电子可以吸收能量跃迁到较高能级，这种跃迁称为 d-d 跃迁。实现 d-d 跃迁所吸收光的能量一般在 10 000 ～ 30 000 cm^{-1} 内，它包括全部可见光（14 286 ～ 25 000 cm^{-1}）。当白光照射到配合物的溶液时，与分裂能相当的光被吸收，d 电子从较低的能级上被激发到较高的能级上，因而，配合物的溶液便呈现所吸收光的互补光的颜色（图 12-6）。由于配合物不同，分裂能的大小也不同，产生 d-d 跃迁所需的能量也不同，不同配合物就会呈现不同的颜色。例如，$[Ti(H_2O)_6]^{3+}$ 中 d 电子在 d_ε 与 d_γ 之间跃迁所需的能量在 20 300 cm^{-1}（波长 500 nm，绿光）处，因此 Ti^{3+} 的水溶液呈现紫色（图 12-7）。

图 12-6　互补色光示意图

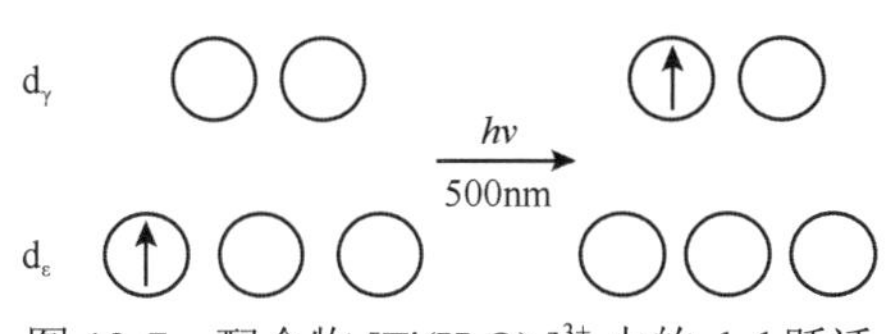

图 12-7　配合物 $[Ti(H_2O)_6]^{3+}$ 中的 d-d 跃迁

2. 解释配合物的磁性　根据晶体场理论，只要知道

了分裂能（Δ_o）和电子成对能（P）的相对大小，就可以确定电子的排布情况，从而判断出配合物是高自旋还是低自旋，由此说明配合物的磁性。如在 $[Fe(H_2O)_6]^{2+}$ 中，H_2O 为弱场配体，分裂能（10 400 cm^{-1}）小于电子成对能（17 600 cm^{-1}），配合物为高自旋型，有 4 个未成对电子，表现为顺磁性；在 $[Fe(CN)_6]^{4-}$ 中，CN^- 为强场配体，分裂能（33 000 cm^{-1}）大于电子成对能，配合物为低自旋型，没有未成对电子，表现为抗磁性。

晶体场理论从静电场出发，着重描述中心原子在静电配位体场的作用下 d 轨道的能级分裂。与价键理论相比，晶体场理论的最大成功在于：用电子在分裂后的 d 轨道中能级跃迁解释配合物的吸收光谱，用电子成对能和分裂能的大小解释配合物的磁性及稳定性。但是，它也有不足，即忽略了配体与中心原子除了静电作用外还有共价的结合，因此，对光谱化学系列不能进行本质的说明。考虑到中心原子与配体之间轨道重叠的成分，利用从光谱实验获得的参数，将晶体场理论进行改进，并与分子轨道理论相结合，科学家们发展出了配体场理论，在此不作讨论。

第三节　配位平衡

一、配位平衡常数

在 $AgNO_3$ 溶液中加入适量 NaCl 溶液，有白色的 AgCl 沉淀生成，加入足够的氨水沉淀溶解，生成 $[Ag(NH_3)_2]^+$ 配离子。如果向溶液中继续加入 KI 溶液，又可观察到黄色 AgI 沉淀的生成。这说明，溶液中不仅存在 Ag^+ 离子和 NH_3 分子生成配离子 $[Ag(NH_3)_2]^+$ 的配位反应，同时也存在着配离子 $[Ag(NH_3)_2]^+$ 的解离反应。随着反应的进行，配位反应与解离反应最终会达到平衡，这种平衡就称为配位平衡（coordination equilibrium）。

$$Ag^+(aq) + 2NH_3(aq) \rightleftharpoons [Ag(NH_3)_2]^+(aq)$$

平衡时的常数称为配位平衡常数，也称为配离子的稳定常数（stability constant），用 K_s 表示。根据化学平衡原理，上述平衡常数表达式为

$$K_s = \frac{[Ag(NH_3)_2^+]}{[Ag^+][NH_3]^2}$$

式中，$[Ag^+]$、$[NH_3]$ 和 $[Ag(NH_3)_2^+]$ 分别为相应各组分的平衡浓度。K_s 值越大，表示形成配离子的倾向越大，配离子就越稳定。

配离子的形成是分步进行的，相应地在溶液中有一系列的配位平衡和与之对应的平衡常数，例如：

$$Cu^{2+}(aq) + NH_3(aq) \rightleftharpoons [Cu(NH_3)]^{2+}(aq) \qquad K_{s1} = \frac{[Cu(NH_3)^{2+}]}{[Cu^{2+}][NH_3]}$$

$$[Cu(NH_3)]^{2+}(aq) + NH_3(aq) \rightleftharpoons [Cu(NH_3)_2]^{2+}(aq) \qquad K_{s2} = \frac{[Cu(NH_3)_2^{2+}]}{[Cu(NH_3)^{2+}][NH_3]}$$

$$[Cu(NH_3)_2]^{2+}(aq) + NH_3(aq) \rightleftharpoons [Cu(NH_3)_3]^{2+}(aq) \qquad K_{s3} = \frac{[Cu(NH_3)_3^{2+}]}{[Cu(NH_3)_2^{2+}][NH_3]}$$

$$[Cu(NH_3)_3]^{2+}(aq) + NH_3(aq) \rightleftharpoons [Cu(NH_3)_4]^{2+}(aq) \qquad K_{s4} = \frac{[Cu(NH_3)_4^{2+}]}{[Cu(NH_3)_3^{2+}][NH_3]}$$

K_{s1}、K_{s2}、K_{s3}、K_{s4} 称为配离子的逐级稳定常数（stepwise stability constant）。逐级稳定常数的乘积 β_n 称为累积稳定常数，即

$$\beta_n = K_{s1} \times K_{s2} \times \cdots \times K_{sn}$$

最后一级累积稳定常数 β_n 就是配离子的总的稳定常数 K_s，即

$$K_s = \beta_n$$

利用稳定常数可以比较配合物的稳定性。对于配体个数相同的配离子可以直接由 K_s 数值大小进行比较，例如 298.15 K 时，$[Ag(CN)_2]^-$ 和 $[Ag(NH_3)_2]^+$ 的 K_s 分别为 1.3×10^{21} 和 1.1×10^7，因此 $[Ag(CN)_2]^-$ 比 $[Ag(NH_3)_2]^+$ 稳定。而对配体个数不同的配离子则要通过具体计算来比较它们的稳定性。

例 12-4 试比较浓度均为 $0.10\ mol\cdot L^{-1}$ 的 $[Cu(NH_3)_4]^{2+}$ 和 $[Ag(S_2O_3)_2]^{3-}$ 的稳定性。

解 因为它们属于类型不同的两种配离子，所以需要通过计算溶液中金属离子的浓度进行比较。查相关数据表得：

$[Cu(NH_3)_4]^{2+}$ 的 $\lg K_s = 13.32$，则 $K_s = 2.09\times10^{13}$

$[Ag(S_2O_3)_2]^{3-}$ 的 $\lg K_s = 13.46$，则 $K_s = 2.88\times10^{13}$

设平衡时 $[Cu^{2+}] = x\ mol\cdot L^{-1}$

$[Ag^+] = y\ mol\cdot L^{-1}$

则有	$[Cu(NH_3)_4]^{2+} \rightleftharpoons$	Cu^{2+} +	$4NH_3$
初始	0.10	0	0
平衡时	$0.10-x$	x	$4x$

$$K_s = \frac{0.10-x}{x(4x)^4} = 2.09\times10^{13}$$

解得

$$x = 4.51\times10^{-4}\ mol\cdot L^{-1}$$

$[Ag(S_2O_3)_2]^{3-} \rightleftharpoons$	Ag^+ +	$2S_2O_3^{2-}$
0.10	0	0
$0.10-y$	y	$2y$

$$K_s = \frac{0.10-y}{y(2y)^2} = 2.88\times10^{13}$$

$$y = 9.54\times10^{-6}\ mol\cdot L^{-1}$$

计算结果表明，$[Cu(NH_3)_4]^{2+}$ 溶液中 $[Cu^{2+}]$ 大于 $[Ag(S_2O_3)_2]^{3-}$ 溶液中 $[Ag^+]$，所以配离子 $[Ag(S_2O_3)_2]^{3-}$ 更稳定。

二、配位平衡的移动

金属离子 M^{n+} 和配体 L^- 生成配离子 $ML_x^{(n-x)+}$，在水溶液中存在如下平衡

$$M^{n+} + xL^- \rightleftharpoons ML_x^{(n-x)+}$$

根据平衡移动原理，改变 M^{n+} 或 L^- 的浓度，上述平衡会发生移动。若在上述溶液中加入某种试剂使 M^{n+} 生成难溶化合物，或者改变 M^{n+} 的氧化状态，都会使平衡向左移动。若改变溶液的酸度使 L^- 生成难解离的弱酸，也可使平衡向左移动。下面重点讨论溶液的酸度、沉淀平衡、氧化还原平衡以及其他配体存在时，配位平衡的移动。

（一）溶液酸度的影响

根据酸碱质子理论，配离子中的很多配体，如 NH_3、OH^-、F^-、CN^- 等都是碱，可接受质子，生成难解离的共轭弱酸。由于弱电解质的形成，降低了配体浓度，导致配位平衡向配离子解离的

方向移动。例如：

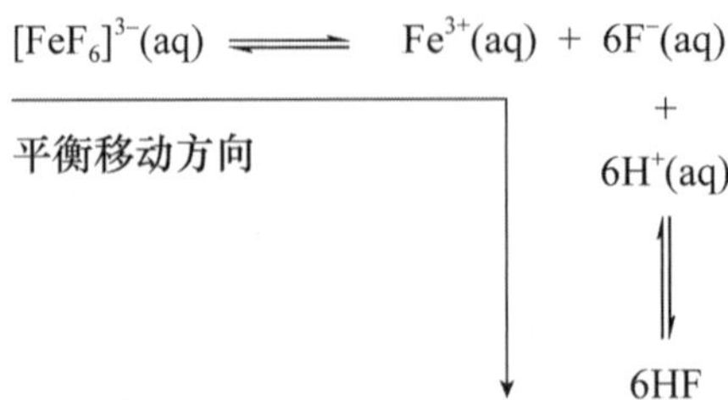

这种由于溶液的酸度增大而导致配离子解离的效应称为酸效应。溶液的酸度越大，配离子越不稳定。而在酸度一定的条件下，配体的碱性越强，配离子越不稳定。配离子的 K_s 越大，其抗酸能力越强。例如，$[Ag(CN)_2]^-$ 的 K_s 为 1.3×10^{21}，稳定性高，抗酸能力强，可以在酸性溶液中稳定存在。

同时，由于配离子的中心原子大多是过渡金属离子，在水溶液中往往会发生水解，生成氢氧化物沉淀，导致中心原子浓度降低，配位平衡向配离子解离的方向移动。溶液的碱性越强，越有利于金属离子的水解。例如：

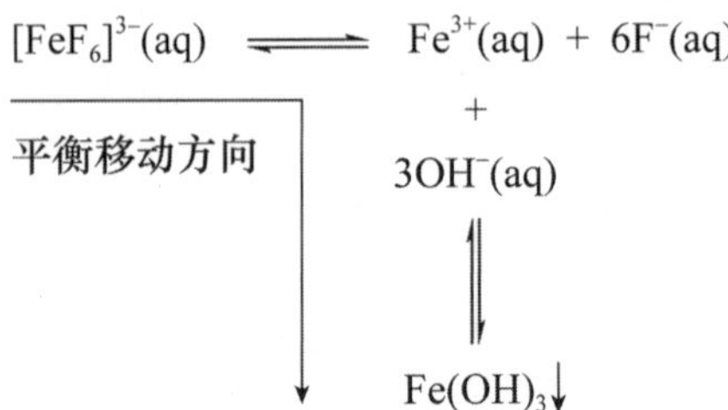

由于金属离子与溶液中 OH^- 结合导致配位平衡向配离子解离的方向移动，这种作用称为水解效应。溶液的酸度越小，金属离子越易水解，配离子越不稳定。

可见酸度对配位平衡的影响是多方面的，在一定酸度下，究竟是配位反应为主，还是金属离子的水解为主，要由配体碱性的强弱、配离子的稳定性和金属氢氧化物的溶度积来决定。

（二）沉淀平衡的影响

配位平衡与沉淀平衡的关系，可以看成是配位剂与沉淀剂共同争夺金属离子的过程。一般来说，配离子的 K_s 越大，沉淀剂与中心原子形成沉淀的 K_{sp} 越大，则沉淀平衡越容易转化为配位平衡；反之，配离子的 K_s 越小，沉淀剂与中心原子形成沉淀的 K_{sp} 越小，则配位平衡越容易向沉淀平衡转化。

例 12-5 计算 298.15 K 时，AgCl 在 6.0 mol · L^{-1} NH_3 溶液中的溶解度。（已知 $[Ag(NH_3)_2]^+$ 的 K_s 为 1.12×10^7，AgCl 的 K_{sp} 为 1.77×10^{-10}）

解 AgCl 溶解于 NH_3 溶液中的反应式为

$$AgCl(s) + 2NH_3(aq) \rightleftharpoons [Ag(NH_3)_2]^+(aq) + Cl^-(aq)$$

反应的平衡常数为

$$K = \frac{[Ag(NH_3)_2^+][Cl^-]}{[NH_3]^2} = \frac{[Ag(NH_3)_2^+][Cl^-]}{[NH_3]^2}\times\frac{[Ag^+]}{[Ag^+]}$$
$$= K_s\{[Ag(NH_3)_2^+]\}\times K_{sp}(AgCl)$$
$$= 1.12\times10^7\times1.77\times10^{-10} = 1.98\times10^{-3}$$

设 AgCl 在 6.0 mol · L^{-1} NH_3 溶液中的溶解度为 S mol · L^{-1}，由反应式可知：$[Ag(NH_3)_2^+] = [Cl^-] = S$ mol · L^{-1}，$[NH_3] = (6.0 - 2S)$ mol · L^{-1}。将平衡浓度代入平衡常数表达式中，得

$$K=\frac{S^2}{(6.0-2S)^2}=1.98\times10^{-3}$$

$$S=0.24\ (\text{mol}\cdot\text{L}^{-1})$$

即在 298.15 K 时，AgCl 在 6.0 mol · L^{-1} NH_3 溶液中的溶解度为 0.24 mol · L^{-1}。

（三）氧化还原平衡的影响

向含有配离子的溶液中，加入能与金属离子发生氧化还原反应的氧化剂或还原剂，由于金属离子浓度的减小，配位平衡向解离方向移动。例如，往血红色的 $[Fe(SCN)_6]^{3-}$ 溶液中加入 $SnCl_2$ 溶液，由于 Sn^{2+} 能把 Fe^{3+} 还原为 Fe^{2+}，使溶液中 Fe^{3+} 的浓度降低，导致 $[Fe(SCN)_6]^{3-}$ 解离，因而溶液的血红色消失。

同时，配位平衡也可以影响氧化还原反应。如果向氧化还原平衡体系中加入配体，当金属离子与配体形成稳定的配离子后，由于金属离子浓度的降低，也会引起相应电对的电极电势改变。

例 12-6 已知 298.15 K 时，$K_s\{[Au(CN)_2]^-\}=2.0\times10^{38}$，$\varphi^\ominus(Au^+/Au)=1.830$ V。计算电对 $Au[(CN)_2]^-/Au$ 的标准电极电势 $\varphi^\ominus\{[Au(CN)_2]^-/Au\}$。

解 电极反应为： $[Au(CN)_2]^- + e^- \rightleftharpoons Au + 2CN^-$

配位平衡为 $[Au(CN)_2]^- \rightleftharpoons Au^+ + 2CN^-$

由配位平衡，可得

$$[Au^+]=\frac{[Au(CN)_2^-]}{[CN^-]^2K_s\{[Au(CN)_2]^-\}}$$

根据能斯特方程式

$$\begin{aligned}\varphi(Au^+/Au)&=\varphi^\ominus(Au^+/Au)+0.059\,16\lg[Au^+]\\&=\varphi^\ominus(Au^+/Au)+0.059\,16\lg\frac{[Au(CN)_2^-]}{[CN^-]^2K_S\{[Au(CN)_2]^-\}}\end{aligned}$$

标准状态下，$[Au(CN)_2^-]=[CN^-]=1.0\ \text{mol}\cdot\text{L}^{-1}$

$$\begin{aligned}\varphi(Au^+/Au)&=\varphi^\ominus(Au^+/Au)+0.059\,16\lg[Au^+]\\&=\varphi^\ominus(Au^+/Au)+0.059\,16\lg\frac{1}{K_S\{[Au(CN)_2]^-\}}\\&=1.830+0.059\,16\lg\frac{1}{2.0\times10^{38}}=-0.4359\ (\text{V})\end{aligned}$$

由例 12-6 可以看出，若电对中只有氧化态形成配合物，电极电势就会降低，从而使氧化态的氧化能力降低，还原态的还原能力增强。

（四）其他配位平衡的影响

在配位平衡体系中，若加入一种能与中心原子形成另一种配离子的配体时，配离子之间相互转化的趋势取决于配离子稳定常数的相对大小，即配位平衡总是向着生成更稳定的配离子方向移动。

例 12-7 298.15 K 时，$K_s\{[Ni(CN)_2]^{2-}\}=2.00\times10^{31}$，$K_s\{[Ni(NH_3)_4]^{2+}\}=9.12\times10^7$。判断反应 $[Ni(NH_3)_4]^{2+}+4CN^- \rightleftharpoons [Ni(CN)_4]^{2-}+4NH_3$ 自发进行的方向。

解 根据上述平衡，可得平衡常数表达式

$$K=\frac{[Ni(CN)_4^{2-}][NH_3]^4}{[Ni(NH_3)_4^{2+}][CN^-]^4}=\frac{[Ni(CN)_4^{2-}][NH_3]^4}{[Ni(NH_3)_4^{2+}][CN^-]^4}\times\frac{[Ni^{2+}]}{[Ni^{2+}]}=\frac{K_s\{[Ni(CN)_4]^{2-}\}}{K_s\{[Ni(NH_3)_4]^{2+}\}}=\frac{2.00\times10^{31}}{9.12\times10^7}=2.19\times10^{23}$$

平衡常数 K 很大，说明在水溶液中由 $[Ni(NH_3)_4]^{2+}$ 转化为 $[Ni(CN)_4]^{2-}$ 的反应可以实现。

第四节 螯合物

一、螯合物的形成

本章第一节曾介绍，含有两个或两个以上配位原子的配体称为多齿配体，如乙二胺（$H_2N—CH_2—CH_2—NH_2$），其中的两个 N 原子均可提供孤对电子与中心原子配位形成具有环状结构的配合物。这种由中心原子与多齿配体形成的环状配合物称为螯合物（chelate）。

$$Cu^{2+} + 2\begin{matrix}CH_2—NH_2\\ |\\ CH_2—NH_2\end{matrix} = \left[\begin{matrix} & H_2N & & NH_2 & \\ H_2C & & \searrow \; \swarrow & & CH_2 \\ | & & Cu & & | \\ H_2C & & \nearrow \; \nwarrow & & CH_2 \\ & H_2N & & NH_2 & \end{matrix}\right]^{2+}$$

能与中心原子形成螯合物的多齿配体称为螯合剂（chelating agent）。与相应的单齿配体形成的配合物相比，螯合物的稳定性更高，这种现象称为螯合效应（chelate effect）。例如，螯合物 $[Cu(en)_2]^{2+}$ 的 $\lg\beta_2$ 为 19.60，而同样条件下 $[Cu(NH_3)_4]^{2+}$ 的 $\lg\beta_4$ 为 12.59，说明螯合环的形成增大了配合物的稳定性。

关于螯合物的稳定性，也可以通过热力学中的熵效应进行说明。在水溶液中，金属离子是以水合金属离子的形式存在，当配体取代水分子而与金属离子作用时，水分子的释放对体系的能量有重要作用。当单齿配体取代水分子时，溶液中的质点数不变；当多齿配体取代水分子时，每个螯合剂分子可取代两个或多个水分子，取代后的总质点数增加，使体系的混乱度增加，熵值增大。体系熵值的升高反映了能量的降低，使反应体系趋于稳定。因此，从热力学的角度看，螯合效应是一种熵效应。例如

$$[Cd(H_2O)_4]^{2+} + 4NH_2CH_3 \rightleftharpoons [Cd(NH_2CH_3)_4]^{2+} + 4H_2O$$
$$\Delta_r H_m^{\ominus} = -57.3\ kJ \cdot mol^{-1} \qquad \Delta_r S_m^{\ominus} = -67.3\ J \cdot K^{-1} \cdot mol^{-1}$$
$$[Cd(H_2O)_4]^{2+} + 2en \rightleftharpoons [Cd(en)_2]^{2+} + 4H_2O$$
$$\Delta_r H_m^{\ominus} = -56.5\ kJ \cdot mol^{-1} \qquad \Delta_r S_m^{\ominus} = +14.3\ J \cdot K^{-1} \cdot mol^{-1}$$

以上两个反应的焓变相差不大，但是，当多齿配体取代水分子时，取代后的总质点数增加，因而使它们的熵变相差很多，螯合物 $[Cd(en)_2]^{2+}$ 更稳定。

螯合剂必须具备以下两点：

（1）螯合剂分子或离子中含有两个或两个以上配位原子，而且这些配位原子同时与一个中心原子配位。

（2）螯合剂中每两个配位原子之间相隔两三个其他原子，以便与中心离子形成稳定的五元环或六元环。多于或少于五元环或六元环都不稳定。

氨羧螯合剂是常见的螯合剂，它们是一类具有氨基和羧基的有机化合物，其中乙二胺四乙酸（EDTA），因为含有多个配原子，是一种最常用的螯合剂。

图 12-8 是 Ca^{2+} 与 EDTA 形成的配合物结构示意图，Ca^{2+} 分别与 EDTA 中的 6 个配原子形成配位键，生成了具有 5 个五元环的螯合物。

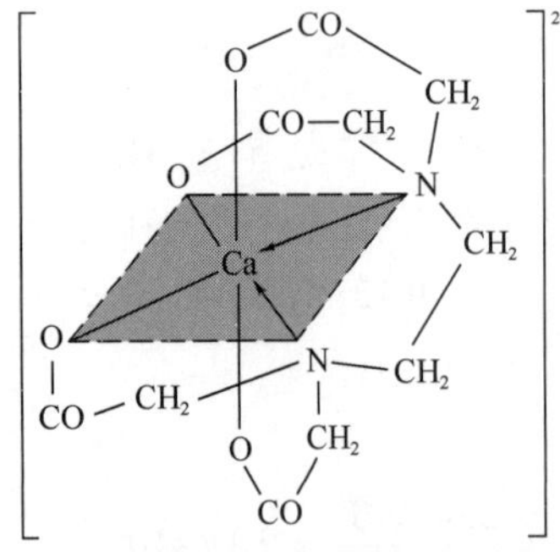

图 12-8 $[CaY]^{2-}$的结构

二、影响螯合物稳定性的因素

螯合物稳定的主要原因是多齿配体与中心原子形成稳定的环状结构，其稳定性大小与螯合环的大小和数目有关。

（1）螯合环的大小 螯合环为五元环或六元环时，螯合物最稳定。若成环原子数小于5，成环张力较大，螯合环不稳定，易开环。而七元环以上的螯合物也不稳定。

（2）螯合环的数目 实验证明，对结构相似的多齿配体而言，形成的螯合环越多，同一个配体与中心原子形成的配位键就越多，配体脱离中心原子的机会就越小，螯合物就越稳定。

除了螯合环的大小和螯合环的数目影响螯合物的稳定性外，具有完整环形结构的螯合剂比具有相同配位原子、相同齿数的开链螯合剂形成的配合物更稳定。这种效应称为大环效应（macrocyclic effect）。大环效应是一种特殊的螯合效应，是由完全环形的螯合剂引起的螯合物稳定性增加的作用。例如：

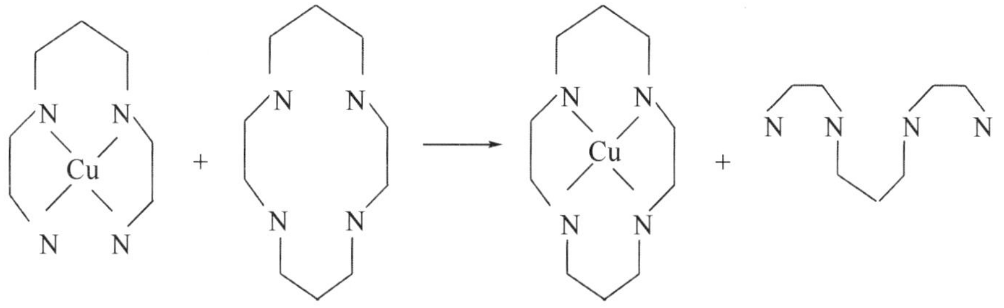

$K_s=1.26\times10^{20}$　　　　$K_s=6.31\times10^{24}$

从稳定常数可以看出，上述反应可以最大限度向正反应方向进行。

大环配合物具有重要的生物学意义。铁、铜、锌、锰、钒等人体必需的微量金属元素在体内多是以配合物形式存在，与这些金属形成配合物的生物配体大多是大环配体，卟啉类化合物就是其中一类。卟啉是卟吩衍生的大环化合物，由四个吡咯环组成，能够结合铁、镁和其他金属离子，形成四个氮原子共平面的大环配合物，结构如图12-9所示。

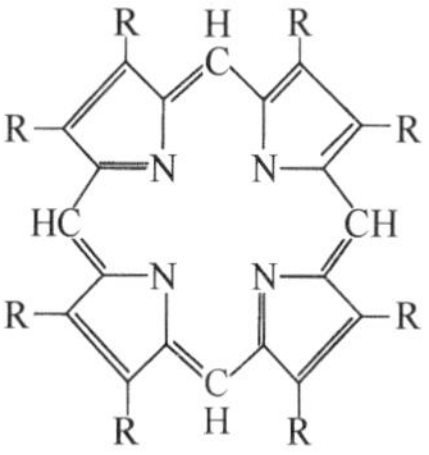

图12-9　卟啉环结构

例如，血红素是人体内一个重要生物大分子，它是血红蛋白的重要组成部分。血红素是由亚铁离子Fe(Ⅱ)与卟啉环形成的大环配合物。Fe(Ⅱ)配位数为6，与卟啉环中4个N原子及蛋白肽链中组氨酸咪唑基的N原子形成四方锥，而第六配位空着，可由O_2配位形成氧合血红蛋白（图12-10），载氧的血红蛋白随血液流动将氧气输送到机体的各部分。

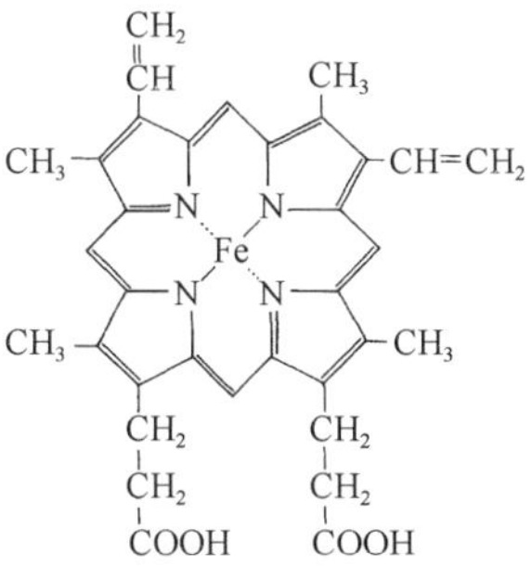

图12-10　血红素结构

除O_2外，CN^-和CO等也能与血红素中的Fe(Ⅱ)结合，它们的结合力甚至更强。例如CO，由于是强场配体，它与Fe(Ⅱ)的结合能力是O_2与Fe(Ⅱ)结合能力的200～250倍。当人体吸入CO后，发生下列反应

$$HHbO_2 + CO \rightleftharpoons HHbCO + O_2$$

血红蛋白的载氧的能力被抑制，从而使组织器官缺氧而导致人体死亡。

从上述讨论可以看出，实现由无活性的普通配合物到有活性的生物配合物这一飞跃的关键在于生物大分子配合物的组装。这种组装既保留了金属离子的某些活性产生的基础，又进行了重要

的修饰。如血红蛋白能运载氧分子是Fe(Ⅱ)与O_2配位的结果，但只有与特定结构的蛋白质组装成血红蛋白，它才能表现出可逆载氧的活性。

三、螯合疗法

进入人体中的有毒金属元素或过量的必需金属元素，都会对人体健康产生危害。一般可选择适当的配体，使配体与金属离子作用生成水溶性较好的配离子，通过肾脏把金属离子排出体外。这种方法在医学上称为螯合疗法（chelation therapy），所用的螯合剂称为促排剂或解毒剂。

例如，对铅中毒的治疗，临床常使用螯合剂依地酸钙钠（$CaNa_2EDTA$）静脉滴注，使其生成无毒且水溶性好的$PbNa_2EDTA$，通过肾脏排出体外，以达到驱铅治疗的目的。当汞、砷等进入人体后，它们能与半胱氨酸残基侧链上的巯基（—SH）结合，破坏酶的结构，从而使酶丧失正常的生理功能，因此，可选择二巯基丙醇作为解毒剂。重金属元素铊，其毒性远高于铅和汞，是强烈的神经毒物，对肝、肾有强烈的损害作用。由于铊可置换普鲁士蓝上的铁，生成不溶性物质，使其随粪便排出，因此可选择普鲁士蓝作为铊中毒的解毒剂。

对于一些由于染色体变异导致微量元素代谢异常的疾病也可以选择螯合疗法，例如，Wilson病是由于基因缺陷导致胆汁排铜减少和铜蓝蛋白合成障碍，从而使得铜在肝、肾和脑组织中大量蓄积，是一种染色体隐性遗传病。临床常用二巯基丙醇、二巯基丙磺酸钠和依地酸钙钠等来降低血清中过多的铜，以减少铜在全身各组织异常的堆积。

作为治疗用的促排剂，必须要满足以下要求：

（1）促排剂与金属离子形成的配离子对人体无毒害作用。

（2）促排剂与金属离子形成的配离子的稳定性，必须大于该金属离子与体内生物配体形成的配离子的稳定性。

（3）促排剂与金属离子形成的配离子的水溶性较好，可以通过肾脏排出体外。

（4）在治疗浓度下对人体无明显毒性。

思考与练习

1. 命名下列配离子和配合物，并指出中心原子的配位数和配体中的配位原子。

（1）$[Co(NH_3)_2(en)_2]Cl_3$

（2）$K[Co(NO_2)_4(NH_3)_2]$

（3）$K[Pt(NH_3)Cl_3]$

（4）$[Cr(NCS)_4(NH_3)_2]^-$

（5）$[Pt(NH_3)_4(NO_2)Cl]$

（6）$[Co(ONO)_2(NH_3)_2(H_2O)_2]Cl$

2. 写出下列配合物的化学式。

（1）硫酸溴·五氨合钴（Ⅲ）

（2）六氯合铂（Ⅳ）酸钾

（3）二氯·二羟基·二氨合铂（Ⅳ）

（4）三硝基·三氨基合钴（Ⅲ）

3. 根据实测磁矩，推断下列配离子的空间构型，并指出是内轨型还是外轨型。

（1）$[Co(en)_3]^{2+}$　　$3.82\mu_B$　　$(35.4\times10^{-24}A\cdot m^2)$

（2）$[Fe(C_2O_4)_3]^{3-}$　　$5.75\mu_B$　　$(53.3\times10^{-24}A\cdot m^2)$

（3）$[Co(en)_2Cl_2]^+$　　0　　$(0\ A\cdot m^2)$

4. CO 是一种很不活泼的化合物，为什么它能与过渡金属原子能形成很强的配位键？为什么在羰基配合物中配体总是以 C 作为配位原子？

5. $[FeF_6]^{3-}$ 配离子是无色的，而 $[CoF_6]^{3-}$ 是有颜色的，人们发现在可见光的电子光谱图中，$[CoF_6]^{3-}$ 有一较强的吸收带，而 $[FeF_6]^{3-}$ 几乎没有，试用晶体场理论解释。

6. 两种化合物，它们有相同的化学式：$Co(NH_3)_5BrSO_4$，它们的区别在于向第一种配合物溶液中加入 $BaCl_2$ 溶液时，有 $BaSO_4$ 沉淀生成，加入 $AgNO_3$ 溶液时不产生 AgBr 沉淀。第二种配合物溶液所产生的现象恰好与第一种相反。试写出这两种配合物的结构式，并说明理由。

7. 根据价键理论写出下列配合物中心离子杂化轨道类型、几何构型、配合物类型（内、外轨）和自旋情况（高、低自旋）。

（1）$[Fe(en)_2]^{2+}$ ($\mu = 5.5\ \mu_B$)

（2）$[Pt(CN)_4]^{2-}$ ($\mu = 0\ \mu_B$)

8. 已知两个配离子的分裂能和电子成对能：

	$[Fe(CN)_6]^{3-}$	$[Fe(H_2O)_6]^{3+}$
分裂能 /cm^{-1}	33 000	10 400
电子成对能 /cm^{-1}	17 600	17 000

（1）用价键理论及晶体场理论解释 $[Fe(H_2O)_6]^{3+}$ 是高自旋的，$[Fe(CN)_6]^{3-}$ 是低自旋的；

（2）计算出 $[Fe(CN)_6]^{3-}$ 和 $[Fe(H_2O)_6]^{3+}$ 两种配离子的晶体场稳定化能。

9. 判断下列反应进行的方向，并指出哪个反应正向进行得最完全。

（1）$[Cu(NH_3)_4]^{2+} + Zn^{2+} \rightleftharpoons [Zn(NH_3)_4]^{2+} + Cu^{2+}$

（2）$[Fe(C_2O_4)_3]^{3-} + 6CN^- \rightleftharpoons [Fe(CN)_6]^{3-} + 3C_2O_4^{2-}$

10. 将 0.20 mol · L^{-1} $AgNO_3$ 溶液与 0.60 mol · L^{-1} KCN 溶液等体积混合后，加入固体 KI（忽略体积的变化），使 I^- 浓度为 0.10 mol · L^{-1}，问能否产生 AgI 沉淀？溶液中 CN^- 浓度低于多少时才可出现 AgI 沉淀？已知 $K_{sp}(AgI) = 8.52\times10^{-17}$，$K_s\{[Ag(CN)_2]^-\} = 1.26\times10^{21}$。

11. 将 10 mL 0.024 mol · L^{-1} Cu^{2+}离子溶液与 10 mL 0.3 mol · L^{-1} 氨水混合生成 $[Cu(NH_3)_4]^{2+}$，求平衡时溶液中 Cu^{2+}浓度。已知 $[Cu(NH_3)_4]^{2+}$ 的 $K_s = 2.09\times10^{13}$。

12. 配制 0.15 mol · L^{-1} $[Zn(NH_3)_4]^{2+}$ 溶液，当氨水浓度为（1）0.10 mol · L^{-1} 时、（2）0.20 mol · L^{-1} 时 Zn^{2+} 的浓度分别是多少？已知 $[Zn(NH_3)_4]^{2+}$ 的 $K_s = 2.80\times10^9$。

13. 欲使 0.10 mol · L^{-1}AgCl 溶于 1.0 L 氨水中，所需氨水的最低浓度是多少？已知 $K_{sp}(AgCl) = 1.77\times10^{-10}$，$K_s\{[Ag(NH_3)_2]^+\} = 1.12\times10^7$。

14. 23.5 g AgI 恰好能完全溶解在 1 L $Na_2S_2O_3$ 溶液中，求此 $Na_2S_2O_3$ 溶液的原始浓度。已知 AgI 的 $K_{sp} = 8.52\times10^{-17}$，$[Ag(S_2O_3)_2]^{3-}$的 $K_s = 2.88\times10^{13}$，AgI 的相对分子质量 $M_r = 235$。

（赵先英）

知识拓展

习题详解

PPT

第十三章　滴定分析

滴定分析法（titrimetry）是重要的化学分析方法。在常量分析中获得重要应用。该方法是将一种已知准确浓度的试剂溶液滴加到被测物质的溶液中，直到所加试剂与被测物质按化学计量关系定量反应完全，通过消耗准确浓度溶液的体积来计算被测物质含量，因此滴定分析法又称容量分析法（volumetric analysis）。滴定分析法不仅适用于水溶液中，也可在非水溶液中进行。

第一节　滴定分析原理

一、滴定分析概述

（一）滴定分析常用术语

将一种已知准确浓度的试剂溶液——标准溶液（standard solution）通过滴定管逐滴滴加到一定量的被测物质——试样（sample）溶液中，这一过程被称为滴定（titration）。当标准溶液与试样溶液中被测物质按化学反应方程式所表示的计量关系反应完全时，即达到化学计量点（stoichiometric point），简称计量点。根据滴定过程中消耗标准溶液的体积和浓度即可计算出试样的含量。但是在化学计量点时，溶液可能没有可观察的特征性变化，因此在滴定分析时，常借助于其他方式来指示计量点的到达，如仪器监测，或外加合适的指示剂（indicator），通过在计量点或附近试剂颜色的改变或生成沉淀等易观察的外部特征来确定。滴定过程中，当指示剂颜色发生明显改变即停止滴定，这一指示剂的变色点称为滴定终点（titration end point），简称终点。滴定终点与化学计量点往往不完全一致，由此而造成的误差称为滴定误差（titration error）。滴定误差是滴定分析误差的主要来源之一，其大小与滴定反应的完全程度和指示剂的选择有关。

滴定分析法主要用于常量分析（含量在 1% 以上，取样量大于 0.1 g）。该法具有准确度高、操作简便、仪器简单等特点，是在实际中获得广泛使用的化学定量分析方法。

（二）滴定分析对化学反应的要求

可用于滴定分析的化学反应必须满足以下特征：

（1）滴定反应须按照化学反应方程式的计量关系定量而完全（$>$ 99.9%）地进行。

（2）滴定反应须迅速完成。（可借助催化剂、加热等方式加快反应速率。）

（3）滴定反应中应无副反应发生。（即试样中存在的干扰物质应不与标准溶液发生反应；或具有适当的方法掩蔽干扰物质对反应的影响。）

（4）滴定反应须具有简便可靠的方法确定滴定终点。

二、滴定分析分类

滴定分析按照滴定方式和滴定反应类型分成不同的类别。

1. 按照滴定方式分类　滴定分析的方式包括：直接滴定、返滴定、置换滴定和间接滴定。

（1）直接滴定法（direct titration）。当滴定反应满足基本要求时，能直接用标准溶液滴定被测物质。例如，用 HCl 滴定 NaOH。

（2）返滴定法（back titration）。当滴定反应不满足基本要求，如反应速率较慢，或反应物溶解性较差，或无合适指示剂时，就不能采用直接滴定法。此时可先准确加入过量的标准溶液，使试样反应完全，剩余的标准溶液再用另一种标准溶液滴定，从而测定出试样的含量。例如，用 HCl 测定 $BaCO_3$ 含量时，因 $BaCO_3$ 的溶解度较小，反应不能立即完成，故不能采用直接滴定法。而是先加入一定量过量的 HCl 标准溶液，至 $BaCO_3$ 完全溶解，然后再用 NaOH 标准溶液滴定剩余 HCl 的量，最后获得 $BaCO_3$ 含量。

（3）置换滴定法（replacement titration）。当被测组分与标准溶液的反应没有确定的计量关系或伴有副反应发生时，不能采用直接滴定法。通常可采用适当的试剂与被测组分反应，使其定量地置换成另一种可被适当标准溶液滴定的物质，这就是置换滴定法。例如，$K_2Cr_2O_7$ 与 $Na_2S_2O_3$ 之间没有确定的化学计量关系，因为 $Cr_2O_7^{2-}$ 可将 $S_2O_3^{2-}$ 氧化成 $S_4O_6^{2-}$ 及 SO_4^{2-} 等混合物，因此不能采用直接滴定法。可将 $K_2Cr_2O_7$ 与 KI 在酸性条件下定量反应形成 I_2，再用 $Na_2S_2O_3$ 滴定生成的 I_2，从而测定出 $K_2Cr_2O_7$ 的含量。

（4）间接滴定法（indirect titration）。被测组分不能与标准溶液直接反应时，便可通过其他反应，间接地测定被测物质的含量，这就是间接滴定法。例如，用 $KMnO_4$ 标准溶液是无法直接测定 Ca^{2+} 含量的，但是可将 Ca^{2+} 与 $C_2O_4^{2-}$ 反应定量生成 CaC_2O_4 沉淀，将 CaC_2O_4 沉淀经过滤洗涤后溶解于稀 H_2SO_4 溶液中，最后用 $KMnO_4$ 标准溶液滴定生成的 $C_2O_4^{2-}$，从而间接测定出 Ca^{2+} 的含量。

2. 按照滴定反应的类型分类 根据滴定分析时所发生反应的类型，常见的滴定分析包括酸碱滴定法（acid-base titration）、氧化还原滴定法（oxidation-reduction titration）、配位滴定法（complexometry）和沉淀滴定法（precipitation titration）等。本章将分别介绍各滴定分析法的基本原理、方法和应用。

三、基准物质与标准溶液

滴定分析时，一般包括两步：第一步是标准溶液的配制；第二步是试样组分含量的测定。标准溶液的配制方法有两种：直接配制法和间接配制法。

（一）直接配制法

能采用直接配制法配制标准溶液的物质称为一级标准物质，也称基准物质（primary standard substance）。基准物质必须满足下列条件：

（1）组成与化学式完全相符，若含结晶水，其含量也应与其化学式相符，如 $Na_2B_4O_7 \cdot 10H_2O$、$H_2C_2O_4 \cdot 2H_2O$ 等。

（2）具有足够高的纯度（质量分数 > 99.9%,），所含杂质不影响滴定准确度。

（3）具有稳定的性质，如不易与空气中的水分和二氧化碳反应，也不易被空气氧化。

（4）参与滴定反应时，必须按反应式定量且进行完全，无副反应发生。

（5）最好具有较大的摩尔质量，以减小称量时的相对误差。

常用的基准物质有纯金属和纯化合物，如 Ag、Zn、Cu 等金属和 NaCl、Na_2CO_3、$Na_2B_4O_7 \cdot 10H_2O$、$H_2C_2O_4 \cdot 2H_2O$、邻苯二甲酸氢钾等。

直接配制法：准确称取一定量的基准物质，用适当溶剂溶解后再定量转移到容量瓶中，稀释定容至刻度即得一定浓度的标准溶液。

（二）间接配制法

当试剂不满足基准物质的条件时，则只能采用间接法配制标准溶液。如 HCl、NaOH 等标准溶液就采用间接法配制而得。

间接配制法：先配制近似于所需浓度的溶液，然后用基准物质或另一标准溶液来确定其准确浓度。这个过程也称标定（standardization），所以间接配制法也称标定法。如最常使用的 HCl 标准溶液，即是先配制成近似于所需浓度（一般为 0.1 mol · L^{-1}）的溶液，然后用基准物质硼砂（$Na_2B_4O_7 \cdot 10H_2O$，相对湿度 60% 恒湿器中保存）或无水碳酸钠（Na_2CO_3，使用前于 270 ~ 300℃ 烘干约 1 h，稍冷后置于干燥器中冷至室温备用）标定，前者采用甲基红，后者采用甲基橙为指示剂。

第二节 酸碱滴定法

酸碱滴定法是以质子转移反应为定量基础的滴定分析法。该方法可用于直接或间接测定与酸碱发生定量反应的物质的含量。大多数的酸碱反应过程无可观察的特征性变化，不能指示计量点的到达，因此滴定过程往往离不开外加指示剂来确定滴定终点，选择合适的指示剂也就成为酸碱滴定分析的重要环节。

一、酸碱指示剂

（一）酸碱指示剂的变色原理

酸碱指示剂（acid-base indicator）是能借助自身颜色变化来表示溶液 pH 的物质，利用其颜色改变来指示滴定终点。它们一般是有机弱酸或弱碱，共轭酸与其共轭碱因结构不同而呈现不同的颜色。如有机弱碱甲基橙：

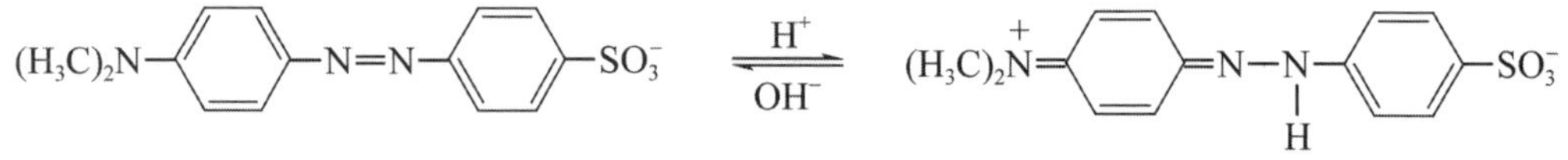

$(H_3C)_2N$—C₆H₄—N=N—C₆H₄—SO_3^- ⇌（H^+ / OH^-）$(H_3C)_2\overset{+}{N}$=C₆H₄=N—N(H)—C₆H₄—SO_3^-

黄色（碱式色）　　　　**红色（酸式色）**

在 pH < 3.1 的酸性溶液中，甲基橙主要以酸式结构存在而呈现酸式色（红色）；而在 pH > 4.4 的溶液中，其存在形式以碱式结构为主而呈现碱式色（黄色）。

又如有机弱酸酚酞：

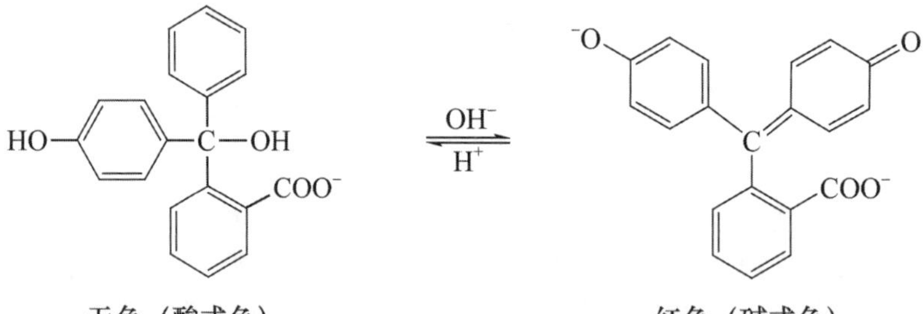

HO—C₆H₄—C(C₆H₅)(OH)—C₆H₄—COO^- ⇌（OH^- / H^+）^-O—C₆H₄—C(=C₆H₄=O)—C₆H₄—COO^-

无色（酸式色）　　　　**红色（碱式色）**

在 pH < 8.2 的溶液中，酚酞呈现酸式色（无色），而在 pH > 10.0 的碱性溶液中即呈碱式色（红色）。

以弱酸型指示剂（HIn）为例来说明酸碱指示剂的变色原理。在 HIn 溶液中存在如下的解离平衡：

$$HIn(aq) + H_2O(l) \rightleftharpoons H_3O^+(aq) + In^-(aq)$$

其中 HIn 的颜色对应于酸式色，In^- 的颜色对应于碱式色。达平衡时，则有

$$K_{HIn} = \frac{[H_3O^+][In^-]}{[HIn]} \tag{13-1}$$

式中，K_{HIn} 是酸碱指示剂的酸解离平衡常数，简称指示剂酸常数；[HIn] 和 [In^-] 分别是指示剂共轭酸碱的平衡浓度。

将式（13-1）移项可得

$$[H_3O^+] = K_{HIn} \times \frac{[HIn]}{[In^-]}$$

两边各取负对数得

$$pH = pK_{HIn} + \lg\frac{[In^-]}{[HIn]} \quad (13\text{-}2)$$

从式（13-2）可知，温度一定时，pK_{HIn} 为常数，溶液的颜色取决于指示剂碱式色与酸式色的比值 $\frac{[In^-]}{[HIn]}$，当溶液的 pH 改变时，$\frac{[In^-]}{[HIn]}$ 比值随之发生改变，溶液的颜色也就随之改变，这就是酸碱指示剂变色的原理。

（二）酸碱指示剂的变色范围

酸碱指示剂会在 pH 改变时发生颜色的变化，但是人眼对于颜色的分辨能力是有限的，当 $\frac{[In^-]}{[HIn]} \geqslant 10$，即共轭碱的浓度高于共轭酸浓度 10 倍时，酸式色已被掩盖，只能看到碱式色，如甲基橙的黄色、酚酞的红色；反之，当 $\frac{[HIn]}{[In^-]} \geqslant 10$ 时，只能看到酸式色，如甲基橙的红色、酚酞的无色；当 $\frac{[In^-]}{[HIn]} = 0.1 \sim 10$ 时，可看到的就是酸式色与碱式色的混合色，如甲基橙的橙色（黄色与红色的混合色）、酚酞的粉红色。即当溶液的 pH 从 $pK_{HIn} - 1$ 升高到 $pK_{HIn} + 1$ 时，可观察到溶液的颜色从酸式色变为碱式色，如甲基橙从红色变成黄色，酚酞从无色变成红色；而当溶液的 pH 从 $pK_{HIn} + 1$ 降低到 $pK_{HIn} - 1$ 时，可观察到溶液的颜色从碱式色变为酸式色，如甲基橙从黄色变成红色，酚酞从红色变成无色。因此，溶液的 pH $=pK_{HIn} \pm 1$ 称为酸碱指示剂的变色范围（color change interval）。不同的指示剂有着不同的 pK_{HIn}，因此变色范围也就各不相同。

当 pH $= pK_{HIn}$ 时，$[HIn] = [In^-]$，溶液中有着等量的共轭酸碱，溶液的颜色即是混合色，此时溶液的 pH 称为酸碱指示剂的变色点（indicator transition point）。如甲基橙的变色点 pH $= pK_{HIn} = 3.7$，理论变色范围为 2.7 ～ 4.7；酚酞的变色点 pH $= pK_{HIn} = 9.1$，理论变色范围为 8.1 ～ 10.1。

由于人的视觉对不同颜色的敏感程度不同，实际能观察到的指示剂变色范围与理论值存在差异，大多数指示剂的实际变色范围都小于 2 个 pH 单位，如甲基橙的实际变色范围为 pH = 3.1 ～ 4.4。常见指示剂的变色点和变色范围见表 13-1。

表 13-1　常用酸碱指示剂

指示剂	变色点 pH $= pK_{HIn}$	变色范围 pH	酸式色	过渡色	碱式色
百里酚蓝（第一次变色）	1.7	1.2 ～ 2.8	红色	橙色	黄色
甲基橙	3.7	3.1 ～ 4.4	红色	橙色	黄色
溴酚蓝	4.1	3.1 ～ 4.6	黄色	蓝紫	紫色
溴甲酚绿	4.9	3.8 ～ 5.4	黄色	绿色	蓝色
甲基红	5.0	4.4 ～ 6.2	红色	橙色	黄色
溴百里酚蓝	7.3	6.0 ～ 7.6	黄色	绿色	蓝色
中性红	7.4	6.8 ～ 8.0	红色	橙色	黄色
百里酚蓝（第二次变色）	8.9	8.0 ～ 9.6	黄色	绿色	蓝色
酚酞	9.1	8.2 ～ 10.0	无色	粉红	红色
百里酚酞	10.0	9.4 ～ 10.6	无色	淡蓝	蓝色

二、滴定曲线和指示剂的选择

酸碱滴定分析时须选择合适的指示剂，使滴定终点和化学计量点尽量一致，从而减小滴定误差。因此对滴定过程中尤其是计量点附近溶液的 pH 变化情况，必须做到充分了解。

酸碱滴定曲线（titration curve）是以滴定过程中所加入的酸或碱标准溶液的体积为横坐标，以混合后溶液的 pH 为纵坐标绘制而成的曲线，该曲线可以帮助我们了解滴定过程中溶液的 pH 变化，从而正确地选择指示剂。不同类型的酸碱滴定曲线及指示剂的选择分别讨论如下。

（一）强酸和强碱的滴定

1. 滴定曲线 以 0.1000 mol · L^{-1} NaOH 溶液滴定 20.00 mL 0.1000 mol · L^{-1} HCl 溶液为例，说明滴定过程中溶液的 pH 变化情况。

（1）滴定前，溶液中的 $[H_3O^+]$ 近似等于 HCl 溶液的初始浓度，即 $[H_3O^+] = 0.1000\ mol \cdot L^{-1}$，所以溶液的 pH = 1.00。

（2）滴定开始至计量点前，溶液的酸度取决于剩余 HCl 的浓度。当滴入 NaOH 溶液的体积增加时，溶液的 pH 不断升高，至 19.98 mL（即滴定误差为 –0.1%）时，溶液的 $[H_3O^+]$ 为

$$[H_3O^+] = \frac{0.1000 \times 0.02}{20.00 + 19.98} = 5.0 \times 10^{-5}\ mol \cdot L^{-1}$$

$$pH = 4.30$$

（3）计量点时，HCl 与 NaOH 恰好反应完全，溶液呈中性，$[H_3O^+] = [OH^-] = 1.00 \times 10^{-7}\ mol \cdot L^{-1}$，pH = 7.00。

（4）计量点后，NaOH 过量，溶液的 $[H_3O^+]$ 取决于过量的 NaOH 浓度。如滴加 NaOH 溶液至 20.02 mL（即滴定误差为 +0.1%）时，溶液的 $[OH^-]$ 为

$$[OH^-] = \frac{0.1000 \times 0.02}{20.00 + 20.02} = 5.0 \times 10^{-5}\ mol \cdot L^{-1}$$

$$pOH = 4.30$$

$$pH = 14 - 4.30 = 9.70$$

将滴定不同阶段溶液的 pH 逐个计算后列于表 13-2 中，然后以 NaOH 加入量为横坐标，所得混合溶液的 pH 为纵坐标作图即得强碱滴定强酸的滴定曲线（图 13-1）。

表 13-2　0.1000 mol · L^{-1} NaOH 溶液滴定同浓度 HCl 溶液的 pH 变化

加入 NaOH 体积 /mL	剩余 HCl 体积 /mL	过量 NaOH 体积 /mL	pH	
0.00	20.00		1.00	
18.00	2.00		2.28	
19.80	0.20		3.30	
19.98	0.02		4.30	突跃范围
20.00	0.00		7.00	
20.02		0.02	9.70	
20.20		0.20	10.70	
22.00		2.00	11.68	
40.00		20.00	12.52	

从表 13-2 和图 13-1 中可以看到：不同的滴定阶段，溶液 pH 的改变是不同的。

（1）从滴定开始到加入 NaOH 溶液至 19.98 mL，溶液的 pH 从 1.00 增大到 4.30，溶液的 pH 变化较慢，仅改变了 3.30 个单位。

（2）到达化学计量点时，溶液的组成为 NaCl，呈中性，pH 为 7.00。而在计量点附近，NaOH 溶液从不足 0.02 mL（加入 19.98 mL）到过量 0.02 mL（加入 20.02 mL），即滴定误差从 –0.1% 到 +0.1% 时，溶液的 pH 却从 4.30 急剧升高至 9.70，pH 的改变量达到 5.40 个单位，溶液从酸性突变为碱性，这种 pH 的急剧改变称为滴定突跃（titration jump），简称突跃。突跃所在的 pH 范围，称为滴定突跃范围，简称突跃范围。滴定曲线中段近于垂直的部分（pH = 4.30 ～ 9.70）即是滴定突跃，其中间点即是计量点 pH = 7.00。

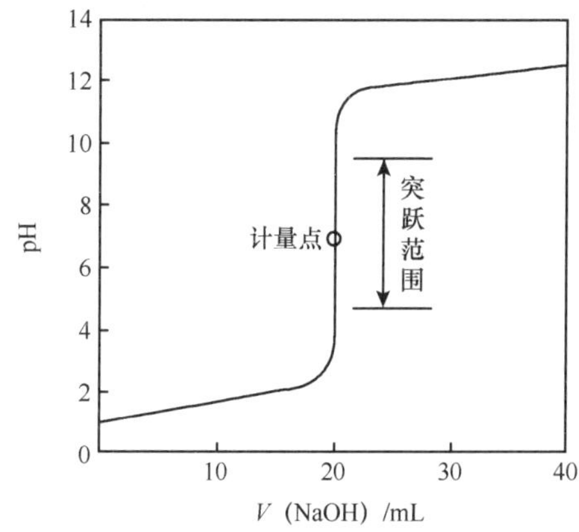

图 13-1 滴定曲线（$0.1000\ mol \cdot L^{-1}$ NaOH 溶液滴定 20.00 mL $0.1000\ mol \cdot L^{-1}$ HCl 溶液）

（3）突跃后，再继续加入 NaOH，溶液的 pH 变化逐渐变慢，曲线趋于平坦。

若用 $0.1000\ mol \cdot L^{-1}$ HCl 溶液滴定 20.00 mL $0.1000\ mol \cdot L^{-1}$ NaOH 溶液，则其滴定曲线与上述曲线位置反对称而形状相同（图 13-2 中 b 曲线所示）。

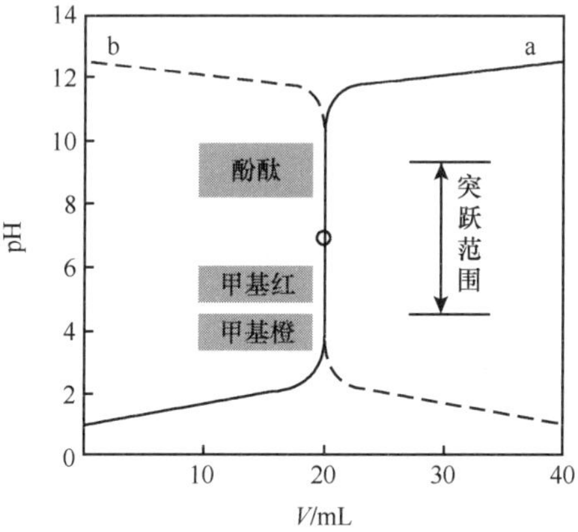

图 13-2 强酸强碱的滴定曲线

（a. $0.1000\ mol \cdot L^{-1}$ NaOH 溶液滴定 20.00 mL $0.1000\ mol \cdot L^{-1}$ HCl 溶液；b. $0.1000\ mol \cdot L^{-1}$ HCl 溶液滴定 20.00 mL $0.1000\ mol \cdot L^{-1}$ NaOH 溶液）

2. 指示剂的选择 从滴定曲线上可以看出，指示剂所指示的滴定终点只要在滴定突跃范围内，即便滴定终点与计量点不完全相等，所引起的滴定误差也将小于 ±0.1%，符合滴定分析的误差要求。由此可见，滴定突跃是选择指示剂的依据，选择指示剂的原则是：指示剂的变色范围部分或全部处于突跃范围内。根据这个原则，上述强酸和强碱滴定的突跃范围为 pH = 4.30 ～ 9.70，则甲基橙（pH = 3.1 ～ 4.4）、甲基红（pH = 4.4 ～ 6.2）、溴百里酚蓝（pH = 6.0 ～ 7.6）、酚酞（pH = 8.2 ～ 10.0）等都可作为备选指示剂。在实际滴定中，指示剂的选择还应考虑人眼对颜色变化的敏感性。即颜色由浅入深较容易判断，如酚酞从无色变为红色、甲基橙从黄色变为橙色就比较容易辨别。因此在强酸滴定强碱时，常选用甲基橙作指示剂；而在强碱滴定强酸时，则选用酚酞来确定滴定终点。

3. 突跃范围与酸碱浓度的关系 强酸强碱滴定突跃范围的大小与酸碱的浓度有关。如图 13-3 所示，当分别用 $1.000\ mol \cdot L^{-1}$、$0.1000\ mol \cdot L^{-1}$、$0.01000\ mol \cdot L^{-1}$ NaOH 溶液滴定 20.00 mL 相同浓度的 HCl 溶液时，其突跃范围分别为 pH = 3.30 ～ 10.70、pH = 4.30 ～ 9.70、pH = 5.30 ～ 8.70，可见溶液浓度越大，突跃范围越大，越有利于指示剂的选择，但是因浓度高会造成计量点附近较大的误差；当溶液浓度减小时，突跃范围减小，指示剂的选择就变得更加困难，

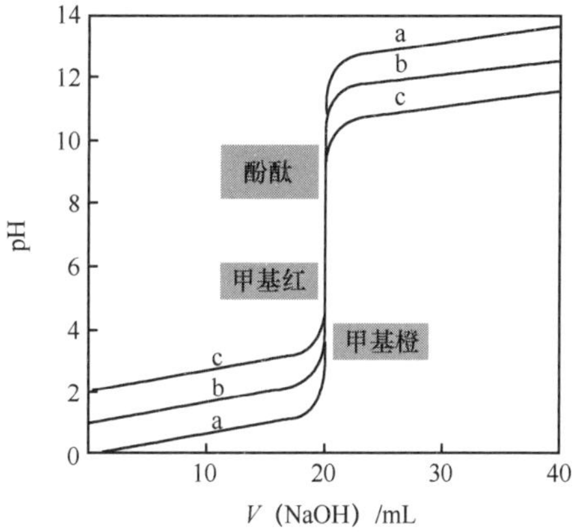

图 13-3 强酸强碱滴定突跃范围与酸碱浓度的关系［（a）$1.000\ mol \cdot L^{-1}$、（b）$0.1000\ mol \cdot L^{-1}$、（c）$0.01000\ mol \cdot L^{-1}$、NaOH 溶液滴定 20.00 mL 相同浓度的 HCl 溶液］

当酸碱的浓度低于 10^{-4} mol · L^{-1} 时，突跃已基本消失，无法找到合适的指示剂来确定滴定终点，因此就不能准确地完成滴定。故在滴定分析中，酸碱的浓度一般控制在 0.1 ～ 0.5 mol · L^{-1}，且最好酸碱的浓度相近。

（二）一元弱酸和一元弱碱的滴定

1. 滴定曲线 以 0.1000 mol · L^{-1} NaOH 溶液滴定 20.00 mL 0.1000 mol · L^{-1} HAc 溶液为例，说明一元弱酸滴定过程中溶液的 pH 变化情况。

（1）滴定前，溶液中的 $[H_3O^+]$ 近似等于 HAc 解离平衡时的 $[H_3O^+]$ 浓度，即 $[H_3O^+]=\sqrt{c_aK_a}=\sqrt{0.1000\times1.75\times10^{-5}}=1.32\times10^{-3}\ \text{mol}\cdot\text{L}^{-1}$，所以溶液的 pH = 2.88。

（2）滴定开始至计量点前，溶液是 HAc 与 NaAc 构成的缓冲溶液，其酸度取决于剩余 HAc 与生成 NaAc 的浓度。其 pH 利用下式计算

$$\text{pH}=\text{p}K_a+\lg\frac{c(\text{Ac}^-)}{c(\text{HAc})}$$

例如，当滴入 NaOH 至 19.98 mL（即滴定误差为 –0.1%）时，溶液的 pH 计算如下

$$c(\text{Ac}^-)=\frac{0.1000\times19.98}{20.00+19.98}=5.0\times10^{-2}\ (\text{mol}\cdot\text{L}^{-1})$$

$$c(\text{HAc})=\frac{0.1000\times(20.00-19.98)}{20.00+19.98}=5.0\times10^{-5}\ (\text{mol}\cdot\text{L}^{-1})$$

$$\text{pH}=\text{p}K_a+\lg\frac{c(\text{Ac}^-)}{c(\text{HAc})}=4.76+\lg\frac{5.0\times10^{-2}}{5.0\times10^{-5}}=7.76$$

（3）计量点时，HAc 与 NaOH 恰好反应完全，溶液组成是 NaAc，其 pH 由 Ac^- 决定。其 $[OH^-]$ 可近似计算为

$$[\text{OH}^-]=\sqrt{c_bK_b}=\sqrt{c_b\frac{K_w}{K_a}}=\sqrt{\frac{0.1000}{2}\times\frac{1.0\times10^{-14}}{1.75\times10^{-5}}}=5.35\times10^{-6}\ (\text{mol}\cdot\text{L}^{-1})$$

pOH = 5.27，pH = 8.73。

（4）计量点后，NaOH 过量，溶液的 $[H_3O^+]$ 取决于过量的 NaOH 浓度。如滴加 NaOH 溶液至 20.02 mL（即滴定误差为 +0.1%）时，溶液的 $[OH^-]$ 为

$$[\text{OH}^-]=\frac{0.1000\times0.02}{20.00+20.02}=5.0\times10^{-5}\ (\text{mol}\cdot\text{L}^{-1})$$

$$\text{pOH}=4.30$$

$$\text{pH}=14-4.30=9.70$$

将滴定不同阶段溶液的 pH 逐个计算后列于表 13-3 中，然后以 NaOH 加入量为横坐标，所得混合溶液的 pH 为纵坐标作图即得强碱滴定一元弱酸的滴定曲线（图 13-4）。

2. 滴定曲线的特点与指示剂的选择 从图 13-4 滴定曲线上可以看出，与图 13-1 相比具有如下的特征：

（1）滴定曲线的起点高。因为 HAc 是弱酸，解离出的 $[H_3O^+]$（1.32×10^{-3} mol · L^{-1}）比 HCl（0.1000 mol · L^{-1}）少得多。

（2）pH 的变化速率不相同。强碱 NaOH 滴定一元弱酸 HAc 刚开始，生成的少量 Ac^- 抑制了 HAc 的解离，因此 pH 升高明显；但是随着滴定的进行，pH 改变缓慢而出现平坦曲线部分，因为生成的 NaAc 与 HAc 形成缓冲溶液使溶液的 pH 增加缓慢；继续滴定近化学计量点时，因剩余的 HAc 越来越少，缓冲能力减弱，pH 的增加速度开始增大；而计量点后的 pH 变化基本相同，因为

表 13-3 0.1000 mol · L^{-1} NaOH 溶液滴定 0.1000 mol · L^{-1} HAc 溶液的 pH 变化

加入 NaOH 体积 /mL	溶液组成	$[H_3O^+]$ 计算	pH
0.00	HAc	$[H_3O^+]=\sqrt{c_aK_a}$	2.88
10.00	$HAc+Ac^-$	$pH=pK_a+\lg\frac{c(Ac^-)}{c(HAc)}$	4.76
18.00	$HAc+Ac^-$		5.70
19.80	$HAc+Ac^-$		6.74
19.98	$HAc+Ac^-$		7.76（突跃范围起）
20.00	Ac^-	$[OH^-]=\sqrt{c_bK_b}$	8.73
20.02	OH^-+Ac^-	$[OH^-]=\frac{c(NaOH)V(NaOH)}{V(NaOH)+V(HAc)}$	9.70（突跃范围止）
20.20	OH^-+Ac^-		10.70
22.00	OH^-+Ac^-		11.68
40.00	OH^-+Ac^-		12.52

都由过量的 NaOH 来决定。

（3）化学计量点处于碱性区域，计量点时的 pH 为 8.73 而不是 7.00，因为计量点时的溶液由 NaAc 组成，呈现 Ac^- 的碱性。

（4）滴定突跃范围小。与相同浓度强酸强碱的滴定突跃范围 pH = 4.30 ～ 9.70 相比，该滴定突跃范围更小，为 pH = 7.76 ～ 9.70。

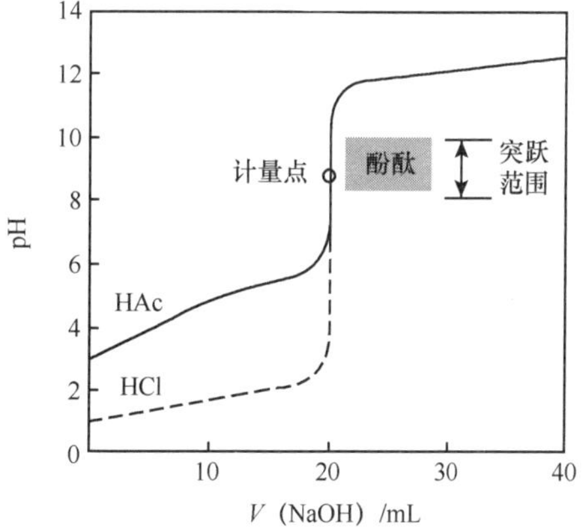

图 13-4 滴定曲线（0.1000 mol · L^{-1} NaOH 溶液滴定 20.00 mL 0.1000 mol · L^{-1} HAc 溶液）

根据滴定突跃范围，该滴定分析不适合选择酸性范围变色的甲基橙和甲基红，而应选择碱性范围变色的指示剂。如酚酞（pH = 8.2 ～ 10.0）或百里酚酞（pH = 9.4 ～ 10.6）等都可作为备选指示剂。

3. 突跃范围与弱酸强度的关系 强碱滴定弱酸的突跃范围大小也与浓度有关，与强碱滴定强酸相同，酸的浓度越大时，突跃范围也越大。但是该突跃范围除了与酸碱的浓度有关外，还与弱酸的强度有关。如图 13-5 所示，当用 0.1000 mol · L^{-1} NaOH 溶液分别滴定同浓度的不同强度的弱酸溶液时，弱酸的酸性越强即 K_a 越大，滴定突跃范围越大；反之，则滴定突跃范围越小。当弱酸的 c_a = 0.1000 mol · L^{-1}，$K_a = 10^{-7}$ 时，滴定突跃只有 0.3 个 pH 单位，用指示剂已经很难确定滴定终点。当 $K_a < 10^{-9}$ 时，即使是 1 mol · L^{-1} 的弱酸也看不到明显的突跃。实验证明，能用强碱准确滴定的弱酸必须满足的条件是：$c_aK_a \geqslant 10^{-8}$。

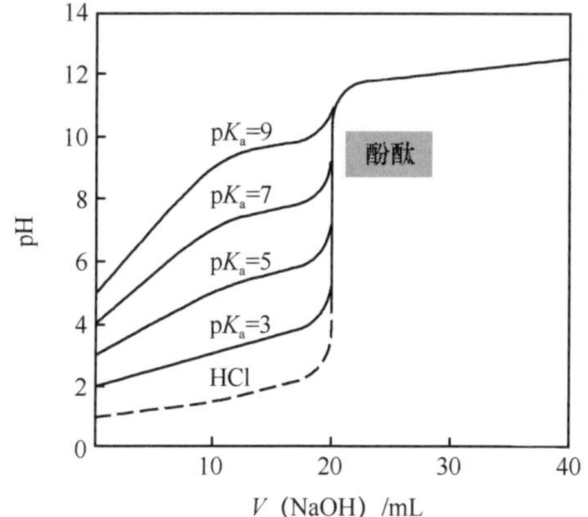

图 13-5 强碱滴定一元弱酸的突跃范围与酸强度的关系

用强酸滴定一元弱碱的情况与强碱滴定一元弱酸相似，如 0.1000 mol · L^{-1} HCl 溶液滴定 20.00 mL 同浓度的 $NH_3 \cdot H_2O$ 溶液，其滴定曲线如图 13-6 所示。可见其滴定曲线的形状与强碱滴定一元弱酸对称相反，计量点（pH = 5.28）和突跃范围（pH = 4.30 ～ 6.30）都在酸性区域。可选择酸性范围变色的指示剂，如甲基橙（pH =

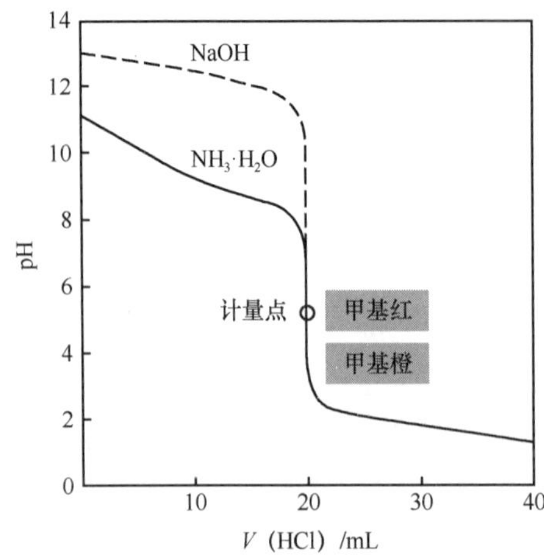

图 13-6 滴定曲线（0.1000 mol · L^{-1} HCl 溶液滴定 20.00 mL 0.1000 mol · L^{-1} NH$_3$ · H$_2$O 溶液）

3.1 ～ 4.4)、甲基红（pH = 4.4 ～ 6.2）等。

强酸滴定弱碱的突跃范围大小取决于弱碱的浓度和强度。因此能被强酸准确滴定的弱碱必须满足的条件是：$c_bK_b \geq 10^{-8}$。

（三）多元酸和多元碱的滴定

多元酸（碱）在溶液中的解离是分步进行的，其滴定反应也是分步进行的，故其滴定情况比较复杂。多元酸（碱）的每一步滴定能否准确完成，各相邻两步之间有无干扰须分别判断。其判断的一般依据如下：

（1）首先用 c_aK_a 或 $c_bK_b \geq 10^{-8}$ 来判断解离出的 H_3O^+ 或 OH^- 能否准确滴定。

（2）相邻两级的 K_a 或 K_b 比值要大于 10^4，即 $K_{ai}/K_{ai+1} > 10^4$ 或 $K_{bi}/K_{bi+1} > 10^4$ 才能分级滴定。若 $c_aK_{a1} \geq 10^{-8}$，$K_{a1}/K_{a2} > 10^4$，则第一级解离出的 H_3O^+ 先被滴定，形成第一个滴定突跃。第二级解离出的 H_3O^+ 后被滴定，如果 $c_aK_{a2} \geq 10^{-8}$，则产生第二个滴定突跃；若 $c_aK_{a2} < 10^{-8}$，则第二步无法准确滴定，也无第二个滴定突跃产生。

以 0.1000 mol · L^{-1} NaOH 溶液滴定 20.00 mL 0.1000 mol · L^{-1} H_3PO_4 溶液为例说明多元酸的滴定情况。H_3PO_4 的三级解离平衡常数分别为：$K_{a1} = 6.9\times10^{-3}$，$K_{a2} = 6.1\times10^{-8}$，$K_{a3} = 4.8\times10^{-13}$，因为 $c_aK_{a1} > 10^{-8}$，$K_{a1}/K_{a2} > 10^4$，所以 H_3PO_4 第一级解离出的 H_3O^+ 能被准确滴定，产生第一个滴定突跃；$c_aK_{a2} \approx 10^{-8}$，$K_{a2}/K_{a3} > 10^4$，故第二级解离出的 H_3O^+ 也能被准确滴定，产生第二个滴定突跃；但是 $c_aK_{a3} \ll 10^{-8}$，所以第三级解离出的 H_3O^+ 不能被准确滴定。即 H_3PO_4 的滴定曲线上可见到 2 个滴定突跃（图 13-7）。

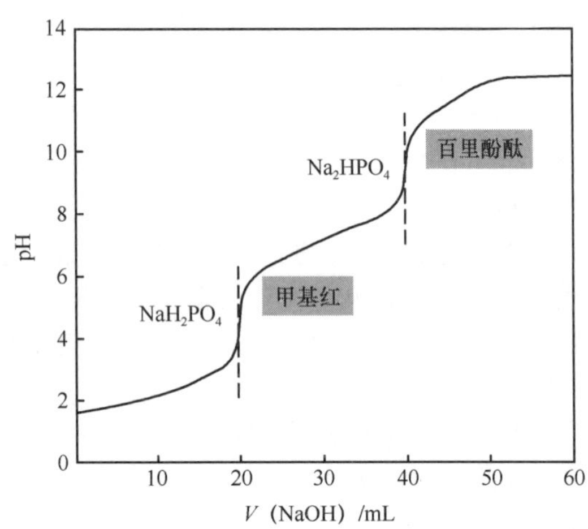

图 13-7 滴定曲线（0.1000 mol · L^{-1} NaOH 溶液滴定 20.00 mL 0.1000 mol · L^{-1} H_3PO_4 溶液）

该滴定的第一个化学计量点产物是 NaH_2PO_4，溶液的 pH 可近似计算如下：

$$pH = \frac{pK_{a1} + pK_{a2}}{2} = \frac{2.16 + 7.21}{2} = 4.68$$

根据此 pH，滴定终点的指示剂可选甲基红（pH = 4.4 ～ 6.2）。

第二个计量点产物是 Na_2HPO_4，溶液的 pH 也可近似计算如下：

$$pH = \frac{pK_{a2} + pK_{a3}}{2} = \frac{7.21 + 12.32}{2} = 9.76$$

选用指示剂百里酚酞，达到滴定终点时，溶液从无色变成浅蓝色。

对于多元碱的滴定，以 0.1000 mol · L^{-1} HCl 溶液滴定 20.00 mL 0.05000 mol · L^{-1} Na_2CO_3 溶液为例说明如下。

Na_2CO_3 为二元弱碱，其解离平衡常数分别为

$$K_{b1} = \frac{K_w}{K_{a2}} = \frac{1.0\times10^{-14}}{4.7\times10^{-11}} = 2.1\times10^{-4}$$

$$K_{b2} = \frac{K_w}{K_{a1}} = \frac{1.0\times10^{-14}}{4.5\times10^{-7}} = 2.2\times10^{-8}$$

由此可知，$c_bK_{b1} > 10^{-8}$，$c_bK_{b2} \approx 10^{-8}$，$K_{b1}/K_{b2} \approx 10^4$，所以两步滴定之间存在相互交叉干扰，并且滴定过程中存在 HCO_3^- 的缓冲作用，滴定突跃不太明显（滴定曲线见图 13-8），分步滴定的准确度不够高。

第一化学计量点的产物是 $NaHCO_3$，溶液的 pH 可计算如下：

$$pH = \frac{pK_{a1} + pK_{a2}}{2} = \frac{6.35+10.33}{2} = 8.34$$

可用相同浓度的溶液作参比溶液或采用甲酚红与百里酚蓝的混合指示剂（变色点为 pH = 8.3）以提高测定的准确度。

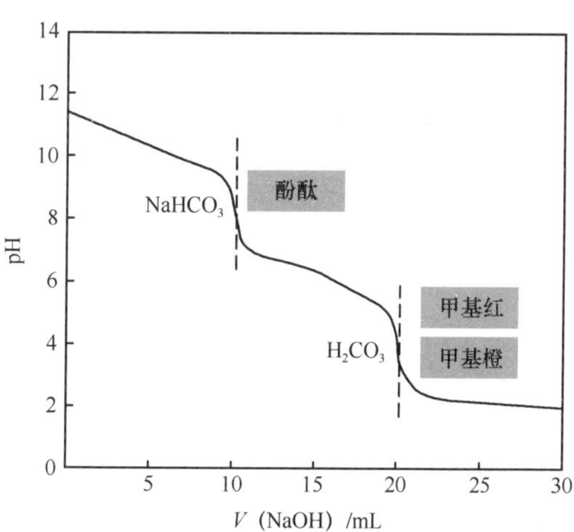

图 13-8　滴定曲线（0.1000 mol · L^{-1} HCl 溶液滴定 20.00 mL 0.05000 mol · L^{-1} Na_2CO_3 溶液）

第二化学计量点的产物是 H_2CO_3，即溶液是水合 CO_2，常温下其饱和溶液的浓度约为 0.040 mol · L^{-1}，所以此时溶液的 pH 可计算为

$$[H_3O^+] = \sqrt{c_aK_{a1}} = \sqrt{0.040\times4.5\times10^{-7}} = 1.3\times10^{-4}\ \text{mol}\cdot\text{L}^{-1}$$

$$pH = 3.89$$

因此可选用甲基橙作指示剂。由于 CO_2 容易形成过饱和溶液，溶液的酸度稍有增加致使终点提前，因此，在滴定至临近终点时，应剧烈摇动溶液，或加热煮沸使 CO_2 逸出，稍冷却后再继续滴定，使终点更明显。

三、酸碱滴定法的应用

酸碱滴定法在科学研究及实践中的应用非常广泛，举例如下。

（一）试样中含氮量的测定

在 $(NH_4)_2SO_4$ 和 NH_4Cl 试样溶液中，都有弱酸 NH_4^+ 存在，但是由于其酸性太弱，不能用直接滴定法测定其含量。通常的测定方法包括蒸馏法、凯氏定氮法和甲醛法。药典采用前两种方法进行测定。

1. 蒸馏法　在铵盐试样溶液中加入过量的浓 NaOH 溶液，加热使 NH_3 蒸馏出来，用过量的 H_2SO_4 或 HCl 标准溶液吸收，过量的酸再用 NaOH 标准溶液返滴定；蒸馏出来的 NH_3 也可用 H_3BO_3 溶液吸收使其转化为 NH_4BO_2，然后用 HCl 标准溶液滴定 NH_4BO_2，产物为 NH_4Cl 和 H_3BO_3，反应达到计量点时，溶液的 pH 约为 5，采用甲基红或溴酚绿与甲基红混合指示剂指示滴定终点。反应的化学计量关系是 1 mol HCl 相当于 1 mol N。

蒸馏法相对比较费时，但是准确度高，并且滴定中只需要一种酸标准溶液，确保过量的 H_3BO_3 溶液即可。

2. 凯氏定氮法　在生物化学和食品分析中广泛采用的是凯氏（Kjeldahl）定氮法。该方法是在催化剂存在的条件下，将蛋白质、生物碱及其他有机试样用浓硫酸煮沸分解，即消化，将试样中的 N 转化成 NH_4^+，然后加入浓 NaOH 溶液将 NH_3 蒸馏出来，后续进行氮含量的测定方法与上述蒸馏法相同。

（二）乙酰水杨酸含量的测定

乙酰水杨酸（阿司匹林）常用作解热镇痛药，其分子结构中含有羧基，水溶液中的 pK_a 为 3.49，故可采用直接滴定法进行含量测定。滴定的反应方程式如下：

$$C_6H_4(COOH)(OCOCH_3) + NaOH \rightleftharpoons C_6H_4(COONa)(OCOCH_3) + H_2O$$

由于结构中存在酯基，在碱性条件下易于水解，因此滴定时应控制温度（10℃以下），并在中性乙醇溶液中进行。

第三节　氧化还原滴定法

一、氧化还原滴定法简介

氧化还原滴定法（oxidation-reduction titration）是以氧化还原反应为基础的滴定分析方法。其不仅可以用于直接测定具有氧化性或还原性的物质，还可以用于间接测定一些能与氧化剂或还原剂发生定量反应的物质。可用于滴定分析的氧化还原反应须具有下列特征：

（1）被测定的物质处于适合滴定的氧化型（态）或还原型（态）。

（2）滴定反应定量而完全（反应的平衡常数 $K > 10^6$）。

（3）反应快速进行，或能通过加热或加入催化剂加快反应的进行。

（4）具有合适的指示剂指示滴定终点。

氧化还原滴定法通常根据标准溶液命名，由此而分为高锰酸钾法（permanganometric titration）、碘量法（iodimetry）、重铬酸钾法、铈量法、亚硝酸盐法等。本节仅简要介绍应用较多的高锰酸钾法和碘量法。

（一）高锰酸钾法

1. 基本原理　高锰酸钾法是以强氧化剂 $KMnO_4$ 为标准溶液的氧化还原滴定法。在强酸性溶液中，MnO_4^- 将被还原成 Mn^{2+}，其半反应方程式为

$$MnO_4^-(aq) + 8H^+(aq) + 5e^- \rightleftharpoons Mn^{2+}(aq) + 4H_2O(l) \qquad \varphi^{\ominus} = 1.507\ V$$

但在弱酸性、中性或弱碱性溶液中，MnO_4^- 则被还原成 MnO_2 沉淀。因此高锰酸钾法滴定需控制酸度，宜在强酸性介质中进行，但是酸度太高，$KMnO_4$ 易分解转化为 Mn^{2+} 和 O_2，因此适宜的酸度为 1 ～ 2 mol · L^{-1}。通常选用 0.5 ～ 1.0 mol · L^{-1} H_2SO_4 作为酸性介质调节酸度，而不能选用 HNO_3 和 HCl，因 HNO_3 具有氧化性，而 HCl 易被氧化从而带来副反应。

高锰酸钾法中，当 $KMnO_4$ 的浓度高于 2×10^{-6} mol · L^{-1}，便可显示其鲜明的紫红色，而还原产物 Mn^{2+} 几乎无色，因此可采用 $KMnO_4$ 自身作为指示剂。但是由于 $KMnO_4$ 的强氧化性，易与空气中的还原性物质发生反应而使滴定终点的微红色不能持久存在，因此，当滴定至溶液呈微红色并在 30 s 内不褪色，即达到滴定终点。

2. $KMnO_4$ 标准溶液的配制和标定

（1）$KMnO_4$ 标准溶液的配制：市售的 $KMnO_4$ 纯度不高，一般为 99% ～ 99.5%，常含有 MnO_2、硫酸盐、硝酸盐等杂质，而且蒸馏水中常含有少量有机物可与 $KMnO_4$ 发生反应，因此不能采用直接法配制 $KMnO_4$ 标准溶液。为获得稳定浓度的 $KMnO_4$ 溶液，采用的配制方法是：将配制好的 $KMnO_4$ 溶液储存于棕色瓶中，密闭在暗处放置 7 ～ 8 天（或加水溶解后煮沸约 1 h，使溶液中的杂质与 $KMnO_4$ 完全反应，再放置 2 ～ 3 天），然后用垂熔玻璃漏斗（不能用滤纸过滤，因滤纸可与 $KMnO_4$ 反应）过滤除去 MnO_2 等杂质后储于棕色瓶中，最后再标定。

（2）$KMnO_4$ 标准溶液的标定：通常配制的 $KMnO_4$ 标准溶液浓度约为 0.02 mol · L^{-1}，标定时常用的基准物质是 As_2O_3、$H_2C_2O_4 \cdot 2H_2O$、$Fe(NH_4)_2(SO_4)_2 \cdot 6H_2O$、纯铁丝等。其中最常用的是稳定性良好的 $Na_2C_2O_4$，标定时的离子反应方程式为

$$2MnO_4^- + 5C_2O_4^{2-} + 16H^+ \rightleftharpoons 2Mn^{2+} + 10CO_2\uparrow + 8H_2O$$

标定时需注意：①温度：该反应在室温下反应速率极慢，常将 $Na_2C_2O_4$ 溶液预先加热至 75～85℃，并在滴定过程中保持温度在 60℃以上，但不能高于 90℃，以免 $H_2C_2O_4$ 发生分解。②酸度：用 H_2SO_4 调节酸度。③滴定速度：滴定刚开始反应速率慢，可借助加热或自身催化剂 Mn^{2+} 加速反应的发生，因此滴定速度刚开始缓慢，而后逐渐适当加快。

（二）碘量法

1. 基本原理 碘量法是依据碘单质（I_2）的氧化性和碘离子（I^-）的还原性来进行定量分析的氧化还原滴定法。其半反应方程式为

$$I_2 + 2e^- \rightleftharpoons 2I^- \qquad \varphi^{\ominus} = 0.5355\ V$$

其电极电位适中，I_2 的氧化性较弱，能与较强的还原剂发生作用；而 I^- 为中等强度的还原剂，可与许多的氧化剂作用实现定量分析。因此碘量法既可测定氧化性物质又可测定还原性物质。

碘量法可分为直接碘量法（iodimetric titration）和间接碘量法（iodometry）。直接碘量法也称为碘滴定法，是利用 I_2 的氧化性，测定标准电极电位比其低的还原性物质，如 S^{2-}、SO_3^{2-}、$S_2O_3^{2-}$、Sn^{2+}、维生素 C 等。直接碘量法只能在酸性、中性或弱碱性溶液中进行，溶液的 pH 过高（pH > 9）将发生碘歧化的副反应。间接碘量法则是利用 I^- 的还原性，测定标准电极电位比其高的氧化性物质，如 MnO_4^-、$Cr_2O_7^{2-}$、H_2O_2、ClO_3^-、CrO_4^{2-}、Cu^{2+} 等，当与它们反应时，将定量地置换出单质碘 I_2，然后用 $Na_2S_2O_3$ 标准溶液滴定置换出的碘。间接碘量法宜在中性或弱酸性溶液中进行，强酸性将使 $Na_2S_2O_3$ 分解，使 I^- 被空气中的 O_2 缓慢氧化，而较强碱性将使碘发生歧化反应。

碘量法中采用淀粉作为指示剂。在 I^- 的作用下，淀粉可与 I_2 形成蓝色配合物，反应可逆、灵敏，但应在常温下的弱酸性环境中使用。另外，淀粉指示剂的加入时间也需要注意：直接碘量法在滴定前加入，滴定至溶液出现蓝色即为终点；间接碘量法需在临近终点时才加入淀粉指示剂，滴定至溶液颜色刚好消失即是滴定终点，过早加入会使终点延后而产生误差。

2. 标准溶液的配制和标定

（1）碘标准溶液的配制和标定：I_2 具有挥发性和腐蚀性，水溶性较差，因此只能采用间接法配制标准溶液。取一定量的碘单质，加入 KI 的浓溶液，使 I_2 形成 I_3^- 配离子而增大 I_2 的溶解度，且降低 I_2 的挥发性。配成的碘溶液经垂熔玻璃漏斗过滤后，储存于玻塞棕色试剂瓶中，阴凉处保存，经标定后再使用。

标定碘标准溶液的常用基准物质是 As_2O_3，也可以采用 $Na_2S_2O_3$ 标准溶液来标定，后者更为常用。用 $Na_2S_2O_3$ 标准溶液标定 I_2 标准溶液的反应方程式如下：

$$I_2(aq) + 2Na_2S_2O_3(aq) = 2NaI(aq) + Na_2S_4O_6(aq)$$

（2）标准溶液的配制和标定：结晶硫代硫酸钠（$Na_2S_2O_3 \cdot 5H_2O$）易风化或潮解，且常常含有 S、S^{2-}、Cl^-、SO_3^{2-}、CO_3^{2-} 等杂质，因此只能采用间接法配制标准溶液。此外，其水溶液可被水中 CO_2、O_2 和微生物分解和氧化，因此配制溶液时需要使用新煮沸的冷蒸馏水，并加入少量 Na_2CO_3 作稳定剂，保持 pH 在 9～10，溶液储存于棕色瓶中，在暗处放置 8～9 天（或更长时间 1 个月）。待浓度稳定后，用碘标准溶液或基准物质 $K_2Cr_2O_7$、KIO_3、$KBrO_3$ 等标定。常用的基准物质是 $K_2Cr_2O_7$。在酸性溶液中，$K_2Cr_2O_7$ 与过量的 KI 作用生成 I_2，以淀粉为指示剂，再用 $Na_2S_2O_3$ 溶液滴定。其反应如下：

$$Cr_2O_7^{2-}(aq) + 6I^-(aq) + 14H^+(aq) \rightleftharpoons 2Cr^{3+}(aq) + 3I_2(s) + 7H_2O(l)$$

$$2S_2O_3^{2-}(aq) + I_2(s) \rightleftharpoons 2I^-(aq) + S_4O_6^{2-}(aq)$$

二、氧化还原滴定法的应用

氧化还原滴定法在实际中应用广泛，简要举例如下。

（一）高锰酸钾法测定双氧水的含量

市售双氧水为 H_2O_2 的 30% 水溶液，H_2O_2 既具有氧化性又具有还原性，在酸性溶液中，可用氧化剂标准溶液直接滴定测定其含量。但是在进行滴定之前需对试样溶液进行适当稀释，且因 H_2O_2 受热易分解，滴定应在室温下进行，刚开始滴定速度不宜快，待 Mn^{2+} 生成后可加快滴定速度。滴定反应的离子反应方程式为

$$2MnO_4^- + 5H_2O_2 + 6H^+ \rightleftharpoons 2Mn^{2+} + 5O_2\uparrow + 8H_2O$$

（二）直接碘量法测定维生素 C 的含量

维生素 C 又称抗坏血酸（ascorbic acid），其结构中因含有烯二醇基而具有较强的还原性，与氧化剂碘可发生定量反应生成脱氧抗坏血酸，其反应式如下：

$$\text{维生素C（}CH_2OH-CH(OH)-\text{内酯环，含 }HO-C=C-OH\text{）} + I_2 \rightleftharpoons \text{脱氢抗坏血酸（}CH_2OH-CH(OH)-\text{内酯环，含 }O=C-C=O\text{）} + 2HI$$

由于维生素 C 的较强还原性，甚至易被空气中的 O_2 氧化，因此滴定时，应加入乙酸保持溶液酸度，以减小其与 I_2 以外的氧化剂发生反应而带来的干扰。

（三）间接碘量法测定漂白粉中次氯酸钙的含量

次氯酸钙［$Ca(ClO)_2$］是漂白粉的主要成分，其含量可利用间接碘量法测定。先将其与 HCl 反应产生 Cl_2，而 Cl_2 能将 I^- 氧化为 I_2，反应生成的 I_2 用 $Na_2S_2O_3$ 标准溶液滴定即可间接计算出漂白粉中次氯酸钙的质量分数。

第四节　配位滴定法

一、配位滴定法基本原理

配位滴定法（complexometry）是以配位反应为基础的滴定分析法。作为最常用的滴定分析方法之一，它广泛地用于金属离子含量的测定。氨羧配位剂是一类以氨基二乙酸为基体的有机配位剂，几乎能与所有金属离子配位，这一类配位剂因与金属离子发生螯合，形成的配合物即螯合物稳定性高，被广泛用于滴定分析中，也被称为螯合滴定法（chelatometric titration）。其中最成熟、应用最广泛的螯合剂是乙二胺四乙酸（ethylenediamine tetraacetic acid，EDTA），但是乙二胺四乙酸在水中的溶解度较低，实际中常用其二钠盐（Na_2H_2Y）。EDTA（Y）与金属离子（M）可形成多个五元环状结构且易溶于水的稳定螯合物，其反应通式略去电荷可简要表示如下：

$$M + Y \rightleftharpoons MY$$

反应达平衡时，其平衡常数可表示成

$$K_{MY} = \frac{[MY]}{[M][Y]} \tag{13-3}$$

K_{MY} 为一定温度下配合物 MY 的稳定常数（stability constant），其值越大，配合物越稳定。常见金

属离子的稳定常数见表 13-4。

表 13-4 常见金属离子与 EDTA 配合物的稳定常数（离子强度 0.1 mol · L^{-1}，20℃）

金属离子	$\lg K_{MY}$	金属离子	$\lg K_{MY}$	金属离子	$\lg K_{MY}$
Na^{+}	1.66	Mn^{2+}	13.87	Cu^{2+}	18.80
Li^{+}	2.79	Fe^{2+}	14.32	Hg^{2+}	21.7
Ag^{+}	7.32	Al^{3+}	16.30	Sn^{2+}	22.11
Ba^{2+}	7.86	Zn^{2+}	16.50	Cr^{3+}	23.4
Mg^{2+}	8.79	Pb^{2+}	18.04	Fe^{3+}	25.10
Ca^{2+}	10.69	Ni^{2+}	18.62	Co^{3+}	36.0

由表 13-4 可见，金属离子与 EDTA 形成的配合物的稳定常数差异较大。其中稳定性最差的是碱土金属离子形成的配合物（$\lg K_{MY}$ 在 8 ～ 11），稳定性稍强的是二价金属离子和 Al^{3+} 形成的配合物（$\lg K_{MY}$ 在 14 ～ 19），稳定性最强的是三价金属离子、Hg^{2+} 和 Sn^{2+} 形成的配合物（$\lg K_{MY}$ > 20）。在适当条件下，$\lg K_{MY}$ > 8 便可以准确滴定，对于稳定性稍差的配合物，控制滴定反应的条件是很重要的。

（一）影响 EDTA 配位滴定的因素

配位平衡中涉及的化学平衡较复杂，影响因素较多，因此，滴定过程中需考虑各种副反应发生的可能性，提高滴定分析的准确度。

影响 EDTA 配位滴定的因素主要包括以下几个方面。

1. 酸度 EDTA 是一多元弱酸，在溶液中以双偶极离子的形式存在，当溶液酸度较高时，Y 可与 H_3O^+ 形成各级酸，配合物 MY 的配位平衡将向着解离的方向移动，这就是 EDTA 的酸效应。而当溶液酸度过低时，金属离子 M^{n+} 易于发生水解而形成氢氧化物 $M(OH)_n$ 沉淀，这就是金属离子的水解效应。所以在滴定中需要通过缓冲溶液来调控溶液酸度以消除酸效应和水解效应带来的影响。

2. 溶液中其他金属离子的影响 因为 EDTA 几乎可以和所有的金属离子发生反应，当溶液中存在其他金属离子时，则会发生相互干扰，影响测定结果的准确度。所以在滴定前需要进行相应的前处理过程，如调节 pH、加入掩蔽剂等以消除其他金属离子对滴定可能带来的干扰。

3. 溶液中其他配体的影响 当溶液中存在其他可与金属离子发生反应的配体 L 时，将使 M 发生副反应，降低其与 EDTA 反应的完全程度，这就是金属离子的配位效应。ML 的稳定性越强，配位效应的影响就越大。因此在滴定时，可通过调节溶液 pH 或其他简便可行的方法来克服配位效应。

（二）金属指示剂

配位滴定的终点可借助于金属指示剂（metallochromic indicator）来指示。金属指示剂是一种能与金属离子生成有色配合物的有机染料。常用的金属指示剂包括铬黑 T（eriochrome black T，EBT）、二甲酚橙（xylene orange，XO）、钙红指示剂（calcon carboxylic acid，NN）等。以最常使用的铬黑 T 为例说明金属指示剂的变色原理。

铬黑 T 属于弱酸性偶氮染料（以符号 H_2In^- 表示），它与金属离子可形成酒红色产物。在水溶液中铬黑 T 的解离平衡如下：

$$H_2In^- \xrightleftharpoons{pK_{a1}=6.3} HIn^{2-} \xrightleftharpoons{pK_{a2}=11.6} In^{3-}$$

pH<6.3	pH=6.3～11.6	pH>11.6
紫红色	**蓝色**	**橙色**

当 pH < 6.3 时，铬黑 T 呈现紫红色，当 pH > 11.6 时，铬黑 T 呈现橙色，这两种颜色都与金属离子铬黑 T 配合物的酒红色差异不大，因此使用铬黑 T 指示剂时，溶液的酸度 pH 需在 6.3 ～ 11.6，最适宜 pH 为 9.0 ～ 10.5，一般采用 NH_3-NH_4Cl 缓冲溶液控制 pH = 10.0 左右进行滴定。铬黑 T 用作指示剂时，可测定 Zn^{2+}、Ca^{2+}、Mg^{2+} 等离子。以 Mg^{2+} 的 EDTA 滴定为例，先加入少量铬黑 T，使其与部分 Mg^{2+} 形成酒红色产物 $MgIn^-$，滴定开始至滴定终点之前，EDTA 与溶液中 Mg^{2+} 形成无色配合物 MgY^{2-}，当游离 Mg^{2+} 被 EDTA 结合完全时，继续滴入的 EDTA 则将 $MgIn^-$ 中的铬黑 T 置换出来，从而呈现指示剂本身的蓝色以指示终点的到达。由此可以看到，作为金属指示剂必须满足如下条件：

（1）指示剂与金属离子形成配合物（用简式 MIn 表示）前后的颜色必须有明显的不同。

（2）指示剂与金属离子形成配合物 MIn 的稳定性须适中，既不能太稳定使终点时指示剂不变色或变色不敏锐，终点延后（指示剂封闭），也不能稳定性太差导致终点提前。一般要求指示剂的稳定常数 $K_s(MIn) > 10^4$，金属离子与 EDTA 的配合物的稳定常数要大于 10^6，即 $K_s(MY)/K_s(MIn) > 10^2$。如在测定 Mg^{2+} 时，即使存在少量的 Fe^{3+}，因其与铬黑 T 能生成稳定性很强的配合物，从而对铬黑 T 产生封闭作用，此时就必须先加入三乙醇胺使其与 Fe^{3+} 生成更稳定的配合物，消除其对 Mg^{2+} 滴定的干扰，此时的三乙醇胺被称为掩蔽剂。

（三）标准溶液的配制和标定

1. EDTA 标准溶液的配制和标定 常用的 EDTA 标准溶液浓度为 0.01 ～ 0.05 mol · L^{-1}。一般采用间接配制法配制而成。即先用 EDTA 二钠盐配制成近似浓度的溶液，然后用基准物质金属 Zn 或 ZnO 进行标定，铬黑 T 或二甲酚橙作指示剂。

2. 锌标准溶液的配制和标定 以 0.05 mol · L^{-1} 锌标准溶液的配制为例，精密称取新制备的纯锌粒 3.269 g，加适量蒸馏水及稀盐酸 10 mL，置于水浴上温热使其溶解，冷却后转移至 1 L 容量瓶中，加水稀释至刻度。或准确称取约 15 g $ZnSO_4$（分析纯）溶解制备。

在标定时，准确量取 25 mL 锌标准溶液，加入 1 滴甲基红指示剂，滴加氨试液至溶液呈微黄色，再加 25 mL 蒸馏水、10 mL NH_3-NH_4Cl 缓冲溶液与数滴铬黑 T 指示剂，然后用标准 EDTA 溶液滴定至溶液由紫红色变为纯蓝色。

二、配位滴定法的应用

配位滴定法在医药分析中获得广泛的应用。利用 EDTA 可以对 Al^{3+}、Ca^{2+}、Mg^{2+} 和 Bi^{3+} 等无机离子的含量进行准确测定。

1. 水的总硬度测定 水中的 Ca^{2+}、Mg^{2+} 的总浓度即是水的总硬度。测定时，精密量取一定量的水样，加入 NH_3-NH_4Cl 缓冲溶液调节 pH 约为 10，以铬黑 T 为指示剂，用 EDTA 溶液滴定至溶液由紫红色变为纯蓝色即为滴定终点。溶液中的配合物稳定性顺序为：$CaY^{2-} > MgY^{2-} > MgIn^- > CaIn^-$。

2. 药物中钙含量的测定 在临床上使用的含钙药物较多，如葡萄糖酸钙、乳酸钙等。这类药物中的钙含量常常采用 EDTA 滴定法测定。如准确称取一定量的葡萄糖酸钙试样，加入 NH_3-NH_4Cl 缓冲溶液调节 pH 约为 10，以铬黑 T 为指示剂，用 EDTA 溶液滴定至溶液由紫红色变为纯蓝色即为滴定终点。

第五节 沉淀滴定法

一、沉淀滴定法简介

沉淀滴定法（precipitation titration）是以沉淀反应为基础的滴定分析方法。目前应用较广的是利用生成难溶性银盐来进行测定的银量法（argentimetry）。如 Cl^-、Br^-、I^-、SCN^- 等离子，以及经过处理后能定量释放出上述离子的有机物及 Ag^+ 的含量测定，均可采用银量法完成。银量法根据确定滴定终点的指示剂不同分为三种：铬酸钾指示剂法（又称莫尔法，Mohr method）、铁铵矾指示剂法（又称佛尔哈德法，Volhard method）和吸附指示剂法（又称法扬司法，Fajans method）。

（一）莫尔法

1. 基本原理 莫尔法是以 $AgNO_3$ 为标准溶液，以铬酸钾（K_2CrO_4）作指示剂的沉淀滴定法。采用莫尔法可直接滴定 Cl^- 或 Br^-。滴定时的反应如下：

$$Ag^+ + Cl^- \rightleftharpoons AgCl\downarrow(\text{白色}) \qquad K_{sp} = 1.77\times10^{-10}$$

$$2Ag^+ + CrO_4^{2-} \rightleftharpoons Ag_2CrO_4\downarrow(\text{砖红色}) \qquad K_{sp} = 1.12\times10^{-12}$$

因 AgCl 沉淀的溶解度小于 Ag_2CrO_4，根据分步沉淀的原理，滴定时首先析出白色的 AgCl 沉淀，当 Cl^- 完全被滴定，稍过量的 Ag^+ 与 CrO_4^{2-} 反应即可产生砖红色的 Ag_2CrO_4 沉淀以指示滴定终点的到达。

莫尔法滴定时需注意以下几点：

（1）溶液的酸度：滴定应在中性或弱碱性（适宜 pH = 6.5 ～ 10.5）条件下进行。因为过高酸度将延迟或阻止产生 Ag_2CrO_4 沉淀；而酸度过低则产生 Ag_2O 沉淀。

（2）干扰的消除：滴定时，如果溶液中存在能与 Ag^+ 形成沉淀的阴离子如 S^{2-}、CO_3^{2-}、SO_3^{2-} 等和能与 CrO_4^{2-} 形成沉淀的阳离子如 Ba^{2+}、Pb^{2+}、Cu^{2+} 等都将带来干扰，在滴定前应分离除去。

（3）滴定时应剧烈振摇：滴定时的剧烈振摇可消除 AgCl 或 AgBr 沉淀对 Cl^- 或 Br^- 的吸附而使滴定终点提前。因此莫尔法只适合于 Cl^-、Br^- 和 CN^- 的直接测定，而不适宜于测定 I^- 和 SCN^-。因为 AgI 和 AgSCN 沉淀对 I^- 和 SCN^- 有强烈的吸附作用，即使剧烈振摇也无法释放。

（4）返滴定法测定 Ag^+：即先加入过量的 NaCl 标准溶液，然后再加入指示剂 K_2CrO_4，最后用 $AgNO_3$ 标准溶液返滴定剩余的 Cl^-。如果直接滴定，加入的指示剂 K_2CrO_4 将先与 Ag^+ 作用产生 Ag_2CrO_4 沉淀，再用 NaCl 标准溶液滴定将 Ag_2CrO_4 转化为 AgCl 的速率很慢，致使终点推迟。

2. 标准溶液的配制和标定 $AgNO_3$ 标准溶液：可以采用市售的 $AgNO_3$ 基准物质直接配制。或者用分析纯 $AgNO_3$ 配制，再用基准物质 NaCl 标定。配制 $AgNO_3$ 溶液的蒸馏水需要除去 Cl^-。$AgNO_3$ 标准溶液见光易分解，因此需要储存于棕色瓶中，暗处放置。

（二）佛尔哈德法

1. 基本原理 佛尔哈德法是以铁铵矾 [$NH_4Fe(SO_4)_2$] 为指示剂的沉淀滴定法。该法分为直接滴定法和返滴定法。直接滴定法以 KSCN 或 NH_4SCN 为标准溶液，返滴定法则以 $AgNO_3$ 为标准溶液。

直接滴定法用于测定 Ag^+。滴定时的反应如下：

$$Ag^+ + SCN^- \rightleftharpoons AgSCN\downarrow(\text{白色}) \qquad K_{sp} = 1.03\times10^{-12}$$

$$Fe^{3+} + SCN^- \rightleftharpoons [Fe(SCN)]^{2+}\downarrow(\text{红色}) \qquad K_s = 891$$

为避免 Fe^{3+} 水解生成 $[Fe(OH)]^{2+}$ 等一系列深色配合物，反应须在 0.1 ～ 1 $mol \cdot L^{-1}$ HNO_3 介质中进行。用 KSCN 或 NH_4SCN 标准溶液滴定 Ag^+，当 AgSCN 沉淀完全后，过量的 SCN^- 与指示剂中的 Fe^{3+} 形成红色配合物指示终点的到达。滴定时需要不断剧烈振摇以克服 AgSCN 沉淀对 Ag^+

的吸附致使终点提前。

测定卤素离子则采用返滴定法进行。先用硝酸酸化含卤素离子的试样，再加入过量的 $AgNO_3$ 标准溶液，以铁铵矾为指示剂，再用 KSCN 或 NH_4SCN 为标准溶液返滴定过量的 $AgNO_3$。返滴定法可测定 Cl^-、Br^-、I^-、CN^-、SCN^- 等离子。但是在测定 Cl^- 时，由于同温度下的 $K_{sp}(AgCl) > K_{sp}(AgSCN)$，为防止沉淀 AgCl 向 AgSCN 的转化，影响终点的准确到达，可在返滴定前将生成的 AgCl 沉淀过滤除去或在溶液中加入硝基苯或 1,2-二氯乙烷并强烈振摇将沉淀 AgCl 包裹而隔离。在测定 I^- 时，为避免指示剂中的 Fe^{3+} 与 I^- 之间的氧化还原反应，铁铵矾指示剂也必须在加入过量 $AgNO_3$ 溶液后才能加入。

2. 标准溶液的配制和标定 KSCN 或 NH_4SCN 标准溶液一般采用间接法配制。然后以铁铵矾为指示剂，用 $AgNO_3$ 标准溶液对其进行标定。

（三）法扬司法

以吸附剂为指示剂的银量法称为吸附指示剂法或法扬司法。吸附指示剂是一类有机染料，当其被带电的胶粒吸附时，因其结构改变而导致颜色发生改变，从而指示终点的到达。吸附指示剂包括两类：①有机弱酸类；②有机弱碱类。前者在溶液中能解离出指示剂阴离子，如荧光黄及其衍生物。后者在溶液中形成指示剂阳离子，如甲基紫。常用的吸附指示剂及其适用范围和条件列于表 13-5 中。

表 13-5 常用的吸附指示剂及其适用范围和条件

指示剂	滴定剂	待测离子	适用 pH 范围
荧光黄	Ag^+	Cl^-	pH = 7 ～ 10
二氯荧光黄	Ag^+	Cl^-	pH = 4 ～ 10
曙红	Ag^+	Br^-、I^-、SCN^-	pH = 2 ～ 10
甲基紫	Ba^{2+}、Cl^-	SO_4^{2-}、Ag^+	pH = 1.5 ～ 3.5
二甲基二碘荧光黄	Ag^+	I^-	pH = 7

利用法扬司法进行滴定时，需注意以下条件：

（1）尽量使沉淀的比表面积大以利于其对指示剂的吸附。沉淀的比表面积越大，终点颜色变化越明显。通常可加入一些胶体保护剂如糊精、淀粉等，阻止卤化银凝聚从而获得较大的比表面积。

（2）控制溶液的酸度使指示剂呈离子状态被吸附而显色。

（3）胶体粒子对指示剂的吸附能力需较强，但应略小于对被测离子的吸附能力。这样既可避免因胶体粒子对指示剂的吸附性能过强导致滴定终点提前，也不会因过弱而延迟。卤化银对卤素离子和常用指示剂的吸附能力大小次序为：I^- ＞二甲基二碘荧光黄＞ Br^- ＞曙红＞ Cl^- ＞荧光黄。因此滴定 Cl^- 时，只能选择荧光黄作为指示剂，而滴定 Br^- 时，则指示剂只能选择曙红或荧光黄。

（4）因卤化银在强光下易分解变色，滴定应避光进行。

以 $AgNO_3$ 标准溶液滴定 Cl^- 为例，滴定采用荧光黄（HFIn）作指示剂，在溶液中其解离平衡式如下：

$$HFIn \rightleftharpoons H^+ + FIn^-(\text{黄绿色}) \qquad pK_a = 7$$

化学计量点前，溶液中因过量存在的 Cl^- 而带负电荷，因此，指示剂离子 FIn^- 不被吸附而呈现黄绿色。达到化学计量点及以后，沉淀 AgCl 将吸附溶液中过量存在的 Ag^+ 而带正电荷，因此吸附指示剂离子 FIn^- 而呈现粉红色，从而指示终点的到达。反之，用 Cl^- 滴定 Ag^+，荧光黄为指示剂，滴定终点的颜色将从粉红色变为黄绿色。

法扬司法可用于 Cl^-、Br^-、I^-、SCN^-、SO_4^{2-}、Ag^+ 等离子的测定。

二、沉淀滴定法的应用

沉淀滴定法主要用于卤素离子和 Ag^+ 等的测定。

1. 天然水中 Cl^- 含量的测定 天然水中的氯含量变化范围较大，河水中含量较低，而海水中含量较高。一般采用莫尔法来测定天然水中 Cl^- 的含量。当水中杂质离子较多时，也可采用佛尔哈德法测定。

2. 银合金中银含量的测定 将准确称取的银合金溶于硝酸溶液中并加热煮沸除去可能带来干扰的低价含氮化合物，冷却后加入铁铵矾作为指示剂，用 KSCN 或 NH_4SCN 标准溶液滴定至红色出现即为滴定终点。

3. 溴化钾含量的测定 将准确称取的试样用蒸馏水溶解后，加入稀 HAc 调节酸度，然后以曙红作指示剂，用 $AgNO_3$ 标准溶液滴定至桃红色凝乳状沉淀出现即为滴定终点。

思考与练习

1. 解释下列概念。

（1）滴定分析法；（2）标准溶液；（3）酸碱指示剂；（4）滴定终点；（5）滴定曲线；（6）滴定突跃。

2. 简述酸碱指示剂的变色范围和选择原则。

3. 0.1 $mol \cdot L^{-1}$ 下列物质能否用酸碱滴定法直接滴定？

（1）Na_3PO_4；（2）NH_4Cl；（3）NaCN；（4）$CH_3CH_2NH_2$；（5）H_3BO_3；（6）HCOOH。

4. 现欲标定近似浓度为 0.1 $mol \cdot L^{-1}$ 的 HCl 溶液。先准确称取 4.7420 g 基准物质硼砂（$Na_2B_4O_7 \cdot 10H_2O$，$M_r = 381.4$）配制成 250.0 mL 标准溶液，然后准确移取 25.00 mL 硼砂标准溶液用 HCl 溶液滴定至终点，消耗 HCl 溶液 24.56 mL，计算 HCl 溶液的准确浓度。

5. 在用基准物质硼砂标定 HCl 溶液时，如果出现下列情况，将使测得的溶液浓度偏高还是偏低？

（1）滴定管读数时，误将初读数 0.10 记作 1.00；

（2）滴定时采用甲基红指示剂，从黄色滴成了偏红色为终点；

（3）配制硼砂标准溶液时，有少量硼砂溶液洒落到了容量瓶外；

（4）滴定管初读数未调节，高于零点；

（5）将基准物质硼砂的质量 0.3535 g 误记为 0.3553 g。

6. 现欲标定 0.1 $mol \cdot L^{-1}$ NaOH 标准溶液，分别采用基准物质结晶草酸（$H_2C_2O_4 \cdot 2H_2O$，$M_r = 126.1$）和邻苯二甲酸氢钾（C_6H_4(COOH)(COOK)，$M_r = 204.2$）来进行对比。如果需要消耗 NaOH 标准溶液约 25 mL，计算需准确称取的基准物质结晶草酸和邻苯二甲酸氢钾各多少克？

7. 今称取某乙酰水杨酸（$C_9H_8O_4$，$M_r = 180.2$）试样 0.4158 g，加 25.00 mL 乙醇溶解后，加 2 滴酚酞指示剂，在 10℃下，用 0.1005 $mol \cdot L^{-1}$ NaOH 标准溶液滴定至粉红色，消耗 NaOH 溶液 22.38 mL，计算该试样的乙酰水杨酸含量。

8. 今有 0.1 $mol \cdot L^{-1}$ 一元弱酸 HA，用 NaOH 标准溶液对其进行滴定时，加入 30.00 mL 即达到化学计量点，当加入 18.00 mL 时，溶液的 pH 为 6.36。试计算该一元弱酸 HA 的解离常数。

9. 用 0.1000 $mol \cdot L^{-1}$ NaOH 标准溶液滴定同浓度的柠檬酸（H_3Cit）时，可产生几个滴定突跃？可选用何种指示剂？（已知柠檬酸的三级解离常数分别为 $pK_{a1} = 3.13$，$pK_{a2} = 4.76$，$pK_{a3} = 6.40$）

10. 已知某试样组成为 Na_2CO_3、$NaHCO_3$ 和 NaCl，称取该样品 0.7256 g 溶于水，加入 2 滴酚酞指示剂，用 0.2000 $mol \cdot L^{-1}$ HCl 溶液滴定至红色褪去，用去 HCl 溶液 22.50 mL。然后加入 2 滴

甲基橙指示剂，继续用 HCl 标准溶液滴定至溶液从黄色变为橙色，又用去 HCl 溶液 25.88 mL。计算样品中各成分的质量分数。

11. 试样中的 Ca^{2+} 含量常采用间接滴定法完成。即先将 Ca^{2+} 沉淀为 CaC_2O_4，再将沉淀溶解于硫酸溶液中，用 $KMnO_4$ 标准溶液滴定。现取含 Ca^{2+} 试样溶液 5.00 mL，稀释至 50.00 mL，再取稀释后的样品溶液 10.00 mL，经上述处理后用 0.02000 $mol \cdot L^{-1}$ $KMnO_4$ 标准溶液滴定至终点，消耗 $KMnO_4$ 溶液 1.60 mL。求该试样溶液中 Ca^{2+} 的质量浓度 ($g \cdot L^{-1}$)。

12. 维生素 C($C_6H_8O_6$) 的含量可用直接碘量法测定。精密称取 0.1682 g 维生素 C($C_6H_8O_6$) (M_r = 176.1) 试样，加 100 mL 新煮沸过的冷蒸馏水和 10 mL 稀 HAc，加淀粉指示剂后，用 0.025 60 $mol \cdot L^{-1}$ I_2 标准溶液滴定至终点时消耗 24.35 mL，求该试样中维生素 C 的质量分数。

13. 取 50.00 mL 水样，在 pH 为 10 左右，以铬黑 T 为指示剂，用 0.01206 $mol \cdot L^{-1}$ EDTA 标准溶液滴定至终点，共消耗 25.20mL；另取 50.00 mL 该水样，调节 pH 至 13，使 Mg^{2+} 形成 $Mg(OH)_2$ 沉淀，以紫脲酸胺为指示剂，用上述 EDTA 标准溶液滴定，消耗 EDTA 标准溶液 15.68 mL，计算这 50.00 mL 水样中含有 Ca^{2+}、Mg^{2+} 各多少毫克。

14. 取处理后（消除了干扰离子）的水样 50.00 mL，以 K_2CrO_4 为指示剂，用浓度为 0.022 05 $mol \cdot L^{-1}$ 的 $AgNO_3$ 标准溶液滴定至终点，共消耗 19.56 mL，求此水样中氯离子（Cl^-）的质量浓度。

（陈志琼）

知识拓展

习题详解

第十四章 现代仪器分析基础

PPT

仪器分析（instrumental analysis）是通过测量物质的某些物理或物理化学性质的参数来确定其化学组成、含量或结构的分析方法。这类分析方法常常要使用一些特殊的仪器，称为仪器分析方法。

仪器分析具有灵敏度高、选择性好、操作简便等特点，广泛应用于工业生产和科学研究，尤其是生命科学研究的诸多领域。例如，运用高效液相色谱和毛细管电泳等方法可以对多肽、蛋白质、核酸等生物大分子进行分离、提纯和制备；利用分子荧光分析法中的分子荧光探针，可以进行免疫分析、肿瘤标记与疾病的分子诊断等。

仪器分析的方法很多，而且相互比较独立，各成体系。常用的仪器分析方法可以分为光学分析法（紫外-可见分光光度法、原子吸收法、荧光法、核磁共振波谱法等）、电化学分析法（电位法、电导法、溶出伏安法、极谱法、库仑法等）、色谱分析法（气相色谱法、液相色谱法、离子色谱法、薄层色谱法、毛细管电泳法、超临界流体色谱法等）以及其他仪器分析方法（质谱法、热分析法、放射化学分析法等）等几大类。本章将简要介绍几种在生命科学中应用较多的仪器分析方法。

第一节 紫外-可见分光光度法

光学分析是根据物质发射的电磁辐射或电磁辐射与物质相互作用而建立起来的一类分析方法。电磁辐射（electromagnetic radiation）是一种以极大的速率通过空间，不需要以任何物质作为媒介的能量。它包括γ射线、X射线、紫外-可见光、红外光以及无线电波等形式。电磁辐射与物质相互作用的方式有发射、吸收、反射、折射、干涉、衍射等。随着光学、电子学、数学和计算机技术的发展，各种光学分析方法已经成为分析化学中的主要组成部分，越来越多地应用于以医药学为重要分支的生命科学各个领域。

一、物质的吸收光谱

吸收光谱（absorption spectrum）是指物质吸收相应的辐射能而产生的光谱。其产生的必要条件是所提供的辐射能量恰好满足该吸收物质的原子核、原子或分子的两个能级间跃迁所需的能量。利用物质的吸收光谱进行定性、定量及结构分析的方法称为吸收光谱法。根据物质对不同波长的辐射能的吸收，建立了各种吸收光谱法，见表 14-1。

表 14-1 常见的吸收光谱法

方法名称	辐射源	作用物质	检测信号
Mössbauer 光谱法	γ射线	原子核	吸收后的γ射线
X 射线吸收光谱法	X 射线	$Z > 10$ 的重金属原子的内层电子	吸收后透过的 X 射线
原子吸收光谱法	紫外-可见光	气态原子外层电子	吸收后透过的紫外-可见光
紫外-可见吸收光谱法	紫外-可见光	分子外层电子	吸收后透过的紫外-可见光
红外吸收光谱法	红外光	分子振动	吸收后透过的红外光
核磁共振波谱法	60～900 MHz 射频	原子核磁量子	共振吸收

物质分子的价电子发生跃迁需要的能量在 $1.6\times10^{-19}\sim3.2\times10^{-18}$ J，其吸收光的波长范围大部分处于可见光和紫外光区域（200 ～ 760 nm），紫外-可见分光光度法（ultraviolet-visible spectrophotometry）是研究物质在紫外-可见光区的分子吸收来进行分析测定的方法。

紫外-可见分光光度法仪器简单、操作简便、灵敏度和准确度较高，是当前医药、卫生、环保、化工等部门常用的分析方法之一。

分子内部的运动能级变化比较复杂，除了电子运动能级变化 ΔE_e 外，还有分子的振动能级变化 ΔE_v 和转动能级变化 ΔE_r。即

$$\Delta E=\Delta E_v+\Delta E_r+\Delta E_e \tag{14-1}$$

若分子两能级之间的能量差恰好等于电磁波的能量 $h\nu$ 时，有

$$\Delta E=h\nu=h\frac{c}{\lambda} \tag{14-2}$$

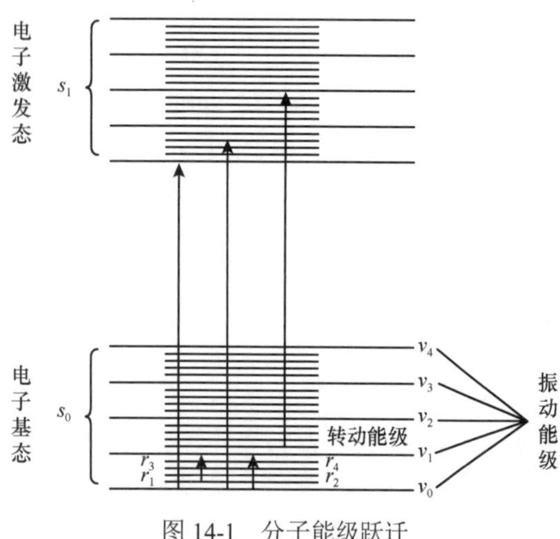

图 14-1 分子能级跃迁

则分子将从较低能级跃迁到较高能级。式（14-1）中 ΔE_e 最大，在 1 ～ 20 eV 之间；ΔE_v 大约比 ΔE_e 小 10 倍，在 0.05 ～ 1 eV 之间；而 ΔE_r 又比 ΔE_v 小 10 ～ 100 倍。因此在分子价电子跃迁的同时必然伴随着振动、转动能级的跃迁（图 14-1），所以分子光谱比较复杂，属于带状光谱。

不同物质分子内部结构不同，分子的能级也千差万别，各种能级之间的能量差也不同，因此它们对不同波长的光具有不同的吸收程度。吸光物质对一定波长的光的吸收程度，称为吸光度（absorbance），用 A 表示。通过改变入射光波长，并记录被测物质在不同波长处的吸光度，然后以波长（λ）为横坐标、吸光度（A）为纵坐标作图，这样得到的曲线称为吸收曲线（absorption curve）或吸收光谱（absorption spectrum）。

物质的颜色就是物质对可见光的不同吸收而产生的，单一波长的光称为单色光，由不同波长组成的光称为复合光。可见光（白光）是由不同波长的光组成的复合光，其波长范围为 400 ～ 760 nm。当一束可见光通过某一物质时，若物质对各种波长的光都不吸收，则物质为无色透明；若物质对各种波长的光全部吸收，则物质呈黑色；若该物质选择性吸收某些波长的光而其他波长的光透过或者被反射，则物质呈现出与吸收光互补的颜色。例如，高锰酸钾溶液吸收可见光中的绿色光而呈现紫色；硫酸铜溶液吸收黄色光而呈现蓝色。

图 14-2 是高锰酸钾溶液的紫外-可见吸收光谱图。图中的几条曲线分别代表不同浓度高锰酸钾溶液的吸收光谱，它们的形状基本相同，在 525 nm 处吸光度值最大。把吸收光谱中产生最大吸收所对应的波长称为最大吸收波长，用 λ_{max} 表示。

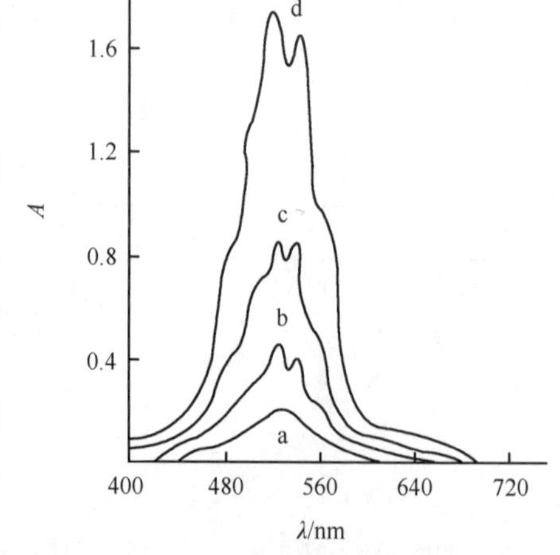

图 14-2 高锰酸钾溶液的紫外-可见吸收光谱

不同的物质有不同的吸收光谱。根据吸收光谱的特征和最大吸收波长的位置，可以对物质进行初步的定性分析。不同浓度的同一物质的吸光度随浓度的增大而增大，因此，选取某一特定波长的光来测定物质的吸光度，根据吸光度的大小可以确定物质的含量。吸收光谱是分光光度分析中

选择测定波长的重要依据，由于最大吸收波长处物质对光的吸收能力最大，通常在分光光度分析中选择最大吸收波长作为测定波长，以保证具有较高的测定灵敏度。

二、分光光度法基本原理

（一）透光率和吸光度

当一束平行单色光照射到均匀的液体介质时，光的一部分被吸收，一部分透过溶液，还有一部分被器皿的表面反射。设入射光强度为 I_0，吸收光强度为 I_a，透射光强度为 I_t，反射光强度为 I_r，则

$$I_0 = I_a + I_t + I_r \tag{14-3}$$

在分光光度法中，被测溶液和参比溶液通常是分别被放在两个同样材料和厚度的吸收池中，让强度为 I_0 的单色光分别通过两个吸收池，再测量透射光的强度，由于反射光强度基本相同，它的影响可以相互抵消，因此式（14-3）可简化为

$$I_0 = I_a + I_t \tag{14-4}$$

透射光的强度 I_t 与入射光强度 I_0 之比称为透光率（transmittance），用 T 表示，则有

$$T = \frac{I_t}{I_0} \tag{14-5}$$

溶液的透光率越大则它对光的吸收越小；透光率越小则它对光的吸收越大。吸光度 A 是透光率 T 的负对数。A 越大，溶液对光的吸收越强。

$$A = -\lg T = \lg\frac{I_0}{I_t} \tag{14-6}$$

（二）朗伯-比尔定律

溶液对光的吸收除与溶液本性有关外，还受到入射光波长、溶液浓度、液层厚度及温度等因素影响。朗伯（J. H. Lambert）和比尔（A. Beer）分别于 1760 年和 1852 年研究得出了吸光度与液层厚度和溶液浓度之间的定量关系。

朗伯的研究发现当用适当波长的单色光照射一固定浓度的溶液时，其吸光度与光通过的液层厚度成正比，这个关系称为朗伯定律，可表示为

$$A = k_1 b \tag{14-7}$$

式中，k_1 为比例系数；b 为液层厚度。朗伯定律适用于所有的非散射均匀介质。

比尔的研究发现当用适当波长的单色光照射厚度一定的均匀溶液时，吸光度与溶液浓度成正比，这个关系称为比尔定律，可表示为

$$A = k_2 c \tag{14-8}$$

式中，c 为待测样品的物质的量浓度（或质量浓度），k_2 为比例系数。

将式（14-7）和式（14-8）合并，得到朗伯-比尔定律，可表示为

$$A = kbc \tag{14-9}$$

式中，k 为比例系数，与溶液的性质、温度及入射光波长等因素有关。

朗伯-比尔定律是物质对光吸收的基本定律，也是分光光度法的依据和基础。

（三）吸光系数

式（14-9）中 b 的单位通常为 cm，k 值和单位与 c 的单位有关。当 c 为物质的量浓度（$\text{mol} \cdot \text{L}^{-1}$）时，$k$ 称为摩尔吸光系数（molar absorptivity），用符号 ε 表示，单位为 $\text{L} \cdot \text{mol}^{-1} \cdot \text{cm}^{-1}$，式（14-9）

可表示为

$$A = \varepsilon bc \tag{14-10}$$

若用质量浓度 ρ (g · L^{-1}) 代替物质的量浓度 c，则式（14-9）又可表示为

$$A = ab\rho \tag{14-11}$$

式中，a 为质量吸光系数，单位为 L · g^{-1} · cm^{-1}。

摩尔吸光系数 ε 在特定波长和溶剂的情况下是吸光物质的一个特征参数，在数值上等于吸光物质浓度为 1 mol · L^{-1}、液层厚度为 1 cm 时溶液的吸光度。

医药学上还常用比吸光系数（specific absorptivity）来代替摩尔吸光系数。比吸光系数是指 100 mL 溶液中含被测物质 1 g，液层厚度为 1 cm 时的吸光度值，用$E_{1\text{cm}}^{1\%}$表示，它与 ε 和 a 的关系分别为

$$E_{1\text{cm}}^{1\%} = \frac{\varepsilon \times 10}{M_B} \tag{14-12}$$

$$a = 0.1E_{1\text{cm}}^{1\%} \tag{14-13}$$

式中，M_B 为吸光物质摩尔质量。

由朗伯-比尔定律可知，吸光度 A 与溶液浓度 c（或液层厚度 b）之间为正比关系，而透光率 T 与溶液浓度 c（或液层厚度 b）之间为指数函数关系

$$-\lg T = \varepsilon bc \text{ 或 } T = 10^{-\varepsilon bc} \tag{14-14}$$

应用朗伯-比尔定律时，需注意以下几点：

（1）朗伯-比尔定律仅适用于单色光。入射光的波长范围越宽，则测定结果越容易偏离朗伯-比尔定律。

（2）如果溶液中同时存在两种或两种以上吸光物质时，只要共存物质不互相影响，即不因共存物的存在而改变本身的吸光系数，则吸光度等于各共存物吸光度总和，即

$$A = A_a + A_b + A_c + \cdots \tag{14-15}$$

式中，A 为总吸光度，A_a、A_b、A_c、…为溶液中共存物质各组分 a、b、c、…的吸光度。各组分吸光度均符合朗伯-比尔定律，吸光度的这种加和性是分光光度法分析测定混合物中各组分含量的依据。

（3）入射光波长不同时，吸光系数 ε（或 a）也不同。吸光系数越大，溶液对入射光的吸收就越强，测定的灵敏度就越高。

（4）分光光度法仅适用于微量组分的测定。溶液浓度太高（高于 0.01 mol · L^{-1}），结果将偏离朗伯-比尔定律。

例 14-1 安络血是一种止血药，相对摩尔质量为 236，将其配成 100 mL 含安络血 0.4300 mg 的溶液，盛于 1 cm 吸收池中，在 λ_{max} = 355 nm 处测得吸光度为 0.483，试求安络血的 $E_{1\text{cm}}^{1\%}$ 和 ε 值。

解 由 $A = E_{1\text{cm}}^{1\%}bc$

$$E_{1\text{cm}}^{1\%} = \frac{A}{bc} = \frac{0.483 \times 1000}{0.4300 \times 1} = 1123\ (\text{mL} \cdot \text{g}^{-1} \cdot \text{cm}^{-1})$$

$$\varepsilon = \frac{M}{10} \cdot E_{1\text{cm}}^{1\%} = \frac{236}{10} \times 1123 = 2.65 \times 10^4\ (\text{L} \cdot \text{mol}^{-1} \cdot \text{cm}^{-1})$$

或

$$c(\text{安络血}) = \frac{0.4300/1000}{236 \times 100/1000} = 1.822 \times 10^{-5}\ (\text{mol} \cdot \text{L}^{-1})$$

由 $A=\varepsilon bc$ 得

$$\varepsilon=\frac{A}{bc}=\frac{0.483}{1\times1.822\times10^{-5}}=2.65\times10^{4}\ (\text{L}\cdot\text{mol}^{-1}\cdot\text{cm}^{-1})$$

$$E_{1\text{cm}}^{1\%}=\frac{\varepsilon\times10}{M_{\text{B}}}=\frac{2.65\times10^{4}\times10}{236}=1123\ (\text{mL}\cdot\text{g}^{-1}\cdot\text{cm}^{-1})$$

（四）偏离比尔定律的因素

按照比尔定律，吸光度 A 与浓度 c 之间的关系应该是一条通过原点的直线。但在实际工作中，往往容易发生偏离直线的现象，称为偏离比尔定律。引起偏离主要有化学和光学的因素。

1. 化学因素 溶液中吸光物质不稳定，因浓度改变而发生解离、缔合、溶剂化等现象致使溶液的吸光度改变。

2. 光学因素 比尔定律仅适用于单色光，而实际上经分光光度计的单色器得到的是一个波长范围很窄的复合光，由于物质对各波长的光的吸收能力不同，便可引起溶液对比尔定律的偏离。吸光度变化越大，这种偏离就越显著。如图 14-3 所示，选择吸光度变化较小的谱带 I 作为入射光引起的偏离比谱带 II 作为入射光所引起的偏离要小很多。所以通常选择 λ_{max} 作为分析波长，这样不仅能保证测定有较高的灵敏度，而且此处曲线较为平坦，吸光度变化不大，对比尔定律偏离较小，准确度更高。

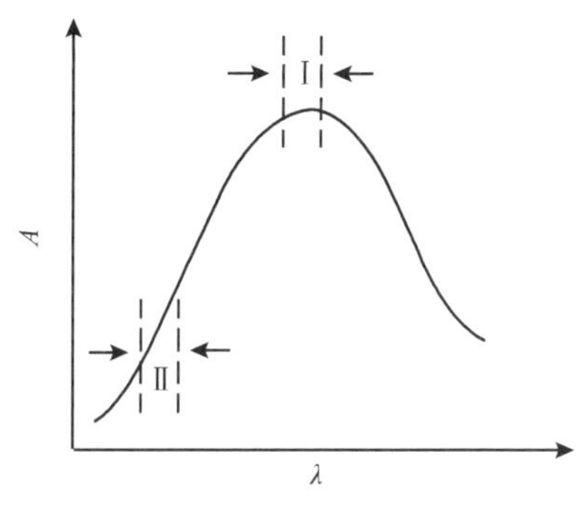

图 14-3 分光谱带的选择

三、紫外-可见分光光度计和分析条件的选择

紫外-可见分光光度计是在紫外-可见光区任意选择不同波长的光测定吸光度的仪器。各种型号的紫外-可见分光光度计的主要部件及相互间的关系基本相同，如图 14-4 所示。

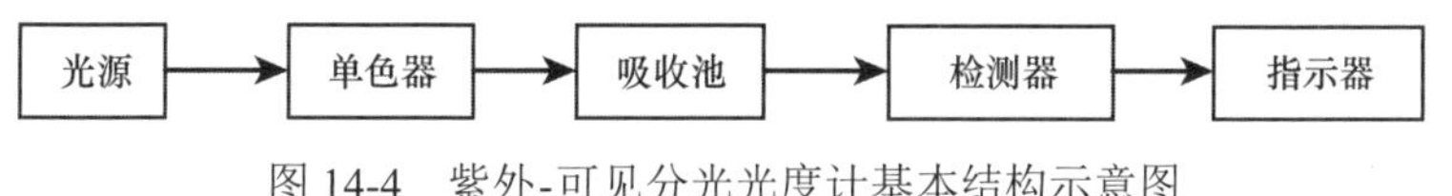

图 14-4 紫外-可见分光光度计基本结构示意图

（一）主要部件

1. 光源（light source） 分光光度计对光源的基本要求是在仪器操作所需要的光谱范围内能够发射强度足够而且稳定的连续光源。可见光区通常用钨灯，适宜的波长范围为 360 ～ 1000 nm；紫外光区通常用氘灯，适宜的波长范围为 190 ～ 360 nm。

2. 单色器（monochromator） 单色器是由棱镜或光栅等色散元件及狭缝和准直镜等组成，其作用是将光源发出的连续光谱按波长顺序色散，并从中分离出一定宽度的谱带。目前的分光光度计大多使用光栅作为色散元件，特点是工作波段范围宽，适用性强。

3. 吸收池（absorption cell） 用于盛放溶液的容器称为吸收池。可见光区吸收池用光学玻璃制成；用熔融石英制的吸收池适用于紫外光区，也可用于可见光区。在测定中同时配套使用的吸收池应相互匹配，即有相同的厚度和相同的透光性。一般有液层厚度为 0.5 cm、1 cm、2 cm 等吸收池供选用，常使用厚度为 1 cm 吸收池。

4. 检测器（detector） 检测器的功能是将接收到的光信号转变为电信号。常用的光电转换元件为光电管和光电倍增管，近些年光学多道检测器如光二极管阵列检测器已经应用到紫外-可见分光光度计上，这种光度计能在极短时间内获得全光光谱。

5. 指示器（indicator） 指示器一般有微安电表、记录器、数字显示和打印等装置，可以与计算机相连，操作条件和吸收光谱及各项数据均能在屏幕上显示，并对数据作处理、记录，使测定更方便和准确。

（二）紫外-可见分光光度计的类型

紫外-可见分光光度计主要类型有以下三种：

（1）单光束分光光度计：单光束分光光度计的光路示意图见图 14-4。经单色器分光后的平行单色光，轮流通过参比溶液和样品溶液，以进行吸光度的测定。这种仪器结构简单，操作方便，对光源发光强度的稳定性要求比较高。

（2）双光束分光光度计：双光束分光光度计的光路示意图见图 14-5。入射光经过单色器后被旋转扇面镜分成强度相等的两束单色光，分别通过参比溶液和样品溶液。光度计能自动比较两束光的强度，得到吸光度并作为波长的函数记录下来。双光束分光光度计能够实现在设定波长范围内的谱图自动扫描，而且还能消除光源强度变化所引起的误差。

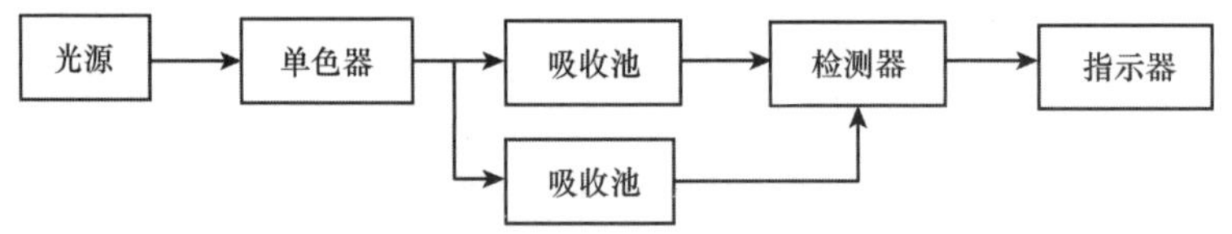

图 14-5 双光束分光光度计的光路示意图

（3）双波长分光光度计：双波长分光光度计具有两个并列的单色器，如图 14-6 所示，入射光分别经两个单色器，产生波长不同（λ_1 和 λ_2）的两束光交替照射同一吸收池，最后得到试液对不同波长的吸光度差值（$\Delta A = A_2 - A_1$），利用此差值与试样浓度成正比的关系测定物质含量。在有背景干扰或共存组分的吸收干扰的情况下，能提高方法的灵敏度和选择性。

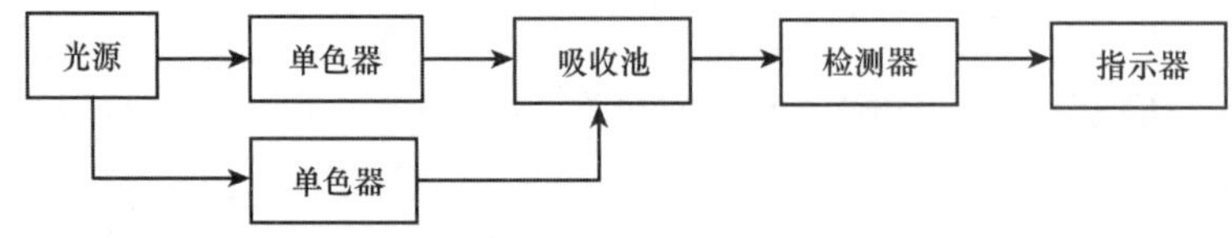

图 14-6 双波长分光光度计的光路示意图

（三）分析条件的选择

为使分析方法有高的灵敏度和准确度，选择最佳的测定条件非常重要。这些条件包括仪器测量条件、样品反应条件及参比溶液的选择等。

1. 仪器测量条件 分光光度计自身会产生误差，这是由光源的不稳定、光电管的灵敏度及读数不准等因素造成的。它使实验测定的透光率 T 和真实值相差 ΔT，测定结果的相对误差与透光率测量误差之间的关系可由朗伯-比尔定律得到

$$\frac{\Delta c}{c} = \frac{0.434\Delta T}{T\lg T} \tag{14-16}$$

上式表明，浓度测量的相对误差，不但与分光光度计的读数误差 ΔT 有关，而且与透光率 T 有关。ΔT 由分光光度计透光率读数精度所确定，一般为 $\pm 0.002 \sim \pm 0.01$。若 $\Delta T = 0.01$，将不同的 T 值代入式（14-16），可得到相应的浓度相对误差 $\frac{\Delta c}{c}$。以 $T\times 100$ 为横坐标、$\frac{\Delta c}{c}$ 为纵坐标作图，得如图 14-7 所示的曲线。

从图 14-7 中可见，溶液的透光率很大或很小时所产生的相对误差都很大。只有中间一段即 T 值在 65% ～ 20% 或 A 值在 0.2 ～ 0.7，浓度相对误差较小，是测量的适宜范围。将式（14-16）

求极值可得到浓度相对误差最小时的透光率或吸光度，即 $A = 0.434$，$T = 36.8\%$。但在实际工作中没有必要去寻求这一最小误差点，只要求测量的吸光度 A 在 0.2 ～ 0.7 适宜范围内即可。

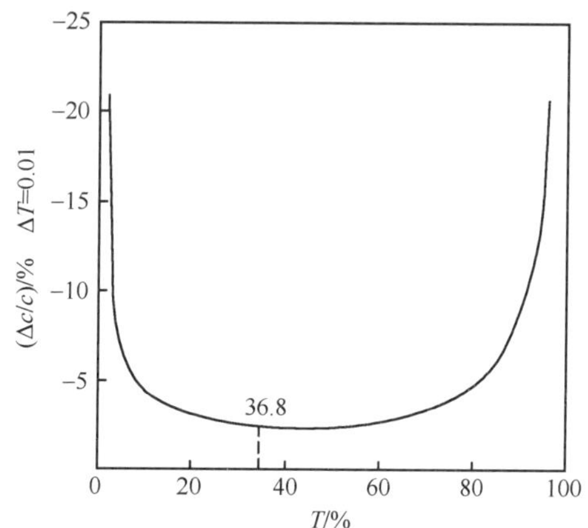

图 14-7　测量误差和透光率的关系

2. 显色反应及其条件　可见分光光度法一般用来测定能吸收可见光的有色溶液，某些无色或颜色浅的物质，通常选用显色反应来进行该物质的可见光谱分析。所谓显色反应，是指选用适当的试剂与被测物质定量反应生成有色物质再进行测定的分析方法。显色反应中所用的试剂称为显色剂。

（1）显色反应的要求：①被测物质是利用显色反应进行该组分的定量分析，因此被测物质和显色剂所生成的有色物质之间必须有确定的定量关系；②高灵敏度，显色反应产物的 ε 一般不应小于 10^3；③显色产物必须有足够的稳定性，以保证测量结果有良好的重现性；④如显色剂本身有色，则显色产物与显色剂的最大吸收波长的差值要在 60 nm 以上，才能分辨显色产物与显色剂的吸收；⑤显色反应要有较好的选择性，通常选择干扰较少或干扰成分容易消除的显色反应。

（2）显色反应条件的选择：绝大多数显色反应需要控制反应条件，提高反应的灵敏度、选择性和稳定性，才能满足分光光度法测定的要求。影响显色反应的主要因素一般为显色剂用量、溶液酸度、反应时间、温度、溶剂等。一般需加入适当过量的显色剂以保证显色反应进行完全，但显色剂用量不能过大，其用量可以通过实验确定。溶液酸度的适宜范围、温度及显色时间同样需要通过实验确定。如有干扰组分与显色剂发生反应，应将干扰物质掩蔽或分离来消除干扰。

3. 参比溶液的选择　①溶剂空白：当显色剂及制备试液的其他试剂均无色，且溶液中除被测物质外无其他有色物质干扰时，可用溶剂作空白溶液，称为溶剂空白。②试剂空白：若显色剂有色，试样溶液在测定条件下无吸收或吸收很小时，可以按显色反应相同的条件加入各种试剂和溶剂（不加试样溶液）后所得溶液，相当于标准曲线法中浓度为“0”的标准溶液作空白溶液，称为试剂空白。③试样空白：当试样基体有色（如试样溶液中混有其他有色离子），但显色剂无色，且不与试样中被测成分以外的其他成分显色时，可用不加显色剂但按显色反应相同条件进行操作的试样溶液作空白溶液，称为试样空白。

四、紫外-可见分光光度法应用

（一）定性分析

多数有机化合物都具有各自的吸收光谱特征，如吸收光谱的形状、吸收峰的数目、波长、强度和相应的吸收系数等。结构完全相同的化合物应具有完全相同的吸收光谱特征；但吸收光谱特征完全相同的化合物不一定为同一个化合物。紫外-可见分光光度法定性分析一般采用对比法。

1. 对比吸收光谱特征数据　吸收峰的 λ_{max} 及相应的 ε_{max} 或 $E_{1cm}^{1\%}$ 是常用于鉴别的光谱特征数据。具有不同或相同吸收基团的不同物质可能有相同 λ_{max} 的，但它们的相对分子质量一般不相同，因此它们的 ε_{max} 或 $E_{1cm}^{1\%}$ 常有明显差异。

2. 对比吸光度（或吸光系数）的比值　有些化合物不止一个吸收峰，可用在不同吸收峰处测得吸光度的比值作为鉴别的依据。例如，维生素 B_{12} 的鉴别，《中国药典》（2015 年版）规定 361 nm 与 278 nm 吸光度的比值为 1.70 ～ 1.88；361 nm 与 550 nm 吸光度的比值为 3.15 ～ 3.45。

（二）定量分析

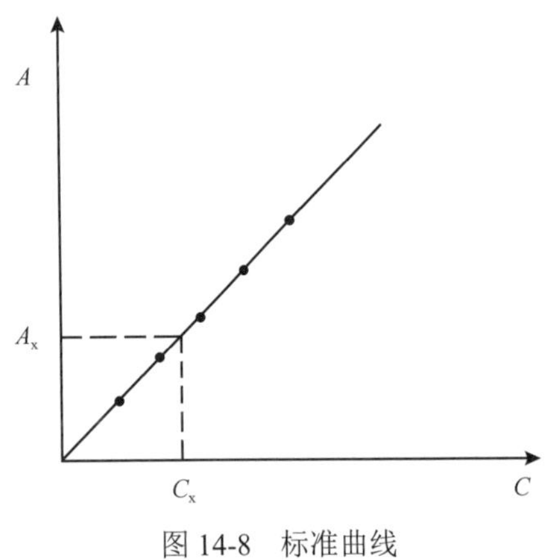

图 14-8 标准曲线

1. 标准曲线法（standard curve method） 标准曲线法又称外标法（external standard method），是实际工作中最为常用的定量分析方法，其定量依据是比尔定律，在一定条件下吸光度与浓度呈正比关系。先配制一系列不同浓度的标准溶液，以不含被测组分的空白溶液作参比，在选定波长处（通常为 λ_{max}）测定各标准溶液的吸光度，以吸光度为纵坐标，标准溶液浓度为横坐标作图，得一条通过坐标原点的直线，即标准曲线又称工作曲线。在相同条件下测定试样溶液的吸光度，从标准曲线上找到与之对应的浓度，即可计算出原样品的含量，如图 14-8 所示。

该方法在仪器分析中应用广泛，简便易行，而且对仪器精度的要求不高，但不适合组成复杂的样品分析。

2. 标准比较法（comparison method with standard） 先配制一个与被测溶液浓度相近的标准溶液（其浓度用 c_s 表示），在 λ_{max} 处测出吸光度 A_s，在相同条件下测出试样溶液的吸光度 A_x，则试样溶液浓度 c_x 可按下式求得：

$$c_x = \frac{A_x}{A_s} \times c_s \tag{14-17}$$

此方法适用于非经常性的分析工作。标准比较法简单方便，但标准溶液与被测试样的浓度必须相近，否则误差较大。

此外，利用物质吸光度的加和性，可以通过双波长法、导数光谱法等方法同时测定多组分含量。

（三）有机化合物结构分析

紫外吸收光谱特征主要取决于分子中生色团和助色团及它们的共轭程度，根据紫外吸收峰的强弱、位置可推断化合物中可能存在的取代基的位置、种类和数目等。例如，化合物在 200 ～ 800 nm 范围内无吸收，则不含直链共轭体系或环状共轭体系，没有醛、酮等基团；如在 210 ～ 250 nm 处有吸收，可能含有两个共轭单位；250 ～ 300 nm 处有强吸收，可能含有 3 ～ 5 个共轭单位；250 ～ 300 nm 处有中等强度吸收并且含有振动结构，表示有苯环存在；250 ～ 300 nm 处有弱吸收表示羰基存在；等等。

（四）在医药学中的应用

1. 血清中胆固醇测定 胆固醇又称胆甾醇，广泛存在于动物体内，尤以脑及神经组织中最为丰富，胆固醇是动物组织细胞所不可缺少的重要物质，它不仅参与形成细胞膜，而且是合成胆汁酸、维生素 D 以及甾体激素的原料。胆固醇还是临床生化检查的一个重要指标，人血清胆固醇含量过高或过低与心脏、肝脏等器官疾病紧密相关，基于 455 ～ 475 nm 波段范围内血清的吸收光谱与胆固醇含量有明显的相关性，可求得血清胆固醇含量。

2. 阿司匹林有效成分测定 阿司匹林是一种白色结晶或结晶性粉末，对血小板聚集具有抑制作用，是临床上应用最为广泛的解热镇痛药和抗风湿药。阿司匹林的有效成分是乙酰水杨酸，易水解为水杨酸，在 1% 乙酸甲醇溶剂中可以用双波长法在 275 nm 和 303 nm 测定二者的含量。

第二节 原子吸收光谱法

原子吸收光谱法（atomic absorption spectrometry）是基于待测元素的气态基态原子对其特征谱线的吸收进行定量分析的一种方法，又称原子吸收分光光度法，简称原子吸收法。

原子吸收光谱法在 20 世纪 70 年代得到了快速发展，元素的分析范围已达 70 多种，不仅可以测定金属元素含量，也可以采用间接方法测定某些非金属元素含量。原子吸收光谱法已成为痕量金属元素分析的主要方法之一，该方法灵敏度高、选择性好，准确、快速，在材料科学、环境科学、生命科学等诸多领域得到了广泛应用。

一、原子吸收光谱法基本原理

（一）原子吸收光谱的产生

通常状态下，原子处于能量最低的基态。当有辐射通过原子蒸气，且辐射的能量恰好等于该原子的外层电子由基态跃迁到能量较高的激发态所需要的能量时，将产生原子吸收。原子核外电子由基态跃迁到第一电子激发态产生的谱线称为共振吸收线，通常它是该原子最强的吸收线。

各种元素的原子结构不同，电子从基态跃迁至第一激发态时，吸收的能量也不同。原子吸收光谱的波长 λ 或频率 ν 由产生跃迁的两能级的能量差 ΔE 决定

$$\Delta E = h\upsilon = h\frac{c}{\lambda} \tag{14-18}$$

式中，h 是普朗克常量，为 $6.626\times10^{-34}\ \mathrm{J\cdot s}$；$c$ 是光速。

原子吸收光谱是不连续的线状光谱，通常位于紫外、可见和近红外光区。

（二）原子吸收光谱的测量

当光强度为 I_0 的特征谱线通过厚度为 l 的试样蒸气时，部分光被蒸气中待测元素基态原子所吸收，透过光的强度为 I_v，根据朗伯-比尔定律，有

$$I_\mathrm{v} = I_0\mathrm{e}^{-K_\mathrm{v}cl} \tag{14-19}$$

$$A = -\lg\frac{I_0}{I_\mathrm{v}} = 0.4342\ K_\mathrm{v}cl \tag{14-20}$$

式中，K_v 为基态原子对频率为 ν 的光的吸收系数；c 为基态原子的浓度；l 为吸收层厚度（原子蒸气厚度）；A 为吸光度。

当原子蒸气的厚度和入射光波长固定时

$$A = Kc \tag{14-21}$$

由式（14-21）可知，在一定条件下吸光度与浓度成正比，此式只适用于低浓度试样的测定。

（三）原子吸收光谱仪

原子吸收光谱仪，又称原子吸收分光光度计，主要由光源、原子化系统、分光系统、检测系统等部分构成，其装置如图 14-9 所示。

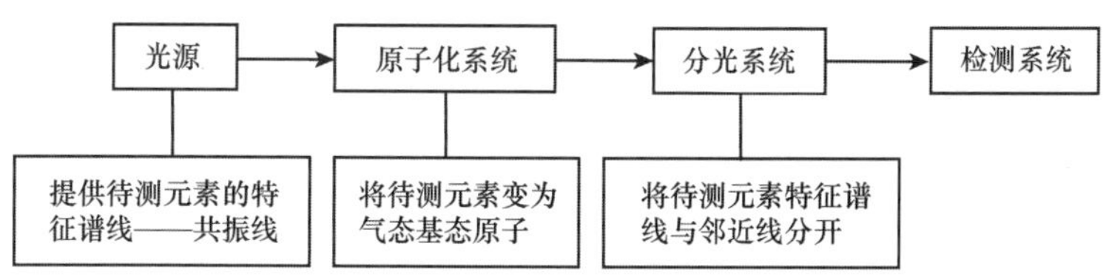

图 14-9 原子吸收光谱仪组成示意图

（四）实验条件选择及干扰消除

原子吸收光谱法的灵敏度与准确度，在很大程度上取决于测定条件的最优化选择。主要有：①吸收线的选择；②狭缝宽度的选择；③灯电流的选择；④原子化条件的选择；⑤进样量的选择等。

相对于其他仪器分析方法，原子吸收光谱法选择性好、干扰少，但实际工作中仍有不能忽略的干扰问题。常见的干扰有光谱干扰、电离干扰、物理干扰和化学干扰等。①光谱干扰是指原子光谱对吸收线的干扰，包括谱线干扰和背景干扰两种。谱线干扰可采用减小狭缝宽度或另选待测元素的其他吸收线等方法来消除其干扰。背景干扰可用邻近非共振线、连续光源、塞曼效应等方法来校正背景。②电离干扰是指待测元素在原子化过程中发生电离使参与吸收的基态原子数目减少从而造成吸光度下降的现象，通常加入消电离剂（易电离元素）来抑制待测元素的电离。③物理干扰又称基体干扰，是由于试液的黏度、表面张力、相对密度等物理性质变化时而引起的原子吸收强度下降的现象，一般可采取配制组成和试样相似的标准溶液或标准加入法来消除。④化学干扰是指待测元素与共存的其他元素发生化学反应而影响火焰中基态原子数目的现象，采用合适的火焰类型或者加入释放剂、缓冲剂或保护剂可消除。

二、原子吸收光谱法的应用

（一）定量分析

1. 标准曲线法 配制组成相似的一系列不同浓度的待测元素的标准溶液，用试剂空白作参比，在选定的条件下依次测定其吸光度值 A，绘制 A-c 标准曲线。在相同条件下测定待测样品的吸光度，从标准曲线上求出待测元素的含量。

2. 标准加入法（standard addition method） 当试样组成复杂、基体干扰较大时，配制与其组成相似的标准溶液比较困难，可以采用标准加入法。分别取等量试样溶液 4 ～ 5 份，除第一份外，其余各份均按比例准确加入不同体积待测元素的标准溶液并稀释至相同体积，在相同条件下依次测定吸光度 A，绘制 A-c 标准曲线。如果曲线不通过原点，说明试样中含有待测元素，并且其外延线与横坐标相交处到原点的距离，即为试样中待测元素的浓度 c_x。

例 14-2 用标准加入法测定尿中硒的含量，取 4 份 2 mL 尿样，分别加入 0.500 mmol · L^{-1} 硒标准溶液 0.0 μL、10.0 μL、20.0 μL、30.0 μL 后，用蒸馏水分别定容至 50.0 mL，测定各溶液吸光度分别为 0.212、0.439、0.652、0.885。计算此尿样中硒含量。

解 （1）当加入 10.0 μL 硒标准溶液到 50.00 mL 待测试样中，加入硒的浓度为

$$c_{s1}=\frac{0.5000\ \times 10.0\times 10^{-6}}{50.00\times 10^{-3}}=1.00\times 10^{-4}\ \mathrm{mmol\cdot L^{-1}}$$

同理，可分别计算出加入 20.0 μL 和 30.0 μL 硒标准溶液至 50.00 mL 待测试样中，加入硒的浓度分别为 2.00×10^{-4} mmol · L^{-1} 和 3.00×10^{-4} mmol · L^{-1}。

（2）利用实验获得的数据绘出标准加入法测定尿中硒含量的标准曲线（图 14-10）。外延曲线与横坐标轴相交，交点至原点的距离为硒的浓度 c_x= 1.00×10^{-4} mmol · L^{-1}。

（3）尿中硒的含量 $=\dfrac{1.00\times10^{-4}\times 50.00}{2.00}$

$$=2.5\times10^{-3}\ (\mathrm{mmol\cdot L^{-1}})$$

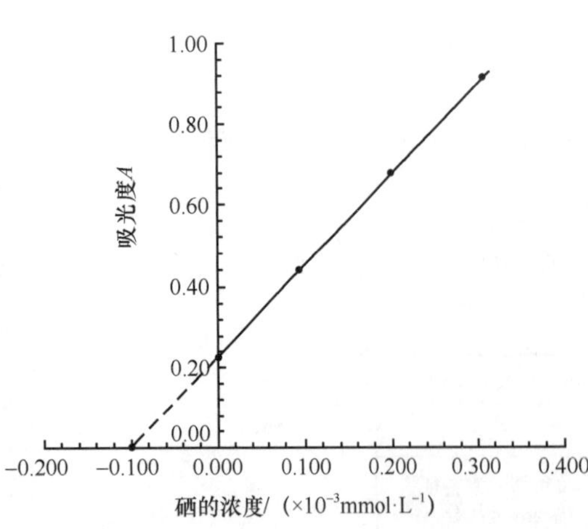

图 14-10 标准加入法测定尿中硒含量的工作曲线

（二）在医药卫生领域的应用

原子吸收光谱法灵敏度高、选择性好、检出限低、干扰少、操作简单快速，在医药卫生、理化检验等方面有着广泛的应用。临床上常用原子吸收光谱法检验血和尿中多种微量元素（铜、锌、铁、铅等）的含量，还可以进行毛发分析、生物脏器和组织分析、药物分析，大气、土壤、水体、食品及化妆品中微量元素和有害元素的含量分析。例如，原子吸收光谱法测定大米中的硒含量，儿童血液中铅的浓度等。

第三节　分子荧光分析法

某些物质的分子吸收光子能量而被激发，从激发态返回到基态时能发射出比原来吸收光波长更长的光，这种现象称为光致发光。常见的有荧光和磷光两种。根据物质的分子吸收光能后发射出荧光光谱的特征和强度，对物质进行定性或定量分析的方法称为分子荧光分析法（molecular fluorescence analysis）。常见产生荧光的激发光有紫外-可见光、红外光及X射线等。本节仅介绍激发光为紫外-可见光的分子荧光分析法。

分子荧光分析法的主要优点是测定的灵敏度高、选择性好，检出限通常比紫外-可见分光光度法低3～4个数量级。虽然能发射荧光的物质数量不多，但许多重要的生化物质、药物及致癌物质都有荧光现象，此外荧光衍生化试剂的使用能使本身不产生荧光的物质发射荧光，扩大了荧光分析法的应用范围，目前荧光分析法已经成为重要的痕量分析手段，广泛应用在医药和临床分析中。

一、分子荧光分析基本原理

（一）分子荧光的产生

在基态时，电子成对地填充在能量最低的各轨道中，一个给定轨道中的两个电子必定自旋相反，此时该分子就处在单重态（singlet state），用符号 S 表示；当分子吸收能量后，一个电子被激发跃迁到能量较高的轨道上，通常不发生自旋方向的改变，则分子处于激发单重态；若在跃迁过程中还伴随着电子自旋方向的改变，则该分子处在激发三重态（triplet state），用符号 T 表示，激发三重态的能级稍低于激发单重态。如图14-11所示，图中 S_0、S_1 和 S_2 分别表示分子的基态、第一和第二电子激发单重态；T_1 表示第一电子激发三重态，$v = 0,1,2,3,\cdots$ 表示基态和激发态的各个振动能级。

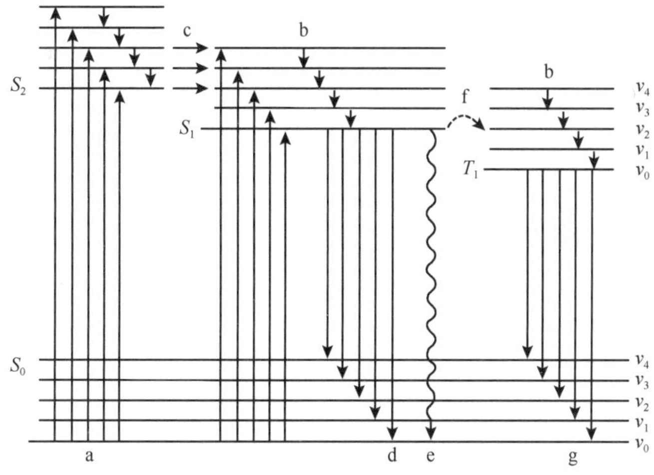

图14-11　荧光与磷光产生示意图

a. 吸收；b. 振动弛豫；c. 内转换；d. 荧光；e. 外转换；f. 系间跨越；g. 磷光

室温时，分子基本上处于基态，当吸收紫外-可见光后，从基态跃迁到某一激发态 S_1 或 S_2 上的某个振动能级（不能直接跃迁到激发三重态），处于激发态的分子不稳定，通过振动弛豫、系间跨越、内部能量转换（内转换）等过程回到 S_1 或 T_1 的最低振动能级，再通过发射荧光（以辐射的形式发射光量子并从 S_1 的最低振动能级返回至 S_0 的各个振动能级的过程）、磷光（以辐射的形式发射光量子并从 T_1 的最低振动能级返回至 S_0 的各个振动能级的过程）或者外部能量转换（外转换）的形式返回基态。

（二）荧光的激发光谱和发射光谱

任何荧光物质分子都具有两个特征光谱，即激发光谱和发射光谱，它们是荧光分析中定性与定量的基础。

固定荧光波长，连续改变激发光波长，测定不同激发波长下的荧光强度的变化，以荧光强度 F 对激发光波长 λ_{ex} 作图，即激发光谱（excitation spectrum），其形状与吸收光谱极为相似。一般选择能产生最强荧光强度的激发波长作为测定波长。

固定激发光波长和强度，连续改变荧光物质发射光的波长并测定不同发射光波长下所发射的荧光强度，以荧光强度 F 对荧光波长 λ_{em} 作图，即发射光谱（emission spectrum），又称荧光光谱（fluorescence spectrum）。一般选择最强荧光波长作为测定波长。

荧光光谱的波长通常比激发光谱波长更长，其形状与选择的激发波长无关，用不同波长的激发光激发荧光分子可以观察到形状相同的荧光发射光谱。由于同一分子的基态和激发态振动能级的分布相似，因此激发光谱与发射光谱呈现镜像对称关系。

（三）荧光效率及其影响因素

1. 荧光效率（fluorescence efficiency） 是指激发态分子发射荧光的光子数与基态分子吸收激发光的光子数之比，用 φ_f 表示：

$$\varphi_f = \frac{\text{发射荧光的光子数}}{\text{吸收激发光的光子数}} \tag{14-22}$$

荧光效率越高，荧光发射强度就会越大，一般物质的荧光效率在 0 ～ 1 之间。

2. 荧光与分子结构的关系 能够发射荧光的物质应同时具备两个条件：强的紫外-可见吸收和较高的荧光效率。其分子结构一般具有如下特征：①长共轭结构：具有大的共轭 π 键结构的分子才能发射较强的荧光，大多数含芳香环、杂环的化合物能发出荧光；②分子的刚性：在同样长的共轭分子中，分子的刚性和共平面性越大，荧光效率越高；③取代基：给电子取代基能增加分子的 π 电子共轭程度，使荧光加强，而吸电子取代基则减弱分子的 π 电子共轭程度，降低荧光强度。

3. 环境因素对荧光的影响 分子所处的外界环境，如温度、溶剂、酸度、荧光猝灭剂（能引起荧光强度降低的物质）等都会影响荧光效率，甚至影响分子结构及立体构象，从而影响荧光光谱的形状和强度。了解和利用这些因素，选择合适的测定条件，可以提高荧光分析的灵敏度和选择性。

（四）荧光分光光度计

用于测量荧光的仪器很多，主要有荧光光度计（fluorometer）和荧光分光光度计（spectrofluorometer）两种类型。荧光仪器一般包含四个主要部分：光源、单色器（激发单色器、发射单色器）、样品池和检测器。其结构如图 14-12 所示。由激发光源发出的光经激发单色器分光后，得到所需波长的光，照射到含荧光物质的样品池上产生荧光，与光源方向垂直的荧光经发射单色器滤去激发光产生的反射光、溶剂的散射光和溶液中的杂质荧光，然后由检测器将检测到的荧光变成电信号，并经信号放大系统后记录。

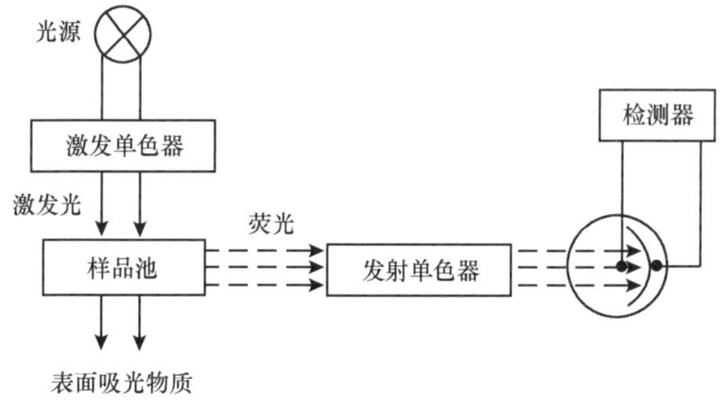

图 14-12 荧光光谱仪基本部件

二、分子荧光定量分析

(一)荧光强度与荧光物质浓度的关系

溶液的荧光强度与该溶液中荧光物质的吸光度以及荧光效率有关。溶液中的荧光物质被入射光（光强度 I_0）照射激发后，可以在溶液的各个方向观察荧光强度 F，但由于激发光有部分透过（光强度 I_t），且这部分透过的光会影响对荧光的测定，因此，在激发光的方向上观测荧光是不适宜的，一般是在与激发光源垂直的方向上测量荧光强度。

设溶液中荧光物质的浓度为 c，液层厚度为 l，荧光强度 F 正比于被荧光物质吸收的光强度，即

$$F = K'(I_0 - I_t) \tag{14-23}$$

式中，K' 为常数，其值取决于荧光效率。

根据朗伯-比尔定律，可得

$$F = 2.303\ K'I_0\varepsilon cl = Kc \tag{14-24}$$

此式只适用于 $\varepsilon cl \leqslant 0.05$ 的稀溶液，即在较稀的溶液中，在一定温度下，当激发光的波长、强度和液层厚度都恒定时，其荧光强度与溶液中荧光物质浓度呈线性关系。这是荧光定量分析的基础。

(二)定量分析方法

1. 标准曲线法 与紫外-可见分光光度法相似，以测得的荧光强度 F 为纵坐标，以标准溶液的浓度 c 为横坐标，绘制标准曲线。然后在同样条件下测定试样溶液的荧光强度，由标准曲线求出试样中荧光物质的含量。

在绘制标准曲线时，常采用系列标准溶液中的某一溶液作为基准，将空白溶液的荧光强度读数调至 0，将该标准溶液的荧光强度读数调至 100% 或 50%，然后测定系列中其他各个标准溶液的荧光强度。在实际工作中，当仪器调零后，先测定空白溶液的荧光强度，然后测定标准溶液的荧光强度，从后者中减去前者，就是标准溶液本身的荧光强度。再绘制标准曲线。

2. 比例法 如果荧光物质的标准曲线通过原点，就可选择在其线性范围内用比例法进行测定。取已知量的纯荧光物质作为对照品，配制浓度为 c_s 的对照品溶液，使其浓度在线性范围内，测其荧光强度 F_s。然后在相同条件下，测定试样溶液的荧光强度 F_x。若空白溶液的荧光强度为 F_0 时，则必须从 F_s 和 F_x 值中扣除。按比例法可求出试样中荧光物质的浓度 c_x：

$$\frac{F_s - F_0}{F_x - F_0} = \frac{c_s}{c_x} \tag{14-25}$$

从上式可得

$$c_x = \frac{F_x - F_0}{F_s - F_0} c_s \quad (14\text{-}26)$$

3. 联立方程式法 荧光分析法也可像紫外-可见分光光度法一样，从混合物中不经分离就可测得被测组分的含量。

如果混合物中各个组分的荧光峰相距较远，而且相互之间无显著干扰，则可分别在不同波长处测定各个组分的荧光强度，从而直接求出各个组分的浓度。如果不同组分的荧光光谱相互重叠，则利用荧光强度的加和性质，在适宜的荧光波长处，测定混合物的荧光强度，再根据被测物质各自在适宜荧光波长处的荧光强度，列出联立方程，分别求算它们各自的含量。

三、荧光分析法的应用

荧光分析法具有灵敏度高、选择性好、用样量少和方法简单、提供较多的物理参数等优点，广泛用于医药、临床分析、食品及环境检测领域中无机化合物和有机化合物的测定。

（一）无机化合物的荧光分析

荧光分析法测定溶液中的无机离子，可分为三种方法：①将无机离子溶液加入适当的无机试剂中，直接检测离子的化学荧光。②无机离子与有机试剂（荧光试剂）反应形成具有荧光特性的配合物来测定。这种方法最常用，有超过 70 多种的金属离子可用该法测定。常用的有机配合体荧光试剂有：8-羟基喹啉（测定 Al^{3+} 和 Ga^{3+}）、黄酮醇（测定 Sn^{4+}）、二苯乙醇酮（测定 Zn^{2+}）等。③利用荧光熄灭法，间接测定金属离子。如有的有机试剂本身能发射荧光，它与金属离子配合后荧光强度减弱，测量荧光减弱的程度，即可间接测出离子浓度，如 5-溴水杨基荧光酮在 538 nm 处有荧光，但荧光强度可随溶液中 Zn^{2+} 含量的增大而减弱，以此建立锌的荧光分析法。

（二）有机化合物的荧光分析

目前，利用荧光分析法可以测定的有机化合物有数百种之多。具有高共轭体系的非芳香族、芳香族和杂环化合物在紫外光照射下大多能产生荧光，因此，荧光分析法可以直接用于这类有机化合物的测定。为了提高测定方法的灵敏度和选择性，常将弱荧光物质与某些荧光试剂作用，以得到强荧光产物，从而大大增加了荧光分析在有机测定方面的应用。能用荧光分析法测定的有机化合物包括：多环胺类、多环芳烃类、萘酚类、嘌呤类，具有芳环或芳杂环结构的氨基酸类及蛋白质等生命物质，药物中的生物碱类、甾体类、抗生素类、维生素类等。例如，在药物分析中的青霉素、四环素、金霉素、土霉素等可以用荧光分析法测定；在食品中维生素 B_2、黄曲霉毒素 B_1、苯并 [*a*] 芘等也可以用荧光分析法测定。在生物检测方面，由于 DNA 自身的荧光分子产率很低而不能直接检测，但以某些荧光分子作为探针，可通过探针标记分子的荧光变化来研究 DNA。在基因检测方面，目前也已逐步采用荧光染料作为标记物来取代同位素标记物。

第四节 色 谱 法

一、色谱分析概述

色谱法（chromatography）是 1906 年由俄国植物学家茨维特（M. Tswett）在其发表的论文中提出的一种方法。在研究植物色素时 Tswett 把干燥的碳酸钙颗粒填充在竖立的玻璃管内，从顶端将植物叶片的石油醚浸取液倒入玻璃管中，再用石油醚自上而下冲洗，结果在玻璃管的不同部位形成了不同颜色的色带，因而命名为色谱。玻璃管被称为色谱柱（chromatographic column），管内填充物称为固定相（stationary phase），冲洗剂称为流动相（mobile phase）或洗脱液（eluent）。随着色谱技术的不断发展，色谱法早已不局限于有色物质的分离，还大量用于无色物质的分离，但其分离原理是一致的，因此色谱法的名称仍在沿用。

色谱法是先将混合物中各组分进行分离，而后再逐个分析，因此是分析复杂混合物最有力的手段。经过一个世纪的发展，色谱技术和色谱仪更趋完善，目前这门分离分析技术正朝着智能化、联用技术和多维色谱法的方向快速发展，广泛应用于生命科学、环境科学、材料科学、药物分析及其他许多前沿研究领域。

（一）色谱法分类

色谱法种类很多，可以从不同角度进行分类。

1. 根据流动相的状态分类　这是最常见的色谱法分类，流动相可以是气体、液体或超临界流体，色谱法可相应称为气相色谱法（gas chromatography，GC）、液相色谱法（liquid chromatography，LC）和超临界流体色谱法（supercritical fluid chromatography，SFC）。按固定相的状态不同，气相色谱又可分为气-固色谱法（GSC）和气-液色谱法（GLC）；液相色谱法也可分为液-固色谱法（LSC）和液-液色谱法（LLC）。

2. 按照操作形式分类　可以分为柱色谱法、平面色谱法和毛细管色谱法等。

3. 按色谱过程的分离原理分类　可分为吸附色谱法、分配色谱法、离子交换色谱法、空间排阻色谱法、生物亲和色谱法以及毛细管电色谱法等。

（二）色谱分离过程

色谱分离的基本条件是必须具备相对运动的两相，即固定相和流动相，待分离试样的各个组分随流动相经过固定相时，在两相之间发生相互作用。由于各物质结构和性质的不同，不同组分与两相之间的作用力也不同，结果在固定相上滞留的程度也不同，即随流动相向前运动的速率不相等，产生差速迁移而实现分离。

以液-固吸附色谱为例，当把含有A、B两组分的样品加到色谱柱的顶端后，样品组分被吸附到固定相（吸附剂）上，如图14-13所示。之后，随着流动相不断流入色谱柱，被吸附在固定相上的组分又溶解于流动相中，这个过程称为解吸。解吸出的组分在随流动相向前移行的过程中，遇到新的固定相，又再次被吸附。在色谱柱上如此反复多次地发生吸附-解吸的分配过程（可达10^3～10^6次）。若两种组分在结构和性质上存在微小的差异，则它们在固定相表面的吸附能力和在流动相中的溶解度也将存在一些微小的差异，经过反复多次的重复，这种微小的差异积累起来，结果就是吸附能力弱的组分（图14-13中A）先从色谱柱中流出，吸附能力强的组分（图14-13中B）后流出色谱柱，从而使A、B两组分得到分离。

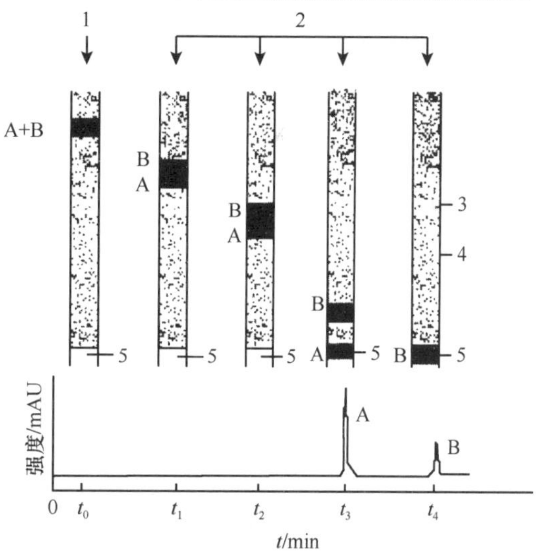

图14-13　色谱分离过程示意图

1. 试样；2. 流动相；3. 固定相；4. 色谱柱；5. 检测器

（三）色谱图及相关概念

检测器输出信号强度对时间或流动相流出体积关系的曲线称为色谱图（chromatogram），又称色谱流出曲线，如图 14-14 所示。结合图 14-14，来说明有关色谱图的一些相关概念。

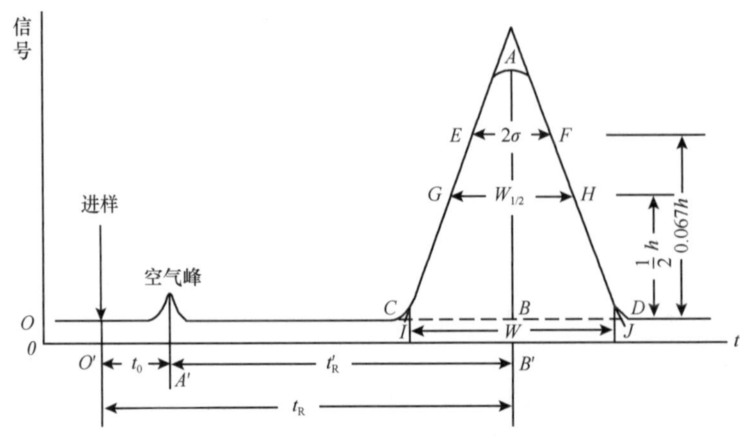

图 14-14　色谱流出曲线

1. 基线（base line） 指在一定实验操作条件下，仅有流动相通过检测器系统时的流出曲线，如图中的 *OD* 线。稳定的基线是一条平行于横轴的直线。基线反映仪器（主要是检测器）噪声随时间的变化。

2. 色谱峰（chromatographic peak） 是色谱图上突起部分，即当有组分流经检测器时所产生的信号。一个组分的色谱峰可以用三项参数即峰高或峰面积、峰位及峰宽说明。

3. 峰高与峰面积 峰高（peak height，h）是指色谱峰顶点到基线的垂直距离，如图中的 *AB* 线；峰面积（peak area，A）是指色谱峰曲线与基线所包围的面积，如图中的 *ACD* 内的面积。

4. 保留值（retention value） 又称保留参数，是反映样品中各组分在色谱柱中停留状态的参数，是主要的色谱定性参数。通常用时间（min）或体积（cm^3）表示。

（1）保留时间（retention time，t_R）：从进样开始到某组分在柱后出现浓度极大值的时间间隔，即从进样到色谱峰最高点所需的时间，称为该组分的保留时间。如图中 *O′B′* 所对应的时间。

（2）死时间（dead time，t_0）：不被固定相吸附或溶解的组分的保留时间，即流动相流经色谱仪所需的时间。如图中 *O′A′* 所对应的流出时间。

（3）调整保留时间（adjusted retention time，t'_R）：某组分由于溶解或被吸附于固定相，比不被溶解或不被吸附的组分在色谱柱中多停留的时间。如图中 *A′B′* 所对应的流出时间。调整保留时间与保留时间和死时间的关系如下：

$$t'_R = t_R - t_0 \tag{14-27}$$

在温度、固定相等实验条件确定的情况下，调整保留时间仅取决于组分本身的性质，是色谱定性分析的基本参数，但同一组分的保留时间受流动相流速的影响，因此又常用保留体积表示保留值。由流动相的流速乘以相应的时间可分别得到保留体积、死体积、调整保留体积。

5. 区域宽度 是色谱流出曲线的重要参数之一，通常有以下 3 种表示方法。

（1）标准差（standard deviation，σ）：正常色谱峰 0.607 倍峰高处色谱峰宽的一半。即图 14-14 中 *EF* 间的距离的一半。

（2）半峰宽（peak half width，$W_{1/2}$）：指峰高一半处的峰宽。如图中 *GH* 间的距离。

（3）峰宽（peak width，W）：又称峰底宽，通过色谱峰两侧的拐点分别作峰的切线与峰底的基线相交，在基线上的截距称为峰宽，或称基线宽度。如图中 *IJ* 间的距离。

半峰宽、峰宽与标准差的关系分别为：$W = 4\sigma$；$W_{1/2} = 2.354\sigma$。

6. 分离度（resolution，R） 又称分辨率，它表示相邻色谱峰的实际分离程度。分离度是相邻两组分色谱峰保留时间之差与两色谱峰宽的平均值之比。

$$R=\frac{(t_{R_2}-t_{R_1})}{\frac{1}{2}(W_1+W_2)}=\frac{2\Delta t_R}{W_1+W_2} \quad (14\text{-}28)$$

R 越大，表示两个峰分开的程度越大。一般，当 $R=1.5$ 时，两组分的分离程度达 99.7%。在定量分析时，常把 $R=1.5$ 作为相邻两峰完全分离的标志。

7. 分配系数和保留因子　分配系数（distribution coefficient，K）是在一定温度和压力下达到分配平衡时，组分在固定相和流动相中的浓度比。表达式为

$$K=\frac{c_s}{c_m} \quad (14\text{-}29)$$

保留因子（retention factor，k）又称容量因子（capacity factor），是在一定温度和压力下达到分配平衡时，组分在固定相和流动相中的质量比。表达式为

$$k=\frac{m_s}{m_m} \quad (14\text{-}30)$$

在一定色谱条件下，若两组分的分配系数相等，则这两个组分在此条件下不能被分离。因此，分配系数不等是色谱分离的前提条件。

（四）色谱分离理论

1. 塔板理论　塔板理论（plate theory）源自 1941 年马丁（Martin）和辛格（Synge）提出的塔板模型，它是把色谱柱比作一个分馏塔，设想其中有许多塔板。被分离的组分在每个塔板间隔内按照分配系数的大小在两相间达到分配平衡，经过多次分配平衡后达到混合物的分离。有多少层塔板就有多少次分配平衡，塔板数越多，分离能力就越强。因此，理论塔板数（number of theoretical plates；n）和理论塔板高度（height equivalent to a theoretical plate；H）就成为衡量柱效（column efficiency）的指标。

在一定柱长（L）中，塔板的数目可表示为

$$n=\frac{L}{H} \quad (14\text{-}31)$$

利用色谱图上所得保留时间和峰宽或半峰宽数据，可求算理论塔板数 n：

$$n=16(\frac{t_R}{W})^2 \quad (14\text{-}32)$$

或

$$n=5.54(\frac{t_R}{W_{1/2}})^2 \quad (14\text{-}33)$$

峰宽越小，塔板数越大，塔板高度就越小，柱效就越高，分离的效果也越好。当采用塔板数评价色谱柱的柱效时，必须指明组分、固定相、流动相及操作条件等。

塔板理论从热力学角度出发，在解释色谱峰的形状、位置以及评价柱效方面比较成功，但由于它的某些假设与实际色谱过程不符，并且没有考虑各种动力学因素对色谱柱内传质过程的影响。因此，塔板理论无法解释柱效与流动相流速的关系，也不能说明影响柱效的主要因素及提高柱效的途径。

2. 速率理论　荷兰化学家范第姆特（van Deemter）提出了色谱过程动力学理论——速率理论（rate theory）。van Deemter 充分考虑了组分在两相间的扩散和传质过程，研究了色谱峰展宽对塔板高度的影响，提出了速率理论方程

$$H = A + B / u + Cu \tag{14-34}$$

式中，H 为塔板高度；A、B、C 为三个常数，分别代表涡流扩散系数、纵向扩散系数和传质阻抗系数，其大小受色谱柱填充均匀程度、颗粒大小及流动相性质等因素影响；u 为流动相流速。

由速率理论方程可知 u 对纵向扩散相和传质阻抗相的影响是相反的，通过推导可求出流动相最佳流速为 $u_{opt} = \sqrt{\frac{B}{C}}$，实际流速常稍大于最佳流速，以缩短分析时间。

二、色 谱 仪

(一)气相色谱仪

气相色谱法需要在气相色谱仪中完成，气相色谱仪的种类和型号繁多，但其基本结构相似，是由气路系统（载气瓶、压力阀、流速控制器）、进样系统（进样阀、气化室）、分离系统（恒温箱、色谱柱）、检测器和数据处理系统组成。

常用的气相色谱仪的分析流程如图 14-15 所示。

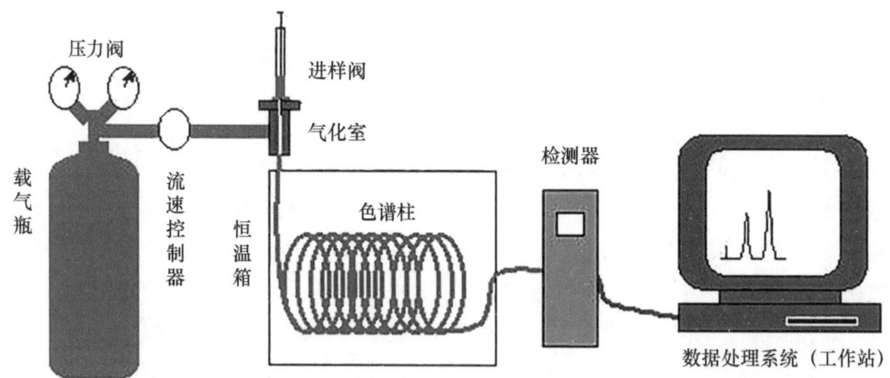

图 14-15　典型的气相色谱仪示意图

流动相由高压气瓶提供，经过压力阀调节至适当压力，再经净化后由流速控制器调节适当流量进入恒温箱和色谱柱中，再经过检测器流出色谱仪。样品通过微量进样器从进样阀中注入，随流动相经过色谱柱被分离。气相色谱仪具有仪器成本低、易于操作、分析效率高和分析速度快的特点，适用于挥发性好易于气化的物质的分析，如中药挥发油分析、体内药物分析、果蔬中农药残留分析等。对于一些沸点高的物质也可以通过衍生化反应转化成沸点低的化合物，然后再用气相色谱进行分析。

(二)高效液相色谱仪

沸点较高或加热易分解的有机物不适合气相色谱法，可以通过液相色谱法分析，现代液相色谱法大多是通过高效液相色谱仪完成的。高效液相色谱仪主要由高压输液系统(储液器、高压泵等)、进样系统、分离系统（色谱柱、柱温箱等）、检测系统和数据处理系统等五部分组成。另外，还可根据某些需求配备一些辅助装置，如图 14-16 所示。

高效液相色谱法流动相和固定相种类繁多，可通过多种不同的分离原理进行混合物的分离，适用大多数有机化合物的分离分析，如药物含量分析、食品添加剂分析、生物大分子（蛋白质、肽类、核酸、糖类等）的分析等。

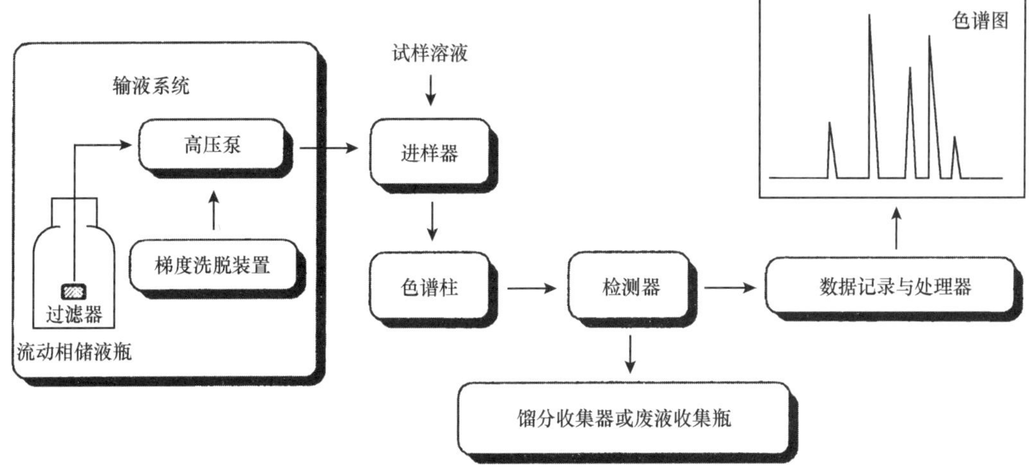

图 14-16　高效液相色谱示意图

三、色谱定性与定量分析

（一）定性分析

色谱法定性分析较为困难，通常可以采用标准品对照的方式进行样品的定性分析，即在一定色谱条件下通过比较样品和标准品的保留时间确定样品的成分，这种方法一般适用于组成已知的样品分析，若样品成分未知则很难通过色谱法自身定性，可以通过色谱-质谱联用技术进行未知样品的定性分析。

（二）定量分析

1. 校正因子　色谱定量分析的基础是在一定色谱条件下，色谱峰的峰面积或峰高与被测组分的质量（或浓度）成正比。但是，由于同一检测器对相同质量（或浓度）的不同物质的响应值不同，因此不能用峰面积或峰高直接计算物质含量，需要引入校正因子：

$$m_i = f_i'A_i \tag{14-35}$$

式中，f_i' 为待测组分 i 的绝对校正因子，实际工作中绝对校正因子的值很难准确测定，一般使用相对校正因子 f_i 代替：

$$f_i = \frac{f_i'}{f_s'} = \frac{A_s m_i}{A_i m_s} \tag{14-36}$$

式中，f_i 为待测组分 i 的相对校正因子；f_i' 为待测组分 i 的绝对校正因子；f_s' 为标准物质 s 的绝对校正因子；A_i、A_s、m_i、m_s 分别代表待测组分 i 和标准物质 s 的峰面积和质量。

2. 常用的定量方法

（1）外标法（external standard method）：外标法也称标准曲线法。用待测组分的标准品配制一系列标准溶液进行色谱分析，在相同条件下，由所测定的峰面积对应浓度作图，得到标准曲线，由标准曲线确定待测组分的含量。

外标法不需要测定校正因子，准确性较高，但操作条件变化对结果准确性影响较大，对进样量的准确性控制要求较高，适用于大批量试样的快速分析。

（2）内标法（internal standard method）：内标法是选择一种合适的物质作为内标物，将已知量的内标物加入准确称取的试样中，混合均匀再进行分析，根据待测组分和内标物的质量以及在色谱图上相应的峰面积和相对校正因子，可以求出待测组分质量分数：

$$w_i = \frac{m_i}{m} = \frac{f_i' \times A_i}{f_s' \times A_s} \times \frac{m_s}{m} \times 100\% \tag{14-37}$$

式中，w_i 为试样中待测组分 i 的含量；m 和 m_s 分别为试样和内标物的质量；m_i 为质量 m 的试样中所含组分 i 的质量；A_i 和 A_s 分别为试样和内标物的峰面积；f_i 和 f_s 分别为待测组分 i 和内标物 s 的校正因子。

若内标工作曲线的截距近似为零，可采用“内标对比法”（已知浓度试样对照法），它是内标法的一种应用。在待测组分 i 的已知浓度的标准品溶液和同体积的样品溶液中，分别加入相同量的内标物，配成对照品溶液和供试液，分别进样，由下式计算样品溶液中待测组分的浓度。

$$(c_i)_{样品} = \frac{(A_i / A_s)_{样品}}{(A_i / A_s)_{对照}} \times (c_i)_{对照} \tag{14-38}$$

内标物需满足以下要求：①纯度较高且不是试样中存在的组分；②与待测组分性质比较接近；③不与试样发生化学反应；④出峰位置应位于待测组分附近，且对待测组分无影响。

例 14-3 利用高效液相色谱测定生物碱式样中黄连碱和小檗碱的含量，实验结果如下表：

	对照品		试样 0.8850 g	
	质量 /g	峰面积 /cm^2	质量 /g	峰面积 /cm^2
内标物	0.2000	3.60	0.2500	4.23
黄连碱	0.2000	3.43		3.82
小檗碱	0.2000	4.04		4.66

试样测定时，称取 0.2500 g 内标物和试样 0.8850 g 与对照品同法配制成溶液后，在相同色谱条件下测得峰面积。计算试样中黄连碱和小檗碱的含量。

解

$$w_i = \frac{m_i}{m} \times 100\% = \frac{m_s}{m} \cdot \frac{f_i' h_i}{f_s' h_s} \times 100\%$$

$$w_{黄连碱} = \frac{0.25}{0.885} \times \frac{\frac{0.2}{3.43} \times 3.82}{\frac{0.2}{3.60} \times 4.23} \times 100\% = 26.77\%$$

$$w_{小檗碱} = \frac{0.25}{0.885} \times \frac{\frac{0.2}{4.04} \times 4.66}{\frac{0.2}{3.60} \times 4.23} \times 100\% = 27.73\%$$

四、色谱分析应用

色谱法是一种有效的混合物分离分析技术，广泛应用于医学、药学、理化检验等领域。

（一）在医学中的应用

色谱分析在临床医学方面的应用非常广泛。运用色谱法可以测定人体内蛋白质、氨基酸、激素等的含量；测定各组织及体液中有害物质及其代谢产物的浓度；通过对微生物代谢产物、分解产物或微生物本身成分的色谱分析可以得到微生物类别和含量的信息；此外运用色谱技术辅助疾病的诊断也越来越得到重视，如通过气相色谱法测定脑脊液中乳酸盐浓度可以提示细菌性脑膜炎的诊断。

（二）在药学中的应用

色谱法在药物含量的测定、中药有效成分的研究、复方制剂的分析和药物代谢研究中起着重要的作用。例如，苯丙胺类运动兴奋剂药物、中药挥发油的分析等常用气相色谱法；磺胺类药物、水溶性维生素、抗生素的测定等常用高效液相色谱法。

（三）在理化检验中的应用

大气或室内气体污染物的分析、果蔬中农药残留（有机磷、有机氯、氨基甲酸酯类、拟除虫菊酯类等）的测定、工业废水中苯及其同系物的测定等主要应用气相色谱法；而水中酚类化合物、食品中苏丹红的测定主要应用高效液相色谱法。

（四）色谱联用技术的应用

将两种色谱法联用或色谱与质谱（或波谱）联用的方法，称为色谱联用技术。为了弥补色谱法定性功能较差的弱点，大力发展了色谱和其他仪器的联用技术，如气相色谱与质谱联用、液相色谱与质谱联用，这些联用技术的应用已相当广泛。此外，液相色谱与电喷雾质谱的联用技术近年来已趋于成熟，它将对生物大分子的分离和鉴定发挥极大的作用。随着生命科学的发展，色谱和毛细管电泳技术在蛋白质组学、代谢组学等各种组学研究中的应用越来越广泛。包括毛细管电泳、微流控芯片在内的整个色谱科学正在向高效分离、高通量分析、高灵敏度检测、多维分离分析的方向发展。

第五节 其他仪器分析法

一、质谱分析简介

质谱法（mass spectrometry，MS）是应用多种离子化技术将物质分子转化为气态离子，并按其质荷比（m/z）大小进行分离测定，从而进行物质结构分析的方法。

早期质谱法主要用于相对原子质量的测定和非放射性同位素的发现，如1913年汤姆孙（J. J. Thomson），报道了氖气是由^{20}Ne和^{22}Ne两种同位素组成的。到20世纪30年代，质谱法已经测定了大多数稳定同位素并精确测定了它们的质量，建立了原子质量不是整数的概念，极大地促进了核化学的发展。但直到1942年，才出现用于石油分析的第一台商品质谱仪。从60年代开始，质谱法更加普遍地应用到有机化学和生物化学等领域。80年代后，各种软离子化技术相继问世及气相色谱-质谱（GC-MS）和高效液相色谱-质谱（HPLC-MS）联用仪器研发成功使得质谱法的应用拓展到蛋白质、核酸、多肽等生物大分子领域，质谱法是现代分析化学中最活跃的方法之一。

质谱法具有以下的特点：①灵敏度高，样品用量少（样品的取样量为微克级）；②能同时提供物质的相对分子质量、分子式及部分官能团结构信息；③响应时间短，分析速度快，数分钟内即可完成一次测试；④能和各种色谱法进行在线联用，如GC-MS、HPLC-MS等。

（一）质谱法基本原理

质谱法是利用电磁学原理使分子裂解成带有不同质荷比的离子，再按照质荷比不同将其分离的方法。典型方式是将样品分子离子化后经过加速电场的加速后进入磁场中，其动能与加速电压及电荷有关：

$$zeU=\frac{1}{2}mv^2 \tag{14-39}$$

式中，z为电荷数；e为元电荷（$e=1.60\times10^{-19}$ C）；U为加速电压；m为离子的质量；v为离子加速后的速率。具有速率 v 的带电粒子进入质量分析器的电磁场中，在质量分析器中，离子受到磁场力作用，在与磁场垂直的平面做匀速圆周运动，其向心力等于磁场力，即

$$zevH = \frac{mv^2}{R} \tag{14-40}$$

式中，H 为磁场强度；R 为离子运动半径。将式（14-40）代入式（14-39），整理后可得

$$m/z = \frac{eH^2R^2}{2U} \tag{14-41}$$

由式（14-41）可知，当加速电压和磁场强度一定时，离子运动半径仅与离子的 m/z 有关，即磁场对不同质荷比的离子有质量色散的作用。当 R 不变时，改变 U 或 H，则具有不同 m/z 的离子依次通过狭缝到达检测器，形成质量谱，简称质谱。图 14-17 是多巴胺的质谱图。

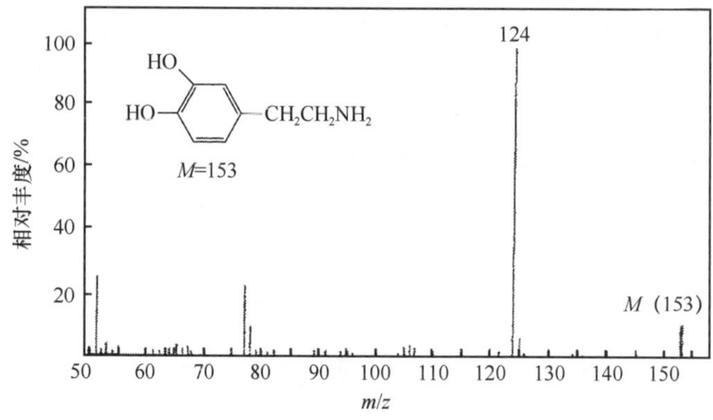

图 14-17　多巴胺质谱图

（二）质谱仪

典型的质谱仪流程如图 14-18 所示，一般由样品导入系统、离子源、质量分析器和离子检测器组成，此外还含有真空系统和控制及数据处理系统。

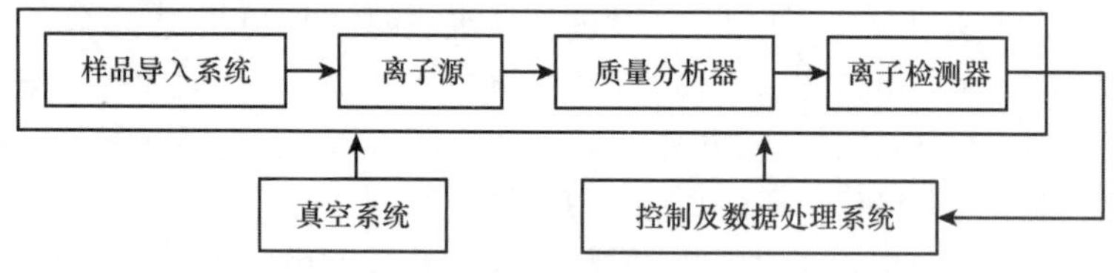

图 14-18　质谱仪流程图

离子源（ion source）的作用是使样品被电离成离子。常见的离子源有电子轰击源、化学电离源、电喷雾电离源、基质辅助激光解析电离源等。

质量分析器（mass analyzer）的作用是将离子源中形成的离子按质荷比的不同进行分离。常见的质量分析器有单聚焦质量分析器、双聚焦质量分析器、四极杆质量分析器、飞行时间质量分析器等。

不同的质谱仪适合不同相对分子质量物质的分析，衡量质谱仪性能的指标主要有质量范围和分辨率。

1. 质量范围（mass range） 是指质谱仪所能测量的离子的质荷比范围，通常采用原子质量单位（amu）来度量。目前四极杆质谱仪质量范围一般在 10 ～ 1000 amu；飞行时间质谱仪可以测定

相对分子质量超过 1 000 000 amu 的大分子物质。

2. 分辨率（resolution） 指质谱仪分开相邻质量离子的能力。若有两个相等强度的相邻峰，可通过下式计算其分辨率

$$R = \frac{m_1}{m_2 - m_1} = \frac{m_1}{\Delta m} \tag{14-42}$$

式中，R 为分辨率；m_1、m_2 为质量数，且 $m_1 < m_2$。

（三）质谱法应用

通过对物质质谱图的解析可以得到其相对分子质量、分子式的相关信息以及部分碎片官能团的信息，结合其他波谱分析法可以确定物质的分子结构；质谱法还可以用来进行同位素和原子质量的测定。通过联用技术，如 GC-MS、HPLC-MS 可以进行环境污染物分析、食品添加剂分析、药物代谢研究、兴奋剂检测及蛋白质组学研究等；电感耦合等离子体-质谱法（ICP-MS）可以进行样品中痕量元素的测定。

二、核磁共振分析简介

核磁共振波谱法（nuclear magnetic resonance spectroscopy，NMR）是测量原子核对射频辐射（60～900 MHz）的吸收现象，进行结构（包括构型和构象）测定、定性及定量分析的方法。在外磁场作用下，具有磁矩的原子核存在着不同的能级，当用一定频率的射频照射分子时，能引起原子核自旋能级的跃迁，产生核磁共振，以核磁共振信号强度对照射频率作图可得核磁共振波谱。

早在 1924 年泡利就预言了核磁共振的基本理论：有些核同时具有自旋和磁量子数，这些核在磁场中会发生能级分裂。但核磁共振现象直到 1946 年，才由哈佛大学的珀塞尔（E. M. Purcell）和斯坦福大学的布洛赫（F. Bloch）等发现。近些年随着脉冲傅里叶变换技术和超导磁体的发展，使得核磁共振波谱在化学、医药学、生物学等领域应用越发广泛。

（一）核磁共振的基本原理

1. 核磁共振基本原理 核自旋量子数（nuclear-spin quantum number）I 不为零的原子核在磁场作用下能级会发生分裂。如 $I = 1/2$ 的 $^{1}_{1}H$、$^{13}_{6}C$、$^{19}_{9}F$ 等核在磁场作用下核自旋有两个取向 +1/2、–1/2，对应的两个能级分别为$E_{1/2}=-\frac{\gamma h}{4\pi}H_0$，$E_{-1/2}=\frac{\gamma h}{4\pi}H_0$，其中 γ 为磁旋比（magnetogyric ratio）是原子核自身的特性常数，H_0 为磁场强度。与其他光谱法一样，当电磁辐射的能量等于两核间能量差即$h\nu=\frac{\gamma h}{2\pi}H_0$时，核会吸收辐射能量，由低能级跃迁到高能级，产生核磁共振。核自旋量子数 I 大于 1/2（I = 3/2，2，5/2，…）的原子核在磁场作用下其核磁矩的空间量子化比较复杂，目前研究得比较少。

2. 核磁共振波谱 在分子中，同一元素的不同原子由于其化学环境（主要指核外电子云及其邻近的其他原子）的差异，共振频率会有微小差别，称为化学位移（chemical shift）。此外，分子中各核的核磁矩间的相互作用，能使共振峰发生分裂，称为自旋分裂；核磁共振谱线分裂所产生的裂距反映了互相耦合作用的强弱，称为耦合常数（coupling constant）。核磁共振谱由化学位移、耦合常数及峰面积积分曲线分别提供质子类型、核间关系及原子分布的信息，如图 14-19 所示。

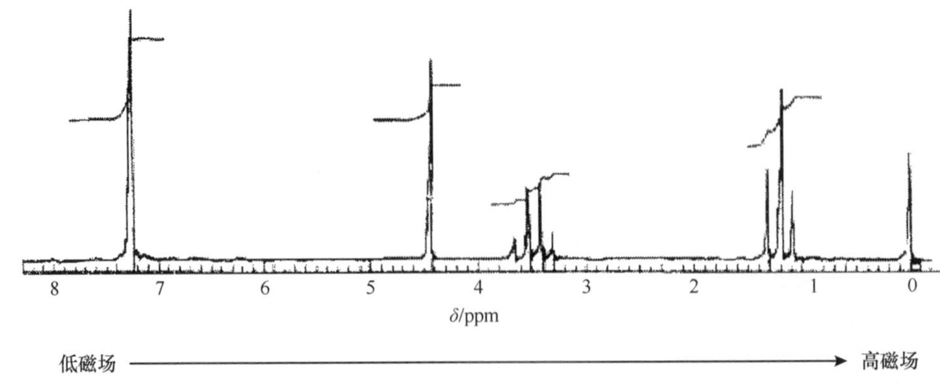

图 14-19 $C_6H_5CH_2OCH_2CH_3$ 的核磁共振谱图

（二）核磁共振仪

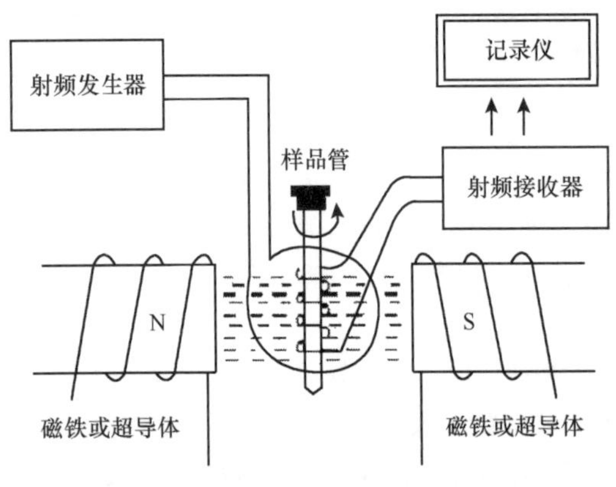

图 14-20 CW-NMR 示意图

核磁共振仪按扫描方式不同分为两大类：连续波核磁共振仪和脉冲傅里叶变换核磁共振仪。

1. 连续波核磁共振仪（continuous wave-NMR，CW-NMR） 是指射频的频率或外磁场的强度是连续变化的，即连续扫描直到被观测的核依次被激发而产生核磁共振。仪器结构如图 14-20 所示。

2. 脉冲傅里叶变换核磁共振仪（pulse Fourier transform-NMR，PFT-NMR） 采用恒定的磁场强度，在整个频率范围内施加具有一定能量的脉冲，使自旋取向发生改变并跃迁至高能态，高能态的核经一段时间后返回低能态，通过收集这个过程产生的感应电流，可获得时间域上的波谱图，然后再由计算机进行脉冲傅里叶变换为频率域的波。PFT-NMR 扫描时间短，灵敏度高适合 ^{13}C、^{15}N 这样共振信号弱、化学位移范围宽的核检测。

（三）核磁共振波谱法的应用

核磁共振波谱法主要应用于有机和生物化学分子结构分析和结构鉴定中。通过 ^{1}H NMR 可以分析化合物中 H 的种类和数目，进而确定其分子式和结构式；通过 ^{13}C NMR 得到分子中碳原子个数，它们各自属于哪些基团，伯、仲、叔、季碳原子各自数量等信息。此外，随着 PFT-NMR 技术的发展，近些年核磁共振波谱法也用到了物质的定量分析中。

思考与练习

1. 解释下列概念。

（1）比吸光系数；（2）共振吸收线；（3）激发光谱；（4）容量因子；（5）化学位移

2. 朗伯-比尔定律的物理意义是什么？它对分光光度分析有何重要意义？

3. 请比较荧光光谱和激发光谱的相互关系。

4. 原子吸收光谱法的原理是什么？

5. 请比较气相色谱和高效液相色谱的分析方法和应用范围。

6. 画出质谱仪流程图，简述各部件主要作用。

7. 简述 PFT-NMR 的优点。

8. 某化合物 M 在 270 nm 处有最大吸收，取 M 标准样品 0.0250 g 配成 5.00 L 溶液，用 1.0 cm 吸收池在 270 nm 处测得吸光度为 0.625。另称取含 M 样品 0.0750 g，配成 2.00 L 溶液，用 2.0 cm 吸收池在 270 nm 处测得该样品的吸光度为 0.750。求该样品中 M 的含量。

9. 镉在体内可蓄积造成镉中毒。肾皮质中的镉含量若达到 50 $\mu g \cdot g^{-1}$ 将有可能导致肾功能紊乱。假设 0.2566 g 肾皮质样品经预处理后得到待测样品溶液 10.00 mL，用标准加入法测定待测样品溶液中镉的浓度，在各待测样品溶液中加入镉标准溶液后，用水稀释至 5.00 mL，测得其吸光度如下表，求此肾皮质的镉含量。

序号	待测样品溶液体积 /mL	加入镉 (10 $\mu g \cdot mL^{-1}$) 标准溶液体积 /mL	吸光度
1	2.00	0.00	0.042
2	2.00	0.10	0.080
3	2.00	0.20	0.116
4	2.00	0.40	0.190

10. 某质谱仪能够分开 Co^{+}（27.994 9）和 N_2^{+}（28.0062）两离子峰，该仪器的分辨率至少是多少？

11. 已知组分 A 和 B 在某色谱柱上的保留时间分别为 27 mm 和 30 mm，理论塔板数为 3600。求两峰的峰底宽 W 及分离度 R。

12. 对某厂生产的粗蒽进行质量检测，称取试样 0.130 g，加入内标吩嗪 0.0401g，制成溶液后进行色谱分析。测得蒽和吩嗪的峰高分别为 51.6 mm、57.9 mm。已知 $f'_{蒽}= 1.27$，$f'_{吩嗪} = 1.00$。求试样中蒽的质量分数。

（于　昆）

知识拓展

习题详解

主要参考文献

北京师范大学等校编，1992. 无机化学 . 3 版，北京：高等教育出版社 .

陈小明等，2003. 单晶结构分析原理与实践 . 北京：科学出版社 .

大连理工大学无机化学教研室，2006. 无机化学 . 5 版，北京：高等教育出版社 .

郭保章，1998. 二十世纪化学史 . 南昌：江西教育出版社 .

胡琴、彭金咏，2016. 分析化学 . 2 版，北京：科学出版社 .

胡育筑，孙毓庆，2011. 分析化学 . 3 版，北京：科学出版社 .

李发美，2011. 分析化学 . 7 版，北京：人民卫生出版社 .

李三鸣，刘艳，邵伟等，2016. 物理化学 . 北京：人民卫生出版社 .

李雪华，陈朝军，2018. 基础化学 . 9 版，北京：人民卫生出版社 .

沈钟，赵振国，康万利，2012. 胶体与表面化学 . 北京：化学工业出版社 .

王美青等，2014. 矿化医学 . 中国实用口腔科杂志，7(10): 592-595.

魏琴，2012. 无机及分析化学教程 . 北京：科学出版社 .

武汉大学，1994. 吉林大学等校编 . 无机化学 . 3 版，北京：高等教育出版社 .

武汉大学主编，2016. 分析化学 . 6 版，北京：高等教育出版社 .

张礼和，2005. 化学学科进展 . 北京：化学工业出版社 .

Catherine E. Housecroft and Alan G. Sharpe, 2005. Inorganic Chemistry (Second Edition). England: Pearson Education Limited.

M. S. Silberberg, P. Amateis. 2015. Chemistry: The Molecular Nature of Matter and Change (Seventh Edition). New York: McGraw-Hill Education.

Philip Ball, 朱道本，万立骏，2011. 化学的进程 . 北京：外语教学与研究出版社、麦克米伦出版集团、自然出版集团 .

R. H. Petrucci, W. S. Harwood, F. G. Herring, 2004. General Chemistry: Principles and Modern Applications. (Eighth Edition)-影印版 . 北京：高等教育出版社 .

Ronald Breslow. 华彤文等译，1998. 化学的今天和明天 . 北京：科学出版社 .

附录

中英文名词对照

部分习题参考答案

模拟题

元素周期表